绿色建筑
设计与评价技术指南

李志刚　王　晶　白　兰　主　编
刘晓敏　王凌剑　刘　伟　副主编

化学工业出版社

·北京·

内 容 简 介

本书以《绿色建筑评价标准》(2024 年版)(GB/T 50378—2019)的要求为基础,以工程的基本建设流程为框架,从安全耐久、健康舒适、生活便利、资源节约和环境宜居五个方面入手,紧紧围绕节能与环保、资源利用与生态平衡、健康舒适与便捷高效等绿色建筑基本建设理念,对绿色建筑设计与评价的各个环节进行了深入剖析和详细阐述。全书总共由五部分组成,分别为项目前期策划、规划布局与室外环境、建筑设计与室内环境、绿色建筑施工管理、建筑运行维护。本书依据相关政策要求和规范标准,对绿色建筑的设计原则、设计要点、评价指标、评价方法、技术案例以及发展趋势所涉及的条款进行了详细解读。

本书可作为从事绿色建筑设计、施工、运行管理、评价咨询以及管理等相关行业从业人员的参考用书,也可作为相关专业人员的培训教材。

图书在版编目(CIP)数据

绿色建筑设计与评价技术指南 / 李志刚,王晶,白兰主编;刘晓敏,王凌剑,刘伟副主编. -- 北京:化学工业出版社,2025. 8. -- ISBN 978-7-122-48053-8

Ⅰ. TU201.5-62

中国国家版本馆 CIP 数据核字第 2025F3X832 号

责任编辑:彭明兰   文字编辑:邹 宁 连思佳
责任校对:宋 夏   装帧设计:刘丽华

出版发行:化学工业出版社
    (北京市东城区青年湖南街 13 号 邮政编码 100011)
印 装:北京云浩印刷有限责任公司
787mm×1092mm 1/16 印张 20 字数 524 千字
2025 年 10 月北京第 1 版第 1 次印刷

购书咨询:010-64518888   售后服务:010-64518899
网 址:http://www.cip.com.cn
凡购买本书,如有缺损质量问题,本社销售中心负责调换。

定 价:99.00 元

编委会名单

主　任：孙广通　　杨　猛

副主任：李明琦　　潘志伟　　郝　彪

主　编：李志刚　　王　晶　　白　兰

副主编：刘晓敏　　王凌剑　　刘　伟

编　委：李建勋　　于　飞　　谭　啸　　贾方祺

　　　　庞雪松　　张　秀　　高景斌　　宋献博

　　　　刘　洋　　康　宁　　郜志远　　傅利娟

　　　　张亚洲　　王　妍　　刘春亮　　白健龙

时代发展到今天，随着社会的进步和人们对生活品质追求的不断提高，环境保护与可持续发展已成为全球关注的焦点。我们正面临着气候变化、环境污染、资源短缺等一系列严峻挑战，建筑作为人类活动的主要空间载体，其绿色化发展至关重要。绿色建筑作为一种能够满足人们对舒适、健康、环保等需求的建筑形式，正逐渐成为建筑行业的发展主流。本书的编写旨在为绿色建筑的设计与评价提供全面、系统且具有可操作性的指导，助力建筑行业在绿色、低碳、可持续的道路上迈出坚实步伐，促进经济、社会与环境的协调发展。

绿色建筑立足于人文关怀、资源节约、环境友好，关注人的体验感和幸福感，环境承载力和资源配置，建筑、环境与人的和谐关系以及建筑全生命周期的综合效益。我国幅员辽阔，经纬跨度大，按照传统建筑热工学可划分为严寒地区、寒冷地区、夏热冬冷地区、夏热冬暖地区、温和地区五个气候区，同时《建筑气候区划标准》（GB 50178—1993）将建筑气候区划分为 7 个一级区、20 个二级区。在工作中需要充分考虑建筑与其所在的地域气候的相互作用，灵活运用建筑设计策略，合理组织各种要素，最终构成与当地气候和谐统一的人造环境。

本书涵盖了绿色建筑设计的基本原则、技术策略、材料选用以及评价方法等多方面的内容，集结了建筑规划、设计、图审、建设、施工以及建设管理等相关领域具有相应执业资格的行业专家，结合最新的科研成果和大量实际项目经验，协同合作编写而成。本书从实际工作过程出发，有的放矢地在基本建设流程下逐步权衡各方面的得失并落实绿色建筑的各项性能指标要求，从安全耐久、健康舒适、生活便利、资源节约和环境宜居五个方面入手，对绿色建筑设计与评价的各个环节进行了深入剖析和详细阐述，让绿色建筑的评价工作与项目的各阶段工作融为一体，将后置式的大量绿色建筑申报工作拆分、化解开来，引导项目从前至后、自然而然地成为一个合格的绿色建筑。

对于设计人员，本书是打开绿色建筑设计之门的钥匙。它详细阐述了从项目选址、场地规划、建筑节能、可再生能源利用、水资源管理到材料选择等各个设计环节的绿色策略。无论是利用自然通风采光、高效隔热材料、节能窗户和智能温控系统等减少能源消耗，安装节水设备、雨水回收系统以实现水资源的节约与循环利用，还是选用可再生、可回收的环保材料以降低环境影响，都有清晰的指导方向。让设计人员明晰绿色建筑的评价指标体系，知晓各指标的具体要求，从而有针对性地进行设计，以满足相应等级的评价标准。

对于评价人员，本书是精确评判绿色建筑星级的可靠依据。它详细阐述了每款条文的评价要点、实施途径、关注点及建议提交材料等内容，明确了各阶段技术指标和评价方法，包括量化的评估标准和定性的考量因素，使评价人员能准确理解和把握绿色建筑的各项评价指标与要求，有针对性地对项目就节能、节材、室内环境质量等具体指标进行检测和评价。另外，它也提供了统一的技术语言和标准，使各方人员对绿色建筑评价的理解和认识达成一致，便于评价人员与各方进行有效的沟通协调，推动绿色建筑评价工作顺利开展。

本书按照基本建设流程行文，以 2024 年修订的《绿色建筑评价标准》（GB/T 50378）

为基础充实绿色建筑工作的细节。全文依次从项目前期策划、规划布局与室外环境、建筑设计与室内环境、绿色建筑施工管理以及建筑运行维护这五个方面进行详细解析，并针对项目各个阶段列举了绿色建筑的相关要求及技术要点，为读者呈现了一个完整的绿色建筑知识体系，可指导建设单位人员制订绿色建筑的管理策略和目标；辅助设计单位人员在设计阶段收尾过程中制作绿色建筑自评专篇；指导施工人员在施工过程中采取节能减排、减少污染等措施；协助主管部门在绿色建筑专项验收时完成检查工作；或供评审专家参考。为了从项目前期策划开始逐步落实绿色建筑目标，项目策划、设计、施工、运营的各阶段可按本书目录索引查阅相关内容。无论是设计人员寻求创新设计思路，还是评价人员开展准确评价，都能够从本书中获取准确、实用的信息和方法。

另外，本书各个评价条款设置了"参评指数"，描述参评该条款在绿色建筑评价工作中的得分难易程度。参评指数以"★"多少来表达一般建设项目的得分难易程度，得分难度随着"★"的减少而提高，最高设置五颗星（★★★★★），表示该条款是评价标准当中的控制项，或现行的规范、标准中有相应的强制性条款要求。其他评分项和加分项则由易到难依次设置，一颗星（★）表示该条款的得分难度较大。相关条款中也会逐条对参评指数的确定给出相应的解释，给绿色建筑从业人员在工作中面临抉择时提供更多支撑。建设单位、设计单位人员可参照该指数制订评价方案，更好地降低绿色建筑的设计与评价的工作难度，使其更加科学、规范、高效。

本书亦可作为相关专业人员的培训教材，助其系统学习绿色建筑的理论知识和实践技能，培养其绿色建筑设计与评价的能力，提升其专业素养和业务水平。总之，希望本书能成为推动绿色建筑事业发展的有力工具，助力我们走向更加舒适、更可持续的建筑未来。

目录

第三篇 建筑设计与室内环境 166

第四篇　绿色建筑施工管理　　283

第五篇　建筑运行维护　　294

第一篇　项目前期策划

　　建筑活动是人类从适应环境到改变环境付出的诸多努力之一。从零星的搭建行为开始发展至今，建筑业已成为维持社会正常运行的重要行业，建筑行为本身对自然资源的采集、转化和消耗给环境带来了不容忽视的持续影响。随着全球气候变化和人们环境保护意识的提高，建筑师们逐渐意识到，通过选取合理的建筑建造方法，可以将建筑行业发展给环境带来的负面影响降到最低，绿色建筑作为可持续发展的重要组成部分受到越来越多的关注。

　　建筑工程项目的最终落成以项目策划为起点，绿色建筑不外如是。绿色建筑通过在设计、建造和运营建筑物的过程中事先考虑建筑对环境的适应和保护，减少不可再生资源的使用，充分利用可再生能源，合理设计围护结构并分隔内部空间等策略，实现资源的高效利用，实现对环境的最小影响，为人们营造健康舒适的居住和工作空间。在项目策划阶段，需要明确项目的定位和建设目标，对目标市场进行调研和分析，了解市场需求、竞争状况、政策法规等因素对项目的影响，确定项目的类型、规模、功能需求，并为项目选择合适的地理位置进行建设，而后根据项目需求和市场调研结果，制订合理的技术方案，包括节能技术、可再生能源利用技术、智能化技术等。

第一章

绿色建筑总体策略

绿色建筑项目区别于一般传统建设项目，在策划阶段就要考虑"绿色建筑"层面的技术方案和最终评价的一些基本要求，可以从以下几个方面着手展开工作。

（1）以可持续性为核心　绿色建筑项目策划的首要特点是可持续性。这要求项目在策划阶段就需要充分考虑建筑的全生命周期，包括设计、施工、运营和维护等各个环节，确保建筑在能源消耗、资源利用、环境影响等方面表现良好。

（2）突出环境友好性　绿色建筑项目策划注重建筑与环境的和谐共生。在策划过程中，需要充分考虑建筑所在地的自然环境、气候条件、文化背景等因素，确保建筑在形式、功能、材料等方面与周围环境相协调，减少对环境的影响。

（3）提高能源利用率　绿色建筑项目策划强调能源的高效利用。通过采用先进的节能技术和设备，优化建筑的能源系统，提高能源利用效率，降低能源消耗和运营成本。

（4）重视资源节约与循环利用　绿色建筑项目策划注重资源的节约和循环利用。在策划阶段，需要考虑建筑材料的选择、使用和管理，优先选用可再生、可循环使用的材料，减少资源的消耗和浪费。

（5）强调环境舒适度　绿色建筑项目策划关注人们的居住和工作环境的健康、舒适。通过改善室内空气质量、提高采光和通风效果、采用环保装修材料等措施，为人们创造一个健康、舒适、宜居的环境。

（6）体现经济性与社会效益　绿色建筑项目策划需要综合考虑项目的经济性和社会效益。在策划过程中，需要进行详细的成本效益分析，确保项目的投资回报率达到预期目标。同时，还需要考虑项目的社会效益，如提升城市形象和提高居民生活质量等。

第一节　技　术　原　则

研究绿色建筑技术路线是从技术角度确定建设项目的策划目标能否落地。首先要结合项目区域定位和使用需求提出绿色建筑设计目标，针对目标研究可采取的技术手段并尽可能多地拟出可行的设计思路，区分优先级后，结合策划目标确定适合项目本身的技术路线。一般绿色建筑策划的侧重点有尊重地域环境、体现人文精神、充分节能减排、合理利用资源、延长建筑使用寿命、提升管理水平等。

一、尊重地域环境，实现本地化

"本地化"主要是指建设项目融入周围环境，体现"天人合一"的中国传统文化思想，强调城市环境发展的一体化，追求与自然的紧密贴合以及复合化的多样发展，创造因地制宜、有机生长的绿色生态体系。

倡导因地制宜、体量适度、少人工、多天然地根植于地域文化的绿色设计。首先要充分考虑当地的自然环境，尽可能地顺应并利用富有特色的自然因素，如气候条件、生态系统、自然景观等，在此基础上创造出自然与人工相结合的美好环境。其次要能够体现当地的文化传统。历史和文化是一座城市的宝贵财富，是其立足于城市之林的灵魂所在。本地设计应以传承城市文脉为己任，扎根于生生不息的当地文化，从中汲取营养，在历史的基础上创新并丰富城市环境。最后要尽可能地表达本地的空间特色，符合地域特点的建筑不但能够更好地适应当地环境，更能让城市突破"千城一面"的枷锁，拥有自身特色，让本地居民找回地域认同感，让游客体会不同的地域风貌。

实现"本地化"理念的技术方向如下。

（1）利用气候条件　建筑设计应积极响应当地气候条件。我国幅员辽阔，各地气候差异大，设计侧重点不同，其中严寒地区的建筑设计应充分满足冬季防寒、保温、防冻等要求，适当考虑夏季防热。总体规划、单体设计和构造处理应使建筑物满足冬季日照和防御寒风的要求；建筑物应采取减少外露面积、加强冬季密闭性、合理利用太阳能等节能措施；结构上应考虑温差及大风的不利影响；屋面构造应考虑积雪及冻融危害；施工应考虑冬季漫长的特点，采取相应的措施。

（2）尊重文化传统　尊重当地文化传统，一方面可以在当地特色传统建筑中寻找空间和形式上的创作灵感，另一方面要关注传统的建造方式，利用传统的建筑材料，从中选取适合项目本身的建造工艺。尊重不是简单的"拿来主义"，还要结合新时代新建筑的实际需求及新的建造材料，进行一定的创新，使陡坡屋面、厚实墙体、院落空间、坐北朝南等传统建造智慧有所传承。

（3）适应地方经济　我国幅员辽阔，各地经济发展水平不一，无法统一地追求高新技术的单一技术路径。严寒地区有很多省市在经济发展方面属于欠发达地区，一味购置昂贵的设备本身就会加重地方经济负担，后期的维护更新更是无从谈起。走因地制宜、适合地方经济条件的路线才是适合严寒地区的绿色建筑发展方向。因此，应尽可能多地采用低技化设计手法，充分利用场地自然条件，合理化建筑空间布局，实现建筑的绿色设计及使用。

（4）融入建设环境　"利用气候条件"是从气候区尺度体现本地特色，"尊重文化传统""适应经济条件"是从城市尺度探索本地绿色建筑发展方向，而"融入建设环境"则是从具体的建设场地这一尺度出发，研究具体项目的绿色设计方法。建设环境并不是指狭义的建筑红线范围，而是指涵盖了建设用地及其周边环境的大范围，更强调人能感受到的"目之所及"的空间。当建设环境本身具有独特的场地特征时，如地处山林、河谷、沙漠、湿地等环境，保护自然环境、顺应地形地貌、整合场地生态等措施就尤为重要。

二、体现人文精神，突出人性化

随着绿色建筑理念的不断更新，"以人为本"的重要性日益凸显。绿色建筑提倡绿色健康的行为模式，强调以"人"为核心的设计原则，从尊重使用者的角度出发，研究人的使用路径、沿途景观、交互空间及感官舒适度，将人工环境与自然环境相融合，全方位综合比对，并进行实时模拟，以数据化的形式反映人在环境中的真实感受，使人有更多的获得感。以办公空间为例，传统的办公建筑以走道连接两侧房间，或做成开敞的办公室并将内部的办公桌布置为"格子间"，空间呆板沉闷，与"趣味性"并不沾边。但一些科技公司的办公室设计颠覆了人们对办公室的印象，设计师们为工作人员打造极具特色的各类办公空间，让人可以在舒适、自如的环境中讨论、开会或独自完成工作任务，以激发创意、提高办公效率。

策划阶段考虑在项目中体现"人性化"原则可从以下几个方面开始。

（1）引导健康行为模式　健康的体魄是人文精神的基础，建筑设计应该注重对绿色健康的行为模式的引导，如提供室内外健身空间以让使用者在通行中完成日常锻炼；限制室内吸烟并设置固定的室外吸烟区，在尊重吸烟者行为习惯的同时，尽可能减少烟民的吸烟总量。

（2）提升使用便利度　从合理布局建筑各功能区域，优化人、车、物流线等方面，将人摆在设计的核心位置，研究人的通行便利度和环境的安全舒适性，结合环境心理学、行为心理学等学科的研究成果，对人与空间的交互方式进行创新，对建筑环境的设计手法进行优化，并通过设置各类人性化设施以方便使用者，创造舒适、和谐的室内外建筑环境。

（3）改善空间环境质量　一个让人"感官舒适"的空间的营造，离不开"风、光、热、声"四个方面的设计。绿色建筑应在设计阶段充分分析不同设计方案的建筑物理环境，让使用者在建筑中能够将精力集中于完成各项活动，而非纠结于过热、过冷、干燥、潮湿的不适体感。另外，在满足环境舒适度的前提下，也要尽可能地降低资源消耗、减少环境污染，在"以人为本"的基础上落实"低能耗、舒适"的建筑理念。

三、充分节能减排，落实减碳化

随着世界工业经济的发展、人口的剧增、人类欲望的无限上升和生产生活方式的无节制，世界气候面临越来越严峻的挑战，二氧化碳排放量越来越大，地球臭氧层正遭受前所未有的危机，全球灾难性气候变化屡屡出现，已经严重危害到人类的生存环境和健康安全。为解决相关问题，"低碳发展"的理念应运而生。

"减碳"在建筑活动中指通过技术策略的筛选，使建筑在全生命周期中实现较少的温室气体（以二氧化碳为主）排放，通过提高能源利用率并充分节能实现绿色建筑的核心价值。在可持续发展理念的指导下，通过技术创新、制度创新、产业转型、新能源开发等多种手段，尽可能地减少能源消耗，减少温室气体排放，以实现经济社会发展与生态环境保护双赢的发展目标。"减碳"不以指标数据为唯一标准，而是要以适宜的设计手段打造建筑环境，达成低碳的绿色设计目标。绿色建筑注重建筑全生命周期的节能减排，重点关注降低建筑建造、运行、改造、拆解各阶段的资源环境负荷；在节约能源的同时鼓励循环利用能量；在具备条件的项目中鼓励采取装配式建造、模数化设计与工厂化预制等手段。绿色建筑通过全过程的统筹管理，在从策划到设计、建造到运营，最后到回收的全生命周期内，综合实现节能减排目标。

建筑领域的碳排放控制日趋严格，各大研究机构对于建筑排碳量的研究也不断推动着建筑项目从"低碳"建筑发展到"近零碳"建筑，最后实现"零碳"建筑。建筑"减碳"作为一种发展趋势，可从以下几个方面实现。

（1）根据使用需求合理安排用能空间　不同功能的使用空间对能耗的需求是不一样的，设计时可根据实际情况将空间划分为高能耗空间、低能耗空间和零能耗空间，在平面布局上由内而外地布置，将低能耗空间、零能耗空间作为高能耗空间的围护结构，从而降低高能耗空间的内外能量交换，减少能源浪费。另外，建筑的能耗会因使用者的不同而产生差异，并非固定不变。在运营阶段应积极宣传绿色生活理念，引导使用者合理调节室内温度、照度，进一步减少建筑全生命周期内的用能。

（2）充分利用可再生能源，循环使用不可再生能源　在设计过程中，一方面要尽可能地利用太阳能、风能、地热能、生物质能等可再生能源，通过选用适宜的新能源应用技术，丰富建筑用能结构，降低建筑采暖、空调、照明以及电梯等设备对常规能源的消耗，达到节能目标；另一方面要考虑如何提高不可再生能源的利用效率、降低项目总能耗，让项目实现低碳化运行，从而长久地节约能源。

（3）采用高能效、低能耗的系统及设备　在系统设计及设备选用过程中，需要结合项目实际情况，设计选用高能效、低能耗的系统及设备，提高能源利用率，减少碳排放。在此基础上，采用分区控制的设计手法，对建筑内不同区域的环境进行调节，减少不必要的能源消耗。

四、合理利用资源，环境友好化

绿色建筑全面关注节能、节地、节水、节材和环境保护，在节约能源之外，节约土地、水资源及各类建筑材料也是绿色建筑理念的重要组成部分，如适当提高土地使用效率、开发地下空间，考虑对水资源的循环利用，尽可能以利废建材替代传统建材等方法，其相同点是通过合理地利用各类资源，实现建筑活动全过程的环境友好。

（1）节约土地，合理利用土地资源　建设用地是支撑各类人工环境的基础，土地一旦被开发利用，设计使用周期一般是四五十年，土地在被占用的这几十年间只能服务于一个特定的建设项目，应将其作为不可再生资源看待，谨慎规划土地开发强度和项目功能配置。

传统开发模式较为粗放，随着社会发展及制度的不断完善，已经难以适应新时期的项目开发模式。业内对土地开发利用的研究逐渐深入，形成了较为全面的理论框架和评估指标体系，也结合建设项目创造了一系列节地模式。自然资源部（原国土资源部）向社会面征集了节地技术和节地模式案例，总结形成《节地技术和节地模式推荐目录》并分批次发布在官方网站上，类似的还有《轨道交通地上地下空间综合开发利用节地模式推荐目录》，策划时可在其中选择适合的模式加以借鉴。

（2）节约用水，引入中水、雨水系统　2024年3月9日，李强总理签署第776号国务院令，公布《节约用水条例》（自2024年5月1日起施行），总结了节水工作的实践经验，全面、系统地规范和促进节水活动，体现了国家层面对保障水安全、推进生态文明建设工作的重视。从绿色建筑角度出发，策划阶段即可开始为项目量身定制水资源利用方案，统筹各种水资源的综合利用，对雨水、中水等非传统水源的利用进行可行性分析，研究是否设置景观水体及其补水方式、是否设置集中热水系统并提出水质要求、是否设置集中空调系统并对冷却水进行循环利用，制订节水器具的采购方案等。

（3）节约材料，减少装饰浪费　节约材料首先应选用合理的建构方法，提倡采用建筑结构一体化、土建装修一体化的设计建造模式；其次应在设计过程中秉持绿色建筑审美观，美化有实际功能的建筑构件，而非在建筑上堆叠毫无用途的纯装饰构件；最后应对施工组织设计提出节约材料的要求，如使用可重复利用的模板，制订减少施工过程中建材损耗的目标，选用预拌混凝土和预拌砂浆等。

五、延长使用寿命，建筑耐久化

"建筑耐久化"是以降低资源能源消耗和减轻环境负担为基本出发点，在建筑规划设计、施工建造、使用维护的各个环节中，提升建筑主体的耐久性、使用空间的适变性及部品部件替换的灵活性，从而延长建筑使用寿命的一种实现低碳发展的设计策略。"耐久"有两层含义：一是通过设计理念的丰富、建造方式的革新，增强建筑空间的可变性，增加建筑构件的可替换性，以适应建筑建成以后在漫长时间中使用功能的不断变化；二是以提高资源利用率、延长资源的利用时间为目的，充分利用高强度建筑材料，或在结构设计时以更长的建筑寿命作为设计目标，以延长结构体本身的使用周期。荷兰的"结构主义"建筑在增加建筑耐久性方面颇有建树。如1973年建造的卡斯巴住宅采用了单元式的设计并选用了标准化构件建造，至今仍作为住宅使用，建筑整体状态良好，内部的小型博物馆还可以预约参观。

延长使用寿命在项目策划阶段的方向如下。

（1）建立建筑的适变性　绿色建筑基于国际视角的开放建筑（open building）理论和 SI（Skeleton and Infill）体系，结合我国建设发展现状，对整个建筑行业的发展提出了更高的要求。设计时采用大空间结构体系，以轻质隔墙划分功能空间，从而提高内部空间的灵活可变性；采取单元化、模块式设计手法，在满足不同使用功能需求的前提下，适应未来空间的改造和布局的变化。以上方法在提高建筑使用寿命的同时，既降低了维护管理费用，也减少了资源的消耗。

（2）提升建筑的耐久性　耐久性的提升需延长主体结构的使用寿命。选用高耐久性的部品部件可大幅度提高主体结构的耐久性能；最大限度地减少结构构件所占空间，使填充墙体划分的空间得以释放；将设备管线脱离围护结构及内隔墙集中布置，在方便设备管线的后续检修的同时避免管线替换伤及结构主体；外围护系统选择节能性能优异、耐候性高的部品，全面提升建筑整体的耐久性能。

（3）增加建筑的集成化　将建筑物作为工业产品看待，采用标准化设计、工厂化生产、装配化施工、一体化装修、信息化管理等手段综合实践，通过建筑部品部件的标准化实现建筑物高度集成化，可降低建筑维修难度，在时间维度上避免对建筑物的大拆大改。

六、提升管理水平，实现智能化

绿色建筑"智能化"主要是指建筑智慧运营体系的搭建与创新科技的应用，其主要努力方向为以互联网、物联网、云计算、大数据、人工智能等信息技术的发展为基石，以建筑信息模型 BIM（Building Information Modeling）为支撑，打造智能化的建筑运营维护管理系统平台，提高建筑管理水平，评估绿色能源系统的耗热量、碳排放指标、室内空气质量污染指数等的计量和公示方案，以更好地实现现代化、精细化运营管理目标，更好地为使用者服务，提升项目整体品质。

提升管理水平的主要工作如下。

（1）搭建完整体系　完整的智能化管理系统中有感、传、存、析、用五个元素，分为底层传感系统、中层存储分析中枢系统和上层智慧应用系统。统一的建设标准、兼容的通信协议、完整的网络建设都是智能化管理体系中不可或缺的部分。搭建完整的体系构架、保障数据的互联互通，才能充分发挥智能化管理体系的强大功能，而高效率的运营管理模式本身就是一种环保手段。

（2）建设 AI 大脑　智能化管理体系需要有强大智慧的"大脑"，才能实现运行过程中的及时分析、预判，其内核包括硬件、软件两个方面。硬件方面需要建设一个与项目规模匹配的数据存储和处理中心；软件方面一般以 AI 技术为基础，结合 BIM、GIS、大数据、云存储等各类新兴技术来实现智慧建筑所需要的强大功能，制订各类管理和运维策略，以协调建筑内的各个系统，实现节能环保的目标。

（3）合理选择应用　合理地使用智慧化应用，不仅能让建筑更加智慧环保，还能大幅提高用户的幸福感。不同建筑有其特定的使用功能，如何在众多的智慧化应用中挑选出符合建筑功能和绿色建筑管理目标的应用是实现智能化管理的关键问题。例如，大型医院的智能化管理一般涉及使用排队叫号、智慧呼叫、远程探视、智慧处方等功能；办公建筑可使用云办公、远程视频会议、智能照明等功能；商业建筑可选用生物识别支付、人流量统计及引导等功能等。

（4）高效传递信息　合理准确的信息传递是节能环保的重要手段，也是各个建筑以及建筑子系统高效运行的基础。智能化管理传递信息的途径很多，互联网、物联网、5G 网络都可以作为传递渠道，将信息传递至 PC 端、设备控制端、手机端等，项目可根据管理需求合理选用。

（5）模拟、预测与管控 可建设基于 BIM 技术的管理平台与控制系统，利用智能化模拟工具，结合气候条件对建筑环境进行预测分析，并反馈至管理中枢，通过管理中枢调节智能窗帘、百叶窗、灯具、空调等智慧化设施，实现对室外风环境、室内热湿、气流组织通风、建筑空调、照明能耗、室外日照和建筑室内光环境、室内外噪声等的模拟分析及智能调节，打造恒温恒湿恒氧的室内环境。

第二节　评价工作及基本要求

一、评价工作概述

绿色建筑的设计、运行效果最终如何通过绿色建筑评价结果来体现呢？国家标准《绿色建筑评价标准》（GB/T 50378—2019）广泛适用于民用建筑绿色性能的评价，其 2019 年版本及 2024 年修订版中的第 1.0.3 条均明确了绿色建筑评价工作的原则和主要内容："绿色建筑评价应遵循因地制宜的原则，结合建筑所在地域的气候、环境、资源、经济和文化等特点，对建筑全寿命周期内的安全耐久、健康舒适、生活便利、资源节约、环境宜居等性能进行综合评价"。

绿色建筑的评价对象可以是单栋建筑，也可以是一个功能、权属相同，技术体系相同（相近）的建筑群。评价工作按照建设项目的进展阶段分为"预评价"和"评价"两类。预评价在施工图设计完成后进行，而评价工作在工程竣工后展开。评价结果即为绿色建筑等级。目前，评价标准共将绿色建筑分为四个等级：基本级、一星级、二星级和三星级。星级绿色建筑标识由住建部办公厅统一发布，各级住建主管部门可根据《绿色建筑标识管理办法》（建标规〔2021〕1 号）和地方规定认定绿色建筑项目，授予绿色建筑标识证书。获得绿色建筑标识的项目由申请单位按照《住房和城乡建设部办公厅关于发布绿色建筑标识式样的通知》（建办标〔2021〕36 号）中的规定式样（图 1-1），根据不同的应用场景自行制作绿色建筑标识标牌。

| (a) 三星级 | (b) 二星级 | (c) 一星级 |

图 1-1　绿色建筑标识标准式样

二、评价基本要求

1. 先进性

绿色建筑应该是一个能积极地与环境相互作用的、智能的、可调节的系统，要求建筑外层的材料和结构，一方面可以作为能源转换的界面来收集、转换自然能源，并且防止能量过度流失；另一方面要具备调节气候的能力，以消除、减缓，甚至改变气候的波动，使室内气候趋于稳定，可适当选用新技术、新材料、新工艺。在绿色建筑评价中，强调绿色建筑在各方面的性能优于一般建筑。

2. 均衡性

在策划阶段规划绿色建筑性能实现途径时应注意，绿色建筑注重全寿命周期内节约资源与环境保护的性能，同时也强调建筑设计的整体性。策划时应在节约、安全、耐久、可持续、人性化等方面均衡考虑，避免出现短板。建筑设计应结合气候、文化、经济等诸多因素进行综合分析。设计时，第一不可盲目照搬所谓的先进绿色技术，应因地制宜地选用技术手段；第二不能仅仅着眼于一个局部而不顾整体，应考虑建筑各项性能的提升；第三应有"加强对建筑全寿命周期内各阶段的把控力度"的意识，切忌只设计、不保持。

三、 2024 年版评价标准相关条款

（一）第 3.2.8 条

1. 条款原文

3.2.8 绿色建筑星级等级应按下列规定确定：

1 一星级、二星级、三星级 3 个等级的绿色建筑均应满足本标准❶全部控制项的要求，且每类指标的评分项得分不应小于其评分项满分值的 30%；

2 一星级、二星级、三星级 3 个等级的绿色建筑均应进行全装修，全装修工程质量、选用材料及产品质量应符合国家现行有关标准的规定；

3 当总得分分别达到 60 分、70 分、85 分且应满足表 3.2.8 的要求时，绿色建筑等级分别为一星级、二星级、三星级。

表 3.2.8 一星级、二星级、三星级绿色建筑的技术要求

	一星级	二星级	三星级
围护结构热工性能的提高比例，或建筑供暖空调负荷的降低比例	—	围护结构提高 5%，或负荷降低 3%	围护结构提高 10%，或负荷降低 5%
严寒和寒冷地区住宅建筑外窗传热系数降低比例	5%	10%	20%
节水器具水效等级	3 级	2 级	
住宅建筑隔声性能	—	卧室分户墙和卧室分户楼板两侧房间之间的空气声隔声性能（计权标准化声压级差与交通噪声频谱修正量之和 $D_{nT,w}+C_{tr}$）≥47dB，卧室分户楼板的撞击声隔声性能（计权标准化撞击声压级 $L'_{nT,w}$）≤60dB	卧室分户墙和卧室分户楼板两侧房间之间的空气声隔声性能（计权标准化声压级差与交通噪声频谱修正量之和 $D_{nT,w}+C_{tr}$）≥50dB，卧室分户楼板的撞击声隔声性能（计权标准化撞击声压级 $L'_{nT,w}$）≤55dB
室内主要空气污染物浓度降低比例	10%	20%	
绿色建材应用比例	10%	20%	30%
碳减排	明确全寿命期建筑碳排放强度，并明确降低碳排放强度的技术措施		
外窗气密性能	符合国家现行相关节能设计标准的规定，且外窗洞口与外窗本体的结合部位应严密		

注：1 围护结构热工性能的提高基准、严寒和寒冷地区住宅建筑外窗传热系数降低基准均为现行强制性工程建设规范《建筑节能与可再生能源利用通用规范》GB 55015 的要求。

　　2 室内氨、总挥发性有机物、PM$_{2.5}$ 等室内空气污染物，其浓度降低基准为现行国家标准《室内空气质量标准》GB/T 18883 的有关要求。

---

❶ "本标准"指《绿色建筑评价标准》（2024 年版）（GB/T 50378—2019），作者注。

2. 条文释义

第 3.2.8 条是星级绿色建筑评价的基本要求，与绿色建筑评价指标体系中的"控制项"类似，是建设项目被评定为星级绿色建筑的基础条件。2024 年版国标《绿色建筑评价标准》在修订时，较之 2019 年版，对第 3.2.8 条的附表中的各项要求进行了修订，修改过的内容已在表格中以下划线（＿＿）标注出来（本书余下内容加下划线的标准原文均为此意）。修改释义如下。

（1）围护结构热工性能或供暖空调负荷：对比基准更新，数值下调　2024 年版修订将围护结构热工性能的对比基准由原来的《公共建筑节能设计标准》（GB 50189—2015）、《严寒和寒冷地区居住建筑节能设计标准》（JGJ 26—2018）、《夏热冬冷地区居住建筑节能设计标准》（JGJ134—2010）、《夏热冬暖地区居住建筑节能设计标准》（JGJ75—2012）、《温和地区居住建筑节能设计标准》（JGJ475—2019）等，修改为现行强制性工程建设规范《建筑节能与可再生能源利用通用规范》（GB 55015—2021），结合通用规范的实施情况，与其要求对应一致。

《建筑节能与可再生能源利用通用规范》（GB 55015—2021）第 2.0.1 条明确规定："新建居住建筑和公共建筑平均设计能耗水平应在 2016 年执行的节能设计标准的基础上分别降低 30％、20％"。在此条件下，本次修订相应下调了相关数值，并取消了对一星级绿色建筑的该项要求。

（2）严寒、寒冷地区住宅外窗传热系数降低比例：对比基准更新　2024 年版修订将严寒和寒冷地区住宅建筑外窗传热系数的对比基准由原来的《公共建筑节能设计标准》（GB 50189—2015）、《严寒和寒冷地区居住建筑节能设计标准》（JGJ 26—2018）、《夏热冬冷地区居住建筑节能设计标准》（JGJ 134—2010）、《夏热冬暖地区居住建筑节能设计标准》（JGJ 75—2012）、《温和地区居住建筑节能设计标准》（JGJ 475—2019）等，修改为现行强制性工程建设规范《建筑节能与可再生能源利用通用规范》（GB 55015—2021），结合通用规范的实施情况，与其要求对应一致。

（3）节水器具：规范文字表述　《水嘴水效限定值及水效等级》（GB 25501—2019）、《坐便器水效限定值及水效等级》（GB 25502—2024）、《小便器水效限定值及水效等级》（GB 28377—2019）、《淋浴器水效限定值及水效等级》（GB 28378—2019）等标准发布后，相关术语调整，节水要求也有所提高。2024 年版修订将"用水效率等级"修改为"水效等级"，与现行标准对应统一。

（4）住宅建筑隔声性能：修改技术要求　2024 年版《绿色建筑评价标准》（GB/T 50378—2019）对住宅建筑隔声性能的基本要求做了以下几点调整。

① 不再对"室外与卧室之间的空气声隔声性能"作出要求。

② 将原"分户墙（楼板）两侧卧室之间的空气声隔声性能"的表述修改为"卧室分户墙和卧室分户楼板两侧房间之间的空气声隔声性能"，避免了快速阅读过程中引发的歧义。同时，2019 年版以《民用建筑隔声设计规范》（GB 50118—2010）中的"限值"作为判断二星级、三星级绿色建筑是否达标的基础，在 2024 年版的修订中替换为明确、具体的判定标准。评价指标采用"计权标准化声压级差＋交通噪声频谱修正量"，强调住宅建成后的实测值满足要求。

③ 将原"卧室楼板的撞击声隔声性能"表述修改为"卧室分户楼板的撞击声隔声性能"，注重不同住户之间的互相影响，而排除了跃层住宅中上下层卧室均属于同一家庭的情况，这也与实际使用中不同住户、同一家庭之间噪声问题的协调难度是相符的。同时，2019 年版以《民用建筑隔声设计规范》（GB 50118—2010）中的"限值"作为判断二星级、三星

级绿色建筑是否达标的基础，在 2024 年版的修订中也将该要求替换为明确、具体的判定标准。

（5）室内主要空气污染物浓度：调整污染物种类　《建筑环境通用规范》（GB 55016—2021）自 2022 年 4 月 1 日起实施，其中第 5.1.2 条对工程竣工验收时的室内污染物浓度限值作出了规定，除二甲苯外，其余各项指标要求均低于 2019 年版《绿色建筑评价标准》制定时的《室内空气质量标准》（GB/T 18883—2002）。2022 年版《室内空气质量标准》于 2023 年 2 月 1 日正式实施，新版本对室内空气质量的要求中，甲醛、苯、可吸入颗粒物 PM_{10} 及放射性氡的浓度限值均比 2002 年版有所降低，且指标中新增了细颗粒物 $PM_{2.5}$。2024 年版《绿色建筑评价标准》结合相关规范、标准的施行情况，在对标一致的基础上摒除冗余项目，将绿色建筑对室内污染物浓度的关注范围聚焦到"氨、总挥发性有机物和 $PM_{2.5}$"三个项目上。

（6）绿色建材应用：新增加要求　2019 版《绿色建筑评价标准》将绿色建材应用的要求列为评分项（详见 7.2.8 条），鼓励绿色建筑使用绿色建材，但并非作为强制性要求，是因为彼时国内绿色建材的认证尚未形成规模，缺乏强制执行的条件。

2023 年 12 月，工信部、发改委、生态环境部、住建部等十部门《绿色建材产业高质量发展实施方案》（工信部联原〔2023〕261 号）提出"强化绿色建筑中绿色建材选用要求"。《城乡建设领域碳达峰实施方案》（建标〔2022〕53 号）和《加快推动建筑领域节能降碳工作方案》（国办函〔2024〕20 号）也相继提出加快推进绿色建材产品认证和应用推广的要求。相关文件的出台推动了绿色建材产品认证，截至 2024 年 6 月，我国"中国绿色产品认证活动二（绿色建材产品）"及"中国绿色产品认证活动一（建材类）产品"获得认证的绿色建材共计 9593 项，为建设工程项目的选用提供了条件。因此，2024 年版《绿色建筑评价标准》将"绿色建材应用比例"列入了星级绿色建筑评价的基本要求中。

（7）碳减排：新增加要求　《建筑节能与可再生能源利用通用规范》（GB 55015—2021）第 2.0.3 条对新建建筑碳排放强度降幅提出了要求，第 2.0.5 条则要求建设项目可行性研究报告、建设方案和初步设计文件应包括建筑碳排放分析报告。对标现行国家强制性规范，2024 年版《绿色建筑评价标准》将碳减排列入了星级绿色建筑的基本要求之中，同时强调了要在"全寿命周期"内节能降碳。

（二）新增控制项

1. 第 3.1.6 条

（1）条款原文

3.1.6　绿色建筑应在施工图设计阶段提供绿色建筑设计专篇，在交付时提供绿色建筑使用说明书。

（2）条文释义　此条目为 2024 年修订版新增条文，在 2019 年版基础上明确了施工图阶段绿色建筑的设计成果，要求交付时提供绿色建筑使用说明书是考虑设计、施工阶段与运营、维护阶段的衔接。

2. 第 4.1.9 条、5.1.10 条、6.1.7 条、7.1.11 条、8.1.8 条

（1）条款原文

4.1.9　安全耐久相关技术要求应符合现行强制性工程建设规范《工程结构通用规范》GB 55001，《建筑与市政工程抗震通用规范》GB 55002、《建筑与市政地基基础通用规范》GB 55003、《组合结构通用规范》GB 55004、《木结构通用规范》GB 55005、《钢结构通用规范》GB 55006、《砌体结构通用规范》GB 55007、《混凝土结构通用规范》GB 55008、《燃气工程项目规范》GB 55009、《供热工程项目规范》GB 55010、《建筑环境通用规范》GB

55016、《建筑给水排水与节水通用规范》GB 55020、《民用建筑通用规范》GB 55031、《建筑防火通用规范》GB 55037等的规定。

5.1.10 健康舒适相关技术要求应符合现行强制性工程建设规范《建筑环境通用规范》GB 55016、《建筑给水排水与节水通用规范》GB 55020、《民用建筑通用规范》GB 55031等的规定。

6.1.7 生活便利相关技术要求应符合现行强制性工程建设规范《建筑与市政工程无障碍通用规范》GB 55019、《建筑电气与智能化通用规范》GB 55024、《建筑节能与可再生能源利用通用规范》GB 55015等的规定。

7.1.11 资源节约相关技术要求应符合现行强制性工程建设规范《建筑节能与可再生能源利用通用规范》GB 55015、《建筑给水排水与节水通用规范》GB 55020等的规定。

8.1.8 环境宜居相关技术要求应符合现行强制性工程建设规范《建筑环境通用规范》GB 55016、《市容环卫工程项目规范》GB 55013、《园林绿化工程项目规范》GB 55014、《建筑给水排水与节水通用规范》GB 55020等的规定。

（2）条文释义 绿色建筑的先进性以其性能不低于国家标准为底线。第4.1.9条、第5.1.10条、第6.1.7条、第7.1.11条、第8.1.8条为2024年修订版新增条文，主要考虑绿色建筑的设计、评价工作与现行全文强制性国家标准的衔接，保证绿色建筑的基本性能不低于相关国家标准。

第二章

项目选址

第一节　场地环境安全与再生利用

　　场地安全是一切建设目标实现的基本条件，城镇规划区内建设项目的选址工作总体上由城镇规划上位指导，一般新建民用项目选址时应注意周边公共服务设施、公共交通设施的配置或近期、远期规划，远离交通干线、工业生产等较大的噪声源，有条件时靠近公园绿地、景观水体等城市公共活动空间，即能拥有适宜的场地环境。场地再生利用或位于城镇规划区范围以外时，需要特别注意场地安全。

一、场地再生利用

1. 工作原则

　　项目考虑利用工业遗址或原有公用设施用地等可能存在污染的废弃场地时，要对环境安全予以重视。提前对用地周边环境进行深入调研并现场踏勘，避免选择周围存在危险化学品、易燃易爆品、电磁辐射等危险源的用地。另外要对拟选用地本身的环境污染情况进行调查，确定污染物的种类及含量，评估用地被污染的严重程度，研究需要采取的污染防治措施及资金投入。工作中要以《中华人民共和国土壤污染防治法》及地方性法规等要求为准则，确保调研工作内容和成果的深度合法、合规、合理，《中华人民共和国土壤污染防治法》中有一些条款给出了明确的技术性、程序性要求，引用如下。

　　第三十五条　土壤污染风险管控和修复，包括土壤污染状况调查和土壤污染风险评估、风险管控、修复、风险管控效果评估、修复效果评估、后期管理等活动。

　　第三十六条　实施土壤污染状况调查活动，应当编制土壤污染状况调查报告。

　　土壤污染状况调查报告应当主要包括地块基本信息、污染物含量是否超过土壤污染风险管控标准等内容。污染物含量超过土壤污染风险管控标准的，土壤污染状况调查报告还应当包括污染类型、污染来源以及地下水是否受到污染等内容。

　　第三十七条　实施土壤污染风险评估活动，应当编制土壤污染风险评估报告。

　　土壤污染风险评估报告应当主要包括下列内容：

　　（一）主要污染物状况；

　　（二）土壤及地下水污染范围；

　　（三）农产品质量安全风险、公众健康风险或者生态风险；

　　（四）风险管控、修复的目标和基本要求等。

　　第三十八条　实施风险管控、修复活动，应当因地制宜、科学合理，提高针对性和有效性。

实施风险管控、修复活动，不得对土壤和周边环境造成新的污染。

2. 延续历史

除土壤污染治理外，在具体策划时也要对现有建（构）筑物及老旧设施的历史价值、安全性能等情况进行评估，在实现建筑废弃物减量化、资源化、无害化的同时，通过翻新改造等手段尽量保留有鲜明特色的、标志性或符号化的建（构）筑物，打造能延续场地记忆的形象和空间。

3. 城市更新

城市更新是一种将城市中已经不适应现代化城市社会生活的地区进行必要的、有计划的改建的活动。城市发展进入存量阶段时，城市更新往往会成为可持续发展的必然选择。发展较早的欧美国家有不少城市更新相关的成功案例，如鼎鼎大名的德国鲁尔工业园区的二次开发、美国纽约利用废弃轨道打造的高线公园等。目前我国城市发展也已经从扩张阶段过渡到存量发展阶段，接下来的建设工作重心会逐渐向城市更新方向倾斜。北京、上海等地作为城市发展的领头羊，在城市更新、废弃场地利用、工业遗产再开发方面起步也较早，也打造了一些比较经典的项目。

案例：某厂房改造为创意产业园

某创意产业园系国家文化产业创新实验区的重点园区项目，占地面积约 $13hm^2$，建筑面积约 11 万平方米。项目为新中国成立初期国家自主设计建设的工业厂房，采用政府引导、国有企业组建运营团队的模式，原址在改造前兼具建筑特点和历史价值，项目前期策划和设计即以"整体保留"为前提，尝试探索与工业建筑结构形式相匹配的功能形态，如，将厂房部分天窗打开，仅保留框架，形成室外廊道来优化建筑内部的天然采光和自然通风条件。

改造后的园区从功能上分为文化创意产业交流中心和产品展示交易区，通过搭建政策信息服务平台、展示交易宣传平台和培训招聘服务平台等公共服务平台，配合文化创意企业进行交流和宣传。

改造策划的切实可行使得有历史价值的建筑被成功保留下来，也可以说，设计师以"保护"为目的为历史建筑量身打造了再利用的策略。虽然由于再利用实际功能的需要，对原建筑进行了小幅度的改造，但也正是适当的改造给老厂房增添了市场价值，使之获得了新生。

改造后的产业园是甲级创意园区，是城市核心区罕见的纯商务园区，地理位置得天独厚，展示性极佳。项目内外打造的沉浸式花园景观及优质餐饮、商务酒店、便利店等各种商业配套，为商务人士提供了极大的便利。现产业园内部聚集了众多知名文创企业，利用"核心位置＋历史名片"两张牌为产业园打造出了品牌效应。

二、场地位于规划区范围以外

一些文旅项目或博物馆、纪念馆等出于实际需求，在城镇规划区范围外选取建设用地，要对建设用地的选址做更为全面、深入的考察。首先应充分考虑地质、气候、生态等自然因素，避开地震断裂带、洪水、滑坡、泥石流等自然灾害易发区。其次要注意对用地及其周边整体生态环境的保护，充分调查场地及周边的地形地貌和生态系统现状，顺应地势布局建筑物，保护生态廊道，保留场地内的重要植物，并且要充分地回用表层土壤，将建筑物对周边环境的影响降至最低。同时，由于这些项目通常不具备市政配套基础设施，在建筑用能方面更要研究场地中太阳能、风能、地热能等资源的丰沛度，充分调动天然能源，通过综合利用可再生能源减少对传统锅炉、发电机的使用，在满足建筑使用需求的前提下尽量减少对环境的污染。

案例：某生态馆和游客中心

某生态馆和游客中心位于国家级自然保护区内，基地面积 3.64hm²，建筑面积 9108.72m²，采用框架结构。项目远离城市中心，处于山地向平原、森林向草原过渡的地带，建筑与地貌融为一体，建筑形体沿着等高曲线自然分布，顺着山势自然退台（图 2-1），既考虑气候条件的影响，又是对山坡、树林、建筑三者之间关系的有机融合，使自然环境与人工环境相得益彰。

图 2-1 建筑体量顺应山势

建筑背靠山坡，位于山坡阳面并半埋入地下（图 2-2），不仅可以充分防寒保暖，兼顾夏季防热，还可以充分利用光照，有利于营造舒适的室内热工环境并节约能源、降低采暖能耗；把建筑体量设计得紧凑并尽量埋入坡内，还可以减少与空气接触的外表面积，降低建筑的风荷载体型系数。生态馆主要提供展览服务，采光需求相对较小，且面积相对较小，可以深埋于前面较小的土坡中；游客服务中心主要提供接待、投诉、咨询、医务、住宿等服务，面积相对较大，则要埋在后面较大的山坡上。设计采用"紧靠多埋"的策略把建筑附着于山坡上并顺应地形，主动地应对寒冷，结合功能需求，采用被动式节能策略，再通过多方案的比对选择优化，自然地形成了与地形紧密结合的建筑形体和空间。

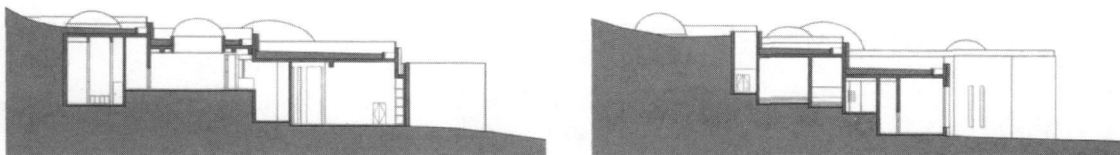

图 2-2 剖面示意图

三、 2024 年版评价标准相关条款

（一）第 4.1.1 条

1. 条款原文

4.1.1 场地应避开滑坡、泥石流等地质危险地段，易发生洪涝地区应有可靠的防洪涝

基础设施；场地应无危险化学品、易燃易爆危险源的威胁，应无电磁辐射、含氡土壤的危害。

2. 参评指数

第4.1.1条是绿色建筑评价的"控制项"，相当于一般技术性规范标准中的强制性条款，绿色建筑如果要申请参与评价，必须满足全部控制项的要求。

参评指数：★★★★★

3. 评价注意事项

（1）选址　在绿色建筑场地选址时，应充分考虑潜在的安全威胁和危险源。针对滑坡、泥石流等地质灾害，选址应避开地质不稳定区域，通过地质勘察和评估，确保场地地质安全。对于洪灾风险，应选择地势较高、排水良好的区域，并设计合理的防洪排水系统。

（2）抗震　在抗震方面，应避开地震断裂带、易液化土和人工填土等不利地段，通过结构设计和材料选择提高建筑的抗震性能。针对火、爆、有毒物质等危险源，选址应远离油库、煤气站等潜在风险区域，确保建筑与危险源的安全距离。

（3）辐射　电磁辐射也是一个不可忽视的因素，应避免靠近电视广播发射塔、雷达站等强电磁辐射源，以减少对居住者健康的影响。同时，对于含氡土壤，应通过专业的土壤检测和处理措施，确保建筑用地的土壤安全。

（4）安全距离控制　建筑场地与各类危险源的距离应满足相应危险源的安全防护距离等控制要求，对场地中不利地段或潜在危险源应采取必要的避让、防护或控制、治理等措施，对场地中存在的有毒有害物质应采取有效的治理措施进行无害化处理，确保符合各项安全标准。

（5）场地再生利用　当需要进行场地再生利用时应尤其注意：

① 对原有的工业用地、垃圾填埋场等可能存在健康安全隐患的场地，应进行土壤化学污染检测与再利用评估；

② 对原有的盐碱场地应进行盐碱度检测与改良评估；

③ 应根据场地及周边地区的环境影响评估和全寿命周期成本评价，采取场地改造或土壤改良等措施；

④ 改造或改良后的场地应满足现行国家相关标准的规定。

4. 选址阶段初步自评

（1）地质灾害

场地选址是否存在以下自然灾害威胁：□滑坡、泥石流、□洪灾、□风切变、□抗震不利地段（如地震断裂带、易液化土、人工填土等）、□其他_____、□以上皆无。

防洪设计符合现行国家标准《防洪标准》（GB 50201—2014）和《城市防洪工程设计规范》（GB/T 50805—2012）的有关规定：□是、□否。

抗震防灾设计符合现行国家标准《城市抗震防灾规划标准》（GB 50413—2007）和《建筑抗震设计规范（2016版）》（GB 50011—2010）的有关规定：□是、□否。

场地设计符合现行国家标准对自然灾害的防护要求，确保建设场地的安全性：□是、□否。

（2）电磁辐射

场地选址存在以下电磁辐射威胁：□变电站、□高压电线、□电视广播发射塔、□雷达站、□通信发射台、□其他_____、□以上皆无。

参评建筑与电磁辐射源的距离：____m。

电磁辐射符合现行国家标准《电磁环境控制限值》（GB 8702—2014）和《环境电磁波卫生标准》（GB 9175—88）的规定：□是、□否。

（3）含氡土壤

项目选址处于土壤氡浓度含量的区域：□低背景区、□中背景区、□高背景区。

土壤中的平均氡浓度为____Bq/m³。

场地内土壤氡浓度的控制符合现行国家标准《民用建筑工程室内环境污染控制规范》（GB 50325—2020）的规定：□是、□否。

（4）易燃易爆危险源

场地选址是否存在以下易燃易爆危险源：□加油站、□加气站、□煤气站、□其他____、□以上皆无。

参评建筑与上述易燃易爆危险源的安全避让距离：____m。

安全避让距离满足国家现行相关标准中关于安全防护距离等的控制要求：□是、□否。

（5）有毒有害物质危险源

场地存在化学污染危害或危险化学品（如有毒物质车间）等有毒有害物质危险源：□是、□否。

采取必要的治理或防护措施满足国家现行相关标准：□是、□否。

5. 自评报告说明举例

简要说明避免以上威胁或危险源的措施举例（300字以内，具体内容以××代替）。

本项目选址于××号地块，用地四界分别临××路、××街、××路、××街，相邻用地的现状/规划功能为××、××、××、××。

经岩土勘察，场地选址非滑坡、泥石流等地质危险地段，不易发生洪涝灾害，场地内部及周边无电磁辐射威胁、无易燃易爆危险源，场地不存在化学污染危害或危险化学品等有毒有害物质危险源。经土壤氡浓度检测，项目土壤中的氡浓度检测结果为××Bq/m³，平均氡浓度××Bq/m³，整体处于土壤氡浓度含量的低背景区域，依据现行国家标准《民用建筑工程室内环境污染控制标准》（GB 50325—2020）第4.2.3条要求，可不采取防氡工程措施。

项目选址合理，不需额外采取避险措施。

6. 证明材料提供

绿色建筑评价工作中，需要按照评价标准逐条准备相关材料，以证明项目控制项能达标或评分项可以得分，《绿色建筑评价标准》在各个条款的条文说明中均有明确要求。第4.1.1条在预评价、评价阶段均应提供项目区位图、场地地形图、勘察报告、环境影响评价报告、相关检测报告或论证报告。

（二）第8.1.6条

1. 条款原文

8.1.6 场地内不应有排放超标的污染源。

2. 参评指数

第8.1.6条是绿色建筑评价的"控制项"，相当于一般技术性规范标准中的强制性条款，绿色建筑如果要申请参与评价，必须满足全部控制项的要求。

参评指数：★★★★★

3. 评价注意事项

建筑场地内不应存在未达标排放或者超标排放的气态、液态、固态或其他类型的污染源。例如：易产生噪声的运动和营业场所，油烟未达标排放的厨房，煤气或工业废气超标排放的燃煤锅炉房，污染物排放超标的垃圾堆等。若有污染源应积极采取相应的治理措施并达标排放。

常见的污染源需执行的标准包括现行国家标准《大气污染物综合排放标准》（GB 16297—1996）、《饮食业油烟排放标准》（GB 18483—2001）、《污水综合排放标准》（GB 8978—1996）、《医疗机构水污染物排放标准》（GB 18466—2005）、《污水排入城镇下水道水质标准》（GB/T 31962—2015）等。

需要强调的是：首先，建设时场地内及周边不能存在污染源，既有的污染源必须经治理合格；其次，建成后不能产生新的污染源。

4. 选址阶段初步自评

（1）餐饮类建筑

场地及周边是否存在以下餐饮建筑：□餐馆、□快餐店、□食堂、□中央厨房、□餐饮配送机构、□其他＿＿＿＿＿＿。

是否安装油烟净化设施：□是、□否，净化设施类型为：＿＿＿＿＿＿。

处理后油烟排放浓度是否低于 2.0mg/m³：□是、□否。

餐饮建筑的规模为：□小型（基准灶头数＜3）、□中型（3≤基准灶头数＜6）、□大型（基准灶头数≥6），油烟去除效率是否达到：□小型≥60%、□中型≥75%、□大型≥85%。

（2）锅炉房

场地及周边是否存在锅炉房：□是、□否。

锅炉房采用的污染控制技术有：□低氮燃烧技术、□烟气净化设施、□其他＿＿＿＿＿＿。

排放物是否满足《大气污染物综合排放标准》（GB 16297—1996）的相关规定：□是、□否。

（3）垃圾转运站

场地及周边是否有垃圾转运站：□是、□否。

垃圾转运站是否配有除臭装置：□是、□否，除臭装置类型为：＿＿＿＿＿＿。

（4）医疗机构

场地及周边是否存在以下医疗机构：□综合医院、□传染病医院、□发热门诊、□其他（有可能造成污染的医疗机构）＿＿＿＿＿＿。

医疗机构的污水是否分流：□是、□否。

是否设有专用化粪池：□是、□否。

放射性废水、洗相废液、含汞废水、检验废水、含油废水等是否单独收集处理：□是、□否。

消毒方式为：□消毒剂、□紫外线、□臭氧、□其他＿＿＿＿＿＿。

医疗机构的污水、废气、污泥等废物的排放是否达到《医疗机构水污染物排放标准》（GB 18466—2005）的要求：□是、□否。

（5）噪声源

场地是否存在以下噪声源：□交通干线、□运动场所、□娱乐设施、□工业企业、□其他＿＿＿＿＿＿。

是否经过声环境评估/检测：□是、□否，评估结论为＿＿＿＿＿＿。

项目采取的噪声控制措施有：□设置绿化隔离带或成品声障、□将对噪声敏感的建筑布置在远离噪声源一侧、□其他＿＿＿＿＿＿。

5. 自评报告说明举例

简要说明避免排放超标的控制措施（200 字以内，具体内容以××代替）。

项目设餐饮、便利店等商业服务设施及垃圾转运站：生活污水经化粪池处理后达到《污水综合排放标准》（GB 8978—1996）三级标准要求，排入市政污水管网；固体废弃物和废气分别执行《中华人民共和国固体废物污染环境防治法》和《民用建筑供暖通风与空气调节设计规范》（GB 50736—2012）的规定，采取垃圾分类收集和机械排烟净化措施，各类废弃物的排放满足《污水排入城镇下水道水质标准》（GB/T 31962—2015）、《饮食业油烟排放标准》（GB 18483—2001）的相关要求，同时符合属地环保部门的规定。

6. 证明材料提供

绿色建筑评价工作中，需要按照评价标准逐条准备相关材料，以证明项目控制项能达标或评分项可以得分。《绿色建筑评价标准》在各个条款的条文说明中均有明确要求，第8.1.6条在预评价、评价阶段均应提供查阅环评报告书（表），治理措施分析报告（应包括对污染物防治的措施分析），评价阶段还应说明治理措施分析报告的落实情况，并提供必要的检测报告。

（三）第 9.2.2A 条

1. 条款原文

9.2.2A 因地制宜建设绿色建筑，评价总分值为 30 分，并按下列规则分别评分并累计：

1 传承建筑文化，采用适宜地区特色的建筑风貌设计，得 15 分；

2 适应自然环境，充分利用气候适应性和场地属性进行设计，得 7 分；

3 利用既有资源，合理利用废弃场地或充分利用旧建筑，得 8 分。

2. 参评指数

第 9.2.2A 条是绿色建筑评价的"加分项"，深入了解本地建筑特色并结合地域气候、资源、环境、经济、文化等特点，选择适宜本地区的建筑形象进行设计，对设计水平有一定要求，但技术上不难实现，是加分项中较易得分的一项。

参评指数：★★★

3. 评价注意事项

（1）概念界定

①"因地制宜"是指传承当地建筑文化、创新利用自然环境、充分利用场地既有资源的设计。

②"历史建筑"是经市、县人民政府确定并公布的具有一定保护价值，能够反映历史风貌和地方特色的建筑物、构筑物。

③"传统风貌建筑"是除文物保护单位、历史建筑外，具有一定建成历史，对历史地段整体风貌特征的形成具有价值和意义的建筑物、构筑物。

④"旧建筑"是在建筑剩余工程年限内能确保安全使用的既有建筑。

（2）设计原则

① 传承建筑文化。建筑是一个地区传统文化与地域环境特色相结合的产物，是当地历史文脉及风俗传统的重要载体，应采用适当的措施，避免历史建筑价值和特征要素的损坏和改变。设计中应采用具有地区特色的建筑设计原则和手法，让建筑能更好地体现地域传统建筑特色。对场地内的历史建筑和传统风貌建筑进行保护和利用，也属于本条规定的传承建筑文化的范畴。

② 适应自然环境。创新利用及融合自然场地或生态环境，充分利用气候条件和场地禀赋进行建筑的布局、形式、表皮和内部空间的设计，可提升两个方面以上的绿色性能。具体设计手法包括但不限于：

a. 依山就势设计半地下空间，既减少土方开挖，又可充分利用自然采光与通风；

b. 通过设计将建筑与自然水体融合，既保护原有生态环境，又营造良好的微环境；

c. 设计采用可变外墙，南方地区可应用本土绿化植物作为外围护结构构造的外表皮——可生长植物外墙，既具有景观绿化效果，又具有遮阳隔热、降尘降噪、生态修复的作用，设计维护得当时，其耐久性不亚于传统外墙饰面。场地太阳能资源丰富的地区，可采用光伏/光热外墙一体化设计。

③ 利用既有资源。利用废弃场地进行绿色建筑建设，在技术难度、建设成本方面都需要付出更多努力和代价。因此，对于优先选用废弃场地的建设理念和行为应进行鼓励。绿色建筑可优先考虑合理利用废弃场地，对土壤中是否含有有毒物质进行检测与再利用评估，采取土壤污染修复、污染水体净化和循环等生态补偿措施进行改造或改良，确保场地利用不存在安全隐患，符合国家有关标准的要求。

（3）评价方法

① 若设计所采取的技术措施适用于《绿色建筑评价标准》其他条文且得分，则本条第 2 款不重复得分。

② 对于一些从技术经济分析角度不可行，但出于保护文物或体现风貌而留存的历史建筑，不在本条第 3 款中得分。

4. 自评报告说明举例

简要介绍结合地区特色的建筑风貌设计情况（300 字以内）。举例如下（具体内容以 ×× 替代）。

> 项目方案设计之前对当地传统建筑进行了充分调研，设计时结合项目实际情况选用了 ××、××、×× 等本地化的设计元素作为母题，打造具有 ×× 地域特色的建筑形象，传承建筑历史；同时，在细部设计中，设计提取了 ×× 地传统建筑中的 ×× 做法，利用 ×× 材料对该做法进行升级，实现了新老融合，突出了建筑的记忆点。

5. 证明材料提供

绿色建筑评价工作中，需要按照评价标准逐条准备相关材料，以证明项目控制项能达标或评分项可以得分。《绿色建筑评价标准》在各个条款的条文说明中均有明确要求，第 9.2.2A 条在预评价时要查阅相关设计文件；评价阶段查阅相关竣工图。

第二节　城市基础设施

一、绿色低碳生活与设施配套

1. 何为绿色生活

绿色生活作为一种现代生活方式，包括了在绿色理念指导下的方方面面，既涵盖了生产行为，又包括了消费行为。我们可将绿色生活概括为五个方面：节约资源、减少污染；绿色消费、环保选购；变废为宝、多次利用；分类回收、循环再生；保护自然、万物共存。总之，绿色生活是要人们坚持可持续发展的环保理念，过一种安全健康、无公害、无污染的生活。

2. 要解决的问题

城市环境中，城市基础设施的配套是否完善关系着衣、食、住、行，深深影响着人们的工作和生活，而人们的日常生活是城市碳排放的主要来源之一。"绿色建筑"理念对城市大范围扩张带来的交通拥堵加剧、日常通勤时间过长等现状是存有质疑的；大量的交通出行带来了尾气污染、交通噪声，也消耗了大量本可以用来工作、学习、锻炼和休息的时间。

如果小区附近有中小学校、幼儿园，居民就不需要一早上匆匆忙忙开车先送孩子上学再赶紧上班，只需要走上三五分钟就能自如地接送；如果市区中公交站点的分布更加合理，让市民们乘坐公交车、轻轨、地铁就能便捷地上下班，交通高峰就不会那么拥堵；如果居住地周边有生鲜店、便利店、饮食店，市民们就不必每天驱车去远处的大超市、大商场采购日常用品；如果城市中随处可见能健身的公园、绿地、广场，市民就能在"专程开车到健身房锻炼"以外，多一个锻炼身体的选择。这些理想中的生活场景的实现离不开合理的城市基础设施布置。

3. 优化城市配套

让居民在外出购物、运动、观演时不用考虑私家车的堵车、停车难的困扰，并从主观上愿意选择公共交通工具出行，需要多方面的配合：首先，规划阶段需要对公共服务配套设施的布局做一些精细化的研究，在法律法规、规范标准的基础上适当提高设计要求，针对绿色出行制订专项规划或在交通体系规划时结合绿色出行的要求提高公共交通站点的覆盖率，在详细规划阶段结合站点的位置布置地块的人行出入口；其次，交通运输行业应提高公共交通服务水平，如加大环境卫生保持力度、提高公共交通工具的维护频次、提升交通工具内的环境舒适度等，公共交通工具内整洁、清新的环境可以让绿色出行更加舒适，提升公共交通的竞争力；最后，政府应加强绿色生活理念的宣传教育工作，建立起完善的宣传体系，改变人们的生活理念，提升人们的环保意识。

二、2024 年版评价标准相关条款

（一）第 6.1.2 条

1. 条款原文

6.1.2　场地人行出入口 500m 内应设有公共交通站点或配备联系公共交通站点的专用接驳车。

2. 参评指数

第 6.1.2 条是绿色建筑评价的"控制项"，相当于一般技术性规范标准中的强制性条款，绿色建筑如果要申请参与评价，必须满足全部控制项的要求。

参评指数：★★★★★

3. 评价注意事项

（1）相关标准的规定　规划专业的国家标准中也有相关规定，具体如下。

①《城市居住区规划设计标准》（GB 50180—2018）的附录 B 的规定如下。

居住区在十分钟生活圈、十五分钟生活圈中应配建公交车站，在五分钟生活圈中根据实际情况按需配建公交车站；附录 C 中指出公交车站的服务半径不宜大于 500m。

②《城市综合交通体系规划标准》（GB/T 51328—2018）第 9.2.2 条的规定如下。

9.2.2　城市公共汽电车的车站服务区域，以 300m 半径计算，不应小于规划城市建设用地面积的 50%，以 500m 半径计算，不应小于 90%。

（2）设计策略　在项目规划布局时，应充分考虑场地步行出入口与公共交通站点的有机联系，创造便捷的公共交通使用条件。当项目确因地处新建区暂时无法提供公共交通服务时，应积极与相关主管部门沟通，争取早日实现公共交通配套，同时为项目使用者配备专用接驳车连接公共交通站点，方便出行。其中"专用接驳车"是指具有与公共交通站点接驳、能够提供定时定点服务，并已向使用者公示、提供合法合规服务的车辆。

4. 选址阶段初步自评

（1）场地周边公共交通站点

自评价时可将场地周边的公共交通现状或规划情况列表统计，复核项目是否达标，示例见表 2-1、表 2-2。

表 2-1　公交站点统计表示例

站点名称	场地出入口步行至该站点的距离/m	线路名称	已建/规划

表 2-2　轨道交通站点统计表示例

站点名称	场地出入口步行至该站点的距离/m	线路名称	已建/规划

（2）配备专用接驳车

是否配备连接公共交通站点的专用接驳车：□是、□否。

专用接驳车站点位于场地＿＿＿＿＿＿（方位或路名）。

与场地人行出入口的距离为：＿＿＿＿＿m。

到达的公共交通站点名称：＿＿＿＿＿，路线是：＿＿＿＿＿。

是否向使用者公示或宣传：□是、□否。

自评价时可将专用接驳车设置情况或计划列表统计，示例见表2-3。

表2-3 专用接驳车时刻表示例

出发发车点及路线	出发时刻	返回发车点及路线	返回时刻

5. 证明材料提供

绿色建筑评价工作中，需要按照评价标准逐条准备相关材料，以证明项目控制项能达标或评分项可以得分。第6.1.2条在预评价阶段应提供建设项目规划设计总平面图、场地周边公共交通设施布局示意图等相关设计文件、公共交通站点位置示意图、专用接驳车路线设计与运营管理方案；评价阶段则应提供相关竣工图，另可提供公共交通站点或专用接驳车运行的影像资料作为辅助证明材料。

（二）第6.2.1条

1. 条款原文

6.2.1 场地与公共交通站点联系便捷，评价总分值为8分，并按下列规则分别评分并累计：

1 场地出入口到达公共交通站点的步行距离不超过500m，或到达轨道交通站的步行距离不大于800m，得2分；场地出入口到达公共交通站点的步行距离不超过300m，或到达轨道交通站的步行距离不大于500m，得4分；

2 场地出入口步行距离800m范围内设有不少于2条线路的公共交通站点，得4分。

2. 参评指数

第6.2.1条是绿色建筑评价的"评分项"，与第6.1.2条控制项的达标要求具有相关性，项目策划时可结合所在地实际情况复核场地周边现状及规划公交线路，如有必要可积极向相关主管部门争取增设公共交通站点。

参评指数：★★★★

3. 评价注意事项

本条是在本标准第6.1.2条基础上进一步评价的得分条件，明确了对公交站点、轨道交通站点以及多条公交线路站点的评分条件。本条所指公共交通站点包括公共汽车站和轨道交通站。建设项目应结合周边交通条件合理设置出入口，具体要求与第6.1.2条相同。

4. 自评报告说明举例

请对交通组织进行简要分析（如有便捷的人行通道连接公共交通站点，为减少到达公共交通站点的绕行距离设置了专用的人行通道等，请对此情况进行描述，300字以内），举例如下，具体内容以××代替。

场地人行出入口有××个，分别是××路方向出入口、××街方向出入口。其中××路方向出入口邻近××路、××路公共交通站点，位于场地人行出入口马路对面，行人自出入口出发，通过斑马线即可到达公交车站候车；××街方向出入口邻近××轻轨/地铁线路的××站，出入口与轻轨/地铁站的距离为××米，行人自出入口出发，经人行道步行××米至过街天桥/地下通道，通过过街天桥/地下通道可直达站点。

5. 证明材料提供

绿色建筑评价工作中，需要按照评价标准逐条准备相关材料，以证明项目控制项能达标或评分项可以得分。第 6.2.1 条在预评价阶段应提供建设项目规划设计总平面图、场地周边公共交通设施布局示意图等相关设计文件、公共交通站点位置示意图；评价阶段则提供相关竣工图，另可提供公共交通站点或专用接驳车运行的影像资料作为辅助证明材料。

（三）第 6.2.3 条

1. 条款原文

6.2.3 提供便利的公共服务，评价总分值为 10 分，并按下列规则评分：

1 住宅建筑，满足下列要求中的 4 项，得 5 分；满足 6 项及以上，得 10 分。
  1) 场地出入口到达幼儿园的步行距离不大于 300m；
  2) 场地出入口到达小学的步行距离不大于 500m；
  3) 场地出入口到达中学的步行距离不大于 1000m；
  4) 场地出入口到达医院的步行距离不大于 1000m；
  5) 场地出入口到达群众文化活动设施的步行距离不大于 800m；
  6) 场地出入口到达老年人日间照料设施的步行距离不大于 500m；
  7) 场地周边 500m 范围内具有不少于 3 种商业服务设施。

2 公共建筑，满足下列要求中的 3 项，得 5 分；满足 5 项，得 10 分。
  1) 建筑内至少兼容 2 种面向社会的公共服务功能；
  2) 建筑向社会公众提供开放的公共活动空间；
  3) 电动汽车充电桩的车位数占总车位数的比例不低于 10%；
  4) 周边 500m 范围内设有社会公共停车场（库）；
  5) 场地不封闭或场地内步行公共通道向社会开放。

2. 参评指数

第 6.2.3 条是绿色建筑评价的"评分项"，城市中心区项目尽量参评，一般可得到部分分数；在城市规划区范围内但较为偏远的地区，或地处配套设施尚未完善的城市新建区的建设项目，可结合规划条件在用地范围内设置公共配套设施，也可调查周边用地详细规划，确定能否满足得分要求。

参评指数：★★★★

3. 评价注意事项

（1）住宅建筑 本款与国家标准《城市居住区规划设计标准》（GB 50180—2018）进行了对接。居住区的配套设施是指对应居住区分级配套规划建设，并指与居住人口规模或住宅建筑面积规模相匹配的生活服务设施，主要包括公共管理与公共服务设施、商业服务业设施、市政公用设施、交通场站及社区服务设施、便民服务设施。另外，宿舍建筑可参照住宅建筑进行得分评价。

本款选取了居民使用频率较高或对便利性要求较高的配套设施进行评价，突出步行可达的便利性设计原则，另外增加了医院、各类群众文化活动设施、老年人日间照料中心等公共服务设施的评价内容，强化了对公共服务水平的评价。其中医院含卫生服务中心、社区医院，群众文化活动设施含文化馆、文化宫、文化活动中心、老年人或儿童活动中心等。

对于本款第 7 项的商业服务设施，国家标准《城市居住区规划设计标准》（GB 50180—2018）附录 B 给出了商场、菜市场或生鲜超市、健身房、餐饮设施、银行营业网点、电信营业网点、邮政营业场所、其他等 8 项。

（2）公共建筑 公共建筑兼具两种及以上主要公共服务功能是指主要服务功能在建筑内

部混合布局，部分空间共享使用，如建筑中设有共用的会议设施、展览设施、健身设施、餐饮设施等以及交往空间、休息空间等，提供休息座位、家属室、母婴室、活动室等人员停留、沟通交流、聚集活动等与建筑主要使用功能相适应的公共空间。

公共服务设施向社会开放共享的方式也有多种形式，可以全时开放，也可根据自身使用情况错时开放。建筑向社会提供开放的公共空间和室外场地，既可增加公共活动空间，提高各类设施和场地的使用效率，又可陶冶情操、增进社会交往。例如，文化活动中心、图书馆、体育运动场、体育馆等，通过科学管理错时向社会公众开放；办公建筑的室外场地或公共绿地、停车库等在非办公时间向周边居民开放，会议室等向社会开放；商业建筑的屋顶绿化或室外绿地在非营业时间提供给公众休憩等。鼓励或倡导公共建筑附属的开敞空间错时共享，尽可能提高使用效率，提高这些公共空间的社会贡献率。对于中小学、幼儿园、社会福利机构等公共服务设施，因建筑使用功能的特殊性，本款第1、2、5项可按照满足要求直接得分。

4. 选址阶段初步自评

项目前期可以用列表的方式列举用地周边各类服务设施的类型、名称、位置等，一方面方便统计数量，另一方面有利于有条理地整理证明材料，逐项核查。示例表格及自评过程如下。

（1）住宅建筑

自评价时，可将项目周边的公共服务设施、商业服务设施的设置情况列表统计，复核项目得分情况，示例见表2-4、表2-5。

表2-4　场地周边公共服务场所统计表示例

服务设施类型	名称	位置 （街道及编号）	至场地出入口 的距离/m	是否在500m 范围内
幼儿园				☐是 ☐否
小学				☐是 ☐否
中学				☐是 ☐否
医院(含卫生服务 中心、社区医院)				☐是 ☐否 ☐是 ☐否
群众文化活动设施(含文化 馆、文化宫、文化活动中心、 老年人或儿童活动中心等)				☐是 ☐否 ☐是 ☐否
老年人照料设施				☐是 ☐否
其他				☐是 ☐否

表2-5　场地周边商业服务场所统计表示例

服务设施类型	名称	位置 （街道及编号）	至场地出入口 的距离/m	是否在500m 范围内
商场				☐是 ☐否
菜市场/生鲜超市				☐是 ☐否
健身房				☐是 ☐否 ☐是 ☐否
餐饮设施				☐是 ☐否 ☐是 ☐否
银行营业网点				☐是 ☐否
电信营业网点				☐是 ☐否
邮政营业场所				☐是 ☐否
其他				☐是 ☐否

（2）公共建筑

① 兼容两种及以上主要公共服务功能。

建筑设有的功能有：_____。

建筑是否兼容两种及以上主要公共服务功能：□是 □否。

② 向社会公众提供开放的公共活动空间。

建筑是否向社会公众提供开放的公共活动空间：□是 □否。

开放措施为：□全时开放、□错时开放。

开放部位是：□室外场地、□停车场、□运动场馆、□文化活动场馆、□会议室、□图书馆、□停车库、□其他部位_____。

是否有相关管理计划：□是 □否。

③ 电动汽车充电桩设置。

项目总停车位数为：_____个。

是否设有电动汽车充电车位：□是 □否。充电车位数量为：_____个。

充电车位在总停车位数中占比为：_____%。

④ 场地周围社会公共停车场（库）情况。

距离场地最近的社会公共停车场（库）名称是：_____。

所在位置是：_____。

与场地出入口的距离是：____m，不超过500m：□是 □否。

⑤ 场地封闭性。

场地设有围墙：□是 □否。

场地内设有步行通道：□是 □否。步行通道向社会开放：□是 □否。

⑥ 特殊情形。

项目功能为：□中小学、□幼儿园、□福利院、□养老院、□其他社会福利设施（第1款、第2款、第5款可直接得分）。

5. 证明材料提供

绿色建筑评价工作中，需要按照评价标准逐条准备相关材料，以证明项目控制项能达标或评分项可以得分，《绿色建筑评价标准》在各个条款的条文说明中均有明确要求。第6.2.3条在预评价阶段应提供建筑总平面施工图、公共服务设施布局图、位置标识图等规划设计文件作为证明材料；评价阶段则提供预评价涉及内容的竣工文件。投入使用的项目，尚应提供设施向社会共享的管理办法、实施方案、使用说明、工作记录等。

（四）第6.2.4条

1. 条款原文

6.2.4 城市绿地、广场及公共运动场地等开敞空间，步行可达，评价总分值为5分，并按下列规则分别评分并累计：

1 场地出入口到达城市公园绿地、居住区公园、广场的步行距离不大于300m，得3分；

2 到达中型多功能运动场地的步行距离不大于500m，得2分。

2. 参评指数

第6.2.4条是绿色建筑评价的"评分项"，一般新规划的城区绿地、广场分布较多，得分难度不大；老城区建筑密集、街道较窄，在老城区选址时需要特别留意周边开敞空间的设置情况，当然，随着城市更新工作的开展，老城区逐步植入口袋公园、健身广场等小规模的开敞空间，在老城区建设的项目的得分难度也会随之降低。

参评指数：★★★

3. 评价注意事项

（1）第 1 款 场地主要出入口步行 300m 到达任何一个城市公园绿地、城市广场即可得分，对于住宅建筑，符合得分要求的城市开敞空间还包括满足现行国家标准《城市居住区规划设计标准》（GB 50180—2018），且用地面积不小于 4000m² 的居住区公园（社区公园）。

居住区公园在《城市居住区规划设计标准》（GB 50180—2018）中的要求如下。

各级居住区公园绿地应构成便于居民使用的小游园和小广场，作为居民集中开展各种户外活动的公共空间，并宜动静分区设置。动区供居民开展丰富多彩的健身和文化活动，宜设置在居住区边缘地带或住宅楼栋的山墙侧边。静区供居民进行低强度、较安静的社交和休息活动，宜设置在居住区内靠近住宅楼的位置，并和动区保持一定距离。通过动静分区，各场地之间互不干扰，塑造和谐的交往空间，使居民既有足够的活动空间，又有安静的休闲环境。

（2）第 2 款 到达一处中型多功能运动场地的步行距离不大于 500m。依据国家标准《城市居住区规划设计标准》（GB 50180—2018）附录 C，中型多功能运动场地是指"用地面积在 1310m²～2460m²，宜集中设置篮球、排球、5 人足球的体育活动场地"。规模在中型运动场地以上的大型运动场地（用地面积 2150～5620m²）或全民健身中心（建筑面积 2000～5000m²，用地面积 1200～15000m²）也可以列入统计范围。

4. 选址阶段初步自评

项目前期可以用列表的方式列举用地周边开敞空间的类型、名称、位置等，核查项目得分情况，示例表格及自评过程如下。

（1）场地周边开敞空间统计

自评价时，可将场地周边的城市开敞空间现状或规划情况列表统计，复核项目得分，示例见表 2-6。

表 2-6　场地周边开敞空间统计表示例

开敞空间类型	名称	位置（街道）	至场地出入口的距离/m	是否在 300m 范围内
城市公园				□是 □否
居住区公园				□是 □否
城市广场				□是 □否

（2）场地周边运动场地统计

自评价时，可将场地周边的运动场地建设现状或规划情况列表统计，复核项目得分，示例见表 2-7。

表 2-7　场地周边运动场地统计表示例

运动场地规模	名称	位置（街道）	至场地出入口的距离/m	是否在 500m 范围内
中型运动场地（用地面积 1310～2460m²）				□是 □否
				□是 □否
大型运动场地（用地面积 2150～5620m²）				□是 □否
				□是 □否
体育场馆或全民健身中心（建筑面积 2000～5000m²，用地面积 1200～15000m²）				□是 □否
				□是 □否

5. 证明材料提供

绿色建筑评价工作中，需要按照评价标准逐条准备相关材料，以证明项目控制项能达标或评分项可以得分，第 6.2.4 条在预评价时需要提供相关设计文件（包括建筑总平面施工图、场地周边公共设施布局图/规划图、步行路线图、位置标识图等）；评价阶段则需提供相关竣工图（包括预评价涉及内容的竣工文件），另外可提供开敞空间出入口影像资料作为辅助证明材料。

第三章

工业化建造与环保建材

第一节　建筑工业化

建筑工业化是随着工业革命诞生的概念，是工业发展给制造业带来产品标准化、产能提升、劳动力需求降低等诸多实际效益后，对建筑行业产生了启发，从而形成的一种建筑行业的发展方向。1974 年联合国出版的《政府逐步实现建筑工业化的政策和措施指引》给出了"建筑工业化"的定义：按照大工业生产方式改造建筑业，使之逐步从手工业生产转向社会化大生产的过程。

在中国，建筑业作为国民经济的支柱产业，其增加值占国内生产总值的比重在"十三五"时期保持在 6.6% 以上，这显示出建筑业在国民经济中的重要地位。然而，与发达国家相比，中国建筑业的机械化、信息化、智能化程度还不高，建筑劳动生产率仅为发达国家的2/3 左右，这表明中国建筑业在向新型建筑工业化升级的过程中还有较大的提升空间。

一、我国的建筑工业化与绿色建筑

（一）建筑工业化发展历程

自 20 世纪 50 年代起，中国就开始探索建筑工业化，通过推行标准化、工厂化、机械化的预制构件和装配式建筑，以及近年来大力推广装配式建筑，取得了显著成效。2020 年，全国新开工装配式建筑共 6.3 亿平方米，较 2019 年增长 50%，占新建建筑面积的比例约为20.5%，主要集中在京津冀、长三角、珠三角等重点推进地区。这些数据表明，中国建筑业正在加快向新型建筑工业化转型升级的步伐，以适应劳动力成本上升的问题和建筑工业化降低生产成本的需求。

改革开放以来，我国建筑业在促进社会经济发展、城乡建设、人居环境改善等方面发挥了重要作用。但由于建设方式粗放，也带来了大量的资源、能源浪费和环境污染以及质量通病、安全隐患等一系列问题。与人民日益增长的美好生活需要相比，建筑业在科技创新、提高效率、提升质量、减少污染与排放等方面还有巨大的发展空间。推进新型建筑工业化与国家推进的建筑产业现代化和装配式建筑是一脉相承的。新型建筑工业化是以工业化发展成就为基础，融合现代信息技术，通过精益化、智能化生产施工，全面提升工程质量性能和品质，达到高效益、高质量、低消耗、低排放的发展目标。

（二）绿色建筑与工业化的关系

绿色建筑所指工业化是指通过标准化集成设计、精细化生产与施工安装，实现工程建设的高效益、高质量、低消耗、低排放。工业化生产与安装，可以保证建筑质量，提高建筑的施工精度，缩短工期，提高材料的使用效率，降低施工能耗，同时减少建造过程中产生的垃圾和减轻对环境的污染。工业化建造模式与传统建造模式的对比见表 3-1。

表 3-1 建筑工业化建造与传统建造模式对比

项目	传统建造	工业化建造
质量与安全	1. 现场施工质量较难控制,影响工程质量; 2. 露天作业、高空作业等增大安全隐患	工厂生产和机械化安装提高了产品质量,降低了安全隐患
施工工期	1. 工期长,受自然环境影响较大,各专业交叉施工受限; 2. 主体封顶后仍有大量施工作业	1. 构件提前发包,湿作业少; 2. 各楼层、各部位可并行施工,施工效率高; 3. 构件的保温及装饰可在工厂中集成一体化生产,现场只需吊装
劳动生产率	现场湿作业多,施工效率不高	构件、部品在工厂中生产,现场施工机械化程度高,生产效率提升
施工人员	1. 人数多、专业性不强; 2. 人员流动性大,管理难度高	人员固定、专业性强、人员数量少等特点均有利于管理
环境污染	1. 建筑垃圾多; 2. 需要专项治理扬尘、噪声、光污染等	大幅度减少现场施工产生的各类环境污染
建筑品质	受限于现场施工人员的技术水平和管理人员的管理能力	构件在工厂严格按图生产,生产过程中有多道检验,环境可控,产品质量有保障

注:信息来源为中信证券研究部。

二、国家及地方政策引导

（一）政策背景

当前,我国经济增长从高速转向中高速,经济下行压力加大,亟待建筑业提供更加强劲的发展动力。发展新型建筑工业化,一是有利于催生众多新型产业,包括全过程咨询服务、部品部件生产、专用设备生产、相应的物流运输、装配化装修等,拉长产业链条,促进产业再造和增加就业,带动行业专业化、精细化发展;二是有利于拉动投资,包括投资建厂、信息产业与建筑业深度融合的大投入等,能带动大量社会投资涌入建筑业;三是有利于提升消费需求,包括发展装配化装修、集成厨房和卫生间、"四新技术"和产品的应用等升级换代技术都有助于拉动居民消费;四是有利于带动地方经济发展,从国家装配式建筑试点示范城市发展经验看,凭着建设"一片区域"、引入"一批企业"、打造"一批项目"、形成"一系列增长点",能够有效促进区域经济增长。为了进一步提升建筑工业化发展水平,巩固建筑行业在国民经济发展的支柱地位,国家出台了一系列政策支持、引领建筑工业化持续进步。

（二）相关政策

2017 年国务院办公厅发布《国务院办公厅关于促进建筑业持续健康发展的意见》(国办发〔2017〕19 号),提到要推进建筑产业现代化,包括"推广智能和装配式建筑,坚持标准化设计、工厂化生产、装配化施工、一体化装修、信息化管理、智能化应用,推动建造方式创新,大力发展装配式混凝土和钢结构建筑,在具备条件的地方倡导发展现代木结构建筑,不断提高装配式建筑在新建建筑中的比例。力争用 10 年左右的时间,使装配式建筑占新建建筑面积的比例达到 30%。在新建建筑和既有建筑改造中推广普及智能化应用,完善智能化系统运行维护机制,实现建筑舒适安全、节能高效。"同时也要"加强技术研发应用,加快先进建造设备、智能设备的研发、制造和推广应用,提升各类施工机具的性能和效率,提高机械化施工程度。限制和淘汰落后、危险工艺工法,保障施工生产安全。积极支持建筑业科研工作,大幅提高技术创新对产业发展的贡献率。"

2020 年住建部会同教育部、科技部、工信部、自然资源部等多个部委联合发布了《住房和城乡建设部等部门关于加快新型建筑工业化发展的若干意见》,提出要"以新型建筑工业化带动建筑业全面转型升级，打造具有国际竞争力的'中国建造'品牌"，给出了"加强系统化集成设计、优化构件和部品部件生产、推广精益化施工、加快信息技术融合发展、创新组织管理模式、强化科技支撑、加快专业人才培育、开展新型建筑工业化项目评价、加大政策扶持力度"等九条意见，也为建筑工业化发展提供了诸如"推进标准化设计、推动构件和部件标准化、完善集成化建筑部品、大力发展钢结构建筑、推广装配式混凝土建筑、推进建筑全装修"等具体思路。

（三）发展趋势

黑龙江、吉林、辽宁、内蒙古、新疆等严寒地区的各省份纷纷响应国家政策，先后出台地方性的实施意见及技术性规范标准，以支持建筑工业化规范、良好发展，并结合自身发展情况提出了装配式建筑的具体建设目标。这些政策在执行当中很容易遇到不被理解的情况：我们国家在20世纪已经采用了装配式体系建造过一大批职工住宅，当时效果并不理想，普遍存在着隔音差、易漏水等问题，所以在混凝土结构发展成熟以后大家纷纷摒弃了原有的装配式房屋，为什么现在又要回过头来重新推广装配式建筑？

从发达国家建筑行业的发展经历来看，建筑行业向工业化方向发展是不可避免的，多数发达国家的建筑行业工业化程度达到70%以上，比如日本和英国建筑工业化率在70%左右，美国约为75%，法国和瑞典则高达80%，而我国的建筑工业化仍处于起步阶段，有相当大的发展空间。先贤曾讲，历史的长河是波浪式前进，人类的文明是螺旋式上升，建筑行业的发展也不能脱离这一规律。我们现在要发展的装配式建筑，是以我国建筑行业发展相对成熟为基础的，相关的材料、技术、设备、工艺经过几十年的不断更迭已今非昔比，我们应该对建筑工业化的未来发展抱有更大的信心。

三、建筑工业化体系

建筑工业化的基本途径是建筑标准化、构配件生产工厂化、施工机械化、组织管理科学化，通过逐步采用新技术、新工艺，提高劳动生产率，加快建设速度，降低工程成本，同时提高工程质量。标准化是建筑工业化的根本，模数化是标准化的基础，标准化设计通过各专业在设计工作中遵循模数设计原则，协调部件及各功能部位与主体间的空间位置关系，让住宅、旅馆、学校等内部大量房间平面、功能、装修相同或相近的建筑实现标准化设计、生产、建造。标准化设计的内容不仅包括平面空间，还应包括对建筑构件、建筑部品等进行标准化、系列化设计，以便进行工业化生产和现场安装。

目前我国建筑工业化体系已经日趋完善，从标准化设计开始，建筑构配件能实现工厂化生产、装配化施工、一体化装修和信息化管理。工业化建筑体系主要包括预制混凝土体系（由预制混凝土板、梁、柱、墙、楼梯等构件组成）、钢结构体系、复合木结构等及其配套产品体系，其特点是主要主体构件在工厂生产加工、现场连接组装。工业化部品包括装配式隔墙、复合外墙、整体厨卫等，以及成品门、窗、栏杆、百叶、雨篷、烟道以及水、暖、电、卫生设备等。工业化装修系统可分为隔墙系统、顶棚系统、地面系统、厨卫系统等，采用现场干作业的方式进行安装，施工过程更环保、卫生，可大大提高部品部件的加工和安装精度，减少材料浪费，保证装修工程质量，并有利于建筑的维护及改造工作，是绿色建筑的主要发展方向。

四、装配式建筑

装配式建筑主要有三种技术模式：装配式预制混凝土结构（precast concrete，PC）、钢结构和木结构，三大技术自成体系，各有优势，对比情况详见表3-2。

表 3-2　几种建筑工业化模式对比

结构特征	混凝土结构	钢结构	木结构
工业化程度	高	最高	高
生态环保性能	较好 （主材为二次加工材料）	良好 （主材为一次加工材料）	最好 （主材为原材料）
工期	较短	最短	较短
抗压强度	最高	较高	略低于超轻钢结构
热导率	较小	最大 （采用保温、断桥解决）	最小
主材防火性能	好	较差 （使用防火材料包覆）	差 （使用防火材料包覆）
主材防腐性能	好	较好	差
主材防虫性能	较好	最好	差
结构抗震性能	一般	很好	很好
结构隔音性能	好	较好 （采用多层复合墙体）	较好 （采用多层复合墙体）
结构主材资源	丰富	丰富	缺少
建造成本	较低	居中	最高

来源：《装配式建筑概论》。

（一）装配式预制混凝土结构

装配式预制混凝土结构是以预制构件为主要受力构件，经组装而成的混凝土结构，成本相对较低，应用最为广泛，具有结构性能好、产品质量高、施工速度快等特点，适用于各类工业化建筑，具有良好的灵活性和适用性。预制混凝土构件主要包括预制 PC 墙板、折叠楼板、楼梯和叠合梁等产品。由于与传统应用较广的现浇混凝土结构一脉相承，因此也是目前装配式建筑三大结构体系中推广最顺利、覆盖范围最大的一种。从住建部认定的首批 64 个装配式建筑示范项目来看，混凝土结构占比最高，达 64%，共 41 项，其中钢结构 19 项，木结构 4 项。

混凝土产业发展较早且成本方面具备优势，但 PC 构件领域成本竞争激烈，且优化空间有限，短期内难以替代传统现浇混凝土。与预制钢结构相比，预制混凝土装配式建筑虽然占据成本优势，但难以满足抗风、抗震及超高度、大跨度等设计要求，目前主要用于量大面广的多层、小高层办公楼、住宅建筑。

装配式混凝土结构在传统技术框架基础上侧重于外墙板、内墙板、楼板等构件的部品化，部品化率为 40%～50%，如果延伸至现场装修一体化，成本可进一步压缩至接近传统技术成本，并能实现约 5 天建一层的高效率。其在量大面广的多层建筑，尤其是住宅领域有广泛的应用场景。

（二）钢结构

钢结构可简单理解为由钢制材料组成的结构，主要由型钢和钢板等制成的钢梁、钢柱、钢桁架等构件组成，各构件或部件之间通常采用焊缝、螺栓或铆钉连接。钢结构抗震性能良好，适合高层建筑。

目前国内钢结构行业市场化程度高，行业集中度低，同质化竞争严重。以厂房为代表的轻钢结构应用广泛，技术相对成熟，进入壁垒相对较低，市场分散且竞争最为激烈；多高层钢结构由于钢结构工程技术含量高，制作安装难度较大，产品质量及精度要求高，竞争较轻钢结构市场缓和；而空间结构主要运用于大型体育场馆、剧院、机场、火车站等大跨度公共建筑，对资金、资质、产品质量和精度有着严格要求，进入门槛高，在三者中竞争最为和缓。

（三）木结构

木结构是指结构承重构件主要使用木材的一种建筑方式，现代木结构构件是将木材经过层压、胶合、金属连接等工艺处理，形成性能远超原木的建筑结构。

木材本身具有抗震、隔热保温、节能、隔声等优点，在国外特别是美国，木结构是一种常见并被广泛采用的建筑形式。然而，由于我国人口众多，房屋需求量大，人均森林资源和木材储备稀缺，木结构并不适合我国的建筑发展需要。此外，我国《木结构设计标准》（GB 50005—2017）明确规定木结构建筑层数不能超过3层，并且对最大长度和面积做出了限制。近年来出现的木结构建筑大多为低密度高档次的木结构别墅，主要是为了迎合一定层次的消费者对木材这种传统天然建材的偏爱，行业整体体量较小。一些高级度假村、小规模的展览建筑等项目也会选用木结构。

五、2024 年版评价标准相关条款

（一）第 7.2.16 条

1. 条款原文

7.2.16 建筑装修选用工业化内装部品，评价总分值为 8 分。建筑装修选用工业化内装部品占同类部品用量比例达到 50% 以上的部品种类，达到 1 种，得 3 分；达到 3 种，得 5 分；达到 3 种以上，得 8 分。

2. 参评指数

第 7.2.16 条是绿色建筑评价的"评分项"，无论是采用传统方式建造，还是选用工业化的建造方式，在内部装修过程中都可以选用一定的工业化内装部品，如集成式厨房、卫生间、整体卫浴、工业化成品吊顶、定制家居等，后期维护、保养、更换零部件均比传统的装修施工做法更为简便易操作，拆除范围更小、施工周期更短，整体上更有利于室内环境的保持。

参评指数：★★★★

3. 评价注意事项

（1）工业化内装部品定义　工业化内装部品主要包括集成式厨房、集成式卫生间、整体卫浴、装配式吊顶、干式工法地面、装配式内墙、管线集成与设备设施等。目前我国市场上比较普遍的工业化内装部品还包括工厂定制家居（含衣柜、地台床、储物间等）、室内门及门套、窗套、踢脚线。《装配式内装修技术标准》（JGJ/T 491—2021）在术语部分明确了以下概念。

2.0.5　集成式厨房，由工厂生产的楼地面、吊顶、墙面、橱柜和厨房设备及管线等集成并主要采用干式工法装配而成的厨房。

2.0.6　集成式卫生间，由工厂生产的楼地面、吊顶、墙面（板）和洁具设备及管线等集成并主要采用干式工法装配而成的卫生间。

2.0.7　整体卫生间，由防水底盘、壁板、顶板及支撑龙骨构成主体框架，并与各种洁具及功能配件组合而成的具有一定规格尺寸的独立卫生间模块化产品，称为"整体卫生间"，也称"整体卫浴"。

装配式内墙一般指适合产品集成的"非砌筑免抹灰"墙体，主要特征是工厂生产、现场安装、以干法施工为主。一般轻质条板隔墙、玻璃隔断、轻钢骨架复合墙体均可认定为装配式内墙。

（2）种类认定及用量计算　当建筑仅局部使用工业化内装部品时，建筑整体的工业化水平是难以提升的。要将工业化内装部品计入本条款得分的部品种类，还要保证其用量足够。

当工业化内装部品占同类部品用量比例，按国家标准《装配式建筑评价标准》（GB/T 51129—2017）第4.0.8～4.0.13条规定计算，达到50%及以上时，方可认定为1种。当裙房建筑面积较大时，或建筑使用功能、主体功能形式等存在较大差异时，可先分别评价并计算得分，然后按照建筑面积的权重进行折算。

4. 策划阶段初步自评

项目运作过程中可以用列表的方式列举可选工业化内装部品的类别、产品信息、适用范围等，计算其在同类部品中的占比，核查项目得分情况。需要复核的内容及样表示例如下。

建筑装修是否选用工业化内装部品：□是、□否；

自评价时，可列表统计工业化内装部品选用情况或计划，示例见表3-3。

表3-3 工业化内装部品选用情况统计表示例

序号	工业化内装部品类别	是否选用	产品信息（厂家、型号等）	使用范围（分区、楼层）	在同类部品中的占比/%
1	集成式厨房	□是 □否			
2	集成式卫生间	□是 □否			
3	整体卫浴	□是 □否			
4	装配式吊顶	□是 □否			
5	干式工法地面	□是 □否			
6	装配式内墙	□是 □否			
7	管线及设备设施集成	□是 □否			
8	工厂定制家居	□是 □否			
9	室内门	□是 □否			
10	门套、窗套	□是 □否			
11	踢脚线	□是 □否			
12	其他：				

工业化内装部品占同类部品50%以上的部品类别：____种。

5. 证明材料提供

绿色建筑评价工作中，需要按照评价标准逐条准备相关材料，以证明项目控制项能达标或评分项可以得分。第7.2.16条在预评价阶段应提交的证明材料包括建筑及装修专业施工图、工业化内装部品施工设计文件、工业化内装部品用量比例计算书。评价阶段则应提交相关竣工图（含建筑、结构、设备、装修等专业）、工业化内装部品用量比例计算书、工业化内装深化设计图、材料见证送检报告等材料。

（二）第9.2.5条

1. 条款原文

9.2.5 采用符合工业化建造要求的结构体系与建筑构件，评价分值为10分，并按下列规则评分：

1 主体结构采用钢结构、木结构，得10分；

2 主体结构采用混凝土结构，地上部分预制构件应用混凝土体积占混凝土总体积的比例达到35%，得5分；达到50%，得10分。

2. 参评指数

第9.2.5条是绿色建筑评价的"加分项"，当项目选用工业化结构体系建造时得分难度不高，现浇混凝土结构体系得分难度稍大。

参评指数：装配式建筑★★★★★

3. 评价注意事项

（1）钢结构、木结构 本条第1款制定的主要目的是鼓励建筑主体结构采用钢结构或木结构。需要注意的是：竖向与水平受力构件采用钢材或木材、钢管混凝土等符合工业化建造要求的钢-混凝土组合结构，符合工业化建造特征，都可得10分；但型钢混凝土等因需设置模板而不符合工业化建造特征的，不属于本条评分范围。

（2）装配式混凝土结构　绿色建筑鼓励采用装配式混凝土结构。对于装配式混凝土结构的预制构件混凝土体积计算，其结构体系中的部分"现浇混凝土"也可以乘上折算系数，计入预制混凝土构件的体积内，折算系数详见表3-4。计算时，分子为主体结构地上部分预制构件所用混凝土体积之和，分母为主体结构地上部分混凝土总体积。

表3-4　现浇混凝土与预制混凝土构件的体积折算系数

序号	现浇混凝土的使用情形	体积计算的折算系数
1	无竖向立杆支撑叠合楼盖的现浇混凝土部分	1.0
2	有竖向立杆支撑叠合楼盖的现浇混凝土部分	0.8
3	预制剪力墙的边缘构件现浇部分	1.0
4	叠合剪力墙的现浇混凝土部分	0.8
5	模壳墙的现浇混凝土部分	0.5

4. 策划阶段初步自评

项目运作过程中建议提前复核得分情况，需要复核的内容及样表示例如下。

项目主体结构采用：□混凝土结构、□砌体结构、□钢结构、□木结构、□混合结构、□其他＿＿＿
＿＿＿＿；

主体结构是否符合工业化建造要求：□是、□否；

计算预制混凝土构件应用比例，示例见表3-5：

表3-5　预制混凝土构件应用比例计算表示例

构件名称	应用部位 （单体、楼层等）	地上部分混凝土 体积/m³	地上部分预制构件应用 混凝土体积/m³	应用比例/%
合计				

5. 证明材料提供

绿色建筑评价工作中，需要按照评价标准逐条准备相关材料，以证明项目控制项能达标或评分项可以得分。第9.2.5条在预评价时应提供相关设计文件、计算书，第2款还可提供预制构件体积统计和占比计算书作为证明材料；评价时则应提供相关竣工图、计算书，具体可能包括预制构件体积统计和占比计算书，钢结构的楼梯详图，木结构的屋架、檩条、拉条、支撑等布置图，装配式混凝土结构的预制构件设计说明，工程竣工质量报告，工程概况表，设计变更文件等。

（三）第9.2.6条

1. 条款原文

9.2.6　应用建筑信息模型（BIM）技术，评价总分值为15分。在建筑的规划设计、施工建造和运行维护阶段中的一个阶段应用，得5分；两个阶段应用，得10分；三个阶段应用，得15分。

2. 参评指数

第9.2.6条是绿色建筑评价的"加分项"，一般比较重要的政府投资项目会选用BIM技术以增强各专业图纸的协调性，帮助设计人员和工程人员正确应对建筑图纸中的各专业信息，实现数据共享和协同工作，避免因信息交换不畅导致的重复性劳动，提高工程质量和工作效率。随着国内相关技术的成熟、相关费用的降低，此类设计手法会逐渐从少数重要项目向一般项目、从少数发达地区向全国各地推广普及。

参评指数：★★

3. 评价注意事项

（1）BIM 应用专业应全面　在建筑工程建设的各阶段支持基于 BIM 的数据交换和共享，可以极大地提升建筑工程信息化整体水平，工程建设各阶段、各专业之间的协作配合可以在更高层次上充分利用各自资源并显著降低成本。因此，BIM 应用一方面应实现全专业涵盖，至少包含规划、建筑、结构、给水排水、暖通、电气等 6 大专业相关信息；另一方面应实现同一项目不同阶段的共享互用。

（2）BIM 应用须涉及重点　《住房城乡建设部关于印发推进建筑信息模型应用指导意见的通知》（建质函〔2015〕159 号）明确了建筑的设计、施工、运行维护等阶段应用 BIM 的工作重点内容，详见表 3-6。评价时，规划设计阶段和运营维护阶段 BIM 应分别至少涉及 2 项重点内容应用，施工阶段 BIM 应至少涉及 3 项重点内容应用，方可得分。投入使用满 1 年的项目，还可能存在运行维护阶段的 BIM 应用，也要求至少涉及 2 项重点内容应用。

表 3-6　BIM 应用的重点内容

序号	项目阶段	BIM 应用重点内容
1	规划设计	投资策划与规划；设计模型建立；分析与优化；设计成果审核
2	施工管理	BIM 施工模型建立；细化设计；专业协调；成本管理与控制；施工过程管理；质量安全监控；地下工程风险管控；交付竣工模型
3	运营维护	运营维护模型建立；运营维护管理；设备设施运行监控；应急管理

（3）模型唯一　同一项目当中，BIM 模型的唯一性是其数据信息资源有效共享的保障。因此，当同一项目在不同阶段应用 BIM 技术时，应基于同一 BIM 模型开展，否则 BIM 应用会成为空中楼阁，违背了采用 BIM 技术的初衷，评价中只能得到 5 分。

（4）相关标准　住建部于 2016～2018 年陆续发布了《建筑信息模型应用统一标准》（GB/T 51212—2016）、《建筑信息模型施工应用标准》（GB/T 51235—2017）、《建筑信息模型设计交付标准》（GB/T 51301—2018）等一系列相关的规范标准，可作为具体项目应用 BIM 手段进行设计的依据。

4. 策划阶段初步自评

项目策划时可按以下步骤进行初步自评，综合其他条款得分情况确定绿色建筑的设计目标。

（1）政策要求

建设单位性质为：□政府、□国有企业、□私有企业或个人；

建设规模为_____m²；

建筑高度为：□单层或多层、□高层、□超高层；

建设地点在_____；

当地政府出台了要求采用 BIM 设计的相关政策：□是、□否。

（2）技术需求

项目的使用功能需求种类较多：□是、□否；

项目的内部空间或外部造型较为复杂：□是、□否；

项目内部设施布置难度较大：□是、□否；

项目应用 BIM 技术的阶段：□规划设计阶段、□施工建造阶段、□运行维护阶段。

5. 自评报告说明举例

简要说明 BIM 技术在各阶段的应用以及实现信息共享、协同工作的情况（200 字以内）。举例如下。

> 在勘察设计阶段，通过采用 BIM 设计方式建立多维模型，整合了各专业相关信息，在建筑造型确定、结构体系搭建、管线综合等方面实现了信息共享，顺利协同各专业设计工作。
>
> 在施工阶段，通过现场使用平板电脑等设备观察 BIM 模型辅助施工，提高了施工队伍对设计图纸的理解水平，有效降低了设计人员与施工人员的沟通难度。
>
> 在运营维护阶段，通过在物业管理平台引入 BIM 模型的数据，提高物业管理的效率和建筑日常维护的准确性。

6. 证明材料提供

绿色建筑评价工作中，需要按照评价标准逐条准备相关材料，以证明项目控制项能达标或评分项可以得分。第 9.2.6 条参评时应在预评价阶段提供相关设计文件、BIM 技术应用报告；在评价阶段应提供竣工图、BIM 技术应用报告。审核的重点内容是 BIM 应用在不同阶段、不同工作内容之间的信息传递和协同共享。

第二节 环 保 建 材

绿色建筑中所使用的建筑材料，其绿色设计原则是提高材料使用效率，节省材料的用量。应考虑使用高性能及耐久性好的材料，减少在施工、运行和维护过程中的材料消耗总量，同时考虑材料的循环利用，以达到节约材料的目的。严禁采用高耗能、污染物超标及国家和地方限制使用或淘汰的材料。

节材方面，在保证安全性与耐久性的情况下，应通过优化结构设计减少材料的用量，并合理采用高性能结构材料。如高层混凝土结构的下部墙柱及大跨度结构的水平构件宜采用高强混凝土，可以减小构件截面尺寸和混凝土用量；普通混凝土结构中，受力钢筋选用高强钢筋（HRB400 级及以上）可以减少钢筋用量。建筑装修应采用建筑、结构、设备与室内装修一体化设计，并宜采用无需外加饰面层的材料。一体化设计是节省材料用量、实现绿色目标的重要手段之一。土建和装修一体化设计可以事先统一进行建筑构件上的孔洞预留和装修面层固定件的预埋，避免在装修施工阶段对已有建筑构件打凿、穿孔和拆改。这样既保证了结构的安全性，又减少了噪声、能耗和建筑垃圾，同时降低了装修成本。鼓励采用本身具有装饰效果的建筑材料，目前此类材料中应用较多的有清水混凝土、清水砌块、饰面石膏板等。这类材料的使用大幅度减少了涂料、饰面等装饰材料的用量，从而减少了装饰材料中有害气体的排放。

建筑材料选择，在满足功能要求的情况下，应优先选用可再循环材料、可再利用材料；使用以废弃物为原料生产的建筑材料；应充分利用建筑施工、既有建筑拆除和场地清理时产生的尚可继续利用的材料；采用速生材料及其制品；选用本地的建筑材料。以上方法可实现材料生产和运输过程中减少资源、能源消耗和减轻环境污染的目标。

一、可再循环材料及废弃物利用

在全生命周期视角下，建筑物的建造、维修、拆除等过程都会产生大量的废弃物。不同结构类型的建筑物所产生的建筑施工废弃物成分有所不同，但总体上主要包括渣土、散落的砂浆和混凝土、剔凿产生的砖石和混凝土碎块、打桩截下的钢筋混凝土桩头、截断的钢筋头、报废的模板、废金属料、竹木材、装饰装修产生的废料、各种包装材料和其他废弃物等。

这些废弃物在以往被称作"建筑垃圾"，在城市垃圾产生总量中占比高达 40％。其中的绝大部分都会被运到郊外或更远的荒地露天堆放或填埋处理，这种处理方式不仅在一定程度上污染了环境，占用了大量的土地，还形成了高昂的运输成本，造成了大量的资源浪费。为解决这一问题，从业者们集思广益，提出了对废弃物进行再利用的思路，可再利用材料、可再循环材料、利废建材等一系列环保建材由此诞生。绿色建筑从整体上考量建筑材料的循环利用对于"节材"的贡献，鼓励建设项目积极选用可再循环、可再利用材料或利废建材。

（一）可再利用材料

可再利用材料是指能在基本不改变材料、制品的原貌的情况下，对其进行适当的清洁或修整等简单工序后，经过检测，各项性能满足要求，能直接回用于建筑工程的建筑材料，一般为型材、制品形式，比如铝合金门窗的框料、钢结构型材等。

（二）可再循环材料

可再循环材料是指建筑材料的原貌形态很难直接回用于建筑工程中，但经过破碎、回炉等专门工艺再加工后能形成新的可用建材的建筑材料，比如钢筋、玻璃、石膏板等。

（三）利废建材

利废建材是指在满足安全和使用性能的前提下，利用废弃物作为原材料生产出的建筑材料。这里的"废弃物"主要包括建筑废弃物、工业废料和生活废弃物。利废建材具有较高的资源利用效益和环保效能，可以大幅度减少工业垃圾的排放和对自然资源的消耗。建筑上常用的工业废料有很多，最常见的就是粉煤灰、煤矸石、高炉矿渣等，而且像陶粒也可以用粉煤灰来间接制作，制成的建筑材料通常为砌块，比如粉煤灰砖、煤矸石砖等。

案例：美国波特兰国际机场航站楼扩建

美国波特兰国际机场主航站楼的扩建工程利用木结构建造了屋顶，成为世界上最大的木结构屋顶的机场，展现出了传统建材与现代技术的融合与创新，体现出了木结构天生具备的美学优势。航站楼屋顶共使用了8000多立方米木材，包括胶合板、胶合木梁等。所有木材均来自距离机场1000km范围以内的家族森林、非营利组织，具有生态友好性且来源可溯。不仅减少了对钢材、水泥等高碳足迹材料的依赖，还支持了本地经济发展，促进了可持续林业的实践。木结构不仅覆盖了巨大的跨度，还在屋顶设置了大小形状各异的天窗，给航站楼赋予了不同于以往的明亮、温馨的空间氛围。

在安全性方面，屋顶结构由带有抗震轴承的 Y 形柱支撑（图 3-1），可以在地震时顺应地震力横向移动，能抵御 9.0 级地震作用。

图 3-1　支撑木结构屋顶的 Y 形柱

案例：德国混合亚麻展馆

建材领域的创新是对传统建筑材料、建造方法的不断变革，近期德国斯图加特大学的计算机研究所、建筑结构与结构设计研究所共同设计了混合亚麻展馆，突破了建材创新的边界，也为绿色建筑设计提供了新的方向和灵感。设计师利用谷物、豆科、秸秆、竹木粉末等可再生材料制成强度足够的纤维，利用计算机设计和机械臂将这些纤维编织成屋顶的基础结构单元，体现了可持续发展的建造理念（图3-2）。整个屋顶由20个组件与CLT板材交替排列构成，形成了独特的波浪形轮廓。同时，展馆的地面下设置了由再生混凝土制成的地热激活系统，为室内提供一年四季的舒适环境，减少了对建筑设备系统的依赖。

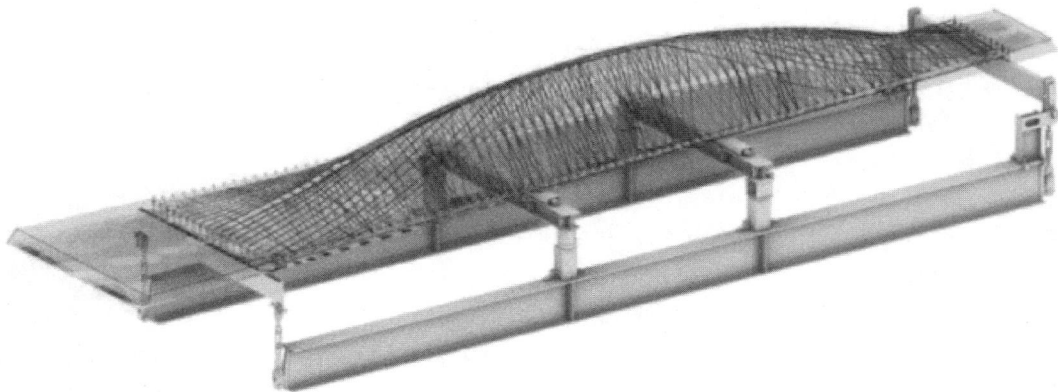

图 3-2　屋顶组件设计模型

二、绿色建材

（一）什么是绿色建材

绿色建材原指生态建材、环保建材，是采用清洁生产技术，少用天然资源和能源，大量使用工业或城市固体废物生产的无毒害、无污染、无放射性、有利于环境保护和人体健康的建筑材料。绿色建材注重建筑材料对人体健康和环境保护所带来的影响，一般具有消磁、隔音、调光、调温、防火、抗静电、防霉、防蛀、防腐、耐久等性能。与传统建材相比，绿色建材具有节约资源、环境友好、低能耗等特点。

《绿色建筑评价标准（2024年版）》（GB/T 50378—2019）将绿色建材定义为"在（建筑）全寿命周期内可减少对资源的消耗、减轻对生态环境的影响，具有节能、减排、安全、健康、便利和可循环特征的建材产品"。其中的第7.2.18条在条文说明及评价标准技术细则中指出，绿色建材是"通过相关评价认证"的建筑材料，绿色建筑评价中的"绿色建材"不再等同于生态建材、环保建材，变成了一个专有名词。这里的"相关评价认证"主要是指依据住建部、工信部出台的《绿色建材评价标识管理办法》（建科〔2014〕75号）申请并获得绿色建材标识（图3-3）、在各级住建部门备案过的建筑材料。

(a) 一星级　　　　　　　(b) 二星级　　　　　　　(c) 三星级

图 3-3　绿色建材评价标识

（二）绿色建材发展现状

《绿色建材评价标识管理办法》第四条～第六条明确了绿色建材标识产品评价的基本原则。

第四条 每类建材产品按照绿色建材内涵和生产使用特性，分别制定绿色建材评价技术要求。

标识等级依据技术要求和评价结果，由低至高分为一星级、二星级和三星级三个等级。

第五条 评价标识工作遵循企业自愿原则，坚持科学、公开、公平和公正。

第六条 鼓励企业研发、生产、推广应用绿色建材。鼓励新建、改建、扩建的建设项目优先使用获得评价标识的绿色建材。绿色建筑、绿色生态城区、政府投资和使用财政资金的建设项目，应使用获得评价标识的绿色建材。

在绿色建材评价工作的组织管理方面，《绿色建材评价标识管理办法》第八条进行了职责划分。

第八条 住房和城乡建设部、工业和信息化部负责三星级绿色建材的评价标识管理工作。省级住房和城乡建设厅、工业和信息化主管部门负责本地区一星级、二星级绿色建材评价标识管理工作，负责在全国统一的信息发布平台上发布本地区一星级、二星级产品的评价结果与标识产品目录，省级主管部门可依据本办法制定本地区管理办法或实施细则。

2016年5月27日，住建部、工信部召开绿色建材评价标识工作座谈会，发布了第一批三星级绿色建材评价机构和第一批获得三星级绿色建材评价标识的32家企业、45个产品，这标志着我国绿色建材评价标识工作取得了良好开端。在各级政府、行业协会的共同努力下，建材工业高效、清洁、低碳、可循环的绿色制造体系也逐步建立起来了。目前绿色建材评价产品的评价标准已经包括《绿色产品评价通则》（GB/T 33761—2024）以及涂料、防水与密封材料、建筑玻璃、绝热材料、木塑制品、墙体材料、人造板和木质地板、陶瓷砖（板）、卫生陶瓷等一系列专项评价标准。

据中国建筑材料联合会统计，建材全行业160余条水泥熟料生产线配套建设了协同处置生活垃圾、污泥、危险废弃物等各类装备，年综合利用工业固体废弃物量已经超过15亿吨，建材工业年余热发电量已经超过400亿千瓦时，余热余压年利用量也已超过4亿百万千焦，按各年火力发电标准煤耗计算，相当于每年为全社会减少CO_2排放3000万吨以上。截至2022年底，全国累计发放绿色建材产品认证证书累计3585张，超过450种建材产品入选工信部绿色设计产品名单，约350家建材企业入选工信部绿色工厂和绿色供应链企业名单。2023年，中国建筑材料联合会宣布，中国水泥工业已经实现碳达峰。

在为绿色建材行业发展取得的成就欢欣鼓舞的同时，我们也要看到，绿色建材的发展受到经济环境制约，在国内各地区间并不均衡。其中严寒地区绿色建材的认证工作起步较晚，从事绿色建材生产并申请认证的相关企业较少，产品研发工作落后，产品价格偏高，导致整体的普及率较低，与经济发达地区存在较大的差距，需要相关政策指引进一步推动行业进步。

三、 2024年版评价标准相关条款

（一）第4.2.9条

1. 条款原文

4.2.9 合理采用耐久性好、易维护的装饰装修建筑材料，评价总分值为9分，并按下列规则分别评分并累计：

1 采用耐久性好的外饰面材料，得3分；

2　采用耐久性好的防水和密封材料，得 3 分；

3　采用耐久性好、易维护的室内装饰装修材料，得 3 分。

2. 参评指数

第 4.2.9 条是绿色建筑评价的"评分项"，技术性要求不高，建设项目在选择材料时满足要求即可得分，但可能相应提高整体造价。

参评指数：★★★

3. 评价注意事项

（1）何为"耐久性好"　外饰面材料（金属复合装饰材料、外墙涂料等）、防水材料（防水卷材、防水涂料等）、密封材料（密封胶等）得分时，其耐久性能是否"好"的评判过程不应主观，应以该类材料在相应的绿色建材标准中对该材料耐久性指标的要求为准。

（2）合理使用清水混凝土　采用清水混凝土饰面可以减少装饰装修材料的用量，同时提升耐久性，符合绿色建筑的节约理念。结合项目实际情况合理使用清水混凝土时，可根据其使用部位取得第 1 款（室外）、第 3 款（室内）的分数。

（3）量的控制　如果局部使用耐久性好的装饰装修建筑材料，其余部位仍然选用耐久性能一般的材料，难以实现提升外饰面防水和室内装修整体耐久性的目的，也不符合本条款设置的初衷。因此，应针对耐久性好的材料的用量做一定限制。以经验上看，如要得分，每类材料的用量比例需不小于 80%。

4. 策划阶段初步自评

项目运作过程中可以结合项目定位或实际设计情形，按以下步骤，逐条复核项目在第 4.2.9 条的得分情况。

（1）采用耐久性好的外饰面材料

建筑外墙外饰面采用耐久性好的饰面材料或做法，外饰面类型：

□外墙饰面：□真石漆；

　　　　　　□采用水性氟涂料或耐候性相当的涂料；

　　　　　　□合理采用清水混凝土；

　　　　　　□其他_____；

□建筑幕墙：□采用耐久性与建筑幕墙设计年限相匹配的饰面；

　　　　　　□明框、半隐框玻璃幕墙的铝型材表面处理应符合《铝及铝合金阳极氧化膜与有机聚

　　　　　　　合物膜》（GB/T 8013—2021）规定的耐候性等级的最高要求，硅酮（聚硅氧烷）结

　　　　　　　构密封胶耐候性优于标准要求；

　　　　　　□石材幕墙根据当地气候环境条件，合理选用石材含水率和耐冻融指标，并对其表面

　　　　　　　进行防护处理；

　　　　　　□金属板幕墙采用氟碳制品，或耐久性相当的其他表面处理方式的制品；

　　　　　　□人造板幕墙根据当地气候环境条件，合理选用含水率、耐冻融指标；

　　　　　　□其他_____；

外饰面材料的耐久性达到相应绿色建材标准中的要求：□是、□否；

耐久性能好、易维护的外饰面材料占总外饰面材料用量比例：＿＿＿%。

（2）采用耐久性好的防水和密封材料

建筑中采用耐久性好的防水和密封材料及相关技术要求，材料类型：

□沥青基防水卷材：□热空气老化条件下，拉伸性能保持率不小于 80%；

　　　　　　　　　□热空气老化条件下，低温柔度测试无裂纹；

□高分子防水卷材：□热空气老化条件下，拉伸性能保持率不小于 80%；

　　　　　　　　　□热空气老化条件下，低温弯折性测试无裂纹；

　　　　　　　　　□人工气候加速老化条件下，拉伸性能保持率不小于 80%；

　　　　　　　　　□人工气候加速老化条件下，低温弯折性测试无裂纹；

□防水涂料：□在热空气及人工气候加速老化条件下，均能通过相关耐久性测试；

□密封胶：□在规定条件冷拉-热压后的黏结性测试符合产品标准规定的指标要求；

防水、密封材料的耐久性达到相应绿色建材标准中的要求：□是、□否；

耐久性能好、易维护的防水和密封材料占总防水和密封材料用量比例：____%。

（3）采用耐久性好、易维护的室内装饰装修材料

建筑室内装饰装修中采用耐久性好、易维护的材料或做法及应用比例：

□清水混凝土墙面或天花板，应用比例____%；

□免吊顶设计，应用比例____%；

□耐洗刷性≥5000 次的内墙涂料，应用比例____%；

□耐磨性不低于 4 级的有釉砖，应用比例____%；

□磨坑体积不大于 127mm³ 的无釉砖，应用比例____%；

□其他_____，应用比例____%；

室内装饰装修材料的耐久性达到相应绿色建材标准中的要求：□是、□否；

耐久性能好、易维护的室内装饰装修材料占室内装饰装修材料用量比例：____%。

5. 自评报告说明举例

简要说明本项目所采用的装饰装修材料举例（200 字以内，具体内容以××替代）。

> 本项目外饰面选用水性氟涂料，未设置幕墙系统。屋面、外墙、室内防水工程的防水层分别选用××防水卷材/涂料/砂浆，耐久性能符合防水卷材/涂料/砂浆的相关要求；密封胶选用××密封胶，在规定条件冷拉-热压后的黏结性测试符合产品标准规定的指标要求。内墙涂料选用××漆，经检测耐刷洗性为××次；室内地面选择有釉地砖，耐磨性可达到 4 级。

6. 证明材料提供

绿色建筑评价工作中，需要按照评价标准逐条准备相关材料，以证明项目控制项能达标或评分项可以得分。第 4.2.9 条在预评价阶段应提供相关设计文件；评价阶段应提供相关竣工图（建筑设计说明、建筑立面图、装修材料表、装修施工图等）、材料用量清单（建筑工程造价预算/决算清单等）、材料检测报告及有关耐久性证明材料。

（二）第 7.1.10 条

1. 条款原文

7.1.10　选用的建筑材料应符合下列规定：

1　500km 以内生产的建筑材料重量占建筑材料总重量的比例应大于 60%；

2　现浇混凝土应采用预拌混凝土，建筑砂浆应采用预拌砂浆。

2. 参评指数

第 7.1.10 条是绿色建筑评价的"控制项"，相当于一般技术性规范标准中的强制性条款，绿色建筑如果要申请参与评价，必须满足全部控制项的要求。

参评指数：★★★★★

3. 评价注意事项

第 1 款　本条要求就地取材制成的建筑产品所占比例应大于 60%。500km 是指建筑材料的最后一个生产工厂或场地到施工现场的运输距离。本款在预评价阶段不参与评价；特殊地区因客观原因无法达到者提供相关说明可不参评。

第 2 款　预拌混凝土应符合现行国家标准《预拌混凝土》（GB/T 14902—2012）的性能等级、原料和配合比、质量要求等有关规定。预拌砂浆应符合国家现行标准《预拌砂浆》（GB/T 25181—2019）和行业标准《预拌砂浆应用技术规程》（JGJ/T 223—2010）的材料、性能、制备等有关规定。如项目所在地无预拌混凝土或预拌砂浆采购来源，评价过程中可提

供相关说明。

4. 策划阶段初步自评

项目运作过程中可以用列表的方式列举建筑材料的种类、生产厂家、运输半径、材料重量等，计算其在建筑材料总用量中的占比，核查项目得分情况。

（1）本地化建材使用

统计建材选用情况，示例如表 3-7 所示。

表 3-7　建材选用及采购统计表示例

序号	建筑材料种类	生产厂家	运输半径/km	建筑材料重量/t
1	混凝土			
2	砂浆			
3	砌块			
4	钢筋/钢材			
5	防水材料			
6	雨水管			
7	采暖管			
8	水管			
9	电线/电缆			
10	配电箱			
11	灯具			
12	石材/面砖			
13	外墙漆			
14	保温材料			
15	外门窗			
…	…			
建筑材料用量总计				
500km 以内生产的建筑材料重量及其占建筑材料总重量的比例		重量：＿＿＿t；占比：＿＿＿％		

本地建材在建材总重量中的占比是否超过 60％：□是、□否。

（2）预拌混凝土使用

现浇混凝土是否全部采用预拌混凝土：□是、□否；

混凝土的设计强度、坍落度、扩展度、耐久性等性能等级是否符合现行国家标准《预拌混凝土》（GB/T 14902—2012）的相关要求：□是、□否；

检验/实测值是否达到设计要求：□是、□否；

混凝土的水泥、骨料、水、外加剂、矿物掺合料等原料是否符合现行国家标准《预拌混凝土》（GB/T 14902—2012）的相关要求：□是、□否；

混凝土配合比：□普通混凝土执行《普通混凝土配合比设计规程》（JGJ 55—2011）、□轻骨料混凝土执行《轻骨料混凝土技术规程》（JGJ 51—2002）、□纤维混凝土执行《纤维混凝土应用技术规程》（JGJ /T221—2010）、□重晶石混凝土执行《重晶石防辐射混凝土应用技术规范》（GB/T 50557—2010）。

（3）预拌砂浆使用

建筑砂浆是否全部采用预拌砂浆：□是、□否；类型为：□湿拌砂浆、□干混砂浆；

项目中预拌砂浆的用途包括：□砌筑、□找平、□抹灰、□防水砂浆、□其他＿＿＿＿；

各部位使用预拌砂浆的厚度分别为：＿＿＿＿mm，总用量为＿＿＿＿t；

选用砂浆是否符合现行国家标准《预拌砂浆》（GB/T 25181—2019）及行业标准《预拌砂浆应用技术规程》（JGJ/T 223—2010）的相关规定：□是、□否。

5. 自评报告说明举例

简要说明本项目预拌砂浆使用的部位、用途、厚度及预拌砂浆的使用量占建筑砂浆的比例，且注明本项目使用的预拌砂浆是否符合现行标准《预拌砂浆》（GB/T 25181—2019）及《预拌砂浆应用技术规程》（JGJ/T 223—2010）的规定，举例如下（200 字以内），具体内容以××替代。

> 本项目施工过程中，墙体砌筑、各面找平、抹灰以及防水砂浆等全部砂浆均选用预拌砂浆，用于建筑主体及道路景观工程，预拌砂浆的总用量为××t，所有砂浆出厂、进场时均经过检验检测，砂浆质量符合现行标准《预拌砂浆》（GB/T 25181—2019）及《预拌砂浆应用技术规程》（JGJ/T 223—2010）的规定，详见材料进场记录。

6. 证明材料提供

绿色建筑评价工作中，需要按照评价标准逐条准备相关材料，以证明项目控制项能达标或评分项可以得分。第7.1.10条在预评价阶段应提供相关设计文件、结构施工图及设计说明、工程材料预算清单；评价阶段应提供结构竣工图及设计说明、购销合同、材料用量清单（预拌混凝土用量清单及使用比例计算书、预拌砂浆用量清单及使用比例计算书）等作为证明材料。

（三）第7.2.17条

1. 条款原文

7.2.17 选用可再循环材料、可再利用材料及利废建材，评价总分值为12分，并按下列规则分别评分并累计：

1 可再循环材料和可再利用材料用量比例，按下列规则评分：

1）住宅建筑达到6%或公共建筑达到10%，得3分；

2）住宅建筑达到10%或公共建筑达到15%，得6分。

2 利废建材选用及其用量比例，按下列规则评分：

1）采用一种利废建材，其占同类建材的用量比例不低于50%，得3分；

2）选用两种及以上的利废建材，每一种占同类建材的用量比例均不低于30%，得6分。

2. 参评指数

第7.2.17条是绿色建筑评价的"评分项"，主要对可循环材料、再生建材的利用情况作出了要求，当材料用量在同类建材中的占比超过条款要求时即可得分，可根据项目需求和当地材料生产情况确定是否能在此条款得分。

参评指数：★★★

3. 评价注意事项

第7.2.17条设置的目的是整体考量建筑材料的循环利用对于节材与材料资源利用的贡献，评价范围是永久性安装在工程中的建筑材料，不包括电梯等设备。

第1款 可再循环材料指的是需要通过改变物质形态可实现循环利用的土建及装饰装修材料，如钢筋、铜、铝合金型材、玻璃、石膏、木地板等；可再利用材料指的是在不改变材料的物质形态情况下直接进行再利用，或经过简单组合、修复后可直接再利用的土建及装饰装修材料，如旧钢架、旧木材、旧砖等；还有的建筑材料则既可以直接再利用又可以回炉后再循环利用，例如旧钢结构型材等。以上各类材料均可纳入本条范畴。施工过程中产生的回填土、使用的模板等不在本条范畴内。计算可再循环材料和可再利用材料用量比例时，分子为申报项目各类可再循环材料和可再利用材料重量之和，分母为全部建筑材料总重量。

第2款 利废建材即"以废弃物为原料生产的建筑材料"，是指在满足安全和使用性能的前提下，使用废弃物等作为原材料生产出的建筑材料，要求其中废弃物量（重量比）不低于生产该建筑材料总量的30%，且该建筑材料的性能同时满足相应的国家或行业标准的要求。废弃物主要包括建筑废弃物、工业废料和生活废弃物。在满足使用性能的前提下，鼓励利用建筑废弃混凝土，生产再生骨料，制作成混凝土砌块、水泥制品或配制再生混凝土；鼓励利用工业废料、农作物秸秆、建筑垃圾、淤泥为原料制作成水泥、混凝土、墙体材料、保温材料等建筑材料；鼓励以工业副产品石膏制作成石膏制品；鼓励使用生活废弃物经处理后制成的建筑材料。

计算利废建材用量比例时，分子为某种利废建材重量，分母为该种利废建材所属的同类材料的总重量。当项目使用了多种利废建材，应针对每种单独计算，每种利废建材的用量比例均不应低于30%。

4. 策划阶段初步自评

项目运作过程中可以按照以下流程复核材料使用情况，并以列表的方式列举相关建筑材料的名称、利用废弃物名称、废弃物掺量、材料用量及其占比，核查项目得分情况。

（1）可再利用材料和可再循环材料使用情况

项目是否使用可再循环材料：□是、□否；

使用可再循环材料的种类为：□钢筋、□铜、□铝合金型材、□玻璃、□石膏、□木材、□其他_____；

使用可再循环材料的总重量为：____t；

项目是否使用可再利用材料：□是、□否；

使用可再利用材料的种类为：□旧钢架、□旧木材、□旧砖、□旧钢结构型材、□其他_____；

使用可再利用材料的总重量为：____t；

项目性质为：□住宅建筑、□公共建筑；

使用所有建筑材料的总重量为：_____t；

可再利用材料和可再循环材料使用重量占所有建筑材料总重量的比例为：_____%。

（2）利废材料使用

统计利废材料使用情况，示例见表3-8。

表3-8 利废材料使用情况统计表示例

序号	材料名称	利用废弃物名称	废弃物掺量比例/%	利废材料用量/kg	同类建筑材料总用量/kg	利废材料用量占比/%
1						
2						
3						

5. 证明材料提供

绿色建筑评价工作中，需要按照评价标准逐条准备相关材料，以证明项目控制项能达标或评分项可以得分。第7.2.17条在预评价阶段应提供工程概预算材料清单、各类材料用量比例计算书、各种建筑材料的使用部位及使用量一览表；评价阶段应提供工程材料清单、各类材料用量比例计算书、利废建材中废弃物掺量说明及证明材料。

（四）第7.2.18条

1. 条款原文

7.2.18 选用绿色建材，评价总分值为12分。绿色建材应用比例不低于 <u>40%</u>，得4分；不低于50%，得8分；不低于70%，得12分。

2. 参评指数

第7.2.18条是绿色建筑评价的"评分项"，主要对绿色建材的利用情况作出了要求，当材料用量在同类建材中的占比超过条款要求时即可得分，可根据项目需求和当地材料生产情况确定是否能在此条款得分。

参评指数：★★

3. 评价注意事项

（1）绿色建材范围 本条所述绿色建材，主要是指依据住房和城乡建设部、工业和信息化部发布的《绿色建材评价标识管理办法》进行了绿色建材评价，并获得评价认证的建筑材料。也可以是满足财政部、住房和城乡建设、工业和信息化部发布的《绿色建筑和绿色建材政府采购需求标准》的材料。

国家、自治区鼓励相关方面积极申请绿色建材评价标识。住建部等部委陆续出台了《绿色建材评价标识管理办法实施细则》《绿色建材评价技术导则（试行）》《绿色建材产品认证实施方案》等，住房和城乡建设部科技与产业化发展中心等单位编制了一系列绿色产品评价标准，可作为具体产品申请绿色建材认证的依据，主要有：《绿色产品评价通则》（GB/T 33761—2024）、《绿色产品评价 人造板和木质地板》（GB/T 35601—2024）、《绿色产品评价 涂料》（GB/T 35602—2017）、《绿色产品评价 卫生陶瓷》（GB/T 35603—2024）、《绿色产品评价 建筑玻璃》（GB/T 35604—2017）、《绿色产品评价 墙体材料》（GB/T 35605—2024）、《绿色产品评价 绝热材料》（GB/T 35608—2024）、《绿色产品评价 防水与密封材料》（GB/T 35609—2025）、《绿色产品评价 陶瓷砖（板）》（GB/T 35610—2024）、《绿色产品评价 木塑制品》（GB/T 35612—2024）、《绿色产品评价 纸和纸制品》（GB/T 35613—2017）等。

（2）应用比例计算 住房和城乡建设部科技与产业化发展中心于 2021 年 9 月发布《绿色建材应用比例计算技术细则（试行）》。该细则提出绿色建材应用比例的计算指标由主体及围护结构工程用材（Q_1）、装饰装修工程用材（Q_2）、机电安装工程用材（Q_3）、室外工程用材（Q_4）4 类一级指标组成，对 4 类一级指标分别进行了赋分，分别是 45 分、35 分、15 分、5 分；给每一类一级指标划分了二级指标，并提出了绿色建材应用比例计算公式。第 7.2.18 条以《绿色建材应用比例计算技术细则（试行）》建立的指标体系、计算方法为基础，将具体的用材情况映射归类到二级指标中，确定了绿色建材应用比例的公式如下：

$$P = \sum \frac{Q_n}{100} \times 100\%$$

式中 P——绿色建材应用比例；

Q_n——各类一级指标实际得分值。

上式中 Q_n 应按以下公式计算：

$$Q_n = Q_{n总} \times \frac{N_绿}{N}$$

式中 $Q_{n总}$——各类一级指标理论计算分值；

$N_绿$——各类二级指标中，工程实际使用并满足绿色建材要求的建材品类数量；

N——各类二级指标中，工程实际使用的建材品类数量。

（3）材料用量 每个二级指标的绿色建材，用量达到相应品类总量的 80% 方可得分。

4. 选址阶段初步自评

项目策划过程中可以列表统计各类绿色建材的使用情况或采购计划，核查项目得分情况，示例见表 3-9。

表 3-9 绿色建材应用比例分析

序号	建材类别	建材名称	建材总用量	绿色建材使用量	使用比例/%
1	主体结构 S1				
2	主体结构 S1				
主体结构材料指标实际得分值为：					
3	围护墙和内隔墙 S2				
4	围护墙和内隔墙 S2				

续表

序号	建材类别	建材名称	建材总用量	绿色建材使用量	使用比例/%
	围护墙和内隔墙指标实际得分值为：				
5	装修 S3				
6	装修 S3				
	……				
	装修指标实际得分值为：				
7	其他 S4				
8	其他 S4				
	……				
	其他指标实际得分值为：				
	项目绿色建材应用比例计算值 P				

5. 证明材料提供

绿色建筑评价工作中，需要按照评价标准逐条准备相关材料，以证明项目控制项能达标或评分项可以得分。第 7.2.18 条在预评价阶段应提供相关设计文件（建筑、土建、装修等专业设计说明、图纸等）、工程概预算清单、绿色建材应用比例分析报告；评价阶段应提供相关竣工图（建筑、土建、装修等专业设计说明、图纸等）、购销合同及材料用量清单、符合绿色建材政府采购需求标准的证明材料、绿色建材评价认证证书、绿色建材使用说明及第三方检测报告、绿色建材应用比例计算分析报告。

第四章

增量成本与效益

第一节　全生命周期增量成本

目前增量成本理论的定义在学界还没有达成一致的意见，李一红基于经济学的基本思想，认为绿色建筑增量成本是相对于基准建筑来说所产生的差值。崔肇阳则从全生命周期的角度出发，认为绿色建筑增量成本就是绿色建筑在建设阶段所产生的增量费用。黄庆瑞则认为绿色建筑增量成本是按照建筑星级的指示，依据《绿色建筑评价标准》要求进行设计，在实际建设实施过程中所导致的成本增加量。

考虑到绿色建筑理念强调在全生命周期内提升建筑物的各项性能，成本估算也不应例外。在经济分析过程中，全生命周期成本能够总揽全局地去合理规划方案，它比较了初始投资选择，并能够选择最优成本方案。因此，绿色建筑的增量成本应为建筑全生命周期内增加的成本，是建筑物从一开始的设计规划阶段到最后的拆除收回阶段，其中包含施工和运营，产生的一系列成本。

一、增量成本构成

绿色建筑全生命周期增量成本可概括为：为达到绿色建筑的相关评价标准，采用不同于基准建筑的绿色专项设计方案，引入节能环保技术和先进管理措施，从而引起的相较于基准建筑额外增加的那部分成本，是从工程项目前期的设计规划、预算、决算、工程招标开始，贯穿建筑运行过程始终，直到建筑拆除这一过程中所发生的一系列成本，包括建筑的设计、采购、施工以及后期的运行维护费用以及拆除安置费用等。总体可分为工程的前期准备阶段成本、施工阶段成本、运营维护成本以及拆除回收成本四大部分。

二、增量成本分析

绿色建筑增量成本的多少取决于绿色建筑本身在设计、运行时采用了哪些提升建筑环保、智慧化的相关技术手段，具有系统性、周期性、综合性的特点。在分析时，首先要对绿色建筑增量成本的产生按照建设阶段进行梳理，然后分析各阶段增量成本的构成及影响因素，最后完成增量成本估算，其构成模型如图 4-1 所示。

绿色建筑增量成本的估算要结合项目在全生命周期的各个阶段来分别统计，一般可分为设计阶段增量成本、施工阶段增量成本、运营阶段增量成本和拆除阶段增量成本。

（一）设计阶段

设计阶段的增量成本主要包括绿色建筑专项的咨询费用及设计费用。其中咨询费用主要是企业借助第三方机构的技术力量制订项目的绿色建筑性能提升目标、绿色建筑实施方案、

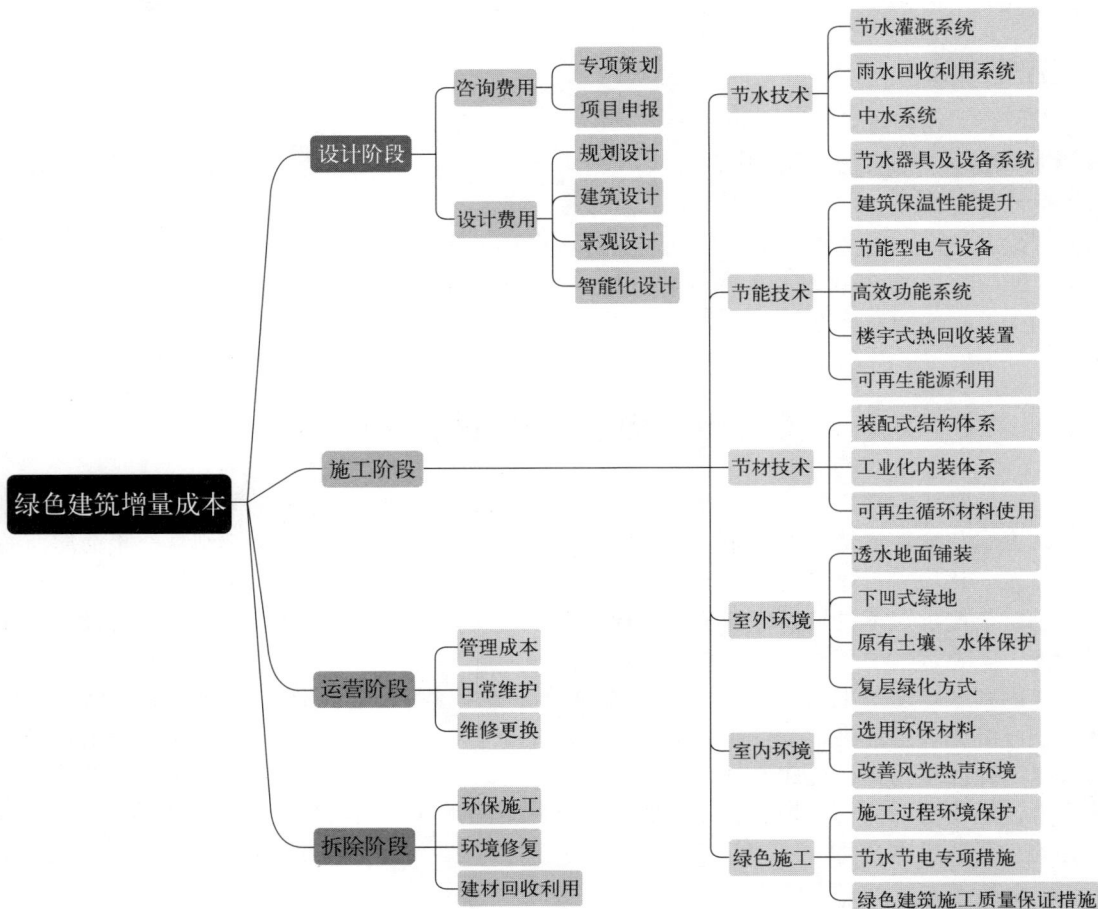

图 4-1 绿色建筑增量成本构成

申报绿色建筑性能认定或申请绿色建筑标识评价。设计费用主要是指设计单位在绿色建筑设计目标和基本方案的指导下进行具体的设计、模拟分析、制图等相关工作的费用。

（二）施工阶段

项目根据前期准备阶段的设计方案进行建设，施工过程是主要的投资阶段，也是绿色建筑技术应用最多的阶段。为了满足绿色建筑设计要求，在施工过程中使用绿色技术所产生的额外费用，就是其增量成本，称为施工增量成本。施工过程中所产生的额外费用主要是由于应用专门的技术与安装绿色设备而产生的，具体可以划分为节水技术增量成本、节能技术增量成本、节材技术增量成本、室外环境增量成本、室内环境增量成本及绿色施工增量成本（包括方案的制订及实施）六个部分。

（三）运营阶段

绿色建筑的运营阶段是将建筑投入使用后的保障阶段，这一阶段对建筑全生命周期都非常重要。整个运营阶段包括物业公司需对绿色建筑制订专项的管理规定并保证落实，加强对建筑室内外环境的日常维护力度以及绿色建筑相关设备设施的维修更换等。

（四）拆除阶段

绿色建筑在拆除时的主要目标是在不破坏或者最小程度上破坏周围生态环境的前提下，对已经达到使用年限的建筑进行拆除。主要包括环保施工增量成本、环境修复增量成本和建材回收再利用增量成本。

三、计算方法

在计算方法上，可采用指标估算法、类比估算法和工程量清单法。

（一）指标估算法

指标估算法在三种计算方法中最为笼统，可作为政府决策制定的辅助手段，从总体上把控整个行业的绿色建筑政策方向。该方法以类似项目的现有信息为基础，并使用当地工程造价管理部门提供的各类指标的历史数据作为参考，再依据统计关系进行分析，估算公式如下：

$$\Delta C = E \times \Delta F \times P$$

式中　ΔC——绿色技术增量成本；

$\quad\quad E$——规划建设的建筑面积；

$\quad\quad \Delta F$——不同地区绿色建筑单位面积增量投资估算指标；

$\quad\quad P$——因时间引起的定额、价格、费用等标准变化的综合调整系数。

（二）类比估算法

类比估算法是将项目的初始投资和后续产出建模为一个线性函数，并根据类似项目的增量成本数据推算拟议项目的成本，但与实际相比误差较大，只适用于拟建项目与已建项目各种信息几乎一样的情况。

$$\Delta C_{拟建} = \left(\frac{\Delta C_{已建}}{E_{已建}} \right) \times E_{拟建} \times P$$

式中　$\Delta C_{拟建}$——拟建绿色建筑项目增量成本；

$\quad\quad \Delta C_{已建}$——已建绿色建筑项目增量成本；

$\quad\quad E_{已建}$——已建项目的建筑面积；

$\quad\quad E_{拟建}$——拟建项目的建筑面积；

$\quad\quad P$——因时间变化而引起的综合调整系数。

（三）工程量清单法

工程量清单法在三种计算方法中最为翔实，且具有针对性。一般绿色建筑项目在计算增量成本时均采用此方法。工程量清单法可在确定拟建项目的绿色建筑的技术行动方案后，根据绿色建筑方案和基准建筑方案确定的人工、材料和设备的数量以及价格标准，并采用分部分项的计量方法，估算绿色建筑附加费，公式如下：

$$\Delta C_{拟建} = \sum_{i=1}^{x} M_i^{GD} \times Q_i^{GD} - \sum_{j=1}^{y} M_j^{DD} \times Q_j^{DD}$$

式中　M_i^{GD}——绿色建筑方案第 i 个分项工程的工程量；

$\quad\quad Q_i^{GD}$——绿色建筑方案第 i 个分项工程的单位成本；

$\quad\quad M_j^{DD}$——基准建筑方案第 j 个分项工程的工程量；

$\quad\quad Q_j^{DD}$——基准建筑方案第 j 个分项工程的单位成本。

四、绿色建筑增量成本统计

截至 2018 年，我国获取绿色建筑评价标识的项目已达到 13000 项；住房和城乡建设部报告显示，截至 2021 年底，我国绿色建筑总面积累计达到 85 亿平方米。表 4-1 列举了一般绿色建筑的平均增量成本数据，显而易见，绿色建筑增量成本会随着建筑星级的提高而增多，与一般认知相符，在项目策划时可作参考。

表 4-1 绿色建筑增量成本

绿色建筑星级	住宅建筑增量成本/(元/m²)	公共建筑增量成本/(元/m²)
一星级	31	38
二星级	88	268
三星级	196	494

第二节　效益评估——碳排放

一、碳排放计算

建筑行业是全球温室气体排放的主要来源之一，对全球气候变化和碳中和目标有重大影响并负有重要责任。建筑碳排放量的高低与建筑材料、能源利用方式、建筑设计等因素密切相关。使用传统建材、依赖化石能源、轻视节能设计的建筑物，碳排放量自然较高；而使用节能环保材料、利用可再生能源、优化节能设计的建筑物，碳排放量相对较低。那么建筑碳排放都发生在哪些阶段呢？

（一）建材生产阶段

这是建筑碳排放的第一道关卡，也是最难跨越的一道。在这个阶段，建材的生产会消耗大量的能源，并产生大量的废气。例如，钢铁生产需要大量的电力和高温燃气，水泥生产则需要高温燃烧煤炭。这些过程都会释放出大量的二氧化碳和其他温室气体。

（二）建筑施工阶段

这是建筑碳排放的第二道关卡，也是最容易被忽视的一道关卡。在这个阶段，建筑机械的使用会消耗大量能源，并产生大量废气和废水。此外，建筑工地的扬尘也会对周围环境造成负面影响。

（三）建筑运行阶段

这是建筑碳排放的第三道关卡，也是最持久的一道。在这个阶段，建筑物的供暖、制冷和照明等设备会消耗大量的能源，并产生大量的温室气体。例如，办公楼和商场使用大量的空调设备，住宅楼则依赖于供暖设备进行冬季供暖。这些设备的使用都会增加能耗和碳排放。

降低建筑物各阶段的碳排放，可从以下几方面着手：一、在设计阶段选择低碳或可再生的建材，如木材、玻璃、石膏等，减少对传统建材的依赖；二、优化建材生产工艺，提高能源利用效率，减少废气排放；三、充分利用清洁能源，如太阳能、风能等，替代化石能源，减少碳排放；四、选择节能高效的建筑机械设备，如电动挖掘机、电动吊车等，减少能源消耗；五、采用预制构件或模块化建造方式，减少现场施工量和运输量；六、加强工地管理，采取喷水、覆盖等措施，减少扬尘污染；七、优化运营管理，监测建筑用能，及时发现异常并防患于未然，减少资源浪费。

建立科学的评价体系是评价和改善建筑碳排放水平的基础。该体系应包括建筑能耗、温室气体排放量等方面的指标，同时要结合实际情况进行评估和分析，依据《建筑碳排放计算标准》（GB/T 51366—2019）对不同类型、功能和地区的建筑物进行碳排放量的计算和评价，从而得出建筑碳排放水平的评分和等级。同时，还可以根据不同的评价目的和对象，选择合适的评价方法和工具，如生命周期分析、碳足迹分析、碳审计等，以便更全面、准确地评价建筑碳排放水平。

二、 2024 年版评价标准相关条款

1. 条款原文

9.2.7A 采取措施降低建筑全寿命期碳排放强度，评价总分值为 30 分。降低 10，得 10 分；每再降低 1%，再得 1 分，最高得 30 分。

2. 参评指数

第 9.2.7A 条是绿色建筑评价的"加分项"，现行国家强制性标准《建筑节能与可再生能源利用通用规范》（GB 55015—2021）第 2.0.3 条有相关要求：新建的居住和公共建筑碳排放强度应分别在 2016 年执行的节能设计标准的基础上平均降低 40%，碳排放强度平均降低 7kgCO_2/(m^2 · a) 以上。因此，新建项目本身就需要进行碳排放计算，复核设计建筑碳排放量是否达到规范要求。

参评指数：★★

3. 评价注意事项

（1）计算原则 对于一般建筑来说，建材生产、运输、建造、运行、拆除的各阶段均会产生碳排放。其中，运行阶段的碳排放可以简称为运行碳，约占建筑全寿命期碳排放量的 70%。降低运行碳是控制建筑全寿命期碳排放的重点内容，可采用低碳集成技术，包括能源供给集成、建筑设备集成、运行管理集成等方面。

除运行阶段外，建材生产、运输、建造及拆除阶段的碳排放也被统称为建筑隐含碳，在全寿命期内占比不高，但具有总量大、单位时间排放强度高的特点，也需要加以重视。可通过推广低碳建材、固碳建材、装配式建筑、绿色施工技术等来降低建筑隐含碳。

建筑全寿命期碳排放的计算应包含运行碳、隐含碳，涵盖建材生产、施工建造、运行使用、报废拆除四个阶段。

（2）降低基准

① 运行碳。运行碳降低的比较基准是现行国家强制性标准《建筑节能与可再生能源利用通用规范》（GB 55015—2021）规定的"参照建筑"在运行使用过程中产生的直接和间接碳排放量。

② 隐含碳。隐含碳降低的比较基准是同类建材采用现行国家标准《建筑碳排放计算标准》（GB/T 51366—2019）缺省值计算的结果。当存在固碳建材替代时，应以替代前的建材及其缺省值计算结果为基准。

（3）计算公式 建筑全寿命期碳排放强度降低比例计算公式如下：

$$R_C = \frac{C_B - C_D}{C_B} \times 100\%$$

式中 R_C——建筑全寿命期碳排放强度降低比例，%；

C_B——基准建筑全寿命期碳排放强度，$kgCO_2/(m^2 · a)$；

C_D——设计建筑全寿命期碳排放强度，$kgCO_2/(m^2 · a)$。

（4）评价要点 不论项目所处哪个阶段，所提交的碳排放计算分析报告均应基于所计算、模拟或运行数据得出的碳排放量，进一步分析提出碳减排措施，并实现碳排放强度的降低。

预评价时，主要分析建筑的固有碳排放量，即建材生产及运输的碳排放。计算对象应包括建筑主体结构材料、建筑围护结构材料、建筑构件和部品等，且所选主要建筑材料的总重量不应低于建筑中所耗建材总重量的 95%。同时，还应根据标准运行工况条件预测运行阶段的碳排放量。

评价阶段除进行固有碳排放量计算外，重点分析在标准运行工况下建筑运行产生的碳排放量。运行阶段的碳排放量应根据各系统不同类型能源消耗量和不同类型能源的碳排放因子确定。计算中采用的建筑设计寿命应与设计文件一致，当设计文件不能提供时，应按 50 年计算。计算范围应包括暖通空调、生活热水、照明及电梯、可再生能源、建筑碳汇系统在建筑运行期间的碳排放量。对于投入使用的项目，尚应基于实际运行数据，得出运行阶段碳排放量的相关数据。

4. 自评报告说明举例

简要说明建筑碳排放量计算过程及采取的降低碳排放量的措施，举例如下（300 字以内，具体内容以××替代）。

项目依据《建筑碳排放计算标准》（GB/T 51366—2019）进行碳排放计算，碳排放强度可在《××建筑节能设计标准》的基础上降低××%，碳排放强度平均降低××kgCO$_2$/（m^2·a），可达到《建筑节能与可再生能源利用通用规范》（GB 55015—2021）的相关要求。

具体措施有：采用绿色建筑材料和生产工艺；采用单位面积建材生产碳排放较低的材料；优化建筑设计，提高建筑的能效标准、采用节能设备、优化建筑朝向和布局；在建筑设计和运行中大量使用太阳能，从而降低碳排放；设置植被、绿化带等碳汇系统，增加建筑的碳汇能力，帮助抵消一部分碳排放。

5. 证明材料提供

绿色建筑评价工作中，需要按照评价标准逐条准备相关材料，以证明项目控制项能达标或评分项可以得分。第 9.2.7A 条在预评价阶段应提供相关设计文件、工程量概算清单、建筑全寿命期碳排放分析报告、低碳建材碳足迹报告等作为证明文件；评价阶段应提供相关竣工图、工程量决算清单、建筑全寿命期碳排放分析报告、低碳建材碳足迹报告。

第五章

绿色金融与保险

第一节 绿 色 金 融

近年来，我国通过出台绿色金融标准、披露要求、激励绿色金融产品创新等一系列措施，逐渐建立了国内绿色金融市场体系。党的十九大以来，国家对生态文明建设提出了新要求，将建设美丽中国作为建成社会主义现代化强国的重要目标，绿色可持续发展成为国家战略中不可缺少的一环。党的十九大报告指出，绿色金融作为绿色发展的重要环节，为经济可持续发展提供了现实可行的路径。绿色产业发展涉及行业广且推行难度大，因此，必须依靠政府与市场协调配合，更好更快地完善绿色金融政策，促进市场合理发挥资源配置的作用，引导资金流向绿色金融领域，推动绿色经济发展。在不懈的探索与实践中，我国逐步建立起与绿色发展理念相适应的绿色金融体系，并结合经济发展与环保工作的特点不断调整与完善，在一定程度上维持了经济发展与环境保护的平衡。

一、绿色金融的概念

我国绿色金融起源于 2015 年，在国务院印发的《生态文明体制改革总体方案》中，首次提出了"建立绿色金融体系"，表明将通过绿色金融支持生态文明建设。

金融界相关研究从不同角度阐释了绿色金融这一产品的理念。陈凯认为绿色金融是政府部门制定的、具有奖励性质的制度，用于限制金融机构和相关企业的融资行为，包括规定融资条件、规范融资流程以及提供激励举措的一系列相关要求；张红认为，绿色金融政策是一种市场激励机制，它包含绿色信贷、绿色债券、绿色保险等制度。

目前看，绿色金融产品在支持环境保护、促进经济可持续发展、加强风险管理以及激发技术创新等方面发挥着重要作用。如，绿色金融产品支持环境改善和应对气候变化，通过投融资活动促进环保、节能、清洁能源等领域的发展，从而减少污染和温室气体排放；绿色金融产品鼓励资源的节约和高效利用，引导资金流向节约资源技术开发和生态环境保护产业，促进绿色生产方式和消费模式的形成；发展绿色金融有助于加快经济向绿色化转型，支持生态文明建设，同时避免短期利益的过度投机行为，保持金融业的可持续发展；绿色金融产品有利于促进环保、新能源、节能等领域的技术进步，并加快培育新的经济增长点。绿色金融不仅包括贷款和证券发行等融资活动，也包括绿色保险等风险管理活动，帮助企业和项目抵御环境风险。

二、绿色金融与绿色建筑

《绿色建筑评价标准（2024 年版）》（GB/T 50378—2019）第 3.1.5 条明确作出以下要求。

3.1.5 申请绿色金融服务的建筑项目，应对节能措施、节水措施、建筑能耗和碳排放等进行计算和说明，并应形成专项报告。

2016 年 8 月 31 日，中国人民银行、财政部、发改委、环境保护部（现生态环境部）、银监会（现银保监会）、证监会、保监会（现已撤销）印发《关于构建绿色金融体系的指导意见》，指出绿色金融是指为支持环境改善、应对气候变化和资源节约高效利用的经济活动，即对环保、节能、清洁能源、绿色交通、绿色建筑等领域的项目投融资、项目运营、风险管理等所提供的金融服务。申请绿色金融服务的建筑项目，应按照相关要求，对建筑的能耗和节能措施、碳排放、节水措施等进行计算和说明并形成专项报告。

三、绿色金融政策

2021 年 10 月，《中共中央国务院关于完整准确全面贯彻新发展理念做好碳达峰碳中和工作的意见》提出：积极发展绿色金融，有序推进绿色低碳金融产品和服务开发，引导各类金融机构为绿色低碳项目提供资金，鼓励企业使用绿色金融产品。

2022 年 6 月，原银保监会发布《关于印发银行业保险业绿色金融指引的通知》指出，银行保险机构应当完整、准确、全面贯彻新发展理念，从战略高度推进绿色金融，加大对绿色、低碳、循环经济的支持，防范环境、社会和治理风险，提升自身的环境、社会和治理表现，促进经济社会发展全面绿色转型。

2024 年 3 月，中国人民银行、发改委、工业和信息化部、财政部、生态环境部、金融监管总局、证监会七部委联合发布了《关于进一步强化金融支持绿色低碳发展的指导意见》，提出未来 5 年绿色金融的主要发展目标是："国际领先的金融支持绿色低碳发展体系基本构建，金融基础设施、环境信息披露、风险管理、金融产品和市场、政策支持体系及绿色金融标准体系不断健全，绿色金融区域改革有序推进，国际合作更加密切，各类要素资源向绿色低碳领域有序聚集。到 2035 年，各类经济金融绿色低碳政策协同高效推进，金融支持绿色低碳发展的标准体系和政策支持体系更加成熟，资源配置、风险管理和市场定价功能得到更好发挥。"另外，要优化绿色金融标准体系，强化以信息披露为基础的约束机制，促进绿色金融产品和市场发展，加强政策协调和制度保障等一系列工作计划，为绿色金融的发展保驾护航。

现阶段，我国绿色金融政策主要由绿色信贷政策、绿色债券政策、绿色基金政策、绿色保险政策、碳排放权交易政策五类构成。

1. 绿色信贷政策

绿色信贷政策由中国人民银行、银监会等专司银行类金融机构管理，政府部门会同其他部门共同出台，针对经营信贷类业务金融机构的政策，是五类绿色金融政策中较为完善的政策。

2. 绿色债券政策

绿色债券政策是政府出台的用于促进绿色债券市场发展的一类绿色金融政策，通过发行债券为具有绿色性质的项目筹措资金。在绿色债券政策方面，绿色债券的界定、认证等政策依然存在改进空间。

3. 绿色基金政策

绿色政府与社会资本合作的 PPP 模式是绿色发展基金中最具代表性的政策。中国人民银行、财政部等七部委联合印发的《关于构建绿色金融体系的指导意见》指出应当建立绿色发展基金，以 PPP 模式动员社会资本参与国家绿色发展。

4. 绿色保险政策

绿色保险政策是针对经营保险类业务的金融机构制定的政策。企业由于生产事故等原因有可能引发严重环境污染或生态破坏，而绿色保险对于风险防范、灾后重建、损失补偿等方面能够起到明显的保障作用。绿色保险领域在我国的发展相对落后，存在着技术不成熟、成本高、配套法律缺失、企业和政府认识不足等问题。

5. 碳排放权交易政策

碳排放权交易政策是碳金融政策领域和绿色要素市场政策中的一大创新。各级发改委作为中国推动碳金融政策发展的主要部门，出台了碳排放权交易试点政策及其后续电力行业推广政策。该政策的主要特点在于可通过限定行业总体二氧化碳排放量促进行业整体技术升级，淘汰落后产能，从而实现节能减排的目的。在碳排放权交易政策方面，高碳排放生产企业容易出现"搭便车"行为，因此需要制定政策，明晰碳排放权及其市场交易规则，从而有效实现碳减排目标。

第二节　建筑工程质量保险

一、建筑工程质量保险的概念

2018 年 1 月，中国消费者协会网站公布的统计数据显示，2017 年受理的房屋及建材类投诉达到 21416 件，占比 2.95%。其中房屋质量及安全问题的投诉件数为 9207 件，约占房屋及建材类投诉总量的一半。投诉主要集中在漏水、渗水，外墙装饰墙面脱落、老化破损、墙壁出现裂缝、空调布局不合理等方面。目前我国建筑质量除了裂、漏、堵等通病外，还存在如下突出的问题：一是建筑材料质量不过关；二是建筑寿命短；三是重大质量安全事故频发；四是隐性问题逐渐增多。我国建筑工程质量存在的问题从深层次暴露出我国建筑质量风险管理方面存在缺陷。为解决相关问题，国家借鉴了发达国家的经验，引入了建设工程质量保险产品。

工程质量保险制度起源于法国，由于该制度对工程质量的提高起到了很好的促进作用，并且较好地兼顾了参建各方和业主的利益，国际上很多国家先后效仿，如西班牙、意大利、英国、瑞典、丹麦、芬兰、美国、加拿大、澳大利亚、墨西哥、巴西、日本、沙特阿拉伯、阿联酋、卡塔尔、喀麦隆、刚果、摩洛哥、突尼斯、阿尔及利亚、加蓬、毛里求斯等。

广义的建筑工程质量保险是指：围绕工程质量风险，以工程质量为保险标的，将可能出现的质量问题转移到保险公司的经济责任中，进行赔偿、维修或更换，形成的一个保险产品的集合，包括建筑工程一切险、安装工程一切险、建筑领域职业责任险及建筑工程质量保险等。

狭义的建筑工程质量保险是指内在缺陷保险（Inherent Defect Insurance，简称 IDI），可直接翻译为建筑工程质量的潜在缺陷保险。项目开工前由工程建设单位（即开发商）向保险公司投保，项目建设过程中接受保险公司合作的第三方质量风险管理机构的风控服务；工程竣工后，保险公司负责对房屋主体结构等质量缺陷进行维修加固。这也是绿色建筑评价体系中所指的建筑工程质量保险。

二、主要建筑工程质量保险产品

由于中国人民财产保险股份有限公司前期与建设部、原保监会共同参与该保险的考察和调研，并最早推出保险产品并进行试点，其产品具有典型的代表性。以下以该公司的建筑工程质量保险产品为例来进行介绍。

（一）适用的条款

中国人民财产保险公司的建设工程质量保险产品框架由两部分组成：主要风险和附加风险。主险条款为《中国人民财产保险股份有限公司建筑工程质量潜在缺陷保险条款》，在投保主险的基础上，可以选择下列附加险：《附加防水工程保险条款》《附加保温工程保险条款》《附加室内采暖供冷工程保险条款》《附加室内电气工程保险条款》《附加室内给排水工程保险条款》《附加室内通风和空调工程保险条款》《附加室内装饰装修工程保险条款》，附加险需要额外缴纳保费。

（二）投保人和被保险人

投保人是指与保险人订立保险合同，并按照合同约定负有支付保险费义务的人，建筑工程质量保险的投保人必须为国家主管部门或地方建设部门批准设立的建设单位。

被保险人是指其财产、利益或者人身受保险合同保障，在保险事故发生后，享有保险金请求权的人。由此可推定建筑工程质量保险的被保险人是对建筑物具有所有权的自然人、法人或其他组织，当建筑物发生事故，因此受到损失，有权依法向建筑物开发商请求赔偿的权利人。

（三）可投保的项目类型

可投保的项目类型为建设工程，其内容包括以下项目。

房建项目：住宅、园区、办公楼、医院、学校、博物馆、工业楼宇以及文体中心等同类型项目。

市政工程：桥梁、高架桥、隧道开挖，开挖箱涵、挡土墙等同类型项目。

（四）赔偿范围

因潜在缺陷造成建设工程的损坏，其中潜在缺陷是指在建设工程竣工验收时未能发现的，缺陷在后期的交付使用过程中显现出来的建设工程的损坏，其中包含勘察缺陷、设计缺陷、施工缺陷和建筑材料缺陷。

（五）赔偿费用

修理、加固或重置的费用，具体来说包括人工清理费、专家费、材料费等必要、合理的费用。

（六）除外责任

除外责任涵盖的范围包括以下三种缺陷导致的损失。

（1）非潜在缺陷导致的建设项目的损失　被保险人的故意行为；战争、敌对行为、军事行为、武装冲突、罢工、骚乱、暴动、恐怖活动；与核有关的包括辐射、爆炸及其他放射性污染；大气污染、土地污染、水污染及其他各种污染；行政行为或司法行为；雷电、暴风、台风、龙卷风、暴雨、洪水、雪灾、海啸、地震、崖崩、滑坡、泥石流、地面塌陷等自然灾害；火灾、爆炸；外界物体碰撞、空中运行物体坠落；使用不当或改动结构、设备位置和原防水措施；建设工程附近施工影响。

（2）与评估报告相结合的除外责任　经工程质量安全风险管理机构竣工检查报告提出后未整改的，并由保险人列为除外责任的缺陷；经工程质量安全风险管理机构复查报告指出的损坏。

（3）其他损失　建设工程竣工验收后另行添置财产的损失，包括装修损失；维修和加固过程中的额外费用，包括满足需求、功能变化或性能改进，超过原来的设计建造标准；修理、加固导致的任何颜色、透明度等表面外观的差异；物质本身变化，包括磨损、折旧等原因造成的损失和费用；人身伤亡或精神损害赔偿；间接损失；罚款、罚金和惩罚性赔偿；按保险合同约定的免赔额或按免赔率计算的免赔额。

（七）保险期间、等待期

主险：保险期间自保险合同生效之日起计算。保险责任期间为自建设工程竣工验收合格后等待期届满之日起十年。

附加险：以防水工程为例。附加险的保险期间自附加险合同生效之日起计算。除另有约定外，保险责任期间为自建设工程竣工验收合格后等待期届满之日起五年，以保险单载明的起讫时间为准。等待期指自建设工程竣工验收合格之日起，至投保人和保险人协商确定的时间止，一般设为一年。

（八）保险成本

以建筑安装总造价为基础，主险的费率为2%左右，附加险费率为2%左右，并可视具体工程项目及勘察、设计、施工（承包及发包）、监理机构的等级、免赔额等进行适当浮动。

三、投保与理赔

（一）投保流程

① 建设单位在施工方招标完成后至施工许可证颁发期间向保险公司提出投保需求。

② 保险公司根据建设单位提供的资料审核并决定是否承保，双方履行告知义务，确定承保方案，并出具承保意向书。

③ 建设单位要分别签署投保单和承保意向书，同时与保险机构指定的质量安全风险管理机构签订工程质量检查协议。

④ 建设单位预交保险费，向保险公司指定的建筑工程质量安全风险管理机构交纳检查费用，保险合同成立但未实际生效。

⑤ 工程竣工后，保险公司出具保险单，待竣工验收合格满一年后，第三方建设工程质量安全风险管理机构检查通过后，建设单位将实际保费交纳完毕，保险方可生效。若经质量检查机构检查不通过，则予以退保。

（二）理赔流程

保险公司届时向每一位业主分发一份建筑工程质量保险说明书，主要内容涵盖保障范围、保险期限及理赔须知等内容。在发生保险事故后，业主可向保险人或物业报案，物业进行现场查勘并评估损失金额。万元以上案件保险公司全程介入，万元以下案件由物业安排损失修复，最终由保险公司赔款结案。理赔流程图详见图5-1。

理赔结果以修为主，以赔为辅，之后再向设计、勘察、施工、质量检查控制机构等相关责任人进行追偿。设计、勘察、施工等单位既可以投保自己的责任保险，也可以选择交付保费后扩展成为建筑工程质量保险的被保险人。质量检查控制机构可以投保职业责任险，以分散其经营风险。

四、建筑工程质量保险的作用

保险生来就与风险打交道，是风险管理的有效手段之一。在工程建筑质量风险管理中引入建筑工程质量保险，能有效规范建设单位的施工质量行为，完善建筑行业信用体系建设，解决当前质量管理制度问题，还将促进政府职能转变，切实保障人民群众的利益。这些重要作用具体包括：一是体现公益性，充分扭转广大中小业主利益的弱势地位；二是实现对工程项目的全面质量监督，保险公司通过质量安全风险管理机构参与质量监督，有效地提高了质量水平。三是保险保障时间久，对建筑工程主体结构提供长达十年的质量风险保障；四是费率市场化调节，建筑工程质量保险的保费水平可以根据建设单位资质、历史出险记录等情况进行浮动调节，长远来看，可以有效地激励建设、施工单位提高施工技艺水平，以达到优胜劣汰的目的，有助于社会诚信体系的建设。

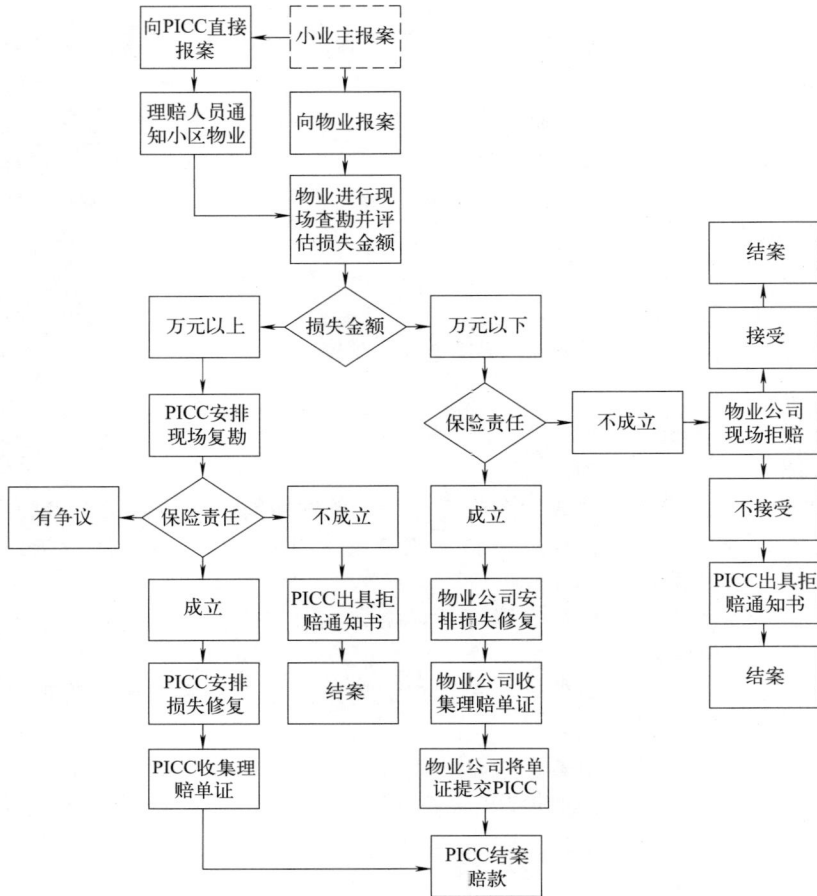

图 5-1 理赔流程图（以 PICC 为例）

五、相关政策及推行情况

（一）地方政策

2012 年，由原上海市建设交通委、市住房保障房屋管理局、市金融办上海保监局联合印发了《关于推行上海市住宅工程质量潜在缺陷保险的试行意见》（沪建交联〔2012〕1062号），明确了整个质量保证保险（质量潜在缺陷保险）的运行机制。

2014 年完成修订的《上海市建筑市场管理条例》进一步规定："建设工程合同对建设工程质量责任采用工程质量保险方式的，不再设立建设工程质量保证金。"以鼓励建设单位投保工程质量保险。

2015 年 9 月 25 日，《北京市建设工程质量条例》经北京市第十四届人民代表大会常务委员会第二十一次会议表决通过，明确了北京市推行建设工程质量保险制度，要求从事住宅工程房地产开发的建设单位在工程开工前，按照规定投保建设工程质量潜在缺陷保险。

2015 年 9 月 30 日，《关于推行上海市住宅工程质量潜在缺陷保险的试行意见》试点到期，上海市建设交通委、市住房保障房屋管理局、市金融办上海保监局以及相关单位总结过去试点经验，对建设工程质量潜在缺陷保险进行了进一步研究，并于 2016 年 6 月 22 日发布了《关于本市推进商品住宅和保障性住宅工程质量潜在缺陷保险的实施意见》（沪府办

〔2016〕50 号）。

（二）国家政策

2017 年 2 月，《国务院办公厅关于促进建筑业持续健康发展的意见》（国办发〔2017〕19 号），指出要"强化建设单位的首要责任和勘察、设计、施工单位的主体责任"，"推动发展工程质量保险"；

2017 年 8 月，《住房和城乡建设部关于开展工程质量安全提升行动试点工作的通知》（建质〔2017〕169 号），公布上海、江苏、浙江、安徽、山东、河南、广东、广西，四川 9 个工程质量保险试点地区；除了住建部公布的这 9 个省市之外，山西、北京、海南等省、市试点工作也均有突破；

2019 年 8 月《绿色建筑评价标准》（GB/T 50378—2019）开始实施，其中第 9.2.9 条提到"采用建筑工程质量潜在缺陷保险产品，评分总分值为 20 分"；

2019 年 9 月，《国务院办公厅关于完善质量保障体系提升建筑工程品质的指导意见》（国办函〔2019〕92 号），再次提出"组织开展工程质量保险试点，加快发展工程质量保险"；

2020 年 9 月，《住房和城乡建设部关于落实建设单位工程质量首要责任的通知》（建质规〔2020〕9 号）提出，切实加强住宅工程质量管理，严格履行质量保修责任。房地产开发企业未投保工程质量保险的，在申请住宅工程竣工验收备案时应提供保修责任承接说明材料。

（三）推行工作内容

保险是一项系统性工程，首先通过建立统一的工程质量潜在缺陷保险信息平台，将企业的诚信档案、承保信息、风险管理信息和理赔信息等录入平台，通过以上信息进行费率浮动，促使参建各方主动提高工程质量。同时，独立于建设单位和保险公司的第三方质量风险控制机构，从方案设计阶段介入，对勘察、设计、施工和竣工验收阶段全过程进行技术风险检查，提前识别风险，公平公正地监督工程质量，有效降低质量风险。

六、 2024 年版评价标准相关条款

1. 条款原文

9.2.9　采用建设工程质量潜在缺陷保险产品或绿色建筑性能保险产品，评价总分值为 30 分，并按下列规则评分并累计：

1　建设工程质量潜在缺陷保险承保范围包括地基基础工程、主体结构工程、屋面防水工程和其他土建工程的质量问题，得 10 分；

2　建设工程质量潜在缺陷保险承保范围包括装修工程、电气管线、上下水管线的安装工程，供热、供冷系统工程的质量问题，得 10 分；

3　具有绿色建筑性能保险，得 10 分。

2. 参评指数

第 9.2.9 条是绿色建筑评价的"加分项"，建设项目可根据自身情况选择是否投保，酌情参与该条评分。

参评指数：★★

3. 评价注意事项

第 1 款、第 2 款　建设工程保险在国际上已经是一种较为成熟的制度，这类保险一般承保工程竣工验收之日起一定年限（如 10 年）之内因主体结构或装修、设备构件存在缺陷发生工程质量事故而给消费者造成的损失，通过保险公司约束开发商并对建筑质量提供一定年

限的长期保证，当建设工程出现了保证书中列明的质量问题时，通过保险机制保障消费者的权益。通过推行建设工程质量保险制度，加大建设工程质量的把控力度。

工程质量潜在缺陷责任保险的基本保险范围包括地基基础工程、主体结构工程以及防水工程，对应本条第 1 款的得分要求。除基本保险外，建设单位还可以投保附加险，其保险范围包括建筑装饰装修工程、建筑给水排水及供暖工程、通风与空调工程、建筑电气工程等，对应本条第 2 款的得分要求。

第 3 款　绿色建筑性能保险是建筑绿色低碳发展进程中进行风险管理的一项重要手段。绿色建筑性能保险为绿色建筑达到预期星级提供风险保障。即在项目竣工后，如果建筑项目未达到预期绿色建筑星级或出现偏差，则按保险合同约定，保险公司将提供绿色改造补偿，以确保项目最终达到预期星级标准。目前市场已有绿色建筑性能保险产品，但其整体上仍处于起步阶段。本条通过绿色建筑保险机制，以市场化手段保证绿色建筑实现预期的星级标准和绿色性能。

4. 证明材料提供

绿色建筑评价工作中，需要按照评价标准逐条准备相关材料，以证明项目控制项能达标或评分项可以得分。第 9.2.9 条参评时，在预评价阶段应提供工程质量保险产品投保计划作为证明材料，评价阶段则应提供建设工程质量保险产品保单，检查约定条件和实施情况。

第二篇 规划布局与室外环境

  规划设计是城市发展的重要途径之一，在全社会大力倡导低碳生活、资源节约和环境友好的背景下，如何实现绿色发展是我们面临的重要课题。把绿色生态的理念逐步延伸到城市规划阶段，不仅是城市化背景下的城市建设要求，更是绿色建筑向着常态化发展的必由之路。绿色建筑理念提倡尊重场地及周边的文化、生活传统，提倡公共服务设施的共享以提高设施服务效率从而节约资源；适当增加公众活动场所，有利于陶冶情操、增进社会交往。

  在规划设计阶段，可以根据策划方案深入解决生态保护问题，通过多方案比较建筑功能和形体的布局，对场地内的风、光、热、声等室外环境进行优化设计；结合交通系统规划完善场地内的人车分流及无障碍通行条件，精细化竖向设计和景观设计以形成完善的海绵城市设施，也能为使用者提供适宜活动的室外空间；另外在建筑形态布局上，应尽量避免采用过于突兀的尺寸和形状，以免导致建筑物建成后在形象上与周边环境之间不够融洽。

第六章

上位规划

第一节　土地开发利用

　　绿色建筑项目应合理对用地进行开发利用，在适当提高土地利用率的同时，考虑项目与周边环境的协调、对当地传统文化和人文生活的传承，全面、系统地配置公共服务设施。

　　在规划设计过程中，既要实现紧凑布局，结合提供各种服务的各级城市中心的分布情况，在项目与提供服务的各类设施中尽可能组织公共交通与步行空间；也要合理规划土地开发强度，结合项目所在地实际情况制订容积率指标，在保证人均用地不过分紧张的同时，尽量节约土地。

一、规划条件、指标及决策方法

　　一般建设项目的规划设计都是以符合规划条件为前提展开工作的。城市规划的目标是将城市整体作为一个设计对象，让其运行合理、发展有序。为实现这一目的，城市用地在规划阶段就已经被分配好了功能配比、地上地下建筑面积、建筑密度、建筑限高、容积率、绿地率等一系列指标，建设项目首先应考虑满足规划的各项要求。在满足规划条件的基础上，设计需要研究场地周边用地的建成环境及规划用途并发散思维，尽可能多地制订规划方案，以便进行比对，择优深化。

　　在方案确定过程中，可采用决策矩阵分析法或 SWOT 分析等方法，以增强决策结果的科学性和合理性。

1. 决策矩阵分析法

　　决策矩阵分析法是一种结构化的决策工具，采用此方法分析通常可遵循以下步骤。

　　① 列出所有可能的设计方案；②识别影响决策的关键因素，如成本、风险、效益等，在绿色建筑项目中，也可将碳排放、非传统水源利用、降低能耗、提高可再生能源利用率等绿色性能列入关键因素当中；③根据每个关键因素的重要性分配权重；④对每个备选方案针对关键因素进行评分；⑤将每个关键因素的评分与其对应的权重相乘，得到加权得分。

　　加权总分最高的方案即为最优方案。

2. SWOT 分析

　　SWOT 分析是设计中比较常用的方案比较方法，S、W、O、T 分别代表 strengths（优势）、weaknesses（劣势）、opportunities（机会）、threats（威胁）。SWOT 分析法基于项目内部环境和外部条件的态势，通常会列成表 6-1 式样的表格，将与研究对象密切相关的各种主要内部优势、劣势和外部的机会和威胁等进行分析，通过调查列举出来，并依照矩阵形式排列，然后用系统分析的思想，把各种因素相互匹配起来，从中得出一系列相应的结论，而结论通常带有一定的决策性。这一方法可帮助设计师全面了解方案的内、外部环境，确定每个方案的优势和劣势所在，并展示可能面临的机会和挑战。

表 6-1　SWOT 分析常用表格

	strengths(优势) 1. 2.	weaknesses(劣势) 1. 2.
opportunities(机会) 1. 2.	机会-优势策略： （利用优势可获得以下机会） 1. 2.	机会-劣势策略： （克服劣势可获得以下机会） 1. 2.
threats(威胁) 1. 2.	威胁-优势策略： （利用优势可避免以下威胁） 1. 2.	威胁-劣势策略： （弱化劣势可避免以下威胁） 1. 2.

二、地下空间利用

（一）地下空间定义

《中国大百科全书》第三版明确，地下空间资源是指"在地球表面以下一定深度的土层或岩层中，天然或人工开发形成的空间及空间储备"。地下空间资源不占用地面空间，温湿度稳定、封闭性好，抵御外部灾害及侵入、防护能力强，能够为人类活动提供特殊的空间形式和多种用途，并且容量潜力巨大，是尚未被充分开发利用的自然资源之一。在城市区域通常按竖向深度分为浅层（0～－10m）、次浅层（－10～－30m）、次深层（－30～－50m）、深层（－50～－100m）等地下空间资源。城市地下空间开发利用是"对城市地下空间的利用进行研究和规划设计，然后根据其规划设计进行建造施工，并对完成后的工程项目进行使用、维护和管理的各类活动与过程的总称"。

（二）我国地下空间开发现状

我国城市地下空间的开发始于中华人民共和国成立初期，以建设人防工程为开端，逐步与城市建设有机融合，出现了地下车库、地下轨道交通、地下综合管廊等城市配套服务空间，也有地下商业、文化、娱乐、康体等功能空间，总体上呈现规模化态势。随着城市化工作的推进，城市人口逐渐增长，经济稳步增长，对土地资源的需求不断扩大，使得城市土地资源日益紧张，制约着城市的可持续发展。通过合理的规划设计能将原本闲置或利用率低下的建筑地下部分转变为具有经济价值、社会价值和生态价值的空间，有效缓解土地的压力。"十三五"以来，我国地下空间开发持续拓展利用领域，在传统的停车、轨道交通、市政等方向的基础上增加了废弃矿井的资源化利用、地下储能等新兴方向。

研究发现，地下空间的开发利用程度与城市规模等级呈正相关。北京、上海两个规模最大的城市同时也是国内地下空间开发规模最大的城市，城市地下轨道交通运营里程均超过700km，城市地下空间开发总面积约 1 亿平方米，利用深度达 30～50m。广州、深圳、杭州、南京、武汉等超大城市、特大城市处于第二梯队，地下轨道交通运营里程均超过400km。在地下重要交通节点的带动下形成了一些地下综合体、地下商业娱乐设施，如深圳连城新天地、南京市新街口 CBD、武汉光谷中心等，地下空间的开发深度多在 20～30m。天津、青岛、宁波、苏州、郑州、西安等城市的地下轨道交通运营里程在 200km 左右，其余地下空间开发以点状为主，开发深度为 15～20m，出现了个别依托轨道交通发展起来的地下商业街，如宁波东鼓道、苏州星海生活广场、郑州二七商圈、西安钟楼等，但实际商业氛围尚不成熟。惠州、温州等地未建设地下轨道交通或仅有少量线路，地下空间的开发以住宅小区、商业建筑配建的地下车库为主，零星设有少量地下商业场所，开发形式单一，还处于以基础功能为导向的利用阶段。严寒地区的主要省市的地下空间开发现状与惠州、温州等地最为接近，在国内处于相对落后的水平。

（三）开发地下空间的可行性分析

1. 开发成本

地下室的开挖过程需要克服岩土体和地下水的作用并考虑周边邻近设施的稳定性，施工难度和直接成本往往高于地上建筑物。在经济发展不稳定的时期，开发地下空间往往会给建设方带来更大的经济压力。《2024 中国城市地下空间发展蓝皮书》中统计，截至 2023 年底，中国城市地下空间累计建筑面积 32.67 亿平方米，大部分省市的新增地下空间建筑面积比上年增长，增长主力集中在京津冀城市群、长三角城市群、粤港澳大湾区，部分省市的新增地下空间建筑面积较上一年同期减少，青海、新疆、内蒙古等地下空间新增面积同比增幅不大，东北地区新增地下空间建筑面积总体上仍呈现下降趋势，这种现象是由地下空间开发本身具有的高成本属性带来的。具体统计结果如图 6-1 所示。

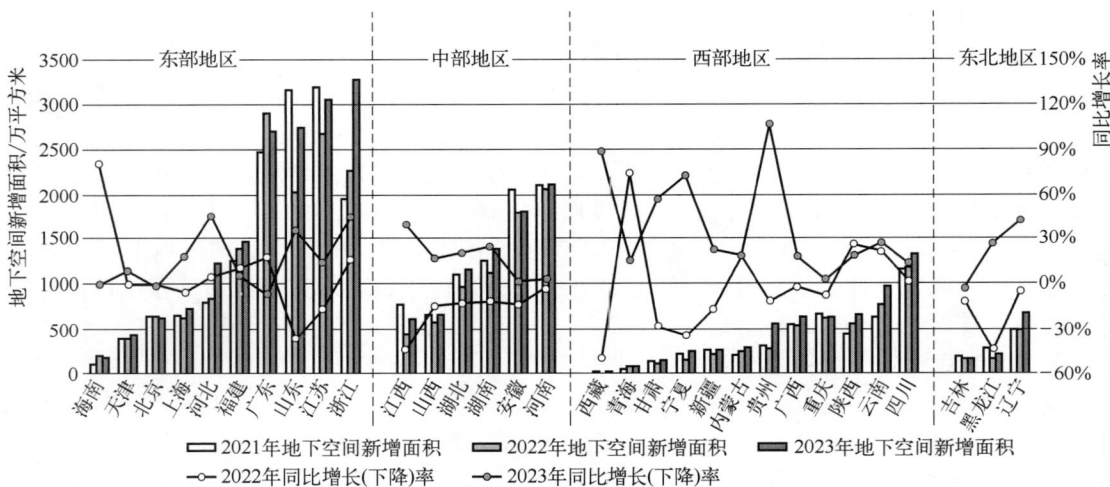

图 6-1　2023 年各省市新增地下空间建筑面积比较　来源：《2024 中国城市地下空间发展蓝皮书》

2. 地质条件

地下空间的开发除成本因素外，还受到地质构造、工程地质条件、水文地质条件、地质灾害、地形地貌的制约。在规划层面，开发利用地下空间之前需要对城市地下情况进行全面的调查和评估，通过对地质条件进行勘探来了解地下资源的分布、类型和开发潜力。如地下矿产、水、地热能等资源的分布情况，地下管线、管廊、城市隧道等基础设施的建设情况等，而后制订合理的地下空间开发目标，根据目标规划地下空间开发的规模、功能布局、开发时序等。以北京市为例，城市规划可从资源管制角度将地下空间划分为禁建区、严格限建区、一般限建区、适宜区等不同分区并施划空间分布范围，作为城乡建设和规划控制的基本用地依据，结合地面空间组合，给出不同的适宜开发强度系数。

在项目层面，开发地下空间首先要符合城市规划的总体要求，再结合用地自身及周边现状，综合考虑地下空间开发的可能性、功能布局的合理性以及地下功能空间实际使用的舒适性。在开发城市地下空间之前，要做好地质环境质量评价工作，准确地识别出各类风险要素，并采取有效措施消除风险隐患，确保地下空间开发工作有条不紊地推进。

3. 政策扶持

原建设部于 1997 年颁布《城市地下空间开发利用管理规定》并先后于 2001 年、2011 年两次修订，2016 年制定并公布了《城市地下空间开发利用"十三五"规划》（建规〔2016〕95 号），将城市地下空间开发工作规范化、法治化。各地在国家政策的指引下，先后出台或修订了地下空间开发利用相关的条例、办法、意见，其中严寒地区出台的有《黑龙江省城乡规划条例》（2018 年修订版）、《吉林省人民政府办公厅关于开展城市地下空间开发利用规划编制工作的指导意见》（吉政办发〔2016〕74 号）、《长春市城市地下空间开发利用管理规定》（2016 年版）等，其中比较有代表性的是《沈阳市城市地下空间开发建设管理办法》（2011 年 12 月 24 日沈阳市人民政府第 32 号令公布，自 2012 年 2 月 1 日起施行）、《沈阳市城市地下空间开发利用管理条例》（沈阳市十七届人大常委会第五次会议于 2022 年 10 月 21 日通过，于 2023 年 1 月 1 日起施行），可以为严寒地区其他省市相关政策的制定提供参考依据。

4. 环境敏感度

地下建设行为可能导致地下水位下降，影响地下水资源的供应，也可能引发地面塌陷等地质灾害，且不同于一般的地上建筑物，开发地下空间有不可逆的特点。地下空间的利用改变了地层原位岩土物质，形成新的受力平衡体。一旦拆除地下建筑，可能造成局部地层的较大位移和应力变化，导致局部地层失稳，既无法恢复原始地质状态，又难以再次开发。因此，深层地下空间一旦建成，只能循环利用或填埋，改动或拆除浅埋的地下建筑的代价一般也高于地面建筑。地下空间开发对生态环境的影响也更持久。因此，在开发地下空间之前，要对相邻建（构）筑物安全、历史遗存保护、生态系统影响等敏感因子进行综合调研和评判。

城市地下空间的开发要遵循"地质调查先行"的原则。通过对地质条件的详细调查和评价，可以了解该区域的地质构造、地质作用、地下岩层特征、地下水资源、矿产资源等情况，为规划设计和后续的建设提供有力的科学支撑。严寒地区的主要城镇多位于地势平坦的地区或山区、丘陵地带，在探测技术选用时需要注意选取有针对性的技术类型。

平原地区地层以第四纪松散沉积物为主，如粉土、粉砂等。地层相对单一但厚度大，重点需要开展广域深层动力钻探，确定覆盖层厚度分布情况。通过取芯和原位测试确定软土的物理力学参数，为建筑设计提供地基处理方案。还需要划定土层工程区划，评估不同深度土体的承载力。平原城市还要防治因地下水过度开采引起的地面沉陷灾害，需进行水文地质钻探，监测地下水位变化。

山区多发育有较为复杂的地质构造，需要通过详细的地质填图识别主要的断裂带、塌陷带范围，进行岩石抗压、抗剪试验，评估基岩力学稳定性。针对山体阶地堆积的碎屑物应确定其粒径组成、坡度等，防止发生滑坡灾害。山区河流沉积也需仔细测试，确定岸坡稳定系数。针对岩体边坡要进行岩石裂隙测量，进行抗滑稳定性计算等。

在地质条件评价判定适宜开发地下空间的地段，还要开展声环境和空气质量调查，预测并评估项目建设和运营后的环境噪声和污染物浓度是否超过标准；提出相应的环保措施或限制，控制环境影响的允许范围。

（四）地下功能布局的合理性

地下空间开发利用的目标是通过空间的地下拓展为城市的可持续发展扩容。通常项目开发中，对于地下空间开发的原则都是城市综合效益最大化，考虑地下的空间特性和地下空间开发利用的功能与环境适应性。结合国内外地下空间开发利用经验，城市地下空间开发利用的主要领域包括地下交通、市政公用设施、物流、公共服务设施、防灾、储藏和生产等功能，基本覆盖城市各功能子系统，形成地面以生活、居住、办公、游憩功能为主，地下为交通、市政公用设施、防灾、储藏功能的竖向功能划分，构建地上、地下协调运作的空间系统。对于一个建设项目来说，一般需要考虑设置在地下的功能包括停车和设置一些项目配套的公共服务设施。对于一些超大规模的医院或其他城市综合体项目，由于其功能的复杂性和占地面积较大的特点，还可以考虑在地下设置货物运输流线来解决地面复杂的交通组织问题。

1. 地下汽车库

地下汽车库作为地下静态交通的主要形式，在很大程度上缓解了地面交通压力，为城市内停车问题的解决提供了很多助力，相比传统地面停车场或停车楼的方式具有很多优点。第一，地下停车容量受到的限制较小，在地下空间相对狭窄的情况下采用机械式停车仍能提供大量停车位。第二，汽车库位置受到的限制较小，有可能在地面空间无法容纳的情况下满足停车设施的合理服务半径要求，这一点在容积率高的城市中心区尤为重要。第三，节省城市用地，地下汽车库的出入口、通风口等虽也需要在地面上占用一些土地，但面积较小，一般不超过其总面积的15%。最后还有经济上的优势，因为在地价昂贵地区，将地面空余空间仅仅用于停车在经济上也是不合理的。

2. 地下商业

商业设施的价值以地面层为核心区域，其他层越靠近地面价值越高。地下空间开发策略制订时，可结合项目情况考虑在地下一层等浅层空间设置商业服务设施，服务于项目本身的同时，利用商业的辐射性为项目吸引人流，增加运营活力。地下商业可以是商业街的形式，也可以作为超市或其他娱乐设施。其中，地下商业街对于城市来说，除了本身具有的商业属性，还可以起到缓解地面交通、改善城市环境的作用，也可以作为防空工程在特殊时期提供防灾功能。不过考虑在地下商业中设置配套饮食店时需要注意，国家全文强制性标准《燃气工程项目规范》（GB 55009—2021）第2.2.7条要求："燃气相对密度大于等于0.75的燃气管道、调压装置和燃具不得设置在地下室、半地下室、地下箱体、地下综合管廊及其他地下空间内。"

3. 地下场馆

由于技术水平的提高和城市用地紧张的限制，作为公众活动载体的文化娱乐设施也开始选择在地下修建。地下文化、娱乐设施一般有影院、俱乐部、文化活动场所；地下体育设施有综合体育馆和各单项运动的场馆，如地下网球场、冰球场、游泳池等。这些公共建筑类型对天然光线没有硬性的要求，但对室内环境的控制要求较高，适合建在采光条件差但热湿环境稳定的地下室中。还有一些建筑选择在地下建造是受到客观因素的制约，如为保护、参观地下遗址而建的博物馆等。

这些文化、娱乐、体育设施的地下化是与地下空间的总体规划以及城市中心地区的综合开发结合起来的。目前，国内外已经建好的地下文化、娱乐、体育设施的种类繁多，数量也较为可观。随着城市人口的增加，相应的文化、娱乐、体育设施的需求也会随之增长，因此，在地下建造文化、娱乐、体育设施对缓解城市基础设施的压力、改善人们的生活等都具有很重要的意义。

需要留意的是，地下空间的封闭性给紧急情况下人员疏散和救援带来了困难，尤其对那些人员非常集中的影院、会堂来说，在地下建造还是存在着较多的不安全因素，需要综合考量，尤其儿童活动场所已经被国家全文强制性标准《建筑防火通用规范》（GB 55037—2022）第4.3.4条第1款规定禁止设置在地下室或半地下室。根据2022年中央媒体、部委网站、公开出版物、中央重点新闻网站以及地方重点报纸等报道的数据整理，2022年地下空间灾害与事故共 58 起，类型主要为火灾、水灾、施工事故、交通事故以及其他意外事故，火灾与水灾发生次数较多，分别占比 50％、21％，共造成 21 人死亡，13 人受伤，规划设计阶段应予以重视。

（五）地下空间体验的舒适性

地下空间环境暗沉密闭，容易使人产生压抑不安、枯燥乏味、安全感弱等心理反应，也会令使用者在其中的方向感降低，因而如何提升使用者在地下空间中的舒适感非常重要。

使用体验的舒适包括心理和生理两个层面，但两者没有明显的界限。例如，暗淡、采光性差的空间容易使人焦躁不安、产生安全感较弱的心态，单调的空间容易让人觉得反感、枯燥乏味，而好的采光不仅能体现出环境的友好，还能帮助人们消除工作中的疲劳，并增强人们的安全感。当一个地下空间具备安全性、方向辨识度、较好的可达性、良好的视觉环境、轻松明快的氛围等特性时，它就成为了一个比较适宜使用的地下环境，如果在这个基础上还能为通风换气、景观绿化创造一定的条件，则更能提升环境的舒适程度。以上这些方面可以概括为"环境友好性"。友好的建筑环境不仅能让人感到轻松愉悦，还能让人感受到被尊重，从而消除身心压力。

1. 设置下沉广场/庭院

下沉广场/庭院在地上、地下空间之间起到过渡作用，在地面上作为地下空间定位的一个标识，在地下也能为人流起到导向作用，是地下工程中重要的空间节点。下沉广场/庭院的形态大体可以分为"带型""向心型"和"边缘模糊型"三类，具体还可以根据广场的形状再进行细分，如图 6-2 所示。不同形态的下沉广场有着不同的交通引导性，可根据项目需要选择。

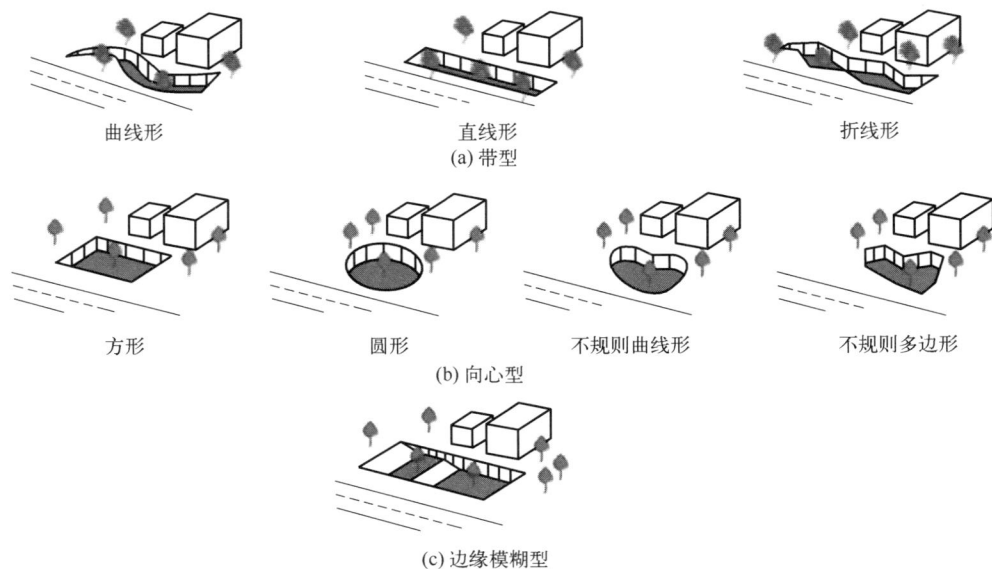

| 曲线形 | 直线形 | 折线形 |
(a) 带型

| 方形 | 圆形 | 不规则曲线形 | 不规则多边形 |
(b) 向心型

(c) 边缘模糊型

图 6-2 下沉广场/庭院形态分类示意

带型下沉广场/庭院能形成有纵深的街巷空间，具有较强的一维导向性，让使用者沿着纵深方向游览、行进，代表性案例有北京三里屯 SOHO、成都都江堰的百伦广场、长沙星澜汇等。

向心型下沉广场/庭院能被打造成具有空间凝聚力的场地，其边缘是否规则而让使用者产生不同的空间感受。边缘规则的下沉广场/庭院一般主要用作人群集散，或引导人群驻足休闲，如法国的列·阿莱广场、成都天府广场等；边缘不规则的下沉广场/庭院形态则更加灵动、富于变化，如深圳壹方城、太原印象城等。

边缘模糊型的下沉广场/庭院通过采用体量上层层退台、设置螺旋形竖向交通步道等设计手法，削弱了地上与地下空间的边界感，更适合作为出入口将人群从地上引入地下空间中，如广州市的天环广场。

对于寒地城市来说，下沉广场的设置尤其可能成为项目的亮点。这些城市冬季气温低、降雪多，居民们的冬季活动多停留于室内，而采光、通风较差的地下室通常只作为停车场以及一些物业管理等使用频率较低的辅助用房使用，其利用价值尚有很大的挖掘空间。如为了提升地下空间使用价值而一味地依靠设备系统，不但会增加半地下空间建设成本，同时也不符合可持续发展的要求。设置下沉广场/庭院除了具有增强室内交通导向性的功能，还能通过调节局部微气候改善地下室内的气流组织，为原本不具有天然采光条件的地下室引入自然光线，可以打破地下室封闭、单调、沉闷的空间特性，优化建筑物理环境并增加使用者舒适度，同时降低建筑能耗。从功能上看，它不仅可以作为标识空间和交通空间，还有着集散、娱乐、景观等功能，是城市生活开展的舞台，对提升地下工程舒适性有着积极的作用。

2. 设置天窗、竖井或捕风塔/器

为了促进大规模地下室的多元化使用，可以从改善室内环境舒适性的角度出发，为地下室设置天窗、竖井、捕风塔等被动设施来增加天然采光，提高通风质量。

（1）天窗 从采光量上看，天窗的采光量可以达到侧窗采光的2～3倍，能以较小的面积实现较高的室内采光照度和均匀度。有研究表明，当窗地比相同时，采光系数会受到天窗形状、采光罩（天窗凸出地/屋面的不透明部分）形式和透明面板材料种类的影响。常见天窗形状有方形、圆形和三角形。从采光质量上看，方形天窗最优，其次是三角形天窗，然后是圆形天窗。采光罩形式可以分为锥形、穹顶形、拱形，一般锥形采光罩内部向地下室反射光照的效率最高，其次是穹顶形，二者均优于拱形。天窗透明面板的常用材料有阳光板和玻璃，阳光板的透光性要比玻璃优越。此处需要注意，由于全文强制性国家标准《民用建筑通用规范》（GB 55031—2022）第6.5.7条要求，天窗采用玻璃时，应使用夹层玻璃或夹层中空玻璃，不可选用钢化玻璃，更不能安装普通的平板玻璃。

（2）竖井 建筑自然通风分为风压通风、热压通风两种。风压通风是在自然风经过建筑周围时气流密度改变产生风压，从而引起室内气流变化，形成穿堂风（图6-3），这显然无法被地下建筑所利用。热压通风是由于各处温差的变化导致较冷的空气向较热处流动而引起的室内气流变化，具体是冷空气从建筑下方向温度较高的上方涌动，将热空气从室内上方挤出，而冷空气在室内被加热后再次对流，从而形成稳定的室内空气环境，如此循环往复形成自然通风（图6-4）。设置竖井即利用热压通风原理，通过竖向烟囱式空间具有的拔风效果来增加地下室内的空气流速，改善室内空气质量。当竖井面积足够大的时候也能为地下室带来一定的天然光，增强室内光感。

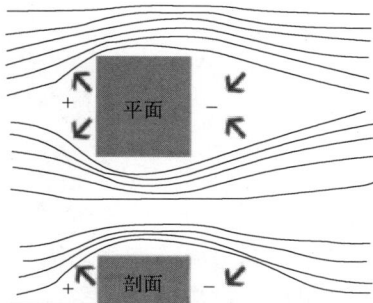

图 6-3 风压通风示意图

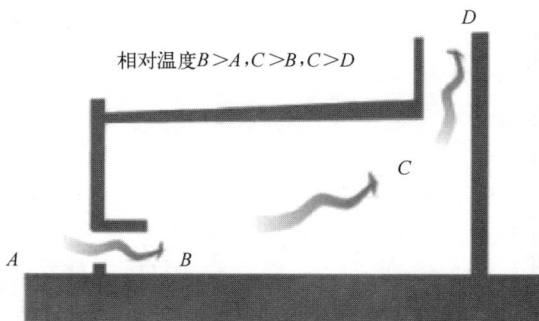

相对温度 $B>A,C>B,C>D$

图 6-4 热压通风示意图

（3）捕风塔/器　在中东地区，存在着一种名为捕风塔（wind tower）的古老的被动通风降温技术，它的结构类似一个烟囱，为垂直管状结构，由外部的集风口和内部的管道两部分组成。捕风塔是古老的伊斯兰建筑在可持续发展方面的一个杰出的传统建筑元素，已有2000多年的历史，它在中东传统建筑中所起的作用类似于现代的空调系统。捕风塔的工作原理是采用纵向的通风结构，利用风压和热压的综合作用加强通风效果，形成较强的对流。由于高处的风速一般比地面风速大，它可以捕获地面较高处的空气，并将其引入室内（尤其是地下室），形成室内空气流动，为建筑降温。

捕风塔位于建筑屋顶上部，高 10～15m 不等，开口有单向、双向、四向、八向等，这些塔通过顶部的开口捕获"风"，并经过狭窄的风道将它们引入室内，为建筑提供被动通风与降温。但是传统的捕风塔没有风量调节功能，在中东以外的非炎热地区使用，在冬季会灌入冷风，不仅会降低室内热舒适度，还会浪费大量热量。

人们根据捕风塔的工作原理，利用现代材料、工艺对其进行改良，发明了捕风器。同时，捕风器在捕风塔的基础上增加了风量调节阀，还可以与太阳能光伏电池甚至导光管结合，在实现通风量可控的同时增加了发电、采光的功能。捕风器作为被动式通风技术的一种，与其他自然通风方式相比，其优点是无论风向如何，总能将风捕捉并引入室内。捕风器特别适用于地下室以及大进深的房间，这些建筑空间利用开窗通风的换气效果有限，在不借助机械通风的情况下室内空气品质极差。捕风器是一种零能耗被动式绿色建筑技术，可以完美取代机械通风系统，避免了机械通风带来的能耗、噪声、维护等问题。

即使在建筑的普通空间中，捕风器也是很有必要的。在夏季的夜间，当所有房间窗户都关闭时，捕风器依然可以给室内进行夜间通风，既保证了建筑的安全性，又可以将蚊虫阻挡在外。有研究人员对捕风器在学校教室中的应用进行了相关研究，发现捕风器在白天可以将教室内的平均温度降低 1.5℃，室内最高温度比室外最高温度低约 3℃。

案例：加拿大蒙特利尔市地下城

蒙特利尔是加拿大第二大城市，有大约 160 万人口，土地面积 365.1km²，地铁线路总长度约为 66.3km。蒙特利尔的冬季长达 4～5 个月，2 月份气温会下降到零下 34℃，一年的积雪量也能多达 2.5m。同时还会伴随有呼啸的北风和让人睁不开眼的骤雨。另外一方面，蒙特利尔的夏季又会带来令人窒息的闷热。7 月的时候，温度会升高到 32℃，湿度 100%。极端气候是蒙特利尔地下城产生的主要动因。19 世纪末，由于拥挤和公共空间的不断扩大，蒙特利尔产生了新的城市中心，交通设施应运而生。加拿大国家铁路公司在当时占主导地位，自 1912 年起历时 6 年建造出穿越皇家山脉（Mountroyal）的轨道，使火车横越大陆穿过 3 个街区。1954 年开始，贝聿铭设计规划了维莱—玛丽广场区域，因地处市中心并连通地下商街而聚集了大量人流，后成为地下城的发源地。1967 年世界博览会召开前期，蒙特利尔开通了首列地铁。1989 年，地下城的步行通道长度超过 20km，近乎是 5 年前的 2 倍。历经几十年的发展，蒙特利尔地下步行通道全长达 32km，整体规模近 400 万平方米，共有 60 余座建筑和 50 余个地下通道与之相连，出入口多达 150 余个，日人流量近 50 万人。

提到地下城，就不能不提到蒙特利尔的地铁和它独一无二的特点。首先，蒙特利尔市地下地质条件较好，铁路系统普遍位于地下 10～15ft（3～4.5m），以那些位于周边建筑物地下一、二层的中层空间作为过道或者行人自由活动区域，穿越邻近建筑物的地下层就可以进入车站。地下城依托于地铁线路，连通两条地铁线、10 个地铁站，与 30km 的地下通道、室内公共广场、大型商业中心相连接。地下城实际上就是另外一个蒙特利尔。为了避免上面的恶劣天气，每天有 50 万人进入相互连接的 60 座大厦中，也就是进入到超过 360 万平方米的空间中，其中包括了占全部办公区域 80％和相当于城市商业区总面积 35％的商业空间。

案例：荷兰 Hageveld 庄园地下车库

Hageveld 庄园的景观设计是由 Hosper 景观、建筑和城市设计工作室（Hosper landscape architecture and urban design）于 2017 年完成的，占地约 14 公顷。这里曾经是一个神学院，其中一部分曾被用于初中教学，尽管 Hageveld 依旧迷人，可事实上植被已经凋零，一些地块被闲置。到了 2002 年，地块的新主人希望把 Voorhuis 改建成豪华公寓。Hosper 确定了 Hageveld 庄园的景观规划设计方案，并详细设计了地下停车场顶部的人工湖，将地下室采光井、地面水景与汽车坡道融为一体，打造了一个占地 730m^2、水深 60cm 的观赏水池。

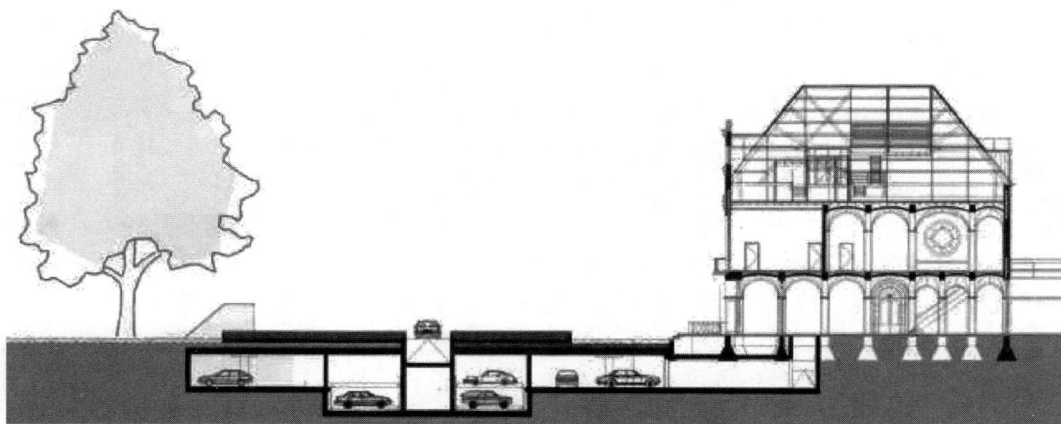

图 6-5　主体建筑、地下车库及水池的剖面示意图

从图 6-5 可以看出水池与地下车库停车区域和汽车坡道的相对位置关系。水池中的采光口使得日光能够进入地下车库。每个采光口被彩色玻璃所覆盖，而每片彩色玻璃都是独立的艺术品。到了夜里，地下车库的光透过采光口向上照射，透过玻璃面板在水中产生非常独特的效果。除此之外，经过特殊设计的喷泉间歇开启，它在水面产生的小气泡更是增加了水体的活力。

三、2024 年版评价标准相关条款

（一）第 7.2.1 条

1. 条款原文

7.2.1　节约集约利用土地，评价总分值为 20 分，并按下列规则评分：

1　对于住宅建筑，根据其所在居住街坊人均住宅用地指标按表 7.2.1-1 的规则评分。

表 7.2.1-1　居住街坊人均住宅用地指标评分规则

建筑气候区划	人均住宅用地指标 A（m^2）					得分
	平均3层及以下	平均 4~6 层	平均 7~9 层	平均10~18 层	平均19 层及以上	
Ⅰ、Ⅶ	33＜A≤36	29＜A≤32	21＜A≤22	17＜A≤19	12＜A≤13	15
	A≤33	A≤29	A≤21	A≤17	A≤12	20
Ⅱ、Ⅵ	33＜A≤36	27＜A≤30	20＜A≤21	16＜A≤17	12＜A≤13	15
	A≤33	A≤27	A≤20	A≤16	A≤12	20
Ⅲ、Ⅳ、Ⅴ	33＜A≤36	24＜A≤27	19＜A≤20	15＜A≤16	11＜A≤12	15
	A≤33	A≤24	A≤19	A≤15	A≤11	20

2　对于公共建筑，根据不同功能建筑的容积率（R）按表 7.2.1-2 的规则评分。

表 7.2.1-2　公共建筑容积率（R）评分规则

行政办公、商务办公、商业金融、旅馆饭店、交通枢纽等	教育、文化、体育、医疗、卫生、社会福利等	得分
$1.0 \leqslant R < 1.5$	$0.5 \leqslant R < 0.8$	8
$1.5 \leqslant R < 2.5$	$R \geqslant 2.0$	12
$2.5 \leqslant R < 3.5$	$0.8 \leqslant R < 1.5$	16
$R \geqslant 3.5$	$1.5 \leqslant R < 2.0$	20

2. 参评指数

第 7.2.1 条是绿色建筑评价的评分项，其评分规则中提到的"人均住宅用地指标"和"容积率"一般在项目所在城市用地的规划条件中有明确规定，主要鼓励更加集约、高效地实现土地利用，但也考虑了不同气候区、不同使用功能、不同产品定位对指标的影响，一般建设项目均可得分。

参评指数：★★★★

3. 评价注意事项

节约建设用地是绿色建筑低碳化理念落实的途径之一。在住宅建筑中，节约用地体现为人均居住用地面积的降低；在公共建筑项目中，节约用地体现为容积率控制在合理的范围内。

（1）住宅建筑　本条第 1 款对住宅项目的要求与现行国家标准《城市居住区规划设计标准》（GB 50180—2018）进行了对接，并以居住区的最小规模即居住街坊的控制指标为基础，提出了人均住宅用地指标评分规则。

居住街坊是指住宅建筑集中布局、由支路等城市道路围合（一般为 $2 \sim 4 hm^2$ 住宅用地，$300 \sim 1000$ 套住宅）形成的居住基本单元，一般规划批复的住宅小区项目基本即可认定为 1 个居住街坊。《城市居住区规划设计标准》（GB 50180—2018）附录 A 第 A.0.1 条指出：居住街坊用地范围应算至周边道路红线，且不含城市道路，当住宅用地与配套设施（不含便民服务设施）用地混合时，其用地面积应按住宅和配套设施的地上建筑面积占该幢建筑总建筑面积的比率分摊计算，并应分别计入住宅用地和配套设施用地。评价时，如果建设项目规模超过 $4 hm^2$，在项目整体指标满足所在地控制性详细规划要求的基础上，应以其小区路围合形成的居住街坊为评价单元计算人均住宅用地指标。

《城市居住区规划设计标准》（GB 50180—2018）术语部分第 2.0.8 条也明确了"住宅建筑平均层数"的概念为：一定用地范围内，住宅建筑总面积与住宅建筑基底总面积的比值所得的层数。一般的住宅建筑通常会对地下空间加以利用，作为地下车库或住户的仓房/储藏间时该部分面积不计入容积率，但可能会统计在单体建筑面积当中。结合评价条款原意，在参评该款时可不将地下车库、仓房/储藏间及其配套的设备用房计入住宅建筑总面积。但当地下室与一层住宅做跃层套型时，该地下室是住宅建筑的主要使用功能空间，应计入住宅建筑总面积。

（2）公共建筑　本条第 2 款对公共建筑的要求，是在充分考虑公共建筑功能特征的基础上进行分类，一类是容积率通常较高的行政办公、商务办公、商业金融、旅馆饭店、交通枢纽等设施，另一类是容积率不宜太高的教育、文化、体育、医疗卫生、社会福利等公共服务设施，并分别制定了评分规则。评价时应根据建筑类型对应的容积率进行赋值。对于融合了多种功能的城市综合体项目，应分析其中各种功能建筑面积在总建筑面积中的占比，以其中的主要使用功能为评分依据，或结合土地使用性质综合判定。

（3）特殊情形

① 如果居住街坊中配套建设了标准规定的"便民服务设施"，可直接采用住宅建筑的评价指标；若配套商业设施超出便民服务设施的内容，则应按照公共建筑进行评价并符合本标准第 3.2.3 条的规定。

② 宿舍建筑可参照本条第 2 款公共服务设施进行评价。

4. 设计阶段初步自评

项目在规划设计阶段可以按下列顺序逐项核查项目得分情况。

（1）住宅建筑

统计各单体技术指标，以便后续确定项目得分情况，示例见表 6-2。

表 6-2　住宅建筑平均层数及套数统计表示例

住宅单体名称/编号	层数/层	基底面积/m²	建筑面积/m²	套数/套
总计				

住宅建筑平均层数为：＿＿＿层（住宅地上总面积/基底总面积），所在区间为：□3 层及以下、□4～6 层、□7～9 层、□10～18 层、□19 层及以上。

项目每套住宅规划人数指标（通常为 3.2 人/套）为：＿＿＿人；住宅总人数为：＿＿＿人；

居住区用地面积为：＿＿＿m²；人均用地指标为：＿＿＿m²/人。

（2）公共建筑

建筑主要使用功能为：□行政办公、□商务办公、□商业金融、□旅馆饭店、□交通枢纽、□教育、□文化、□体育、□医疗卫生、□社会福利、□其他＿＿＿＿＿；

规划容积率为：＿＿＿；

用地面积为：＿＿＿m²，计容总建筑面积为：＿＿＿m²，设计容积率为：＿＿＿。

5. 证明材料提供

绿色建筑评价工作中，需要按照评价标准逐条准备相关材料，以证明项目控制项能达标或评分项可以得分。第 7.2.1 条在预评价阶段应提供规划许可的设计条件、相关设计文件、计算书、相关施工图作为证明材料；评价阶段应提供相关设计文件、计算书、相关竣工图等作为证明材料。

（二）第 7.2.2 条

1. 条款原文

7.2.2　合理开发利用地下空间，评价总分值为 12 分，根据地下空间开发利用指标，按表 7.2.2 的规则评分。

表 7.2.2　地下空间开发利用指标评分规则

建筑类型	地下空间开发利用指标		得分
住宅建筑	地下建筑面积与地上建筑面积的比率 R_r 地下一层建筑面积与总用地面积的比率 R_p	$5\% \leqslant R_r < 20\%$	5
		$R_r \geqslant 20\%$	7
		$R_r \geqslant 35\%$ 且 $R_p < 60\%$	12
公共建筑	地下建筑面积与总用地面积之比 R_{p1} 地下一层建筑面积与总用地面积的比率 R_p	$R_{p1} \geqslant 0.5$	5
		$R_{p1} \geqslant 0.7$ 且 $R_p < 70\%$	7
		$R_{p1} \geqslant 1.0$ 且 $R_p < 60\%$	12

2. 参评指数

第 7.2.2 条是绿色建筑评价的"评分项"，结合规划条件的要求，一般城市中心区的建设项目可以得分。

参评指数：★★★★

3. 评价注意事项

开发利用地下空间是城市节约集约用地的重要措施之一。地下空间的开发利用应与地上建筑及其他相关城市空间紧密结合、统一规划，但从雨水渗透及地下水补给、减少径流外排等生态环保要求出发，地下空间也应利用有度、科学合理，因此本条对地下建筑占地比率作了适当限制。

由于地下空间的利用受诸多因素制约，因此未利用地下空间的项目应提供相关说明。经论证，建筑规模、场地区位、地质等建设条件确实不适宜开发地下空间，并提供经济技术分析报告的，本条可直接得分。

4. 设计阶段初步自评

项目在预评价、评价阶段可按下列顺序复核地下空间的开发利用情况，复核得分并编写相关说明。

（1）住宅建筑

地下建筑面积：_____ m^2；

地上建筑面积：_____ m^2；

地下建筑面积与地上建筑面积的比率（R_r）为：_____%；

地下一层建筑面积与总用地面积的比率（R_p）为：_____%；

地下空间主要功能为：_____。

（2）公共建筑

地下建筑面积：_____ m^2；

总用地面积：_____ m^2；

地下建筑面积与总用地面积的比率（R_{p1}）为：_____%；

地下空间主要功能为：_____；

地下一层建筑面积：_____ m^2；

地下一层建筑面积与总用地面积的比率（R_p）为：_____%。

（3）是否适宜开发地下空间

项目所在城市区位空间：□城市中心区、□一般区域、□郊区、□其他_____；

场地地质条件是否适宜建造地下室：□是、□否；

规划要求：停车数量_____辆、地面停车与地下停车数量的比例_____、地下车库每个车位建筑面积_____ m^2、地下建筑面积_____ m^2；

人防要求：应建人防地下室总面积_____ m^2；

地上建筑基础埋深为：_____ m；

项目用地是否适宜开发地下空间：□是、□否；

不适宜开发地下空间的原因为：_____，是否经过专项分析论证：□是、□否。

5. 自评报告说明举例

简要说明地下空间开发利用的设计说明，对该建筑的场地区位、地质条件、地下空间功能分区以及地下空间开发利用的合理性等进行简要阐述（200字以内）。举例如下（具体内容以××替代）。

本项目场地地形较为平坦，地势起伏不大，地层岩性分布如下：××、××、××、××、××、××，适宜开发地下空间。地下室主要功能有储藏间、地下车库、配电间、排风机房、水箱间、换热站、柴油发电机房、送风机房等。停车位设于地下空间，可以节约地上土地的利用，而设备机房设置在地下室，既可以避免这些设备在运行中对地上主要建筑产生噪声危害，又可以解决其承载、震动、污染等问题。

6. 证明材料提供

绿色建筑评价工作中，需要按照评价标准逐条准备相关材料，以证明项目控制项能达标或评分项可以得分。第7.2.2条在预评价阶段应提供相关设计文件、计算书（地下建筑面积与地上建筑面积的比率、地下一层建筑面积与总用地面积的比率）作为证明材料；在评价阶段应提供相关竣工图、计算书（地下建筑面积与地上建筑面积的比率、地下一层建筑面积与总用地面积的比率）。

（三）第7.2.3条

1. 条款原文

7.2.3 采用机械式停车设施、地下停车库或地面停车楼等方式，评价总分值为8分，并按下列规则评分：

1 住宅建筑地面停车位数量与住宅总套数的比率小于10%，得8分。

2 公共建筑地面停车占地面积与其总建设用地面积的比率小于8%，得8分。

2. 参评指数

第7.2.3条是绿色建筑评价的"评分项"，结合规划条件要求，一般城市中心区的建设项目可以得分。

参评指数：★★★★

3. 评价注意事项

本条鼓励建设立体式停车设施，节约集约利用土地，提高土地使用效率，让更多的地面空间作为公共活动空间或公共绿地，营造宜居环境。其中地下停车库的设计方式在住宅、公建项目中采用较多，比较容易满足要求。

国家标准《城市居住区规划设计标准》（GB 50180—2018）第5.0.6条第2款规定："地上停车位应优先考虑设置多层停车库或机械式停车设施，地面停车位数量不宜超过住宅总套数的10%。"公共图书馆等公共服务设施的建设用地指标中，也有明确的地面停车占地规定，一般控制在8%左右。实际应注意以规划条件的要求为准。

4. 设计阶段初步自评

项目在预评价、评价阶段可按下列顺序复核停车情况，复核得分并编写相关说明。

（1）设计情况

项目机动车停车方式包括：□地下车库、□停车楼、□机械式停车、□地面停车、□其他_____；

地面停车位数量：_____个；

是否符合规划条件：□是、□否。

（2）住宅建筑得分复核

住宅总套数：_____套；

地面停车位数量与住宅总套数比例：_____%。

（3）公共建筑得分复核

公共建筑总用地面积：_____m²；

地面停车占地面积与总建设用地面积的比例：_____%。

5. 证明材料提供

绿色建筑评价工作中，需要按照评价标准逐条准备相关材料，以证明项目控制项能达标或评分项可以得分。第7.2.3条在预评价阶段需要提供的材料包括相关设计文件、计算书；评价阶段应提供相关竣工图（或其他相关竣工文件）、计算书，还可提供步行路线图及开敞空间出入口影像资料等作为辅助证明材料。

第二节　场地竖向与海绵设计

受全球气候变化和城镇化的双重影响，现代城市得上了热岛效应、城市内涝等"城市病"，这与城市内独特的水文效应有关。受热岛效应作用，城市下垫面对气流的动力抬升、阻滞作用和气溶胶排放特点的改变，降雨量增多；城市建筑物增大了地表粗糙系数，延长了过境气流的停留时间，增加了降水的概率和持续时间；市区地面多为不透水铺装，产流损失水量减少，场次径流系数提高，洪水总量变大；不透水铺装地面的地表粗糙系数较小，汇流速度较快，汇流时间较短，坡面洪水更易同时段集中，导致洪峰流量变大；林地、草地、河湖、湿地等自然地貌被占用，降低了城市下垫面对洪涝灾害的滞蓄能力，这些因素综合导致了城市内涝频发。

面对城镇化主导的环境变化，传统洪涝灾害防治措施难以有效调控变化环境下的动态水循环过程，无法实现对洪涝灾害的有效防控。为此，我国提出新型雨洪管理理念——"海绵城市"。

一、国外相关经验

为了更好地完成城市雨洪管理工作，国外率先对此进行了研究。目前发达国家的雨洪管理，已从传统的水量控制过渡到水量和水质并重方面，进一步推进雨水收集利用，并追求雨洪管理设施和城市景观的有机融合，以实现城市发展和水环境的和谐与可持续发展。在整改研究历程中，形成了一些比较有影响力的城市雨洪管理理念，其中比较有代表性的包括：美国的低影响开发（Low Impact Development，简称 LID），英国的可持续排水系统（Sustainable Urban Drainage Systems，简称 SUDS），澳大利亚的水敏感城市设计（Water Sensitive Urban Design，简称 WSUD）。

这几种管理理念的侧重点略有不同，具体如下。

（一）低影响开发（LID）

低影响开发设计秉持以源头削减、过程控制、末端处理来渗透、调蓄城市雨洪的管理策略，采用分布式措施构建水土景观，达到恢复天然状态水文机制的目的。通常需要结合多种控制技术来综合处理场地径流，主要技术措施有：①保护性设计，是指保护开放空间，通过减少不透水区域的面积来降低雨水径流量；②渗透技术，是通过增强雨水向深层土壤的渗透来减少径流，并提高土壤含水量，补充地下水；③径流储存，是对不透水面产生的径流进行调蓄利用、逐渐渗透、蒸发，减少径流排放量，削减峰流量；④径流输送技术，是采用生态化的疏通系统来降低径流流速、延缓径流峰值时间；⑤过滤技术，通过土壤过滤、吸附、生物降解等作用来处理径流污染，也和渗透技术一样能减少径流量、补充地下水，同时还能增加河流的基流、降低温度对受纳水体的影响；⑥低影响景观，把雨洪控制措施与景观相结合，选择适合场地和土壤条件的植物以达到防止土壤流失和去除污染物的目的。

在低影响开发的设计过程中，首先要调研区域水文并进行评估，通过调整道路、停车场的设计减少不透水区域的面积，采取对不同区域的雨水进行引流、偏流等手法尽量避免不透水区域互相连通，利用地形坡向走势校正排水路线，方案形成后对比开发前后的水文情况来判断方案是否可行。

（二）可持续排水系统（SUDS）

可持续排水系统是英国为解决传统的排水体制产生的洪涝多发、污染严重以及对环境破坏等问题，将长期的环境和社会因素纳入排水体制及系统中，建立雨洪管理理念。SUDS 理念将传统的以"排放"为核心的排水系统升级为维持良性水循环高度的可持续排水系统，综合考虑径流的水质、水量、景观潜力、生态价值等。由原来只对城市排水设施的优化上升到对整个区域水系统的优化，不但考虑雨水，而且也考虑城市污水与再生水，通过综合措施来改善城市整体水循环。

SUDS 的设计过程基本是从调研场地特征开始，根据场地内的地形、径流、污水排放、渗透、土地利用、物种等现状，规划地表水汇水区和流动线路，布置公园、开放空间和生态走廊，最后进行路网设计和建筑布局。

（三）水敏感城市设计（WSUD）

WSUD 综合考虑了城市防洪、基础设施设计、城市景观、道路及排水系统和河道生态环境等，通过引入模拟自然水循环过程的城市防洪排水体系，达成城市发展和自然水环境的和谐共赢。影响水质的要素主要有 5 个：温度，含氧量，溶解态营养物、微生物和固体不溶物含量，在规划设计阶段全面考虑这些要素并妥善处理，可大幅度改善城市水体的水质。为此，WSUD 确立了提高可渗透性地表比重、保持水体流动性、保持水体含氧量、降低水体中溶解的营养物质含量及降低水体中不溶物负荷和建立稳定的水生态系统 6 项基本技术措施。

水敏感城市设计还有一个重要的原则是"源头控制"，将水量水质问题就地解决，不把问题带入周边，避免增加流域下游的防洪和环保压力，降低或省去防洪排水设施建设或升级的投资。其中的雨洪水质管理措施如屋顶花园、生态滞蓄系统、人工湿地和湖塘等，也能在不同程度上滞蓄雨洪，进而避免城市过度依赖排水设施的问题。绿色滨水缓冲带在保证行洪的同时，能有效降低河道侵蚀，保持河道稳定性。雨水的收集和回用提供替代水源，降低了自来水在非饮用用途上的使用。与景观融合的雨洪管理设施设计，可营造富有魅力的公共空间，提升城市宜居性。

WSUD 综合了城市发展中各层面的水循环管理问题和环境可持续性措施。达成 WSUD 目标的基本哲学体系在于合理综合利用最佳规划实践（Best Planning Practices，简称 BPPs）和最佳管理实践（Best Management Practices，简称 BMPs）。

二、海绵城市的发展及内涵

受到国外相关经验的启发，我国也逐渐意识到，在开发建设时要尽可能保护场地原有的水文特征，加强对区域河湖、湿地、池塘、溪水等水体自然形态的保护。充分发挥建筑、道路、绿地、景观水系等生态系统对雨水的吸纳、蓄渗和缓释作用来控制雨水径流，实现自然积存、自然渗透、自然净化，以综合地解决城市内涝等环境问题，从而逐渐形成了"海绵城市"的设计理念。

（一）相关政策指引

国务院及相关部委做了很多工作来引导海绵城市建设。

2014 年 10 月，住建部颁布了《海绵城市建设技术指南——低影响开发雨水系统构建（试行）》。

2015 年 1 月，财政部、住建部、水利部联合开展支持国家海绵城市建设试点工作。2015 年 4 月，确定第一批国家海绵城市建设试点共 16 个，分别是迁安、白城、镇江、嘉兴、池州、厦门、萍乡、济南、鹤壁、武汉、常德、南宁、重庆、遂宁、贵安新区和西咸新区。

2015 年 10 月，国务院办公厅印发《国务院办公厅关于推进海绵城市建设的指导意见》（国办发〔2015〕75 号）。

2016 年 3 月，住建部印发了《海绵城市专项规划编制暂行规定》，进一步贯彻落实中共中央、国务院的相关指示，指导各地做好海绵城市专项规划编制工作。

2016 年 4 月，确定第二批国家海绵城市建设试点共 14 个，分别是福州、珠海、宁波、玉溪、大连、深圳、上海、庆阳、西宁、三亚、青岛、固原、天津、北京。

2017 年，国家水体污染控制与治理重大科技专项设立海绵城市建设与黑臭水体治理技术集成与技术支撑平台课题，开展海绵城市建设的技术集成与长效监管研究工作，并纳入标志性成果。

2018～2019 年，国家海绵城市建设试点进入考核验收阶段。

（二）海绵城市内涵

住建部在 2018 年 12 月 26 日发布了《海绵城市建设评价标准》（GB/T 51345—2018），其中对海绵城市的定义侧重于将其看作一种技术手段，具体如下。

通过城市规划、建设的管控，从"源头减排、过程控制、系统治理"着手，综合采用"渗、滞、蓄、净、用、排"等技术措施，统筹协调水量与水质、生态与安全、分布与集中、绿色与灰色、景观与功能、岸上与岸下、地上与地下等关系，有效控制城市降雨径流，最大限度地减少城市开发建设行为对原有自然水文特征和水生态环境造成的破坏，使城市能够像"海绵"一样，在适应环境变化、抵御自然灾害等方面具有良好的"弹性"，实现自然积存、自然渗透、自然净化的城市发展方式，有利于达到修复城市水生态、涵养城市水资源、改善城市水环境、保障城市水安全、复兴城市水文化的多重目标。

《中国大百科全书》（第三版）对海绵城市的定义更倾向于将其看作能实现某种功能的城市类型，具体为：

在应对降雨和水循环的问题上，能实现下渗水、吸纳水、蓄存水、缓释水功能的城市，使城市能够在一定程度上弹性地应对环境变化和防御灾害。

三、海绵城市设计

《海绵城市建设评价标准》（GB/T 51345—2018）将为实现海绵城市设计所采用的设备设施分为"绿色设施"和"灰色设施"两类，其中绿色设施是指"采用自然或人工模拟自然生态系统控制城市降雨径流的设施"，灰色设施是指"传统的较高能耗的工程化排水设施"，即传统意义上的市政基础设施，基本功能是实现雨水的收集、输送、处理和排放。

虽然传统的灰色设施可以减少地表积水和溢流问题，但可能导致生态系统及其水力特性受损，不能从根本上解决降雨径流污染的问题，如仅依靠灰色设施解决城市内涝问题，还需要投入大量的建设及维护成本，长远看并不划算。因此应在原有灰色设施的基础上引入绿色设施，来有效地实现初期降雨净化、减少雨水径流污染、减少地表径流和控制径流总量的目标。灰色基础设施与绿色基础设施互利统一，构成完整的城市雨水收集系统。

（一）总体策略

1. 传统雨洪管理及存在的问题

在没有地下排水设施以前，人居环境中雨水的排出过程与自然界类似。雨水落在屋顶、地面，流经沟渠、坑塘、湿地，小沟渠汇成河溪，在汇集的过程中通过软质的下垫面的入渗，回灌地下水，最后汇入河湖，存储在城市的水域中，参与自然的循环、下渗、蒸发，是一个完整的循环系统。自然排水系统形态丰富，路径往往是多个方向的水流有机汇集而成，如同逆向生长的草木，从分支到支干，再从支干到主干。由于主干是被分支冲刷而成，通常在形成之初即具备了容纳所有上游水量的能力。

现代城市为提高土地利用率，美化地面环境，将地表沟渠改成了地下管网，将城市产生的径流全部汇入管网进行快排，径流快速汇集，夹杂着污染物直接进入湖河水系，再通过河湖水系排到城外。城区内的雨水被人为地从自然界的水循环中割裂出来，导致了地下水位下降、周边水体污染等一系列问题，其带来的弊端已经给城市整体造成了巨大的损失。

相较于自然界庞大、复杂的水循环系统，城市环境中的排水管网可以应对一般性的降雨，但在处理大雨、暴雨时往往会因为其本身容量的局限性而引发排水不畅，导致城市内涝，我们可以将其称为"小排水系统"。城市当中保留的自然地形及河流湖泊是城市本身自带的"大排水系统"，能够引导地表雨水流动，在一定程度上缓解"小排水系统"拥堵带来的水患。但由于地面高程设计不尽合理，还是会有局部积水难以排除，需要人工二次泵送。好的方面是，传统城市排水系统在建设时会模仿自然排水系统，根据区域规模、降水规律等设计主管道的水力条件，理论上能够及时排除区域内的雨水。但由于雨水在硬化的场地道路上流速过快，导致区域内雨水汇集至雨水管道的速度超乎预期，瞬时水量较大，且设计师在设计时忽略了城市化快速推进、城市规模不断扩张的实际需求，因此城市中的雨水干管往往难以承担区域内瞬时排水的任务。

2. 海绵城市的设计使命

海绵城市设计要做的就是在优化"大排水系统"设计的基础上，在系统中增加绿色雨水设施来进一步增强排水系统消纳雨水的能力。海绵城市理念希望能将城市排水系统改造成一个良性循环系统，让城市雨水在进入排水系统之前先缓慢流经绿色设施并在其中过滤、沉淀、渗透，保证城市水安全、降低水污染、补充地下水，通过合理化的城市建设来恢复城市排水系统的自然属性。

传统雨洪管理系统与海绵城市的雨洪管理理念对比详见表 6-3。

表 6-3　传统雨洪管理与海绵城市雨洪管理理念对比

类别	传统雨洪系统	海绵城市雨洪系统
理念	灰色工程迅速排放	自然积存、自然渗透、自然净化
途径	管道集中快排	渗、蓄、滞、净、用、排
措施	灰色基础设施	绿色基础设施＋灰色基础设施
领域	单一学科和部门（市政）	跨专业、学科、部门（水文、生态、景观、市政）
目标	单一目标（迅速排水）	内涝污染防治、生态景观塑造等多重目标

（二）基本设计流程

海绵城市起源于美国的低影响开发理念（LID），其设计流程基本上延续了 LID 设计，即在设计前先对现状条件及存在问题进行评估，确定恰当的设计目标后进行方案设计，最后根据方案设计计算雨水设施规模并进行多方案比较，选定最优方案。

（三）常见海绵设施

海绵城市建设需要多学科交叉研究，以地形学、水文学、城市规划与雨洪控制分析为基础整合出城市空间规划，对流域空间进行分类，对每个流域的土地利用、开发比例、雨洪管理能力以及可利用的调蓄场地进行调查，针对场地的现状，提出相应的雨洪管理目标并采用适合的技术手段来实现设计目标。

海绵设施种类繁多，其中很多海绵设施的实际功能都呈现出复合化的设计趋势，学界对海绵设施的分类也尚未统一。从方便阅读的角度出发，本书仅从概念上阐释严寒地区常用的海绵设施。

1. 生物滞留设施

生物滞留设施主要指在地势较低的区域，通过植物、土壤和微生物系统蓄渗、净化径流雨水的设施，适用于建筑与小区内的道路、停车场和周边绿地以及城市道路绿化带等，也可用于屋顶空间。

　　生物滞留设施一般由 4 部分组成：①砾石层，厚度在 200～300mm，可根据项目情况适当加深，其孔隙率一般不小于 30％；②种植土，土层厚度需根据植物类型确定，种植草本植物时不应小于 250mm，种植木本植物时不应小于 1000mm；③蓄水层，深度设置需根据径流控制目标确定，一般为 200～300mm，不超过 400mm；④填料层，在径流污染较重或出水水质要求高的地区，可根据需要在砾石层之上设置填料层，其上采用土工布与种植土进行分隔。除此之外，当雨水径流集中进入设施时，进口处应设置缓冲措施。

　　生物滞留设施可以分为简易型、复杂型，基本构造详图如图 6-6、图 6-7 所示。

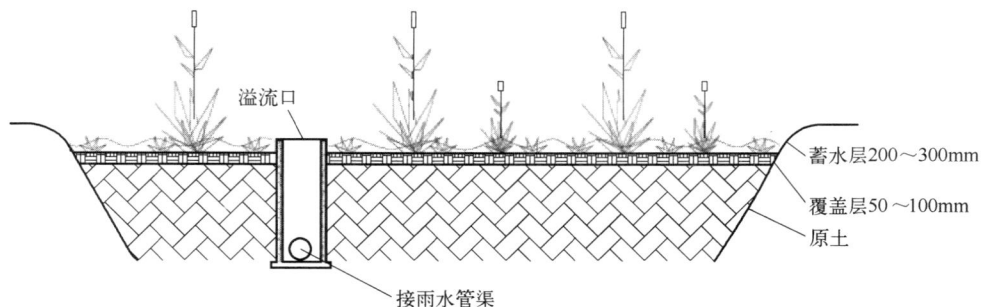

图 6-6　简易型生物滞留设施典型构造剖面示意图

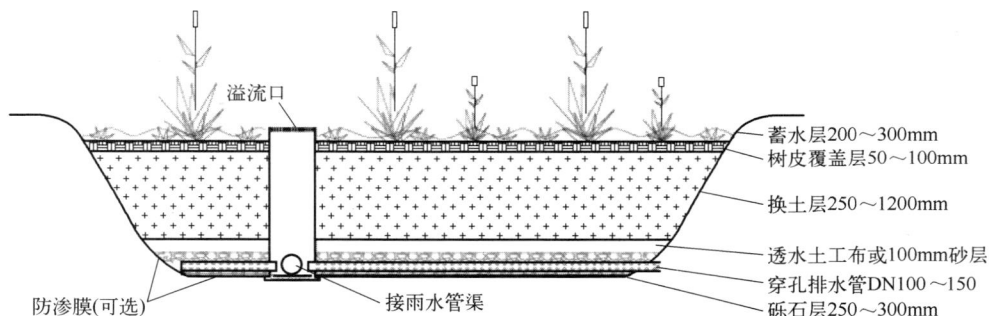

图 6-7　复杂型生物滞留设施典型构造剖面示意图

2. 下凹式绿地

　　下凹式绿地有狭义和广义之分，狭义的下凹式绿地指低于周边铺砌地面或道路路面在 200mm 以内的绿地；广义的下凹式绿地泛指具有一定的调蓄容积（在以径流总量控制为目标进行目标分解或设计计算时，不包括调节容积）且可用于调蓄和净化径流雨水的绿地，包括生物滞留设施、渗透塘、湿塘、雨水湿地、调节塘等。下凹式绿地的下凹深度应根据植物的耐淹性能和土壤渗透性能确定，一般为 100～200mm，应在高于绿地 50～100mm 的位置设置溢流口，保证暴雨时径流的溢流排放。

　　下凹式绿地不仅可以收集到对应绿地上空的雨水，而且能收集到绿地周围硬质集水面积上的汇流，并且其充分利用绿地在降雨开始时刻对雨水的汇集作用，还能够延缓地面径流出现的时间，缓解雨水排水管道的负担，在降雨全过程中加大整体入渗系数，可广泛应用于城市建筑与小区、道路、绿地和广场内，且建设费用和维护成本都不高。下凹式绿地在应用时需要注意：第一，对于径流污染严重、设施底部渗透面距离季节性最高地下水位或岩石层小于 1m 及距离建筑物基础小于 3m（水平距离）的区域，应采取必要的措施防止灾害的发生；第二，下凹式绿地在大面积应用时易受地形条件的影响，地面整体坡度较大时实际调蓄容积较小。

3. 植草沟

植草沟是指种有植被的地表沟渠，可收集、输送和排放径流雨水，并具有一定的雨水净化作用，可用于衔接其他各单项设施、城市雨水管渠系统和超标雨水径流排放系统。植草沟的设计一般需要满足图 6-8 所示的设计条件，即：

① 浅沟断面形式宜采用倒抛物线形、三角形或梯形；

② 植草沟的边坡坡度（垂直：水平）不宜大于 1：3，纵坡不应大于 4%，纵坡较大时宜设置为阶梯形植草沟或在中途设置消能台坎；

③ 植草沟最大流速应小于 0.8m/s，曼宁系数宜为 0.2～0.3；

④ 传输型植草沟的植被高度宜控制在 100～200mm。

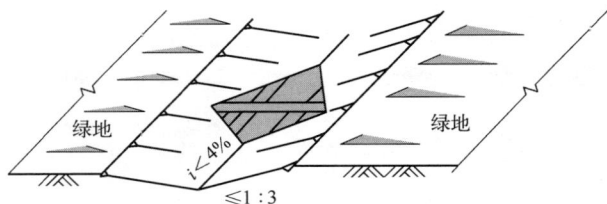

图 6-8　植草沟设计要点示意图

植草沟可在源头、污染物传输途径和就地处理系统中发挥作用，一般可设置在建筑与小区内的道路，广场、停车场等不透水面的周边，城市道路及城市绿地等区域，也可作为生物滞留设施、湿塘等低影响开发设施的预处理设施。植草沟还能与雨水管渠联合应用，场地竖向允许且不影响安全的情况下也可代替雨水管渠，在完成输送功能的同时还可满足雨水收集及净化处理的要求。

应用植草沟也受到一些限制，比如植草沟收集输送雨水的流量较小，其设计比传统的雨水管道对地形和坡度的要求高，需要更加与道路景观设计相协调，并且需要相应的维护和管理，如果设计或维护不当，会造成侵蚀，导致水土流失。此外，已建城区及开发强度较大的新建城区等区域易受场地条件制约。

4. 生态树池

在有铺装的地面上栽种树木时，通常会在树木周围保留一块没有铺装且土壤标高低于周围铺装的土地，用来给树木浇水。生态树池是对原有树池设计进行优化，去掉高出地面的缘石或设置引流口，让雨水可以越过缘石进入树池内，以吸纳来自步行道、停车场和街道的雨水径流。可以将生态树池理解为一种特殊的下凹式绿地，常用于行道树，将一系列连贯的树池设计成隐藏的受水装置，可最大限度地发挥收集、过滤雨水径流的作用。

5. 雨水渗透设施

雨水渗透设施是指使雨水分散并被渗透到地下的人工设施。雨水渗透设施对涵养地下水、抑制暴雨径流有十分显著的作用。对地下水的监测证明其并没有对地下水水质构成污染，因此科学合理地使用雨水渗透技术是一种非常有效的雨水控制利用技术措施。雨水渗透技术分为集中回灌和分散渗透两种，具体细分类别如图 6-9 所示。

集中式深井的优点是回灌容量大，可以直接向地下深层回灌雨水，缺点是对地下水位、雨水水质有更高的要求。

分散式渗透的规模大小可以因地制宜，渗透设施简单，可以有效减轻雨水收集、输送系统的压力，同时补充地下水，还可以充分利用表层植被和土壤的净化功能，减少径流带入水体的污染物。分散式渗透设施可广泛应用于城市生活小区、公园、道路和厂区等各种环境中，缺点是在地下水位高、土壤渗透能力差或雨水水质污染严重等条件下应用受到限制，并且渗透速率较慢。

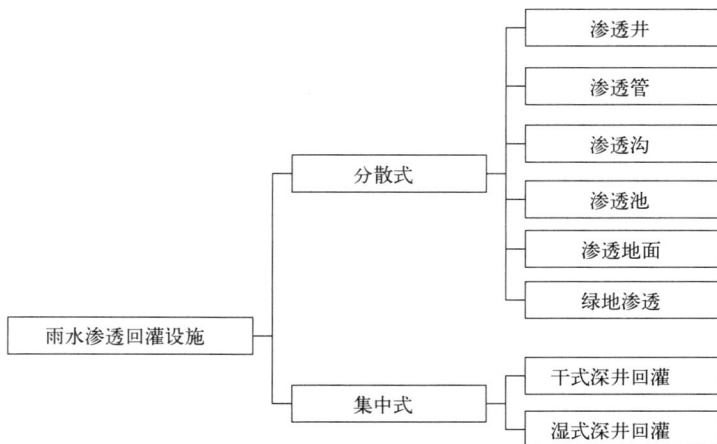

图 6-9 雨水渗透技术分类

（1）渗透地面 渗透地面又被称为透水铺装，即路面各层均具有较大的孔隙率，雨水可通过面层下渗。透水路面一般分为三部分：面层、基层和垫层。按照面层的铺装不同分为透水性混凝土路面和透水砖路面。渗透地面既满足硬化地面的使用要求，又具有天然草坪和土地面在生态方面的优势，提高了土壤的透水性及透气性，在最大限度上消减了雨水径流量，补充了地下水，体现了与环境共生的可持续发展理念。渗透地面的结构形式详见表 6-4。

表 6-4 渗透地面的结构形式

编号	垫层结构	找平层	面层	适用范围
1	100～300mm 透水混凝土	1. 细石透水混凝土； 2. 干硬性砂浆； 3. 粗砂、细石厚度 20～50mm	1. 透水性水泥混凝土； 2. 透水性沥青混凝土； 3. 透水性混凝土路面砖； 4. 透水性陶瓷路面砖	人行道、轻交通流量路面、停车场
2	150～300mm 砂砾料			
3	100～200mm 砂砾料 50～100mm 透水混凝土			

使用渗透地面时，首先应设透水面层、找平层和透水垫层，面层可采用透水混凝土、透水面砖和草坪砖等；其次应注意地面的渗透系数应大于 $1×10^{-4}$ m/s，找平层和垫层的渗透系数应大于面层，透水地面的蓄水能力不宜低于重现期为 2 年的 60mm 降雨量。

普通透水砖在视觉效果上可能不甚理想，设计中可结合景观、绿化对透水地面进行美化设计，也可以在预算允许的范围内选择新型透水面层。

（2）渗透井 渗透井又称渗井，是一种通过井壁和井底组织雨水下渗的设施。渗透井一般用成品井或混凝土建造，直径小于 1m，根据当地的地质条件确定井深，井底与地下水位之间的距离要求不能小于 1.5m。渗透井分深井和浅井两种，渗透深井适用于水质好、水量大的情况，如城市水库的泄洪利用，城区一般采用浅井。浅井的构造类似于普通的检查井，但井壁做成透水的，在井底和四周铺设直径为 10～30mm 的碎石，雨水透过井壁、井底向四周渗透。渗透井的一般构造见图 6-10。

渗透井的优点是占地面积小、使用地下空间少，方便集中控制管理；缺点是净化能力一般，对水质要求较高，当水中含过多的悬浮固体时需要进行预处理。渗透井适用于拥挤的城区或地面、地下可利用空间小的场合，也适用于表层土壤渗透性能差、下层土壤透水性好的情况。

研究人员基于海绵城市的理念，为解决老城区内涝问题，还提出了一种滤芯渗透井—透水砖装置，即在开挖一定深度的渗透井孔后，放入滤芯并盖上透水砖，形成一个小型的渗透井。该装置能够有效提升土壤的渗透能力，起到削减地面径流的作用。

6. 雨水贮留设施

（1）作用及原理

为解决和缓解雨水洪峰，实现雨水循环利用，避免初期雨水对排放水体的污染，因此在海绵城市建设中需要采用雨水贮留设施临时性地把雨水储存起来，起到积极调度的作用，类似于一种口袋型存水构筑物。这类技术包括屋面蓄水池、地面蓄水池和地下蓄水池等多种形式。

城市雨水贮留主要是利用城市路面及一些建筑物表面作为集流面，通过修建一些地下水库或水池等蓄水设施贮存大量的雨水，具有巨大的经济效益。这

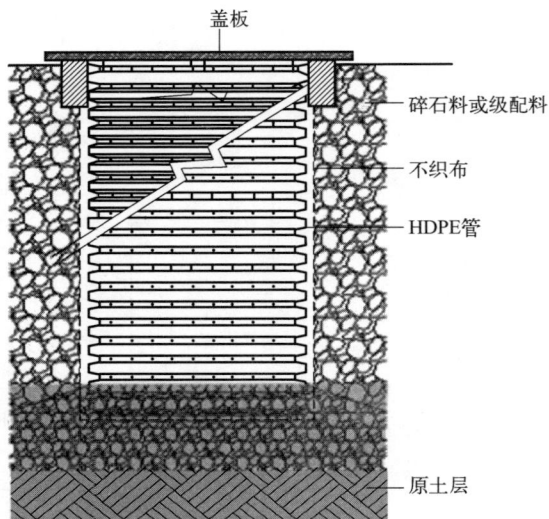

图 6-10　渗透井构造示意图

些雨水可以直接用于城市消防、厕所冲洗、城市绿化、草坪灌溉；水质经处理后可用于工业纺织、木材加工、造纸等工业企业。

（2）常用的雨水贮留设施——蓄水池

作为一种雨水收集设施，蓄水池可以将雨水径流的高峰流量暂留池内，待最大流量下降后再从蓄水池中将雨水慢慢排出。这样既能规避雨水洪峰、提高雨水利用率，又能控制初期雨水对受纳水体的污染，还能对排水区域间的排水调度起到积极作用。目前，雨水蓄水池一般修建在道路广场、停车场、绿地、公园、城市水系等公共区域的下方，用来收集和储存雨水。

设计蓄水池时要注意以下几项内容。

① 需要控制面源污染、削减排水管道峰值流量、防止地面积水、提高雨水利用程度时，宜设置雨水蓄水池。

② 雨水蓄水池的设置应尽量利用现有设施。

③ 雨水蓄水池的位置，应根据蓄水池的目的、排水体制、管网布置、溢流管下游的水位高程和周围环境等综合考虑后确定。

④ 用于提高雨水利用率时，雨水蓄水池的有效容积应根据降雨特征、用水需求和经济效益等确定。

⑤ 雨水蓄水池应设置清洗、排气和除臭等附属设施和检修通道。

案例：某大学海绵校园景观规划设计

某大学占地面积为 32.8 万平方米，建筑面积为 8.5 万平方米，绿地面积为 6.5 万平方米。设计人按照现状调研→水文分析→制订设计目标、确定控制指标→形成设计方案的步骤进行规划设计。

经现状调研，该地区降雨年内分配极为不均衡，易发生洪涝灾害，平均每年出现 5 次日降雨量高于 50mm 的情况，每年暴雨出现的次数在 2～15 次。校园内植被大多属于人工种植的行道树种，多为北方常见本土树木，大部分土壤为褐土，而北运河水系土壤多为粉壤土，渗透能力较好。雨水管理方面存在以下问题。

问题一，校园内绝大多数建筑的雨水的排放方式是通过落水管不经处理直接排放至不透水地面，对地面与建筑均造成了不同程度的冲蚀，在雨势较大时造成较为明显的地表径流，水质也明显受到影响。个别建筑的落水管出口位置较高，在雨季甚至给行人出行造成了较大影响。

问题二，校园内最大的景观水体开始变绿、变浑浊，严重时会出现臭味，严重影响了学校师生的感官体验。

问题三，局部积水问题严重。

根据现状调研情况，进行水文分析，进而制订设计目标、确定控制指标，最终形成如下设计方案。

第一，汇水区域划分及指标分解。将设计范围划分为 21 个汇水区，依据分区实际情况进行指标分解以及设施计算及布置，进而通过 LID 设施确保降雨量在 33.6mm 时雨水不外排，当雨量过大时可以通过溢流管线排出。

第二，建立校园雨水管理系统。以雨水循环过程的不同环节为线索，在校园内建立雨水管理链网，作为雨水设施布置的总体规划依据。

第三，布置海绵设施。主要为雨水花园、生态植草沟、高位植坛与砾石干池、透水铺装、生态停车场等。通过对设施规模进行核算，得出设施径流控制量为 7086.24m^3，达到设定指标。

四、少雨地区海绵城市的建设

我国的降水主要由东南季风带来，因此我国年降水量由东南沿海地区往西北内陆地区递减，年降水量分布图可以很直观地显示出我国各地区降水量整体的变化趋势。从年降水量来看，我国秦岭淮河以南的南方地区年降水量多在 800mm 以上，属于湿润地区；而秦岭淮河以北的北方地区，年降水量多在 800mm 以下，但大于 400mm，属于半湿润地区；从北方地区往西，年降水量逐渐减少，从半湿润地区过渡到年降水量在 200～400mm 的半干旱地区，乃至过渡到年降水量在 200mm 以下的干旱地区。我国的青藏高原地区，年降水量也总体上由东南往西北递减。我国新疆所在的西北内陆地区，由于距海遥远，海洋水汽难以深入，是年降水量最少的地区，水资源分布也最少。

我们把降水量分布图与气候区划图叠合在一起后不难发现，我国严寒、寒冷地区，尤其是严寒地区的范围与干旱、半干旱地区的范围基本重叠，仅东北三省由于有东南季风深入而降雨量稍大，整体属于少雨地区。降水量的匮乏给少雨地区带来了一些普遍性问题。如，水资源短缺一定程度上限制了少雨地区的生产发展、生活改善和生态建设，大气降水作为当地生态补给的重要水源又具有相当的不稳定性，季节性的集中降水引起了区域的雨洪灾害和城市内涝并伴随着水土流失，旱季降雨量不足又会导致城市整体用水需求得不到满足，引起生态环境恶化，同时也给海绵城市的建设带来了一定的挑战。

在国家政策的导向下，建设"海绵城市"势在必行。而面对全国广袤的地域，气候、地形、土壤、植被、生产习惯以及经济发展的巨大差异，在全国范围内采取无差异化的规划设计方法和技术措施显然会在一部分地区引发水土不服的问题。少雨且冬季寒冷地带的海绵城市设计应该贯彻因地制宜的设计思想，结合本土气候条件探索一条适合本地气候的设计方法和技术路线，主要是要解决以下问题：土壤的差异性及其导致的在雨水措施选择上的差异化；从少雨、缺水的角度设定"海绵城市"建设目标定位，与多雨地区进行区别；湿陷性黄土地区和非湿陷性黄土地区运用"海绵"技术时，在场地安全性上的不同要求；干旱少雨地区和湿润多雨地区在"海绵城市"建设之后，场地在旱季时表现出来的景观效果上的差异。

案例：青海省格尔木市海绵城市建设

自 2016 年 4 月启动海绵城市建设以来，格尔木市严格依据"先规划、后建设"的原则，先行编制了《格尔木市海绵城市建设专项规划》，并经过近三年的建设实施，已相继开展了 7 个项目的海绵化建设改造，累计投资 5.15 亿元，达到海绵城市建设标准面积 214hm²，各项工作初见成效。

格尔木市地理位置特殊、干旱少雨，海绵城市建设不能照搬照抄南方城市"以防洪排涝为主"的方式。经过长时间、多部门的联合探讨，因地制宜地确定了建设总体思路和重点任务：加强荒漠化治理与城市外环境绿化建设；优化城市空间结构，构建水系自然生态修复体系；加强雨水收集与净化工程建设，提高雨水利用率，实现水资源集约节约利用。截至目前，已确定近、远期海绵城市规划建设面积 4132hm²，计划总投资 36.9 亿元。

三年期间，一批海绵城市标志性项目陆续开工。其中，河滩片区生态湿地恢复项目已完成 90% 以上的拆迁安置工作，部分地块的绿地种植项目已全面启动；污水处理厂二期改扩建项目、再生水厂建设项目已建成并投入使用；新区海绵化道路建设、老河道边坡整治项目已初见成效。上述标志性项目的陆续开工和完成，为推动格尔木市向节水优先、生态优美的高原宜居城市转变奠定了坚实基础。

据了解，海绵城市建设任务专业性强，资金需求量巨大。在后续的改造建设工作中，格尔木市以项目技术为导向，着重加强多部门联动，推动项目融合共建，并向省、州上级部门申请专项资金，加大项目建设力度，力争早日将格尔木市建成海绵城市，充分释放生态综合效益。

2022 年 5 月，格尔木市成功入选国家第二批系统化全域推进海绵城市建设示范城市。

五、雨水花园设计

（一）何为雨水花园

雨水花园是在地势较低的区域，通过植物、土壤和微生物系统蓄渗、净化径流雨水的一种景观花园设施，其原型是 20 世纪 90 年代低影响开发理念提出的重要设施——生物滞留池，后与景观花园相结合，兼具雨水控制功能和观赏性，产生了雨水花园的概念。雨水花园一般以当地湿生植物结合土壤营造小生态环境，在营造丰富的景观效果的同时，通过植物截留和土壤入渗去除雨水径流中的污染物，降低雨水流速以增强入渗，通过蒸发吸热、植物蒸腾作用改善周边环境温度和湿度。

相较于一般的花园设施，雨水花园一般分散布置且规模不大，以保证周边场地内的雨水能够就近通过重力自流进入雨水花园。屋面径流雨水可由雨落管接入雨水花园，道路径流雨水可通过路缘石豁口进入雨水花园。对于地面污染严重的区域，可以选用植草沟、植被缓冲带或沉淀池等对径流雨水进行预处理，避免高浓度污染物侵害植物。雨水花园需要设置溢流设施，溢流设施顶部高于雨水花园设计的调蓄水位，低于周边汇水区域地面高度，保证超过容纳极限的雨水有组织地溢流排放。雨水花园与景观设计相结合，可以营造出良好的场地氛围和美感。

决定是否建造雨水花园时应结合周边环境情况作全面考虑，需要注意的有以下几点。

① 雨水花园的建造地点首先要选择地势较低但不容易形成积水的地带。地势较低可以使雨水在重力的作用下较为顺利地汇集。但如果该地区长期积水，则说明这里的土壤渗透能力不佳，在不换土的情况下不适合建造雨水花园。

② 雨水花园应与建筑物保持至少 3m 的间距，避免雨水下渗导致土壤湿度过大或大量

雨水渗入土壤，从而影响建筑物基础安全的情形。

③ 雨水花园的位置应能获得一定的阳光照射。长期缺乏日照的雨水花园较为阴暗潮湿，会生长蚊虫，且空气流通不畅。另外，如果没有充足的阳光，植被也不能较好地生长，会使得雨水花园的生态性能大幅度降低，同时也难以营造出景观效果。

④ 雨水花园的净化功能仅仅是针对雨水，不适合建在水污染特别严重的区域。

（二）雨水花园分类

建设雨水花园的目的主要有两个，一是控制雨水径流，二是降低水体污染。以控制雨水径流为目的的雨水花园常见于降水污染较轻的旅游区、居住区等，是雨水花园的主流发展方向。根据渗透雨水能力的不同，又可以分为完全渗透型、部分渗透型。以降低水体污染为目的雨水花园多见于城市中心区、工业区等环境污染比较重的区域，虽然整体设计难度较大、造价较高，但是可通过植物的滞留降解作用、土壤的渗透过滤作用以及微生物的降解作用将降水过程中产生的污染物去除，对实现可持续的生态发展有着不可取代的意义。这类雨水花园根据其收集雨水的比例不同又可分为完全收集型、部分收集型。

（三）寒地雨水花园的特殊性

寒地的雨水花园可以理解为：在冬季寒冷地区修建的以雨水收集、净化和利用为最终目的，并能够起到景观作用的公园基础设施。因其所在区域气候条件的特殊性，导致其与普通雨水花园相比，在工艺、材料选用上更能适应低温、反复冻融等气候特点。此外，还应充分考虑严酷的气候引发的雨水形态的变化——雪与冰，同时考虑如何将冰雪融入漫长的冬季景观中。

案例：严寒地区某居住区雨水花园

该项目占地面积 22.34 万平方米，总建筑面积为 54.5574 万平方米，总户数 3000 户。项目沿用地周边设置社区道路及绿化景观带，打破沿街底层商业上层住宅的模式，将社区绿化景观与城市道路绿化景观相互渗透，连为一体。内部以带状庭院造型和林荫簇拥的休闲广场构成了近 3 万平方米的主题公园。

居住区面积虽然很大，但是建筑相对密集，采用常规市政公园湿地雨水花园的设计会影响到消防道路、登高操作场地等救援设施的布置，总体布局受到建筑、道路、场地的综合制约，因此雨水花园必须分散布置。因该地区雨季后有明显的旱季，局部雨水收集设施——生态溪流还必须考虑旱季景观效果。项目的景观设计以节点分散的做法实现了居住区海绵设计中建筑、道路和景观系统的协调统一，分散布置了旱溪和水景协调不同季节的景观体验。

案例：某大学海绵示范区雨水花园建设

该大学海绵示范区的雨水花园项目以展示课题"国家水体污染控制与治理科技重大专项河流主题"的面源污染削减技术为主要任务，项目摒弃了以往环境工程技术示范的模型展示方式，选择以可实用和颇具艺术性的花园方式来进行展示。

为给拟建建筑用地留出更多的选择余地，并考虑雨水花园出水口与现有湖区的连接，该雨水花园选址在靠近湖区的一角。一方面，可以方便净化后的水排入湖中补给湖水，并与湖形成互通的水体。另一方面，从景观设计的角度分析，此地因地势较低，容易吸引人群视线，可以作为中心景观区进行精心设计（图 6-11）。

该雨水花园设计的主要目的是希望通过雨水花园的作用去除水中的氮、磷类物质，达到三类水质标准，其定位是控制径流污染的雨水花园。在结构设计中，应注重填料层的材料选择以及厚度设计，以满足雨水的净化要求。项目前后共设计了三个方案，考虑冬季严寒、水体冻胀的问题，冬季水池的水将全部放空，打造旱地景观。

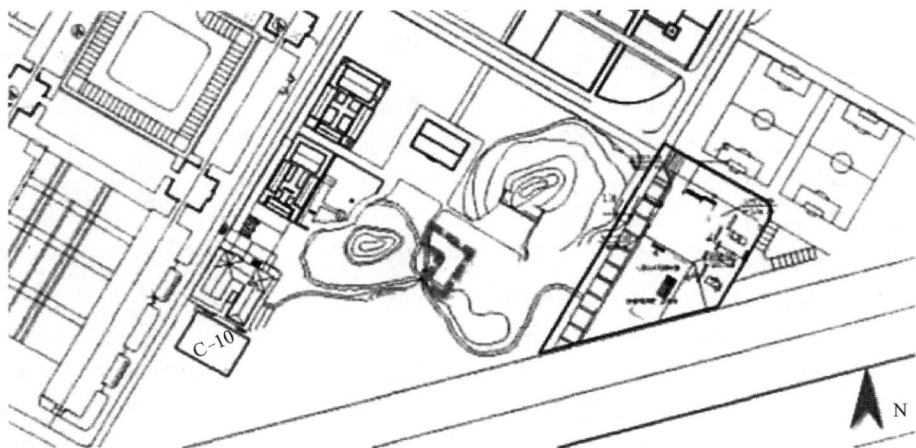

图 6-11 雨水花园位置示意图

六、2024 年版评价标准相关条款

（一）第 8.1.4 条

1. 条款原文

8.1.4 场地的竖向设计应有利于雨水的收集或排放，应有效组织雨水的下渗、滞蓄或再利用；对大于 $10hm^2$ 的场地应进行雨水控制利用专项设计。

2. 参评指数

第 8.1.4 条是绿色建筑评价的"控制项"，相当于一般技术性规范标准中的强制性条款，绿色建筑如果要申请参与评价，必须满足全部控制项的要求。

参评指数：★★★★★

3. 评价注意事项

（1）正确理解条款要求 本条作为控制项，在执行时要正确理解其要求。

① 无论是在水资源丰富的地区还是在水资源贫乏的地区，进行建设场地竖向设计的目的之一是防止因降雨导致场地积水或内涝。现行行业标准《城乡建设用地竖向规划规范》（CJJ 83—2016）对此也有明确要求。

② 竖向设计应有利于场地雨水重力自流进入绿色生态设施，应避免或减少采用雨水蓄水池等灰色设施，应合理设计径流途径，充分利用绿地和场地空间实施入渗；至于雨水是否收集回用或者调蓄排放，应根据项目的具体情况和当地海绵城市建设的规划要求，通过技术经济可行性研究确定。

③按照国家推进海绵城市建设的部署，无论是年降雨量丰富的地区还是较少的地区，通过场地竖向设计使雨水下渗，或者滞蓄，或者再利用，都是不难做到的，应通过场地竖向设计，创造有利于雨水下渗、滞蓄或收集回用的条件。

（2）评价细节 对大于 $10hm^2$ 的场地，应进行雨水控制与利用专项设计，避免实际工程中针对某个子系统（雨水利用、径流减排、污染控制等）进行独立设计所带来的诸多资源配置和统筹衔接不当的问题。具体评价时，场地占地面积大于 $10hm^2$ 的项目，应提供雨水专项设计文件；小于 $10hm^2$ 的项目可不做雨水专项设计，但也应根据场地条件合理采用雨水控制利用措施，编制场地雨水综合控制利用方案。

4. 设计阶段初步自评

设计阶段可将评价要点拆解成以下几个方面，在项目前期逐步核查，列表统计项目中各类海绵设施的设计规模。示例如下。

（1）项目概况

场地用地面积是否大于 $10hm^2$：□是、□否；

大于 $10hm^2$ 的场地是否进行了雨水专项规划设计：□是、□否；

项目所在地的地方政策是否对雨水专项规划提出了更高要求：□是、□否，具体内容是_____。

（2）设计情况

下凹式绿地、雨水花园等有调蓄雨水功能的绿地和水体的面积之和占绿地面积的比例_____%；

有调蓄雨水功能的绿地和水体的面积之和：_____m^2；

场地绿地面积：_____m^2；

有调蓄雨水功能的绿地和水体的面积之和占绿地面积的比例：_____%；

统计绿色雨水基础设施及其占比，示例见表 6-5。

表 6-5 绿色雨水基础设施统计表示例

序号	绿色雨水基础设施类型	面积/m^2
1	雨水花园	
2	下凹式绿地	
3	植被浅沟	
4	雨水截留设施	
5	渗透设施	
6	雨水塘	
7	雨水湿地	
8	景观水体	
9	多功能调蓄设施	
10	其他	
绿色雨水基础设施总面积		
场地绿地面积		
有调蓄雨水功能的绿地和水体的面积之和占绿地面积的比例/%：		

5. 自评报告说明举例

简要描述项目雨水专项规划设计或雨水综合利用方案（300 字以内），举例如下（具体内容以××替代）。

本项目场地竖向设计结合地形、地质、水文条件及降水量等因素，并与排水防涝、城市防洪规划及水系规划相协调；选择合理的场地排水方式及排水方向。满足地面排水的规划要求；地面自然排水坡度不小于 0.3%；除用于雨水调蓄的下凹式绿地和滞水区之外，建设用地的规划高程比周边道路的最低路段地面高程或地面雨水收集点高出 0.2m 以上；采用透水铺装的方式提高雨水入渗率，设置××m^3 的雨水调蓄池，雨水高峰期时，收集场地和屋面雨水，减少外排压力。经计算用地范围年径流总量控制率达××%，满足专项规划要求。

6. 证明材料提供

绿色建筑评价工作中，需要按照评价标准逐条准备相关材料，以证明项目控制项能达标或评分项可以得分，《绿色建筑评价标准》在各个条款的条文说明中均有明确要求。第 8.1.4 条在预评价阶段应提供相关设计文件（场地竖向设计图、室外雨水排水平面图等）、年径流总量控制率计算书、设计控制雨量计算书、场地雨水综合利用方案或专项设计文件；评价阶段则提供相关竣工图、年径流总量控制率计算书、设计控制雨量计算书、场地雨水综合利用方案或专项设计文件。

（二）第8.2.2条

1. 条款原文

8.2.2　规划场地地表和屋面雨水径流，对场地雨水实施外排总量控制，评价总分值为10分。场地年径流总量控制率达到55%，得5分；达到70%，得10分。

2. 参评指数

第8.2.2条是绿色建筑评价的"评分项"，现行国家强制性标准《建筑给水排水与节水通用规范》（GB 55020—2021）第4.5.11条明确要求"建筑与小区应遵循源头减排原则，建设雨水控制与利用设施"且"新建的建筑与小区应达到建设开发前的水平"，满足要求的同时，采取一定措施，本评分项即可得分。

参评指数：★★★★

3. 评价注意事项

（1）概念阐释　年径流总量控制率是指通过自然和人工强化的入渗、滞蓄、调蓄和收集回用，场地内累计一年得到控制的雨水量占全年总降雨量的比例。外排总量控制包括径流减排、污染控制、雨水调节和收集回用等，应依据场地的实际情况，通过技术经济比较确定最优方案。对于湿陷性黄土地区等地质、气候自然条件特殊的地区，在雨水利用方面还应遵从当地规定。

（2）年径流总量控制率的确定　从区域角度看，雨水的过量收集会导致原有水体的萎缩或影响水系统的良性循环。要使硬化地面恢复到自然地貌的环境水平，最佳的雨水控制量应以雨水排放量接近自然地貌为标准，因此从经济性和维持区域性水环境的良性循环角度出发，径流的控制量也不宜过大，应有合适的量（除非具体项目有特殊的防洪排涝设计要求）。出于维持场地生态、基流的需要，年径流总量控制率不宜超过85%。

设计控制雨量的确定要通过统计学方法获得。统计年限不同，不同控制率下对应的设计雨量会有差异。考虑气候变化的趋势和周期性，推荐采用最近30年的统计数据，特殊情况除外。年径流总量控制率为55%、70%或85%时对应的降雨量（日值）为设计控制雨量。

（3）方案设计　设计时应根据年径流总量控制率对应的设计控制雨量来确定雨水设施的规模和最终方案。有条件时，可通过相关雨水控制利用模型进行设计计算；也可采用简单计算方法，通过设计控制雨量、场地综合径流系数、总汇水面积来确定项目雨水设施需要的总规模，再分别计算滞蓄、调蓄和收集回用等措施实现的控制容积。达到设计控制雨量对应的控制规模要求，即判定得分。

当雨水回用系统与雨水调蓄排放系统合用蓄水设施时，应采取措施保证雨水回用系统储水不影响雨水调蓄功能的发挥，参见《绿色建筑评价标准》第7.2.12条。当同一雨水蓄水设施在一年中的不同时段交替用于雨水回用或调蓄功能时，实现的回用容积应酌情扣减，不能重复计算。

（4）计算过程　雨水控制设施规模的计算与设计，应与相应的汇水区域一一对应。当项目申报范围内只有部分汇水区采取了雨水控制措施，或者不同汇水区域各自设置了不同雨水控制设施时，应对各汇水区域分别计算年径流总量控制率，再根据各汇水区域面积占项目总用地面积的比例加权平均计算项目总体的年径流总量控制率。

4. 设计阶段初步自评

设计时可将评价要点拆解成以下几个方面，在项目前期逐步核查、列表统计项目中各类海绵设施的设计规模，进行年径流总量控制率计算。

（1）项目雨水控制目标

项目雨水目标年径流总量控制率：＿＿＿＿＿%；

目标控制率对应的项目所在地目标控制降雨量（日值）：_____ mm；

项目雨水汇水总面积：_____ m²；

目标控制降雨量（日值）对应项目雨水目标控制外排量：_____ m³。

（2）汇水区域径流系数及控制外排量计算

自评价时可列表对项目设计范围内的汇水情况进行统计并计算，示例见表6-6。

表 6-6　项目汇水区域径流系数及控制外排量计算表示例

汇水区域类型	面积/m²	目标控制雨量/mm	径流系数	可实现控制外排量/m³
合计可实现控制外排量/m³				

（3）雨水调蓄回用设施规模及控制外排量计算

自评价时可列表对项目雨水调蓄设施的规模、外排量等进行统计并计算，示例如表6-7所示。

表 6-7　项目雨水调蓄回用设施规模及控制外排量计算表示例

设施类型	规模:调蓄容积/m³ 或回用量/(m³/d)	可实现控制外排量/m³
合计可实现控制外排量/m³		

（4）年径流总量控制率计算

各类汇水、调蓄设施总计可实现控制外排量：_____ m³；

实现年径流总量控制率为：____%；所处区间为：□55%～70%、□70%以上；

年径流总量控制率达到设计目标：□是、□否。

5. 证明材料提供

绿色建筑评价工作中，需要按照评价标准逐条准备相关材料，以证明项目控制项能达标或评分项可以得分，《绿色建筑评价标准》在各个条款的条文说明中均有明确要求。第8.2.2条要求在预评价阶段应提供：相关设计文件、室外雨水排水平面图（含汇水分区、源头减排设施规模、布局、场地设施标高、道路雨水口、溢流雨水口接管、市政雨水排口等内容）、年径流总量控制率计算书、设计控制雨量计算书、场地雨水综合利用方案或专项设计文件作为证明材料。评价阶段则提供：相关竣工图、年径流总量控制率计算书、设计控制雨量计算书、场地雨水综合利用方案或专项设计文件。

（三）第8.2.5条

1. 条款原文

8.2.5　利用场地空间设置绿色雨水基础设施，<u>汇集场地径流进入设施，有效实现雨水的滞蓄与入渗</u>，评价总分值为15分，并按下列规则分别评分并累计：

1　下凹式绿地、雨水花园等有调蓄雨水功能的绿地和水体的面积之和占绿地面积的比例达到40%，得3分；达到60%，得5分；

2　衔接和引导不少于80%的屋面雨水进入设施，得3分；

3　衔接和引导不少于80%的道路雨水进入设施，得4分；

4　硬质铺装地面中透水铺装面积的比例达到50%，得3分。

2. 参评指数

第8.2.5条是绿色建筑评价的"评分项"，可与第8.2.2条统一考虑，综合设计。

参评指数：★★★★

3. 评价注意事项

方案比选时，应遵循绿色设施优先、灰色设施优化的原则，充分利用场地空间条件，设置绿色雨水基础设施，如透水铺装、下凹式绿地、雨水花园、生物滞留设施等。通过场地竖向设计，有效组织场地表径流进入绿色设施，实现场地雨水就地入渗。源头减排设施的规模、布局和径流组织，应确保服务范围内的径流能进入相应的设施。

（1）雨水调蓄设施　利用场地内的水塘、湿地、低洼地等作为雨水调蓄设施，或利用场地内设计景观（如景观绿地、旱溪和景观水体）来调蓄雨水，可实现有限土地资源综合利用的目标。能调蓄雨水的景观绿地包括下凹式绿地、雨水花园、树池、干塘等。计算时应注意，统计的绿地面积为计入绿地率的绿地面积，即不计入绿地率的下凹式绿地或雨水花园不应纳入统计范围内。另外，相关面积的折算应遵循当地规划和园林部门的规定。

（2）径流源头引入地面生态设施　屋面雨水和道路雨水是建筑场地产生径流的重要源头，易被污染并形成污染源，故宜合理引导其进入地面生态设施进行调蓄、下渗和利用，并采取相应截污措施。地面生态设施是指下凹式绿地、植草沟、树池等，即在地势较低的区域种植植物，通过植物截留、土壤过滤滞留处理小流量径流雨水，达到控制径流污染的目的。洗衣废水若排入绿地，将危害植物的生长，物业应定期检查并杜绝阳台洗衣废水接入雨水管的情况发生。

（3）透水铺装　雨水下渗也是削减径流和径流污染的重要途径之一。计算时应注意，"硬质铺装地面"不包括建筑占地（屋面）、绿地、水面、有大荷载要求的消防车道、展览馆的室外展区等。当透水铺装下为地下室顶板时，若地下室顶板设有疏水板及导水管等，可将渗透雨水导入与地下室顶板相邻的实土，或地下室顶板上覆土深度能满足当地园林绿化部门要求时，仍可认定其为透水铺装地面，但覆土深度不得小于600mm。评价时以场地硬质铺装地面中透水铺装所占的面积比例为依据。申报材料中应提供场地铺装图，要求明确透水铺装地面的位置、面积、铺装材料和透水铺装方式。

4. 设计阶段初步自评

设计阶段可将评价内容拆解成以下几个方面，在项目前期逐步核查，列表统计项目中各类海绵设施的设置情况。

（1）下凹式绿地、雨水花园等有调蓄雨水功能的绿地和水体的面积之和占绿地面积的比例

有调蓄雨水功能的绿地和水体的面积之和：_____ m² ；

场地绿地面积：_____ m² ；

有调蓄雨水功能的绿地和水体的面积之和占绿地面积的比例：_____% ；

自评价时可列表统计绿色雨水基础设施的设计情况，示例见表6-8。

表 6-8　绿色雨水基础设施统计表示例

序号	绿色雨水基础设施类型	面积/m²
1	雨水花园	
2	下凹式绿地	
3	植草浅沟	
4	雨水截留设施	
5	渗透设施	
6	雨水塘	
7	雨水湿地	

序号	绿色雨水基础设施类型	面积/m²
8	景观水体	
9	多功能调蓄设施	
10	其他	
	合　计	
	场地绿地面积	
有调蓄雨水功能的绿地和水体的面积之和占绿地面积的比例/%		

（2）合理衔接和引导屋面雨水、道路雨水进入地面生态设施

① 屋面

是否为种植屋面：□是、□否；

屋面雨水系统与空调排水、阳台洗衣下水独立：□是、□否；

物业公司是否有定期检查管线私搭乱改的工作计划：□是、□否；

雨水口处设有截污网：□是、□否；

雨水管将雨水排至：□散水、□绿色雨水设施、□其他＿＿＿＿＿＿＿＿；

屋面雨水收集涉及的地表雨水径流污染控制措施为：□沉淀池、□渗漏坑、□多孔路面、□蓄水池、□其他＿＿＿＿＿＿＿＿。

② 道路

场地内路面材料有：□普通沥青、□普通水泥/混凝土、□普通地面砖、□普通塑胶地面、□透水路面、□植草砖、□其他＿＿＿＿＿＿＿＿；

是否采用平道牙：□是、□否；

立道牙是否向绿色雨水设施开泄水口：□是、□否；

道路雨水收集涉及的地表雨水径流污染控制措施为：□沉淀池、□渗漏坑、□多孔路面、□蓄水池、□其他＿＿＿＿＿＿＿＿。

（3）硬质铺装地面中透水铺装面积的比例

① 透水铺装统计

透水铺装面积之和：＿＿＿＿＿＿ m²；

硬质铺装地面面积：＿＿＿＿＿＿ m²；

硬质铺装地面中透水铺装面积的比例：＿＿＿＿＿＿%。

自评价时可将透水铺装的选用情况列表，统计其面积，示例见表6-9。

表6-9　透水铺装面积统计表示例表示例

序号	透水铺装类型	面积/m²
1	植草砖	
2	透水沥青	
3	透水混凝土	
4	透水地砖	
5	其他	
	硬质铺装总面积	
	硬质铺装地面中透水铺装面积的比例/%	

② 透水铺装下为地下室顶板时的雨水渗透方式

车库顶板上方的下垫面类型包括：□小区园路、□车行道、□活动场地、□广场、□绿化、□水景、□其他＿＿＿＿＿＿＿；

小区园路采取的措施有：□透水路面、□路旁绿化设置植草沟、□其他＿＿＿＿＿＿＿；

广场、室外活动场地采取的措施有：□透水铺装、□排水明沟、□生物滞留设施、□其他＿＿＿＿；

绿地采取的措施有：□下凹式绿地、□其他＿＿＿＿＿＿＿。

5. 证明材料提供

绿色建筑评价工作中，需要按照评价标准逐条准备相关材料，以证明项目控制项能达标或评分项可以得分，《绿色建筑评价标准》在各个条款的条文说明中均有明确要求。第8.2.5条要求在预评价阶段应提供相关设计文件（含总平面图、景观设计图、室外雨水排水平面图、汇水分区平面图等）、计算书（含设施的规模、汇入雨水量、设施滞蓄和入渗雨水的能力、下凹式绿地等的比例、屋面及场地雨水进入地面生态设施的比例、透水铺装面积比例等）；评价阶段则提供相关竣工图、计算书等。

第七章
建筑布局与场地设计

　　如何在设计中充分利用气候资源，利用气候的有利条件，避免气候的不利影响，是绿色建筑面临的主要课题，而这项工作在规划阶段就已经开始了。由于冬季寒冷需采暖，在我国北方地区建造建筑所带来的能源消耗和环境污染问题较其他地区更为明显。而纬度越高，建筑物对于冬季日照的需求更高，住宅、托幼等建筑更要重视场地内总体空间布局。在结合地域气候与环境特征的前提下，设计需要根据场地舒适性要求与建筑功能特点，营造尺度舒适、间距适宜的空间环境，同时保障场地的集约利用。现在一些项目选择以"建筑综合体"的方式建造，在节地的基础上考量建筑布局，不失为一种对土地进行集约化利用的有效手段。

　　要达到绿色建筑设计目标，应从建筑布局开始着手改善场地内物理环境，充分考虑日照朝向与风环境的影响，一方面为建筑争取更好的日照采光效果，一方面在建筑布局和体型设计阶段结合冬季主导风向，降低冷风侵袭。项目可根据使用需求设置开放共享的室外、半室外空间，在提升景观质量的同时，合理配置功能性构筑物，优化夏季、过渡季的室外环境体验。如结合场地微气候评估结果，在物理环境最佳的避风、向阳空间设置室外活动场地，以延长使用者的室外活动时间；在物理环境较差的空间，通过布设风屏障、减少日照遮挡等措施，改善局部环境。同时考虑场地在不同季节间的转换利用，进一步增强项目的气候适应性。

第一节　场地物理环境

一、风环境-场地内气流组织

　　规划布局阶段应注意营造良好的风环境，保证舒适的室外活动空间和室内良好的自然通风条件，减少气流对区域微环境和建筑本身的不利影响。具体措施有：建筑布局避开冬季不利风向，设置防风墙、板、林带、微地形或构筑物等阻隔冬季冷风；在方案对比阶段，通过对场地风环境进行模拟预测，优化室外风环境，将建筑物周围人行区1.5m高处的风速控制在5m/s以内，满足人员室外活动区域的舒适性要求；在布置场地内的室外活动区域时，应避开漩涡或无风区，保证室外活动空间能被充分利用，提升使用者的生活品质；尽量控制建筑物可开启外窗的内外表面风压差在0.5Pa以下，有利于自然通风，且可降低外窗开启难度，避免开窗时室内风速过高而影响建筑使用体验。

（一）常规设计手法

　　在设计过程中，需要结合建筑、景观的规划布局。夏季引风、导风，避免出现无风区；冬季挡风、降速，避免出现旋风或风速过大的情况。常规的设计手法有以下几种。

1. 合理引导气流

　　风环境设计中，根据需要设计合理的大小和开口方式，使场地吸纳或者阻挡风。风廊对风流通有加速或减速的作用。常见的风障有景观墙体、构筑物、地形起伏及植物配置等。设计风障的形式和大小及衡量风障对于场地防风效果的量化方面，一般会采取以盛行风向的平均风速作为参考标准。风廊的设计要注重其空间形式与高宽比、围合度对场地风速、风向产生的影响。

2. 设置通风廊道

合理的通风廊道能够保证整个区域的通风，其设置方向与主导风向相符或成一定夹角。注意风廊的断面设计，在入口处扩大风口面积，在风廊通道设计中考虑带状阴影空间的分布，降低风的温度；避免立面上的起伏，防止阻碍空气流通。

3. 巧妙利用地形

在风景园林设计阶段，通过空间自身的不同组合，能形成不同的空气压力与加速空间，进而改变场地的风环境。常见引起风变化的空间形式有热点空间设计、冷点空间设计、天井空间设计、加速空间设计、高位空间设计等。

（二）计算机模拟设计

计算机模拟作为辅助设计手段可以模拟室外风环境在夏季、冬季、过渡季节的表现，给设计师提供方案调整的依据，也可以帮助决策者在多方案中进行对比和选择。

不同季节中，使用者对于场地内风速的需求是不一样的。夏季需要调控的重点是如何利用高风速改善场地内通风不良的小气候环境，以及怎样避免在风影区设置需要长时间停留活动的场地。如难以规避，就需要在景观设计时加强对气流的引导。冬季居民倾向于选择无风、弱风的环境进行室外活动，应避免将活动场地布置在冬季有强风干扰的位置，所以要根据冬季室外风环境的模拟结果在有日照的场地对红色和黄色区域的风进行遮挡。如难以避开则要在景观设计时注意在该区域采取防风措施。

二、光环境-日照遮挡与优化

（一）光环境设计原理

绿色建筑理念提倡自然采光，以天然光为主要光源，降低照明系统能耗。自然采光充足的房间白天不需要人工照明，或适当补充少量人工照明即可满足使用功能的要求，能有效地节省能源。同时天然光有着人工光源所不具备的调节生理节律、保护视力、提升注意力和工作效率等益处，较之人工光源更有利于使用者的生理和心理健康。设计时应根据建筑的实际情况，充分运用建筑构造和技术措施，通过不同的途径来利用自然光，改善建筑光环境。具体可以在当地规划规定的建筑间距控制要求的基础上，用计算机模拟室外光环境，以便更合理地布置建筑单体的位置，调整建筑朝向及体量。

我国地处北半球，建筑建成后，其北侧将有一片"永久阴影区"，这片区域之外向东西两侧和北侧距离越远，受到阳光照射的时间越长（图7-1）。所以，当项目中有多个建筑单体时，要考虑北侧建筑受南侧建筑的遮挡，在居住区中尤为重要。在规划条件的控制下，一片居住区中北侧的住宅往往没有南侧住宅的日照条件好，因为北侧的住宅会受到南侧住宅的影响，在某一段时间内处于南侧建筑的阴影区内，从而被遮挡掉一部分阳光（图7-2）。

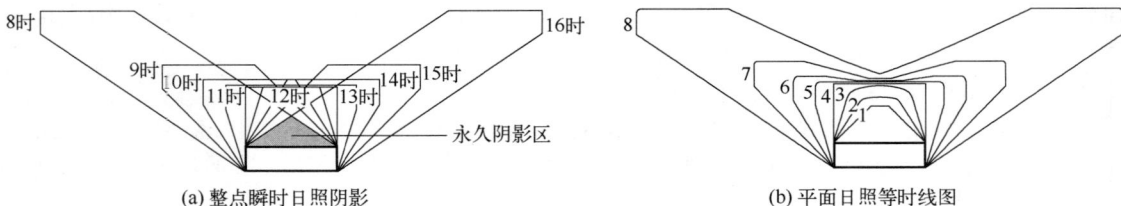

(a) 整点瞬时日照阴影　　　　　　　　(b) 平面日照等时线图

图 7-1　建筑日照阴影图

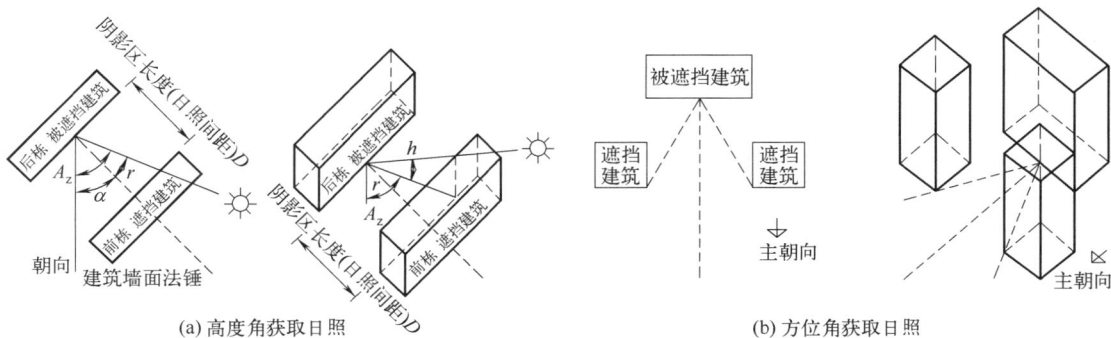

图 7-2　日照的"高度角"和"方位角"示意图

（二）建筑布局与日照的关系

日照对于建筑布局、形体的影响存在以下几个方面。

1. 建筑与建筑之间的相对位置

在建筑高度不变的情况下，日照主要制约着建筑物之间的相对位置关系，使得它们呈现并排式、并列式、错排/列式、周边式、围合式等多种相对位置关系，见图 7-3。其原理就是利用方位通道，使后排的建筑获得足够的日照。

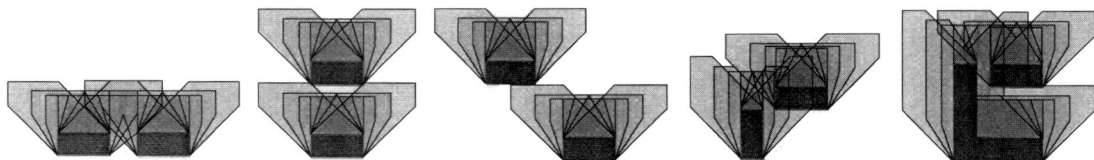

图 7-3　不同建筑布局对日照的影响

2. 建筑与城市道路、公共绿地、河流水域的相对位置

在考虑建筑的布局和具体位置时，有时会遇到地块周边有城市道路、公共绿地、河流水域等公共资源。将高层建筑物布置于这些对日照时间要求不高的用地的南面，可以避免建筑的阴影投射在其他建筑上；或者将建筑布置在这些用地的北面，充分利用从这些没有建筑和构筑物的地块穿越过来的阳光，使建筑获得充足的日照。其原理同样是利用方位布局避免阴影或获得日照（图 7-4）。

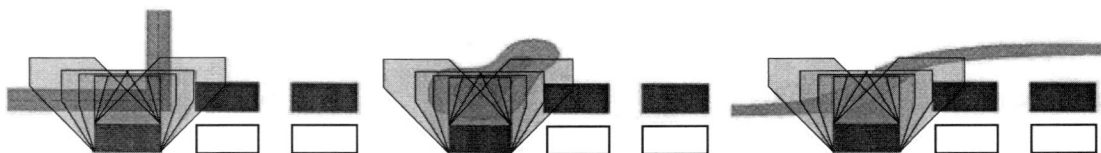

图 7-4　布局时可利用城市道路（左）、公共绿地（中）、河流水域（右）调节日照

3. 建筑朝向

建筑的朝向一方面取决于道路的走向；另一方面是为了在冬季争取较多日照，而在夏季避免过多日照，从而改变建筑的朝向。在建筑高度不变的情况下，建筑南偏东 45°到南偏西 45°朝向的范围，为较佳的建筑朝向，见图 7-5。其原理同样是利用方位调整避免阴影或获得日照。

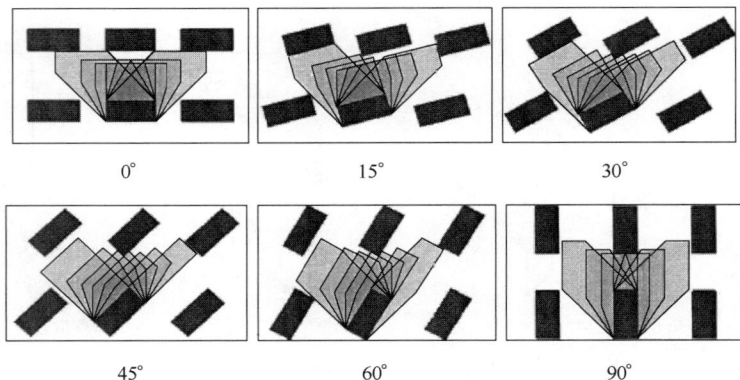

图 7-5　不同建筑朝向的阴影范围

4. 建筑间距

在建筑高度确定的情况下，为使后排建筑满足日照标准，前排建筑的遮挡部分与后排建筑须保持一定的间隔距离，这个距离称为日照间距。如图 7-6 所示，图左后排建筑几乎始终处于阴影之中；图中后排建筑一定程度上被遮挡，但能满足至少两小时的日照时间；图右后排建筑则始终不被前排建筑遮挡。日照间距确定的原理是依据太阳高度角，即利用高度通道避免投影或获得日照。

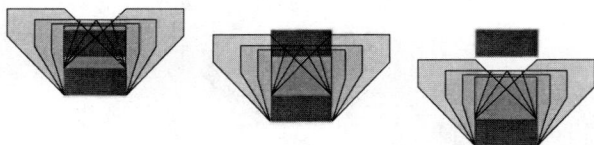

5. 建筑长度

建筑高度确定的情况下，日照问题限制建筑的长度。建筑呈现点式和各种尺寸的条式建筑形体。

图 7-6　建筑间距与投影的关系

可以看到，在建筑高度确定的情况下，建筑的长度越长，其阴影区越大，尤其是满足两小时日照阴影区的面积也越大，其进深方向也越大，见图 7-7。

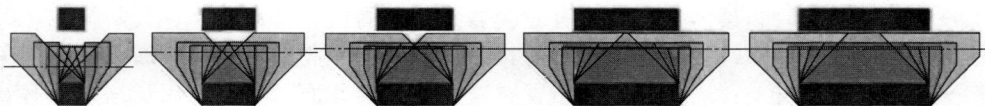

图 7-7　建筑长度与日照遮挡

6. 建筑高度

在建筑位置和基底形状确定的情况下，日照问题在一定程度上限制了建筑的高度。由于建筑越高，其投影也越长，叠加的投影面积也越大，然而其投影中具有两小时日照的阴影区面积的变化却不明显，尤其对于建筑长度比较小的建筑（如点式建筑）的影响更小，见图7-8。这是由于后排建筑获得日照的方式主要是通过方位通道，而不是高度通道。

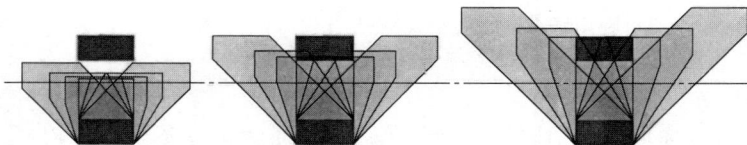

图 7-8　建筑高度越高对后排建筑遮挡越严重

7. 建筑基底形状

日照问题影响建筑基底形状的凹凸变化，进而会产生不同的建筑投影，造成复杂的遮挡和自身遮挡，见图 7-9。尤其对于自身有日照要求的建筑来说，日照问题对建筑户型的限制更明显。"T"形和"十"字形或"蝴蝶"形建筑经常出现在一梯多户的住宅建筑中。这是因为为了避免自身遮挡，需要对其各凸出部分的进深尺寸进行精确的计算。"L"形建筑经常出现在公共建筑中，会造成一定的自身遮挡，但与"T"形和"十"字形的建筑比起来其遮挡情况要弱很多。然而对于幼儿园活动室等应保证冬至日底层满窗日照不少于 3h 的建筑，意味着冬至日当天，至少要半天时间都能晒到太阳，因此幼儿园建筑大都是矩形建筑。

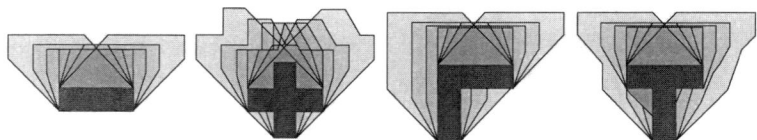

图 7-9　建筑基底形状与投影的关系

（三）住宅建筑布局与采光

研究表明，北侧建筑的日照主要来自南侧建筑的楼顶和楼间空隙，其中对于条式建筑，后排的日照主要来自南侧建筑的楼顶，楼间空隙的日照较为次要，一般用"日照间距系数"来控制，主要受日照的"高度角"制约；点式建筑的日照主要来自楼间空隙，建筑楼顶的日照较为次要，一般用"最小楼间距"来控制，主要受日照的"方位角"制约。无论是"日照间距系数"还是"最小楼间距"，都是在日照分析计算的基础上得出的经验值，有其特定的使用条件。在当今设计越来越复杂的情况下，有时已经无法满足要求了，需要针对日照、采光对设计方案进行模拟验算。北方条式住宅较为常见，而南方的点式住宅数量可能更多，这与板式、塔式建筑形体的日照特点密不可分，是日照结合通风因素优化选择的结果，也是地域性特征的一种体现。

（四）日照遮挡与公共建筑形体确定

目前的日照分析软件除能够完成遮挡、阴影、等时线、返回光线等分析内容外，还能进行最大包络体推算。最大包络体是满足周围建筑的最低日照条件的最大体积范围，最大包络体的确定能帮助规划师快速确定地块容积率指标。图 7-10 即日照分析软件 fastsun 进行包络

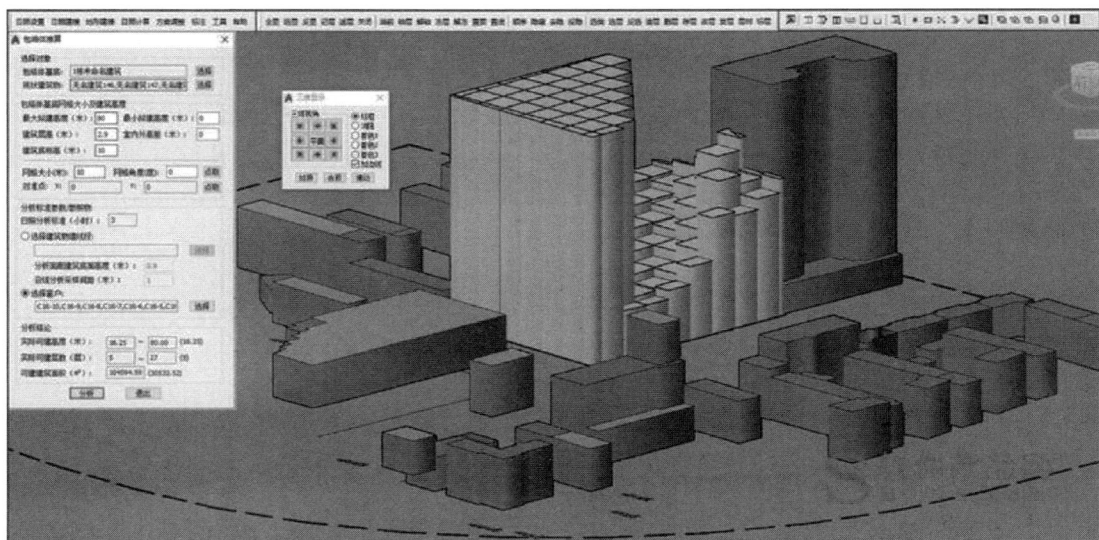

图 7-10　日照分析软件 fastsun 进行包络体运算界面的截图

体运算界面的截图。需要注意的是,虽然最大包络体是众多解中的最优解,但我们的设计不一定要完全限制在最优解的框架内实现。如果我们设计的建筑形体有部分没有填充最大包络体,而另一部分超出最大包络体的话,整个建筑形体设计通过日照模拟分析仍有可能不降低周边建筑的日照标准。

(五)场地日照优化设计

在进行居住区场地设计优化时,应以调查居民的活动规律为基础,从而最大化场地使用价值。研究显示,良好的场地日照环境在一定程度上对外部活动起到促进的作用。

以某研究为例,同一住宅小区中,居民在日照状况差时进行外部活动的时间没有明显的规律性,且停留时间、使用频率都极大地降低。日照状况良好时进行外部活动的居民与日照水平较差时对比,前者的数量可达后者的 8 倍之多,详见表 7-1。在场地众多使用者中,工作日女性使用者约占 57%,男性占 43%,女性略多于男性;而休息日男女占比趋同,女性约占 52%,男性约占 48%。对使用者年龄结构统计数据表明,老年人是居住区场地使用的主体人群,休息日约占总人数的 31%,工作日约占 39%,除此之外,从高到低依次是中年、儿童、青年、少年。这与职业结构的调查基本吻合,在职业调查中,离退休人员和儿童是场地中相对稳定的活动者,并常常以老人带小孩的形式出现。周末或节假日的休息时间,学生和在职工作人员明显增多,在职工作人员常常以家庭为单位进行外部活动。

表 7-1 场地使用人员统计

日照水平	调查时间	室外活动人数/人						
		男	女	儿童	少年	青年	中年	老年
好	休息日	252	273	84	68	95	116	163
	工作日	125	165	61	3	32	81	113
差	休息日	32	28	4	9	17	21	9
	工作日	17	18	3	0	11	14	7

国家或行业技术性规范标准结合场地采光条件对户外活动的影响,对居住区、中小学校、托幼建筑、老年人建筑的场地日照均提出了设计要求。

《城市居住区规划设计标准》(GB 50180—2018)第 7.0.4 条规定:"居住区内绿地的建设及其绿化应遵循适用、美观、经济、安全的原则。"其第 4 款要求:"居住区内的绿地建设应充分考虑场地及住宅建筑冬季日照和夏季遮阴的需求。"

《中小学校设计规范》(GB 50099—2011)第 4.1.1 条对学校选址提出了总体性要求:"中小学校应建设在阳光充足、空气流动、场地干燥、排水通畅、地势较高的宜建地段。"第 4.2.6 条指出:"绿地的日照及种植环境宜结合教学、植物多样化等要求综合布置。"

《老年人照料设施建筑设计标准》(JGJ 450—2018)第 4.3.1 条要求:"老年人使用的室外活动场地……应保证能获得日照,宜选择在向阳、避风处。"

《托儿所、幼儿园建筑设计规范(2019 年版)》(JGJ 39—2016)第 3.2.1 条提出:"总平面……设计应功能分区合理、方便管理、朝向适宜、日照充足,创造符合幼儿生理、心理特点的环境空间。"第 3.2.3 条第 5 款明确:"室外活动场地应有 1/2 以上的面积在标准建筑日照阴影线之外。"

在进行场地规划设计时,应重视活动场地的采光条件,一方面要有针对性地对场地进行连续日照时数和累积日照时数的模拟、分析,在布置活动场地时避开夏至日日照时间过长或冬至日日照时间过短的区域;同时在进行活动场地的布局时也要引入日照时长这一影响因子,通过调整植物配置、园林小品的设计来优化场地光环境。

三、热环境-建筑布局与绿化遮阳

热舒适是对热环境表示满意的意识状态。国外有研究调查了五个欧洲国家的10000个案例发现，单独的太阳辐射、温度等因素不足以改变户外舒适度评价，但在温度、太阳辐射综合作用下，对人体热舒适度有非常大的影响。造成人体热不舒适的主要原因包括夏季高温和冬季风速，并且发现人体的生理调节能力和心理调适能力有助于人体适应其所处的热环境。

规划阶段可以利用计算机模拟分析室外热环境，比较设计方案，合理布置用地和建筑单体，加强夏季自然通风并阻挡冬季冷风；采用立体绿化、复层绿化方式合理配置植物种植，对停车场、人行道、广场等采用乔木适当遮阳来降低夏季室外气温；选用透水地面铺装材料和构造做法进一步调节室外热湿环境。

考虑到建筑项目的规模、功能和用地条件千变万化，不能一概而论，本书选取了城市中心区、校园和居住区三类比较有代表性的研究成果进行介绍，以供参考。

（一）城市中心区

有研究人员对哈尔滨市中心区的室外热环境进行了调查和模拟分析，调查选取的具体地点为哈尔滨秋林商业街区，该地位于城市中心区，具有商业、办公、居住等功能。此街区容积率明显高于周边其他街区，且高层建筑居多，体现出了高度集聚的空间特征。研究目的是通过将客观环境参数与受访者的主观行为与反应进行比较，评估人们的热舒适感受与客观环境的关系。研究以生理等效温度作为评估室外热舒适度的关键指标进行模拟分析，结果如下。

1. 以规划指标为影响因子的模拟结果

（1）容积率　容积率与寒地高密度街区夏季生理等效温度呈负相关。容积率在4.8～6.0时，场地热环境处于夏季生理等效温度的最优区间。

冬季，容积率与中心街区平均生理等效温度也呈负相关关系，但容积率的变化对寒地高密度街区冬季的影响较之夏季更为强烈。容积率在4.0～5.2时，可以达到冬季中心街区生理等效温度的可接受水平。

（2）建筑密度　夏季，建筑密度与生理等效温度大致成反比关系，建筑密度在48%～52%时负相关关系最强，但整体上容积率对热环境的影响强于建筑密度。建筑密度在52%～60%时，夏季中心街区室外热舒适度达到最高水平。

冬季，建筑密度处于40%～44%时，平均生理等效温度随着建筑密度的增加而减小；建筑密度处于44%～60%时，平均生理等效温度随着建筑密度的增加而增大；建筑密度在56%～60%时，冬季热舒适水平达到可接受范围的比例最大。

研究结果显示，容积率和建筑密度存在合理取值区间，见表7-2。

表7-2　街区形态控制指标建议区间

	夏季	冬季	综合考虑
容积率建议区间	4.8～6	4.0～5.2	4.8～5.2
建筑密度建议区间	52%～60%	56%～60%	56%～60%

2. 以街道朝向为影响因子的模拟结果

研究者在以街道朝向为影响因子进行室外热舒适度模拟时，选取了南北向、东西向、西南向和东南向四种朝向类型。夏季，街道朝向对寒地高密度街区室外生理等效温度影响的实验结果显示，模拟值相差不大，波动趋势一致。故主街道朝向对于夏季室外热舒适水平影响较为微弱，但仍有一定的倾向性：当主街道为东-西朝向时，夏季平均生理等效温度最大，室外热舒适水平相对较差；主街道朝向为东-南朝向时，平均生理等效温度最小。研究最终对街道朝向的建议如表 7-3 所示。

表 7-3　街道朝向建议

季节	建议朝向	不建议朝向
夏季	西北-东南	东-南
冬季	东北-西南 西北-东南	东-南
综合考虑	西北-东南	东-南

3. 以街道高宽比为影响因子的模拟结果

模拟结果显示，各点的平均生理等效温度在夏季和冬季表现出不同的变化规律，其中三个点的平均生理等效温度大多数随着街道高宽比的增大呈下降趋势，且夏季的变化幅度强于冬季，因此街道空间的室外热舒适水平应主要考虑夏季。

在高层塔楼和多层裙房形成的街道空间，街道高宽比保持在 3.90～5.20 范围内时全年室外热舒适水平较高。对于受两个朝向影响的街道交叉口空间，街道高宽比在 3.98～7.95 范围内时全年热舒适水平较高。在两侧为多层建筑的街道空间中，街道高宽比在 0.84～1.05 范围内，平均生理等效温度保持相对稳定。研究对街道空间形态设计的建议如表 7-4 所示。

表 7-4　街道空间形态建议

空间类型	街道高宽比	空间类型	街道高宽比
高层街道	3.90～5.20	多层街道	0.84～1.05
街道交叉口	3.98～7.95		

（二）校园

城镇化建设的加快不仅加剧了热岛效应，而且导致城市居民生活热环境逐渐恶化。其中科研教育用地作为青年人学习生活的场所，随着室外科研工作和休闲活动的机会越来越多，其热环境直接影响高校师生的生活质量。有研究人员以大连两所高校为背景，针对空间布局对室外热环境的影响，采用 ENVI-met 建模并进行模拟分析，试图解答建筑、场地布局与室外热湿环境的作用关系。研究人员按照软件模拟计算输出结果进行网格划分，通过统计网格内部的室外形态要素指标探究与热湿环境的关系。结果显示，校园室外热环境影响因素按照显著性排序中，绿化覆盖率高于下垫面反射率，建筑密度最低；湿环境影响因素按照显著性排序中，绿化覆盖率高于建筑密度，下垫面反射率最低。

研究证明，区域热湿环境的调节中，最有效的是提高绿化覆盖率和改良下垫面材质。因此，要改善校园室外热环境，可采取的措施包括以下几个。

（1）增加绿化植被覆盖率　利用植被自身对风速的调节和对湿度的蓄养，可以达到增加空气中湿度和降低温度的效果，以温度隔层调节区域温度。

（2）更换下垫面反射率较低的材料　高反射率的材料由于表面对光照的漫反射和自身比热容的限制，导致其材质上方空气温度较高，将下垫面中的高反射率材料替换为低反射率材料后，可有效降低地表温度。

（3）建筑组团的布局方式可以多采用围合式庭院布局　相较于"一"字形、"L"形布局，围合式庭院布局由于其空气中热储能很少且受到风速流动影响，温度变化小，环境更加稳定。而其他形式的建筑布局更容易处于风力涡流和热能旋涡影响之下，进而影响舒适度。

（4）设置生态隔断措施　相对迎风面可采用高大的乔木等生态隔断设施进行风力断流，

减少热湿储能由于风力的流动带来的影响。

（三）居住区

在各类项目当中，居住区的室外热环境与公众利益的关联性最为紧密，因此对这方面的研究也最多。住建部为规范城市居住区热环境设计，改善居住区热环境，提高居住区环境的热舒适性，降低建筑能耗，组织国内顶尖的多所高校、设计院所和相关企业编制了《城市居住区热环境设计标准》（JGJ 286—2013），适用于城市居住区详细规划阶段的热环境设计。

《城市居住区热环境设计标准》的相关条款主要针对夏季居住区热环境作出规定，分别对规定性设计、评价性设计提出要求，又从通风、遮阳、渗透与蒸发、绿地与绿化四个角度对规定性设计标准做出了进一步约束，其中的第 4.1.1 条、第 4.2.1 条规定了各气候区划居住区内的平均迎风面积比限值，以及各类活动场地的遮阳覆盖率限值。这些规定均为强制性要求，必须严格执行，具体内容摘录如下。

4.1.1　居住区的夏季平均迎风面积比应符合表 4.1.1 的规定。

表 4.1.1　居住区的夏季平均迎风面积比（$\overline{\zeta}_s$）限值

建筑气候区	Ⅰ、Ⅱ、Ⅵ、Ⅶ建筑气候区	Ⅲ、Ⅴ建筑气候区	Ⅳ建筑气候区
平均迎风面积比 $\overline{\zeta}_s$	≤0.85	≤0.80	≤0.70

4.2.1　居住区夏季户外活动场地应有遮阳，遮阳覆盖率不应小于表 4.2.1 的规定。

表 4.2.1　居住区活动场地的遮阳覆盖率限值/%

场地	建筑气候区	
	Ⅰ、Ⅱ、Ⅵ、Ⅶ	Ⅲ、Ⅳ、Ⅴ
广场	10	25
游憩场	15	30
停车场	15	30
人行道	25	50

1. 夏季室外热环境优化设计

在相关研究领域，有学者以夏季干热的新疆石河子市居住区为研究对象，通过实测掌握干热地区夏季室外热环境情况及特点，分析城市形态参数对干热地区居住区室外热环境的影响，并采用多元回归分析方法，将形态参数与物理参数进行耦合，定性、定量地探究干热地区室外热环境的影响因素，探索如何在夏季让居民获得更多有效的室外活动时间和更舒适的室外环境，基于分析结果提出优化策略。

研究人员将气象形态参数与热环境物理参数进行耦合后发现，风速和绿化率是影响人们夏季在居住区室外舒适度的主导因素。因此，优化夏季室外热环境主要应考虑以下三种策略。

（1）增加绿化面积　在居住区适当种植高大乔木等植物，采取合理的绿化措施，考虑树木的树冠、高度、尺寸和种类，可以选择高大常绿乔木和落叶乔木。在夏季能够遮阳，冬季能获得充足的阳光，同时在保证不阻碍空气流动的情况下提供最佳的冷却效果，创造更舒适的室外活动区域。

（2）采取人工遮阳措施　可在小区内部安装人工遮阳设施，如遮阳伞、遮阳篷、植物廊架以及凉亭等构筑物，以获得更多的室外活动空间。

（3）混合式规划布局　考虑到当地干热的气候条件，虽然夏季行列式布局有利于通风廊道的形成，但冬季需要考虑防寒和强风，因此混合式布局为最佳的建筑布局方式。

2. 冬季室外热环境优化设计

严寒地区的居住区室外热环境设计，除应考虑降低夏季室外环境的体感温度外，还应照顾到冬季室外体感舒适度。有研究人员针对居住区冬季室外热环境展开研究，利用模拟技术从风环境、辐射换热等因素对冬季室外热舒适度的影响出发，提出了冬季室外热环境设计策略，供设计人员参考。

研究首先通过调查问卷和现场测试相结合，获取使用者对于不同环境主观上的热感觉反应。结果显示，几乎所有受访者都更愿意在气温高、无风或微风以及晴天的天气情况下在室外活动。其中97％的居民将气温高低作为第一选择要素，随后是风速、阴晴，最后则是空气湿度。考虑到冬季大多数植物进入枯萎期，而水体结冰或被排放干净，因此空气湿度作为不可变量，不作为影响因子参与评价，而将室外风速和辐射温度作为冬季室外热环境舒适度的主要评价指标。

通过对不同下垫面材质下的室外温度场对比模拟分析发现，为了改善室外热环境，增加室外温度，应尽量减少建筑对太阳辐射热的吸收，进而将热量尽可能地反射至地面附近。因此，辐射率低的浅色涂料应作为建筑外立面的首选材料。而在所选择的四种常见的地面材料中，土地获得最高的温度，说明人们在土地上活动时，不仅能感到更加温暖，而且所储备的热量还能在夜间向外散发，改善夜间的室外热环境。同时夏季可种植草坪以缓解热岛效应，降低室外温度。

四、声环境-隔声降噪与声景优化

（一）何为噪声

近年来，人们生活水平提高，对生活质量的要求越来越高。随着蓝天、碧水、净土保卫战取得显著成效，噪声问题逐步凸显。2023年7月，生态环境部发布了《中国噪声污染防治报告2023》，报告指出：

我国声环境质量总体向好，但局部噪声投诉举报持续居高。2022年，全国声环境功能区昼间达标率为96.0％，夜间为86.6％，同比分别升高0.6个和3.7个百分点，但4a类功能区（道路交通干线两侧区域）和1类功能区（居住文教区）夜间达标率持续偏低。全国地级及以上城市各渠道各部门合计受理的噪声投诉举报约450.3万件，从投诉类型来看，社会生活噪声投诉举报最多，约303.8万件，占67.5％，同比升高9.6个百分点；建筑施工噪声次之，约113.0万件，占25.1％，同比降低8.3个百分点；交通运输噪声约19.5万件，占4.3％，同比升高0.1个百分点；工业噪声约14.0万件，占3.1％，同比降低1.4个百分点。生态环境部门全国生态环境信访投诉举报管理平台（网络渠道）共接到公众投诉举报25.4万余件，其中噪声扰民问题占全部生态环境污染投诉举报的59.9％，排在各环境污染要素的第1位。

构成噪声污染的情形包括两类：一是超过噪声排放标准产生噪声；二是未依法采取防控措施产生噪声。另外，超标排放噪声或者未依法采取防控措施产生噪声，并不必然构成噪声污染，若构成噪声污染还需要造成干扰他人正常生活、工作和学习的后果。正常生活、工作和学习往往因人的忍受力不同而有一定差异，是否"干扰他人正常生活、工作和学习"，需要根据相关证据进行认定。

（二）标准、规范的相关要求

全文强制性国家标准《建筑环境通用规范》（GB 55016—2021）第2.1.3条对外部噪声源传播至建筑主要功能房间的噪声作出了限制性规定，具体内容摘录如下。

2.1.3 建筑物外部噪声源传播至主要功能房间室内的噪声限值及适用条件应符合下列规定：

1 建筑物外部噪声源传播至主要功能房间室内的噪声限值应符合表2.1.3的规定；

表 2.1.3 主要功能房间室内的噪声限值

房间的使用功能	噪声限值(等效声级 $L_{Aeq,T}$,dB)		房间的使用功能	噪声限值(等效声级 $L_{Aeq,T}$,dB)	
	昼间	夜间		昼间	夜间
睡眠	40	30	阅读、自学、思考	35	
日常生活	40		教学、医疗、办公、会议	40	

注：1 当建筑位于2类、3类、4类声环境功能区时，噪声限值可放宽5dB；

    2 夜间噪声限值应为夜间8h连续测得的等效声级 $L_{Aeq,8h}$；

    3 当1h等效声级 $L_{Aeq,1h}$ 能代表整个时段噪声水平时，测量时段可为1h。

2 噪声限值应为关闭门窗状态下的限值；

3 昼间时段应为6:00～22:00时，夜间时段应为22:00～次日6:00时。当昼间、夜间的划分当地另有规定时，应按其规定。

条款中所指的"声环境功能区"划分是依据现行国家标准《声环境质量标准》(GB 3096—2008)中的第4章中的规定，按区域的使用功能特点和环境质量要求，将声环境功能区分为五种类型，同时在第5.1条对各类声环境功能区的环境噪声等效声级进行了限制，详见表7-5。

表7-5 声环境功能区划分及环境噪声等效声级限值表   单位：dB(A)

类别		区域		时段	
				昼间	夜间
0类		康复疗养区等特别需要安静的区域		50	40
1类		以居民住宅、医疗卫生、文化教育、科研设计、行政办公为主要功能,需要保持安静的区域		55	45
2类		以商业金融、集市贸易为主要功能,或者居住、商业、工业混杂,需要维护住宅安静的区域		60	50
3类		以工业生产、仓储物流为主要功能,需要防止工业噪声对周围环境产生严重影响的区域		65	55
4类	4a类	交通干线两侧一定距离之内,需要防止交通噪声对周围环境产生严重影响的区域	高速公路、一级公路、二级公路、城市快速路、城市主干路、城市次干路、城市轨道交通(地面段)、内河航道两侧区域	70	55
	4b类		铁路干线两侧区域	70	60

注：各类声环境功能区夜间突发噪声，其最大声级超过环境噪声限值的幅度不得高于15dB(A)。

(三)设计任务

规划阶段应科学划定声环境功能区，推动划定噪声敏感建筑物集中区，夯实声环境管理基础。在城镇声环境功能区划定方面，2022年全国有35个地级及以上城市、497个县级城市开展了声环境功能区划分调整工作。截至2022年底，全国338个地级及以上城市全部划分了声环境功能区；1822个县级城市中，有1820个划分了声环境功能区，占比99.9%。在噪声敏感建筑物集中区域划定方面，2022年，全国有17个县级城市划定了噪声敏感建筑物集中区域。

设计阶段应以场地周边噪声现状检测结论为基础，对项目实施后的环境噪声进行评估，当存在超过标准的噪声源时，对噪声源采取隔声、降噪措施。项目对环境质量要求较高时，还应结合建筑布局和景观设计对场地内的声环境进行优化设计。

1. 确定噪声源

在建筑布局和场地设计阶段进行隔声降噪设计，首先需要明确哪些声音使用者更难以接受，即哪些声音会成为噪声。有研究人员针对哈尔滨市几个居住小区中"居民对声源喜好的主观评价"进行了实地调研，经过对主观喜好和主观感受音量的评价得分进行对比，可以得出以下结论：

① 大部分居民对于风吹树叶声、鸟叫声这两种音量较小的自然声/动物声评价较高，最受欢迎；

② 居民们对于人声的评价褒贬不一，各有倾向；

③ 居民普遍对音乐声较为喜爱；

④ 各类机械声、交通噪声的主观评价均较低，其中机械声最不被居民所接受。

2. 降噪措施

通过对声源种类偏好进行研究，我们可以推论：在对建筑、场地进行总体的规划布局时，如要对场地内的声环境进行优化设计，应首先考虑对机械噪声和交通噪声的隔离，并采取降噪手段。机械噪声中的施工声为阶段性噪声源，会随着施工结束而消失，施工过程中一般也会有环保部门对施工时间段进行监督，一般不在设计考虑范畴之内；割草机声、宣传喇叭声等机械声是项目后期运行过程中难以避免的噪声，但发生频率不高、持续时间不长，一般可通过管理手段规避噪声污染引发的矛盾；电动车噪声与交通噪声的界限并不明晰，二者均是需要通过设计手段解决的，在这里暂且把它们统一为"交通噪声"一类。那么交通噪声如何降低，如果对交通噪声本身采取措施，降低噪声后是否仍可能对周边生活生产造成不良影响，我们应该如何进一步化解呢？

（1）设置声屏障　国家标准《城市道路交通设施设计规范（2019年版）》（GB 50688—2011）第7.9.1条明确："根据现行国家标准《声环境质量标准》（GB 3096）进行声环境评价的结果不符合标准的路段，采取其他降噪措施仍达不到要求的，应设置声屏障。"

在交通干路和建筑布局均已确定的情况下，声屏障作为少数可行的交通噪声控制手段之一，近年来得到大量建设。但研究显示其降噪效果不一定能达到预期，原因有：屏障高度不足，难以阻断噪声；道路过宽使屏障距离噪声源较远而形同虚设。一般认为声屏障降噪极限不超过15dB；对两侧低层建筑效果明显，对高层建筑效果较差。也有研究认为，受声点距屏障的适用距离是60m，当距离大于70m时不宜采用声屏障。

声屏障仅对接近地面，且靠近声屏障的区域效果明显。据此观点，现有城区中距高层住宅较远的高架路上的声屏障实效性有待验证，而地面声屏障可灵活设置，同时靠近干路与住宅，可起到明显效果。另外，地面道路声屏障设计的难点在于保持其连续性，可以将声屏障与其他要素结合，采用复合型设计手法，完善声屏障对噪声的阻断作用。

比如将声屏障与场地结合设计，利用地形地貌，如土坡、堤坝等障碍物作为声屏障，并靠近声源或受声点，尽量提高声屏障的有效高度，力求以较少的工程量达到设计目标所需的声衰减。一般情况下，当声源位置较高，而接收区域较低时，声屏障对声音的阻隔效果最好。图7-11总结了5种与地形结合的声屏障设置方法，如设隧道、开挖、堆土、生态声屏障等，均需与场地设计紧密配合，其不但降噪效果好，而且增加了多变的地貌，具有降噪、防尘、水土保持、改善生态环境和美化环境等综合功能。

如在噪声源处设置声屏障即可达到降噪要求，但若项目对景观效果要求较高，也可选用具有美化效果的景观声屏障。这类声屏障把小区围墙和小区噪声治理、景观、亮化、绿化及小区的风格进行了结合，实现隔音降噪的同时，具备景观、绿化、灯光等多功能性。

（2）人车分流与道路稳静化　人车分流设计在本篇第二章第一节有具体阐释。这里主要强调通过人车分流设计，缩短机动车、电动车的行驶距离，或将机动车、电动车等会产生噪声的交通要素隔绝在用地的主要人行活动区域以外，来实现对内部交通噪声源的隔离，降低室外噪声量，设计时应尽量采用。但人车分流不是在所有建筑项目中都能实现，这时，可考虑参照城市道路，将场地内必须设置的车行道路进行稳静化设计，通过降低车速来控制噪声。

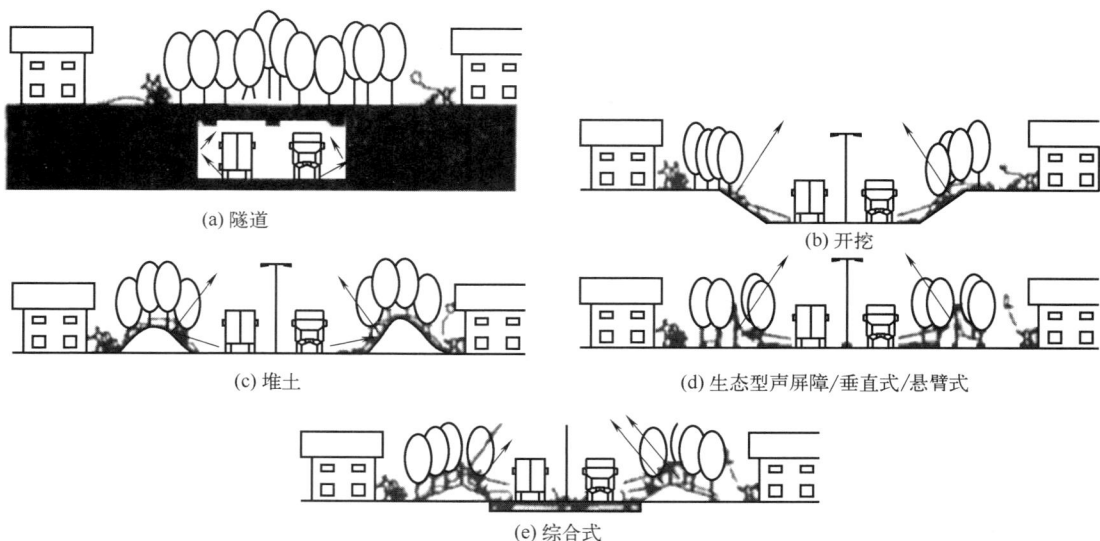

(a) 隧道 (b) 开挖

(c) 堆土 (d) 生态型声屏障/垂直式/悬臂式

(e) 综合式

图 7-11 声屏障与场地复合设计的 5 种类型示意图

研究显示，汽车速度与噪声大小有较大关系。在市区，车速在 30～60km/h 范围内，每减少 10km/h，噪声可降低 40%。也有研究表明，使用这种措施降低交通噪声 1dB（A）等效于通过减少交通量降低噪声 10dB（A）。这一现象在狭窄的道路上尤为明显，因为交通噪声在街道上较旷地上听起来要大 5～10dB（A）。简而言之，随着车辆行驶速度的增加，产生的噪声也会相应增加，对周围环境和居民的生活会造成更大的影响。减慢车速的交通稳静化（Traffic Calming）理论逐步发展成为完整成熟的理论，相应措施也得到了广泛的应用。

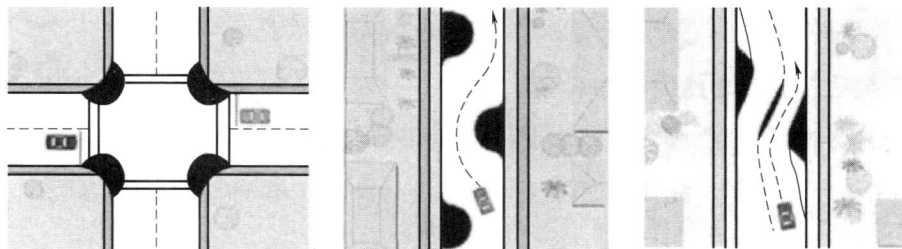

图 7-12 水平速度控制措施示意

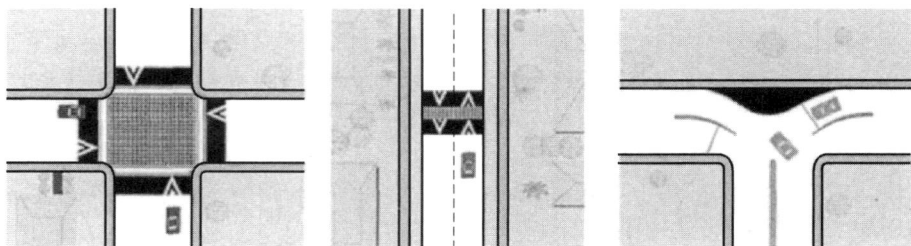

图 7-13 垂直速度控制措施示意

交通稳静化措施主要包括三类：水平速度控制（图 7-12）、垂直速度控制（图 7-13）和中央隔离岛。水平速度控制措施指改变传统的直线行驶方式以降低车速，包括设置交通花坛、交通环岛、曲折车行道和变形交叉口等；垂直速度控制措施是把车行道的一段提高以降低车速，包括减速丘、减速台、凸起的人行横道、凸起的交叉口和纹理路面等；中央隔离岛指设置在交叉口处，并沿主路中线延伸的交通岛，其长度大于支路进口的宽度，以阻断来自支路的直行车流，适用于支路与主路相交且支路直行车流不安全的交叉口和主路左转车流不安全的交叉口。各类稳静化措施的减速效果详见表 7-6。

表 7-6 各类稳静化措施的减速效果

稳静化措施	样本量	平均速度/(km/h)	平均变化量/(km/h)	平均变化率/%
减速丘	179	44.1	−12.2	−22
减速台	58	48.4	−12.4	−23
凸起的交叉口	3	55.2	−0.5	−1
交通环岛	45	52.0	−6.3	−11
窄化路面	7	52.0	−4.2	−4
半封闭	16	42.3	−9.7	−19
对角分流岛	7	44.9	−2.3	0

（3）调整建筑布局　处于市区中的住宅受噪声滋扰严重。有研究针对居住小区声环境进行模拟分析，发现小区内部声环境与建筑布局密不可分，建筑平面布局、间距、建筑密度、围合度、沿街建筑及裙房的设置等因素均能影响噪声的传播和消散。在一些无法降低噪声或改变声源状态的情况下，采用合理的建筑布局规划能够有效改善居住区声环境。设计的基本思路为将建筑实体视为声屏障，尽可能地将噪声阻挡在居住区之外。现行国家标准《民用建筑隔声设计规范》（GB 50118—2010）中也有相关条款，明确指出要利用建筑体量遮挡来降低噪声：

6.3.1 （1）综合医院的总平面布置，应利用建筑物的隔声作用。门诊楼可沿交通干线布置，但与干线的距离应考虑防噪要求。病房楼应设在内院。若病房楼接近交通干线，室内噪声级不符合标准规定时，病房不应设于临街一侧，否则应采取相应的隔声降噪处理措施（如临街布置公共走廊等）。

8.3.2 　办公建筑的总体布局，应利用对噪声不敏感的建筑物或办公建筑中的辅助用房遮挡噪声源，减少噪声对办公用房的影响。

在设计时利用建筑布局优化场地内声环境，可采用以下措施。

① 临街建筑围合。通过平面布局对声环境的影响分析发现，无论在何种交通噪声情况下，沿街道平行方向布置板式建筑将小区围合之后，内部声环境均为最优。即采取"牺牲一线，保护一片"的设计策略，通过沿街建筑实体的遮挡保护后方的居住区不受交通噪声干扰，此时沿街建筑实体越高，内部声环境越好。对于充当声屏障的前排实体建筑的降噪设计可通过设置声屏障、缩小沿街开窗面积并提高吸声系数等降噪策略来进行单独优化。

② 不临街建筑开敞。居住区周围交通噪声不大时，在临街处设置封闭围合的遮挡建筑或声屏障的同时，还应考虑让传播至小区内部的噪声尽快消除。不临街区域的建筑如果同临街一侧一样围合起来，会使得小区内部噪声来回反射而导致消除时间增加，因此应将不临街区域尽量开敞布局，让声音通过不临街的一侧传播出去，优化了居住区整体的声环境。

③ 调整建筑间距。改变建筑间距能够引起居住区内声环境的变化。居住区不临街或临支路时，建筑间距越大，声环境越好；当居住区四周道路大于等于支路时，建筑间距越小，进入居住区内的交通直达噪声越少，声环境越好。因此在规划设计时，建筑间距的设定应视居住区周围噪声源的种类及噪声大小而定。当交通噪声小于生活噪声时，建筑间距 95m 时居住区的平均声压级为 54dB，低于间距 40m 时居住区的平均声压级 1.8dB；当交通噪声大于生活噪声

时，建筑间距 40m 的居住区平均声压级为 61dB，低于间距 95m 居住区的平均声压级 1dB。

④ 利用裙房。研究发现在大部分情况下，高层建筑底部设置裙房都能起到良好的降噪作用。以大连生辉第一城小区为例，小区四面临街，南侧及西侧分别临高速路及主干路，小区交通噪声远大于内部生活噪声。经过模拟对比可以看出，在建筑底部增加两层高的裙房之后，居住区内部声环境可得到明显改善，除南侧十字路口及西侧的建筑开口区域之外，其他区域声压级均低于 54dB，居住区整体平均声压级为 51dB，相比无裙房状态降低了 12.6dB。

裙房的平面位置也会对小区声环境产生一定的影响。研究显示，当裙房位于高层主体投影正下方时，裙房仅能对院落内部被围合起来的建筑起到噪声遮挡作用，无法优化其正上方临街高层的声环境。当裙房在沿街一侧凸出高层主体投影以外时，受裙房建筑的遮挡，临街高层建筑立面会产生一部分声影区，声环境优于前者。因此在裙房的设计中，在设计条件允许的时候应尽量增高裙房高度，将裙房置于高层外围，以提高小区整体的声环境均好性。

⑤ 将对噪声不敏感的建筑沿街布置。将商业、公共活动场所等对噪声不敏感的建筑沿街布置，在满足其正常运营需求的同时，也能对小区内部起到良好的降噪效果。

⑥ 适当退后。高层建筑沿街降噪还可以通过沿街广场的退距来减少交通噪声对居住区的干扰。现行国家标准《民用建筑隔声设计规范》（GB 50118—2010）中也有采用建筑退后手法降低噪声的要求，如第 5.3.1 条："位于交通干线旁的学校建筑，宜将运动场沿干道布置，作为噪声隔离带。产生噪声的固定设施与教学楼之间，应设足够距离的噪声隔离带。当教室有门窗面对运动场时，教室外墙至运动场的距离不应小于 25m。"

哈尔滨罗马公元小区是将沿街建筑退后降噪的典型实例。该小区西侧临主干道红旗大街，是小区的主要噪声来源。为了阻挡交通噪声的传播，设计将西侧沿街建筑后退 27m，并设置了裙房遮挡。通过建筑后退及前排裙房遮挡的综合作用，居住区内部平均声压级降至了 50.2dB。巧妙的是，设计利用后退空间布置了活动广场，在降低交通噪声的同时满足了居民对日常休闲活动场所的需求，而将居民活动移至小区外围又进一步降低了居住区内部的生活噪声，可谓是一箭双雕。

（4）优化活动场地　居住区内部噪声产生的负面影响与声源种类、声压级大小以及声源分布形态有关。由于居民娱乐活动难以进行统一管理，因此应在设计阶段予以重视，从优化公共活动空间的设计着手来尽量降低内部噪声对日常生活的影响。

① 活动场地外移。将居住区的活动场地移至居住区外侧可降低其对内部住宅的噪声影响。相关研究显示，将居住区的活动场地移至居住区外围之后，居住区内部声环境得到了极大改善，平均声压级降幅可达 10dB 以上。

② 活动场地分散布置。通过对声环境的主观评价分析，居民普遍不喜欢狗叫声及聊天打牌声，而对于儿童嬉戏声及广场舞声评价良好的多为经常下楼活动的居民。因此应对居住区内的公共空间进行分区块、分功能设计，住宅周围加强绿化建设，尽量避免将带有健身器械及儿童玩具等的大面积活动场地邻近住宅布置，避免该类噪声源对附近住户造成烦扰。

③ 设置下沉广场。将内部活动场地设计成下沉形式，场地周围设置屏障或绿化墙加以阻隔，能够有效降低噪声干扰。研究显示，活动场地下沉 3m 之后，声压级相比于之前的水平高度场地降低了 1～2dB。

3. 声景优化设计

声景设计即从听者的主观角度出发，结合社会背景、物理环境、历史文化和人们生理及心理等因素全面考虑的设计手段。声景设计包括正设计、零设计及负设计。负设计即前文所述的降噪策略，是一种被动式的设计方法，即将那些和周遭环境不和谐的、不必要的或人们不愿意听到的声音剔除。正设计即在原来的声景中增添新的声源，或者将原来的人们喜爱的声音加强；零设计即不改变原本的声景，将其原本的状态保留。运用声景设计手法，可以营造更加舒适、宜居的生活环境，对于项目整体品质的提升很有助益。

事实上绿化景观的物理降噪效果不甚明显，其降噪效果更多地表现在人们的主观感受上。绿化种植一方面能够对声源起到掩蔽作用，让人看不到噪声源的存在，自然也就在心理上削弱了对噪声的感受；另一方面能够给人带来幽静、私密的感觉，置身其中仿佛身处自然环境当中，进而转移人的注意力，降低噪声对人的心理上的干扰程度。

除了视觉上的掩蔽效果之外，植物还可借助气候等自然环境因素，形成风吹树叶的沙沙作响声以及雨打枝头的听觉感受，同时为鸟类等野生动物提供栖息场所，引来鸟叫、蝉鸣，为人造环境提供悦耳的自然音。

除了绿色植物能带来美好的声景感受，水声也是普遍为人们所喜爱的自然音。庭院水景按水体的状态分为静态水体及动态水体，其中动态水体如喷泉、小溪、瀑布及水渠，通过地势的高差或运用机械设施使水体或倾流而下，或潺潺流淌，形成细腻的流水声或哗哗的水花拍打声，掩蔽噪声的同时也创造出滨水而居的声景感受。

五、评价相关条款

（一）第 8.1.1 条

1. 条款原文

8.1.1　建筑规划布局应满足日照标准，且不得降低周边建筑的日照标准。

2. 参评指数

第 8.1.1 条是绿色建筑评价的"控制项"，相当于一般技术性规范标准中的强制性条款，绿色建筑如果要申请参与评价，必须满足全部控制项的要求。

参评指数：★★★★★

3. 评价注意事项

（1）概念界定　条文中的"不得降低周边建筑的日照标准"有以下两层含义。

① 新建项目的设计，应保证周边建筑满足有关日照标准的要求。

② 改造项目分两种情况：一是改造前周边建筑满足日照标准的，应保证改造后周边建筑仍符合相关日照标准的要求；二是改造前周边建筑未满足日照标准的，应保证改造后周边建筑的日照条件不低于原有水平。

（2）达标条件　本条是否达标的判断依据有两个：一是规划批复文件；二是依据设计文件进行的日照模拟分析。

① 规划条件及规范标准的要求。我国现行的规范标准，如国家标准《民用建筑通用规范》（GB 55031—2022）、《民用建筑设计统一标准》（GB 50352—2019）、《城市居住区规划设计标准》（GB 50180—2018）、《中小学校设计规范》（GB 50099—2011）、《综合医院建筑设计规范》（GB 51039—2014）等以及现行行业标准《托儿所、幼儿园建筑设计规范（2019年修订版）》（JGJ 39—2016）、《老年人照料设施建筑设计标准》（JGJ 450—2018）、《宿舍建筑设计规范》（JGJ 36—2016）等，都结合各类建筑的实际情况对建筑及活动场地的日照标准提出了要求。建筑在布局与设计时需要充分考虑上述标准要求，若项目建筑类型没有相应标准的要求，则应符合城乡规划。

② 日照模拟分析。日照的模拟分析应符合现行国家标准《建筑日照计算参数标准》（GB/T 50947—2014）中的相关规定。该标准适用于建筑及场地的日照计算，规定了通过物理模型与实测对比、地理参数影响、建筑附属物遮挡影响等试验方法，规定了日照基准年、采样点间距、计算误差的允许偏差等重要技术参数，并规定了数据要求、建模要求、计算参

数与方法、计算结果与误差等技术内容。另外，日照计算分析报告的内容应满足行业标准《民用建筑绿色性能计算标准》（JGJ/T 449—2018）附录 A 的规定。

（3）周边建筑　周边建筑有现行设计标准中对其日照进行了量化要求的，可以通过模拟计算报告来判定是否降低了其日照标准；对于周边的非住宅建筑，若没有现行设计标准对其日照进行量化要求，则可以不进行日照的模拟计算，只要满足控制性详细规划即可判定达标。

4. 设计阶段初步自评

规划设计阶段可将评价要点的两个方面按以下内容逐项核查。

（1）建筑日照标准

项目所在城市 _____ ，所在城市为：□大城市、□中小城市，位于气候区 ____ 区。

（2）住宅建筑

本项目中住宅建筑标准日最低日照时数： ____ h；

设计依据： 《城市居住区规划设计规范》（GB 50180—2018）第 4.0.9 条 ；

是否为旧区改建内的新建住宅：□是、□否；

相关标准规定的日照时数要求：□大寒日 1h（旧区改建项目内的新建住宅）、□大寒日 2h、□大寒日 3h、□冬至日 1h；

周围建筑情况： _____ ，是否影响周围建筑的日照：□是、□否；

其他日照要求： _____ ；

设计方案是否达标：□是、□否。

（3）幼儿园（托儿所）

生活用房冬至日底层满窗日照小时数： ____ h；

标准依据： _____ ；

相关标准规定的日照时数要求： ____ h；

其他日照要求： _____ ；设计方案是否达标：□是、□否。

（4）中小学校

南向的普通教室冬至日底层满窗日照小时数： ____ h；

相关标准规定的日照时数要求： ____ h；

标准依据： ____ ；

其他日照要求： _____ ；

设计方案是否达标：□是、□否。

（5）养老类居住建筑或老年人照料设施中的居室

本项目中养老类居住建筑标准日最低日照时数： ____ h；

设计依据： 《城市居住区规划设计规范》（GB 50180—2018）第 4.0.9 条、《老年人照料设施建筑设计标准》（JGJ 450—2018）第 5.2.1 条；

相关标准规定的日照时数要求： 冬至日 2h ；

其他日照相关要求： _____ ；

设计方案是否达标：□是、□否。

（6）医院

本项目中医院建筑标准日最低日照时数： ____ h；

相关标准规定的日照时数要求： ____ h；

满足日照时数要求的病房比例： ____ %；

标准依据： _____ ；

其他日照要求： _____ ；

设计方案是否达标：□是、□否。

（7）宿舍

本项目宿舍建筑标准日最低日照时数： ____ 小时；

相关标准规定的日照时数要求：____小时；

满足日照时数要求的宿舍比例：____％；

标准依据：_____；

其他日照要求：_____；

设计方案是否达标：□是、□否。

（8）无日照要求的公共建筑

建筑规划布局符合项目所在地城乡规划设计要求：□是 □否；

周边是否有住宅建筑、学校建筑等有日照要求的建筑：□是、□否；

本项目是否降低周边建筑的日照标准：□是、□否。

5. 证明材料提供

绿色建筑评价工作中，需要按照评价标准逐条准备相关材料，以证明项目控制项能达标或评分项可以得分。《绿色建筑评价标准》在各个条款的条文说明中均有明确要求，第8.1.1条在预评价阶段应提供相关设计文件、日照分析报告；评价阶段则应提供相关竣工图及日照分析报告。

（二）第8.1.2条

1. 条款原文

8.1.2　室外热环境应满足国家现行有关标准的要求。

2. 参评指数

第8.1.2条是绿色建筑评价的"控制项"，相当于一般技术性规范标准中的强制性条款，绿色建筑如果要申请参与评价，必须满足全部控制项的要求。

参评指数：★★★★★

3. 评价注意事项

（1）热环境设计的重要性　建筑环境质量与场地热环境密切相关，热环境直接影响人们户外活动的热安全性和热舒适度。在规划阶段应合理布置用地和建筑，有效利用自然通风，降低室外热岛效应，同时合理配置植物，对停车场、人行道、广场等硬质铺装区域采取乔木遮阳措施，遮阳面积建议控制在10％～20％。在室外活动场地、道路、停车场等铺装材料的选用方面，在满足功能要求的基础上，尽可能选择透水铺装材料及构造。

（2）热环境设计方法　主要针对住宅建筑和公共建筑阐述热环境设计方法。

① 住宅建筑。对于城市居住区，参评项目应按现行行业标准《城市居住区热环境设计标准》（JGJ 286—2013）进行热环境设计。《城市居住区热环境设计标准》给出了两种设计方法，分别是规定性设计和评价性设计。

当按规定性设计时，需要进行设计计算，并满足《城市居住区热环境设计标准》中有关室外环境的通风、遮阳、渗透与蒸发、绿地与绿化的规定性设计要求。当规定性设计不满足该标准第4.1.4条、第4.2.3条、第4.3.1条、第4.4.2条时，均应进行评价性设计。

评价性设计应采用逐时黑球温度和平均热岛强度作为居住区热环境的设计指标，同时夏季逐时黑球温度不应大于33℃，夏季平均热岛强度不应大于1.5℃。同时仍应满足《城市居住区热环境设计标准》强制性条款第4.1.1条、第4.2.1条的要求；第4.1.1条规定了居住区的夏季平均迎风面积比限值，对于严寒地区不应小于0.85；第4.2.1条要求居住区夏季户外活动场地应有遮阳，同时规定严寒地区广场、游憩场、停车场、人行道的遮阳覆盖率分别不应小于10％、15％、15％、25％。

② 公共建筑。对于交通客运站、博物馆、体育场馆、购物中心、城市综合体等公共建筑，其室外场地经常会出现人员主动或被动的长时间停留或活动。场地如果在夏季完全处于

暴晒状态，热环境将变得十分恶劣，人员停留或活动时体感极不舒适，甚至会出现中暑、晕倒等现象，严重影响人员安全和身体健康。应在室外场地结合景观设计，设置活动的（临时的）或固定的遮阳设施，布置喷雾降温或风扇调风装置等，在夏季营造出舒适的室外热环境。

4. 设计阶段初步自评

规划设计阶段可将评价要点的两个方面按以下内容逐项核查。

（1）室外热环境分类

项目处于非居住区规划范围：□是、□否；

建筑性质为：□住宅建筑、□公共建筑；

项目所在气候区：＿＿＿＿区。

（2）住宅建筑

① 规定性设计

是否符合《城市居住区热环境设计标准》（JGJ 286—2013）相关要求：□是、□否（可填写表7-7、表7-8中的设计值，将其与标准值进行对比，确认是否达标）。

表7-7 规定性设计技术指标列表示例

评价指标	设计值	标准要求值		
		Ⅰ、Ⅱ、Ⅵ、Ⅶ气候区	Ⅲ、Ⅴ气候区	Ⅳ气候区
夏季平均迎风面积比		≤0.85	≤0.80	≤0.70
绿化遮阳体的叶面指数		≥3.0		
绿地率		≥30%		
每100m² 绿地上的乔木数量		≥3 株		
屋顶绿化面积比例		≥50%		

表7-8 场地指标统计表示例

场地类型	遮阳覆盖率/%		渗透面积比/%		地面透水系数/(mm/s)		蒸发量/[kg/(m²·d)]	
	设计值	标准限值	设计值	标准限值	设计值	标准限值	设计值	标准限值
广场		10		40				
游憩场		15		50		3		1.6
停车场		15		60				
人行道		25		50				

② 评价性设计

是否符合《城市居住区热环境设计标准》（JGJ 286—2013）第3.3.1条要求：□是、□否（可填写表7-9、表7-10中的设计值，将其与标准值进行对比，确认是否达标）。

表7-9 评价性设计技术指标列表示例

评价指标	设计值	标准要求值		
		Ⅰ、Ⅱ、Ⅵ、Ⅶ气候区	Ⅲ、Ⅴ气候区	Ⅳ气候区
夏季平均迎风面积比		≤0.85	≤0.80	≤0.70
夏季逐时湿球黑球温度		≤33℃		
夏季平均热岛强度		≤1.5℃		

表7-10 场地指标统计表示例

评价指标	遮阳覆盖率/%	
	设计值	标准要求值
广场		10
游憩场		15
停车场		15
人行道		25

（3）公共建筑

室外场地功能为：□广场、□停车场、□游憩场、□景观绿化、□其他_____；

场地绿化率为：____%，是否达到规划条件要求：□是、□否；

场地中采取的防热措施包括：□种植乔木、□设置遮阳设施、□路面自动洒水装置、□环境喷雾、□风扇调风装置、□其他_____。

5. 证明材料提供

绿色建筑评价工作中，需要按照评价标准逐条准备相关材料，以证明项目控制项能达标或评分项可以得分。《绿色建筑评价标准》在各个条款的条文说明中均有明确要求，第8.1.2条在预评价阶段应提供：相关设计文件，住宅建筑还应提供室外平均迎风面积比和活动场地遮阳覆盖率计算报告，公共建筑的设计文件应体现户外防热措施。评价阶段应提供：相关竣工图，住宅建筑还应提供室外平均迎风面积比和活动场地遮阳覆盖率计算报告，公共建筑的竣工文件应体现户外防热措施。

（三）第 8.2.6 条

1. 条款原文

8.2.6　场地内的环境噪声优于现行国家标准《声环境质量标准》GB 3096 的要求，评价总分值为 10 分，并按下列规则评分：

1　环境噪声值大于 2 类声环境功能区噪声等效声级限值，且小于或等于 3 类声环境功能区噪声等效声级限值，得 5 分。

2　环境噪声值小于或等于 2 类声环境功能区噪声等效声级限值，得 10 分。

2. 参评指数

第 8.2.6 条是绿色建筑评价的"评分项"，位于城市中心区或主干路附近的建设项目在声环境优化设计方面可能存在实际困难，但对于提升项目品质具有积极意义，建议适当权衡，尽量采取隔声降噪措施。

参评指数：★★★

3. 评价注意事项

（1）相关标准的规定　国家标准《声环境质量标准》（GB 3096—2008）中对各类声环境功能区的环境噪声等效声级限值进行了规定，详见表 7-11。

表 7-11　各类声环境功能区的环境噪声等效声级限值表　　　　单位：dB（A）

声环境功能区类别		时段	
		昼间	夜间
0 类		50	40
1 类		55	45
2 类		60	50
3 类		65	55
4 类	4a 类	70	55
	4b 类	70	60

（2）设计方法　项目策划阶段应对场地周边的噪声现状进行监测，并对项目实施后的环境噪声进行预测。当存在超过标准的噪声源时，可采取的措施有：对固定噪声源采取有效的隔声和降噪措施；对高速公路、快速路等进行噪声专项分析、设置声屏障并退让适当距离；将对声环境要求较高的建筑布置在主要噪声源主导风向的上风侧。本条可以通过合理选址规划来实现高分值评分，也可以通过设置隔声屏障、植物防护等方式进行降噪处理，从而得到相应分值。

（3）评价原则 本条的得分取决于两方面：一是建设场地所处的声功能环境区类别，二是项目建成后的场地环境噪声。若建成后的场地声环境噪声不高于原本所处声环境功能区的限值，则可按所处功能区类别进行评分；若建成后的场地声环境噪声高于原本的声环境功能区的限值，则本条不得分。

4. 设计阶段初步自评

规划设计阶段可结合相关规范、标准的要求，按以下步骤复核项目在声环境优化方面所做的工作，复核得分。

（1）场地现状

场地位于《声环境质量标准》（GB 3096—2008）中＿＿＿类声环境功能区；

设计前是否对场地声环境进行测试：□是、□否；

自评价时可将现场监测结果列表统计，示例如表 7-12：

表 7-12 环境噪声监测情况表示例 单位：dB（A）

序号	监测点	环境噪声标准值		环境噪声测试值	
		昼间	夜间	昼间	夜间
1					
2					
3					

项目声环境功能区类别为：□0 类、□1 类、□2 类、□3 类、□4a 类、□4b 类；

场地周边分布的噪声源有：□飞机场、□铁路线路、□高速公路、□快速路等交通噪声、□工业厂房、□个人作坊等生产噪声、□集贸市场、□娱乐场所等社会生活噪声、□其他噪声源＿＿＿＿＿＿；

噪声源所在方位是＿＿＿＿＿＿＿。

（2）设计策略

采取的降噪措施包括：□建筑较噪声源退后＿＿＿ m，□设置声反射板，□设置绿化隔离带，□将有安静要求的功能房间布置在建筑（群）背离噪声源的一侧，□其他措施＿＿＿＿＿＿＿。

（3）降噪效果

建成后是否对场地声环境进行现场实测：□是、□否；

自评价时可将现场实测的场地声环境列表统计，示例见表 7-13。

表 7-13 环境噪声监测情况表示例 单位：dB（A）

序号	监测点	环境噪声标准值		环境噪声实测值	
		昼间	夜间	昼间	夜间
1					
2					
3					

现场实测结果是否超过项目所在声环境功能区的噪声限值：□是、□否。

5. 自评报告说明举例

简要说明建筑场地周围噪声分布状况，如果拟建噪声敏感建筑不能避免邻近交通干线，或不能远离固定的设备噪声源时，说明降噪措施（200 字以内）。举例如下（具体内容以××替代）。

> 建筑的总体布局按照规划部门的要求退线，建筑尽可能地远离道路噪声声源。设备采用减震基础，采用软连接和墙壁的屏蔽作用，能达到相关标准要求。项目区内人车分流，场区内机动车禁止鸣笛。
>
> ××年××月××日，建设单位组织××公司对项目场地环境噪声进行了监测，监测结果显示本项目环境噪声小于 2 类声功能区标准限值，详见《××项目声环境监测报告》。

6. 证明材料提供

绿色建筑评价工作中，需要按照评价标准逐条准备相关材料，以证明项目控制项能达标或评分项可以得分，《绿色建筑评价标准》在各个条款的条文说明中均有明确要求。第8.2.6条在预评价阶段应提供：环评报告（包括噪声检测及预测评价或独立的环境噪声影响测试评估报告）、相关设计文件、声环境优化报告。评价阶段则应提供：相关竣工图、声环境检测报告。

（四）第8.2.8条

1. 条款原文

8.2.8 场地内风环境有利于室外行走、活动舒适和建筑的自然通风，评价总分值为10分，并按下列规则分别评分并累计：

1 在冬季典型风速和风向条件下，按下列规则分别评分并累计：

1) 建筑物周围人行区距地高1.5m处风速小于5m/s，户外休息区、儿童娱乐区风速小于2m/s，且室外风速放大系数小于2，得3分；

2) 除迎风第一排建筑外，建筑迎风面与背风面表面风压差不大于5Pa，得2分。

2 过渡季、夏季典型风速和风向条件下，按下列规则分别评分并累计：

1) 场地内人活动区不出现涡旋或无风区，得3分；

2) 50%以上可开启外窗室内外表面的风压差大于0.5Pa，得2分。

2. 参评指数

第8.2.8条是绿色建筑评价的"评分项"，在规划设计阶段结合风环境模拟分析，合理布置室外活动场地及步道，比较容易得分。

参评指数：★★★★

3. 评价注意事项

（1）概念界定 人行区是指区域范围内功能或主要功能可供行人通行和停留的场所。冬季建筑物周围人行区距地1.5m、高处风速小于5m/s是不影响人们正常室外活动的基本要求。建筑的迎风面与背风面风压差不超过5Pa，可以减少冷风向室内渗透。夏季、过渡季通风不畅，在某些区域形成无风区或涡旋区，将影响室外散热和污染物消散。外窗室内外表面的风压差达到0.5Pa有利于建筑的自然通风。

（2）设计、评价方法 利用计算流体动力学（CFD）手段可对不同季节典型风向、风速、建筑外风环境进行模拟，其中来流风速、风向为对应季节内出现频率最高的风向和平均风速，室外风环境模拟使用的气象参数建议依次按地方有关标准要求、现行行业标准《建筑节能气象参数标准》（JGJ/T 346—2014）、现行国家标准《民用建筑供暖通风与空气调节设计规范》（GB 50736—2012）、《中国建筑热环境分析专用气象数据集》的优先顺序取得风向、风速资料，数据选用尽可能使用地区内的气象站过去十年内的代表性数据，也可以采用相关气象部门出具的逐时气象数据，计算"可开启外窗室内外表面的风压差"。可将建筑外窗室内表面风压默认为0Pa，若可开启外窗的室外风压绝对值大于0.5Pa，即可判定此外窗满足要求。

室外风环境模拟应得到以下输出结果。

① 不同季节不同来流风速下，模拟得到场地内1.5m高处的风速分布。

② 不同季节不同来流风速下，模拟得到冬季室外活动区的风速放大系数。

③ 不同季节不同来流风速下，模拟得到建筑首层及以上典型楼层迎风面与背风面（或主要开窗面）表面的压力分布。

对于不同季节，如果主导风向、风速不唯一［可参考《实用供热空调设计手册》（陆耀庆）或当地气象局历史数据]，宜分析两种主导风向下的情况。

室外风环境模拟分析专项报告的格式和主要内容可按行业标准《民用建筑绿色性能计算标准》（JGJ/T 449—2018）附录 A 的要求执行，计算的相关要求详见《民用建筑绿色性能计算标准》（JGJ/T 449—2018）第 4.2.1 条、第 4.2.2 条、第 4.2.3 条。

（3）特殊情形　①对于只有一排建筑的建设项目，本条第 1 款的第二项可直接得分。②对于半下沉室外空间，本条也需要进行评价。

4. 设计阶段初步自评

规划方案比较时，可对各方案进行风环境模拟计算，按以下步骤复核设计得分情况。

（1）设计方案模拟计算

规划阶段共设计____个方案，是否逐个进行模拟计算：□是、□否；

冬夏季节的典型工况气象参数是否符合国家现行标准的有关规定：□是、□否；

对象建筑（群）顶部至计算域上边界的垂直高度为____H❶（规范要求大于 $5H$）；

外缘至水平方向的计算域边界的距离为____H（规范要求大于 $5H$）；

与主流方向正交的计算断面大小的阻塞率为____%（规范要求小于 3%）；

流入侧边界至对象建筑（群）外缘的水平距离为____H（规范要求大于 $5H$）；

流出边界至对象建筑（群）外缘的水平距离为____H（规范要求大于 $10H$）；

物理建模时，对象建筑（群）周边 $1H\sim2H$ 范围内是否按建筑布局和形状准确建模：□是、□否；

建模对象是否包括主要建（构）筑物和既存的连续种植高度不少于 3m 的乔木（群）：□是、□否；

建筑窗户是否为关闭状态：□是、□否；

计算域网格设定时，地面与人行区高度之间的网格数量为____个（规范要求不少于 3 个）；

对象建筑附近的网格尺度是否满足规范要求：□是、□否；

网格是否进行独立性验证：□是、□否；

模拟计算结论中，以下场地环境人行区距地 1.5m 高处的风速分别为：

□半下沉室外空间：____m/s，□屋顶上人区：____m/s，□裙房上人区：____m/s；户外休息区、儿童娱乐区风速为：____m/s；

室外风速放大系数为_____。

（2）冬季典型风速和风向条件下室外风环境

建筑物周围人行区距地 1.5m 高处的风速为：____m/s，风速放大系数为_____；

场地内只有一排建筑：□是、□否；

除迎风第一排建筑外，建筑迎风面与背风面表面最大风压差为：____Pa。

（3）过渡季、夏季典型风速和风向条件下室外风环境

场地内人活动区是否会出现涡旋或无风区：□是、□否；

可开启外窗中，室内外表面的风压差大于 0.5Pa 的比例：____%。

5. 自评报告说明举例

简要说明本项目室外风环境情况、改善风环境的措施（200 字以内）。举例如下（具体内容以××替代）。

经室外风场模拟计算，参评建筑周边人行区域风速均小于 5.0m/s，风速放大系数均小于 2.0，符合行人舒适要求；夏季主导风向平均风速条件下参评建筑 50% 以上可开启外窗室外表面的风压大于 0.5Pa，有利于室内自然通风；冬季主导风向条件下，参评建筑迎风侧第一排建筑前后压差局部大于 5Pa，宜提高建筑开启扇的气密性能，改善冬季的防风节能效果；除迎风第一排建筑外，建筑迎风面与背风面表面风压差部分区域大于 5Pa。场地内风环境良好。

---

❶　H 为对象建筑或建筑群的特征高度。

6. 证明材料提供

绿色建筑评价工作中，需要按照评价标准逐条准备相关材料，以证明项目控制项能达标或评分项可以得分，《绿色建筑评价标准》在各个条款的条文说明中均有明确要求。第8.2.8条要求在预评价阶段需要提供的材料包括：相关设计文件、风环境分析报告等。评价阶段则需提供：相关竣工文件、风环境分析报告及现场影像资料。

（五）第8.2.9条

1. 条款原文

8.2.9 采取措施降低热岛强度，评价总分值为10分，按下列规则分别评分并累计：

1 场地中处于建筑阴影区外的步道、游憩场、庭院、广场等室外活动场地设有遮阴措施的面积比例，住宅建筑达到30%，公共建筑达到10%，得2分；住宅建筑达到50%，公共建筑达到20%，得3分；

2 场地中处于建筑阴影区外的机动车道设有遮阴面积较大的行道树的路段长度超过70%，得3分；

3 屋顶的绿化面积、太阳能板水平投影面积以及太阳辐射反射系数不小于0.4的屋面面积合计达到75%，得4分。

2. 参评指数

第8.2.9条是绿色建筑的"评分项"。设计阶段应在建筑布局合理的基础上，对场地内部的热环境进行模拟、分析，结合绿色建筑评价要求布置道路、场地，并尽量利用乔木、花架等对活动区域进行遮阴。

参评指数：★★★★

3. 评价注意事项

（1）室外活动场地 室外活动场地包括：步道、庭院、广场、游憩场和非机动车停车场；不包括机动车道和机动车停车场。本条第1款仅对建筑阴影区（夏至日8：00～16：00时段在4h日照等时线内的区域）以外的户外活动场地提出要求。遮阴措施可采用乔木、花架、光伏车棚等。乔木遮阴面积按照成年乔木的树冠正投影面积计算；构筑物遮阴面积按照构筑物正投影面积计算。

（2）机动车道 机动车道两侧种植行道树时，树冠可以起到很好的遮阴作用。设计时应注意本条第2款对行道树"遮阴面积较大"的选用要求，合理选择树种、确定种植的位置及间距。

（3）屋顶 评价时注意，本条第3款是要计算绿化屋面面积、设有太阳能集热板或光电板的水平投影面积、反射率高的屋面面积之和。

4. 设计阶段初步自评

在设计过程中，可按以下步骤复核设计，计算项目在第8.2.9条的得分情况。

（1）室外活动场地

红线范围内户外活动场地内的遮阴措施及面积分别为：

□乔木＿＿＿ m²；

□构筑物＿＿＿ m²；

□光伏车棚＿＿＿ m²；

□其他＿＿＿ m²，具体内容为＿＿＿＿＿；

以上遮阴设施的遮阴面积总计＿＿＿ m²；

处于建筑阴影区外的室外活动场地面积：＿＿＿ m²；

室外活动场地遮阴面积比例：＿＿＿%。

（2）机动车道

场地中处于建筑阴影区外的机动车道的长度：____ m；

路面的太阳辐射反射系数最小值：____；

设有遮阴面积较大的行道树的路段长度：____ m。

（3）屋面

建筑屋面总面积：____ m²；

绿化屋面面积：____ m²；

太阳能板水平投影面积：____ m²；

太阳辐射反射系数不小于 0.4 的屋面面积：____ m²；

屋顶的绿化面积、太阳能板水平投影面积以及太阳辐射反射系数不小于 0.4 的屋面面积比例：____%。

5. 证明材料提供

绿色建筑评价工作中，需要按照评价标准逐条准备相关材料，以证明项目控制项能达标或评分项可以得分，《绿色建筑评价标准》在各个条款的条文说明中均有明确要求。第 8.2.9 条要求在预评价阶段应提供相关设计文件、日照分析报告、计算书（场地遮阴比例计算报告、行道树遮阴路段长度计算报告、屋顶面积比例计算书）作为证明材料；评价阶段则应提供相关竣工图、日照分析报告、计算书（场地遮阴比例计算报告、行道树遮阴路段长度计算报告、屋顶面积比例计算书）、反射隔热涂料工程检测报告等作为证明材料。

第二节　内部交通体系

交通系统是项目实现人员活动、人车出行、物流交换的重要载体，如人体的血液循环系统般支撑着项目内人员、物品的流转，具体可以分为人流组织、车流组织两个方面。规划阶段应充分利用场地周边交通、内部高程等现状条件，结合建筑使用功能，优化交通组织，实现人性化设计的同时，打造宜人的空间环境。

一、动态交通

项目层面的动态交通设计的主要内容是场地内的道路系统。道路连接着建筑出入口及室外环境中各类活动空间，引导着人流活动的方向，是串联起室内外不同功能区域的纽带。在设计室外道路时应有全方位、系统化的考虑。应当将道路看作一个完整的体系，并将道路分级进行设计，各级道路形成一个兼具内部循环和外部连通功能的交通体系。绿色建筑对动态交通的关注点主要集中于外部公共交通的利用、内部人车分流组织以及无障碍通行。

（一）外部公共交通的利用

鼓励公共交通出行可以减少城市整体碳排放量。同时通过锻炼提高居民的身体素质、提升居民的健康水平。在设计时，应充分调研居民活动场地周边的公共交通条件，在场地出入口与公共交通站点之间建立便捷的接驳方式。

（二）内部人车分流组织

在组织场地内外交通系统时，应考虑行人、车辆、货物运输的不同需求，并将各种流线整合在一起分析，合理布置场地人、车、物出入口的位置，方便通行的同时尽量避免各类流线之间的交叉干扰。

具体设计时，应对建筑和场地内外的交通流线进行分析，并采取相应的措施。如将人行出入口主动靠近公交站点，设置公共交通停车等候区；车行出入口则远离公交站点并设置隔离疏导设施，避免私家车辆与公共交通互相干扰，同时保证行人安全。在基地内部交通规划设计中，应尽可能选用人车分流的立体式、复合化交通体系。立体层面的人车分流是缓解人行与车行矛盾的有效途径，在体育、观演、大型综合体等交通流量集中的大型建筑设计中尤为重要。现在的住宅小区设计也常常采用此种交通组织方式，以营造更好的居住环境。

（三）无障碍通行系统

在交通系统规划设计的全过程中，应充分考虑无障碍设施等人性化设计，提高项目品质。2023 年 6 月 28 日，第十四届全国人民代表大会常务委员会第三次会议通过《中华人民共和国无障碍环境建设法》，首次将无障碍环境建设提高到法律高度。《中华人民共和国无障碍环境建设法》第四条规定，"无障碍环境建设应当与适老化改造相结合，遵循安全便利、实用易行、广泛受益的原则。"第十二条规定："新建、改建、扩建的居住建筑、居住区、公共建筑、公共场所、交通运输设施、城乡道路等，应当符合无障碍设施工程建设标准。无障碍设施应当与主体工程同步规划、同步设计、同步施工、同步验收、同步交付使用，并与周边的无障碍设施有效衔接、实现贯通。无障碍设施应当设置符合标准的无障碍标识，并纳入周边环境或者建筑物内部的引导标识系统。"同时在第十四条至第十六条分别对建设工程的各方责任主体作出了要求，还需建设单位、设计单位、施工单位、监理单位引起重视。

二、静态交通

静态交通是相对于动态交通而言的。如果说动态交通是指人、车、物的流动过程，那么静态交通主要就是指车辆的停放，可以通俗地理解为停车系统。静态交通主要由各种停车空间构成。地面停车占用大量土地，且停车场通常较为空旷而难以形成良好的景观，通常被视为相对消极的空间。

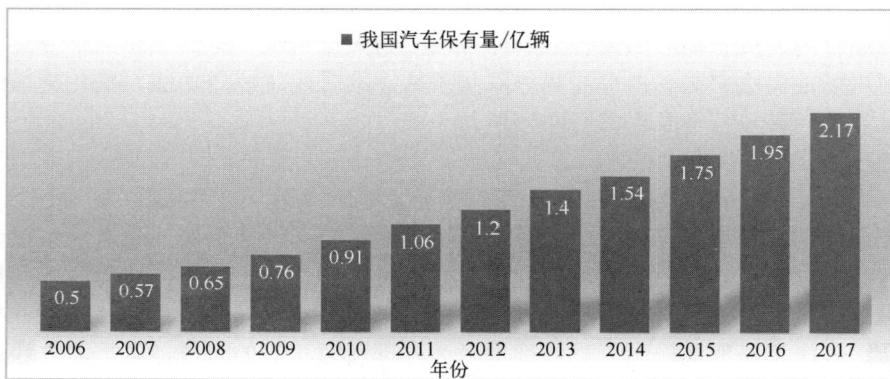

图 7-14　2006～2017 年我国汽车保有量统计（来源：公安部交管局）

公安部交管局的统计数据显示，我国汽车保有量节节攀升，截至 2017 年已达到 2.17 亿辆（图 7-14）。由于汽车保有量持续上升给城市带来了严重的停车问题，这已经成为项目策划、设计时要重点解决的一项内容。我们既要让停放车辆的数量足以支撑项目的日常运行，也要让停车空间具有良好的通达性以实现人性化的使用目标，还要让停车的区域尽量隐蔽或者占用较小的面积，这些因素都需要我们综合权衡并加以判断。绿色建筑理念在提倡节地和人性化使用的同时，帮助我们总结了解决这些问题的有效策略。

（一）地下汽车库

地下汽车库是指建筑地下用来停放各种车辆的空间，主要由停车空间、行车通道、坡道或机械提升间、出入口、调车场地等组成。地下停车场的出现是在第二次世界大战之后，当时主要是为了满足战争的防护需求及战备物资的储存、运送需求。到了 20 世纪 50 年代，世界经济快速发展，汽车数量逐渐增多，欧美国家开始建造地下停车场，以解决城市停车难的问题。早期，欧美的几个大城市所建的都是些大型地下停车场，其中最大的为美国芝加哥格兰特公园的地下停车场（2359 个车位），大型车库多位于中心城区的广场或公园地下，规模大，利用率高，服务设施比较齐全。在保留中心城区开敞空间的条件下，解决停车问题起到了积极作用。

我国汽车库的发展基本绕开了地上多层停车库的类型，以地下汽车库为主。将汽车库放在地下室一方面能解决停车空间在地上占用土地的问题，另一方面能通过在地下室设置电梯等室内竖向交通空间，将地下、地上连通起来，提高车辆取用的便利度。在设计高层建筑时，由于其基础埋深通常较大，设计地下汽车库还能给结构基础赋予使用功能，提升投资回报。

（二）机械式立体停车

在静态交通规划中，根据项目实际情况选用立体式机械停车方式，可大大提升单位空间停车效率，有效减少停车场占用土地面积。设计过程中，可将大型停车库布置在机动车集中出入口附近，方便使用和管理，同时利用场地边角用地、日照不良用地、防护隔离用地等，因地制宜灵活布置小型机械停车设施，充分调动土地资源。

根据停车机械的自动化程度，机械式停车库可分为全自动停车库和复式停车库。

全自动停车库采用无人方式运行，室内没有行车通道，且驾驶员不需要进入车库工作区中，使用时只需要将车辆驶入出入口处的转换区，停车设备会自动将转换区的汽车存入停车位或从停车位取出汽车并将其移动至转换区。根据车辆在停车机械中的运行方式，全自动停车库具体可分为平面移动类、巷道堆垛类、垂直升降类。

复式停车库室内有行车通道，需要驾驶员将车辆开进工作区并停放进车位，再由停车设备完成车辆在立体停车机械中的存取。这类停车机械根据车辆在其中的运行方式，具体可以分为简易升降类、升降横移类。简易升降类停车机械是在一个车位上设置的，停在上层的车辆如果要出入，需要下方车辆配合，产生大量的协调工作，比较适合家庭使用。升降横移类由于设置了一个稳定的车辆出入车位，适用范围较之简易升降类机械更广泛一些。

（三）非机动车辆停放

非机动车停车空间的布局方式可分为集中停车和分散停车。集中停车是指在建筑周边集中布置停车场，这种停车方式需要足够大的面积或者剩余空间，方便车辆统一停放管理；分散停车是指利用建筑场所周边零散用地停车，方便人们点对点停放，总体满足停车需求，这种停车方式适合狭小的空间以及停车需求不大的区域。

在我国经济高速发展、城镇化不断推进的时代背景下，城市面积不断扩大，通勤时间逐渐延长，自行车出行带来的体力和精力负担越来越大。但大多数城镇居民的薪资收入水平还不足以负担和养护一辆小汽车，大部分城市公共交通设施不够完善，摩托车上路逐渐被禁止，原有的交通方式已经无法满足居民的出行需求了。电动自行车应运而生，解决了以上矛盾，并以其廉价、便捷、易使用、低维护成本等优势走进了千家万户。2004 年颁布的《中华人民共和国道路交通安全法》将电动自行车定性为非机动车的合法车型。据不完全统计，截至 2019 年，我国电动自行车的保有量已接近 3 亿辆（图 7-15）。在规划非机动车辆停放空间时，应综合考虑自行车和电动自行车的停车需求。

1. 要调查常用电动自行车型号的车身尺寸

由于电动自行车的车身宽度比自行车大，其所需的停车空间也更大，在设置非机动车停车位时应予以考虑，避免预留的停车位空间不足无法上下车辆，也防止停车场面积不够导致无法满足实际使用需求。

图 7-15 2009～2019 年电动自行车保有量估算（来源：https：//www.qianzhan.com）

2. 要合理选择非机动车停车空间的位置

非机动车停车场地应与机动车出入口及机动车道保持一定的距离，将非机动车与机动车的车流分开或隔离。考虑给非机动车停车场设置专门的出入口，引导停车后的人流直接进入场地内部，实现非机动车与行人的人车分流，避免车辆在场地内快速穿行而带来的交通安全隐患。

3. 要给电动自行车预留充电条件

电动自行车不规范充电是一个重要的安全问题。一些老小区没有提供安全、规范的电动自行车充电条件，导致居民从楼上飞线到地面充电，或将电动自行车推到家里充电，导致了很多起火灾事故，也存在相当严重的触电风险。根据《中华人民共和国民法典》第九百四十二条，物业服务人员有义务维护物业服务区域内的基本秩序，并采取合理措施保护业主的人身、财产安全。公安部《关于规范电动车停放充电加强火灾防范的通告》也明确指出，对于违规停放充电的行为，物业服务企业应当组织对住宅小区、楼院开展电动车停放和充电专项检查，及时消除隐患。新建项目在策划、设计阶段应该给使用者提供车辆电力续航的充电设施，同时配备消火栓、自动喷淋、火灾自动报警器、监控设施等以保证充电设施的消防安全。

4. 要提升停车空间的环境品质

一方面要设置照明设施、隔离带、减速带、转角凸面镜等以保障安全性；另一方面要考虑设置雨棚、引导指示牌、停车护栏等进一步给使用者提供舒适便利的停放条件；最后可以增添自动贩卖机、自助取件机、商业广告牌等设施来提升停车空间的生活氛围。

三、 2024 年版评价标准相关条款

（一）第 4.2.5 条

1. 条款原文

4.2.5 采取人车分流措施，且步行和自行车交通系统有充足照明，评价分值为 8 分。

2. 参评指数

第 4.2.5 条是绿色建筑的"评分项"，鼓励项目采取人车分流设计，并为非机动车和行人的通行提供充足的照明。一般项目得分难度不大，但需要仔细斟酌室外灯具的选用和照明点位的布置，只一味考虑避免夜间光污染而忽略行车安全的设计是不可取的。

参评指数：★★★★

3. 评价注意事项

随着城镇汽车保有量大幅提升，交通压力与日俱增。建筑场地内的交通状况直接关系着

使用者的人身安全。人车分流将行人和机动车完全分离开，互不干扰，可避免人车争路的情况，充分保障行人尤其是老人和儿童的安全。提供完善的人行道路网络可鼓励公众步行，也是建立以行人为本的城市的先决条件。

夜间行人的不安全感和实际存在的危险与道路等行人设施的照度水平和照明质量密切相关。步行和自行车交通系统照明应以路面平均水平照度最低值、最小水平和最小垂直照度、最小半柱面照度为评价指标，其照度值应不低于现行强制性工程建设规范《建筑环境通用规范》（GB 55016—2021）第3.4.1条对健身步道的照度要求。条款原文及表格摘录如下。

3.4.1 室外公共区域照度值和一般显色指数应符合表3.4.1的规定。

表3.4.1 室外公共区域照度值和一般显色指数

场所		平均水平照度最低值 $E_{h,av}$(lx)	最小水平照度 $E_{h,min}$(lx)	最小垂直照度 $E_{v,min}$(lx)	最小半柱面照度 $E_{sc,min}$(lx)	一般显色指数最低值
道路	主要道路	15	3	5	3	60
	次要道路	10	2	3	2	60
	健身步道	20	5	10	5	60
活动场地		30	10	10	5	60

4. 设计阶段初步自评

设计时可按以下步骤复核方案是否满足得分要求。

（1）人车分流设计

场地设有地面停车场_____处，配有_____个机动车出入口，所在方位分别是_____；

场地设有非机动车停车场_____处，配有_____个非机动车出入口，所在方位分别是_____；

场地设有_____个人行出入口，所在方位分别是_____；

机动车、非机动车、人行出入口位于场地同一方位时，间距是_____m；

机动车、非机动车、人行出入口贴邻布置时，是否采取有效的分隔措施：□是、□否；是否设置明显的指示标识：□是、□否。

（2）路面照度

参评项目道路类型：□步行道路/健身步道、□自行车道；

自评价时，可将道路照明设计参数列表统计，复核项目达标情况，示例见表7-14。

表7-14 道路照明设计指标表示例

照明评价指标	设计值	规范要求	是否满足 GB 55016—2021
平均水平照度 $E_{h,av}$/lx		≥20	□是、□否
最大水平照度 $E_{h,min}$/lx		≥5	□是、□否
最小垂直照度 $E_{v,min}$/lx		≥10	□是、□否
最小半柱面照度 $E_{sc,min}$/lx		≥5	□是、□否
一般显色指数		≥60	□是、□否

5. 自评报告说明举例

简要说明采取的人车分流措施以及步行和自行车交通系统照明保障措施（200字以内），举例如下（具体内容以××替代）。

本项目设置地下车库，可停车××辆，地面机动车自用地××侧××路入口、用地××侧××街入口直接驶入地下车库内部，过程中不经过园区内部人行道路；园区人行主入口设置在用地××侧××街，人行次入口设置在××侧××路。人行口、车行口分开设置，地面无人车流线交叉。

步行和自行车交通系统设置景观路灯和草坪灯，型号分别为××牌××型、××牌××型，经计算路面照度为××lx，现场检测步行和自行车道路面照度为××~××lx，达到《建筑环境通用规范》（GB 55016—2021）的要求。

6. 证明材料提供

绿色建筑评价工作中，需要按照评价标准逐条准备相关材料，以证明项目控制项能达标或评分项可以得分，《绿色建筑评价标准》在各个条款的条文说明中均有明确要求。第4.2.5条要求在预评价阶段应提供照明设计文件、人车分流专项设计文件作为证明材料；评价阶段则需要提供要求相关竣工图纸、照度检测报告。

（二）第6.1.1条

1. 条款原文

6.1.1　建筑、室外场地、公共绿地、城市道路相互之间应设置连贯的无障碍步行系统。

2. 参评指数

第6.1.1条是绿色建筑评价的"控制项"，相当于一般技术性规范标准中的强制性条款，绿色建筑如果要申请参与评价，必须满足全部控制项的要求。

参评指数：★★★★★

3. 评价注意事项

（1）相关规范、标准的要求　无障碍设计是充分体现和保障不同需求使用者人身安全和心理健康的重要设计内容，是提高人民生活质量，确保不同需求的人能够出行便利、安全地使用各种设施的基本保障，是绿色建筑人性化特点的集中体现。

本条要求与现行全文强制性国家标准《建筑与市政工程无障碍通用规范》（GB 55019—2021）的要求一致。《建筑与市政工程无障碍通用规范》第2.1.1条规定："城市开敞空间、建筑场地、建筑内部及其之间应提供连贯的无障碍通行流线。"条文解释明确"本条为保障无障碍通行的原则性要求。本条中的城市开敞空间包括：城市道路、公共绿地、城市广场等建筑红线以外的城市室外环境。无障碍通行流线以无障碍通行设施构成，以方便各类有需要的人群通行为主要目的。无障碍通道、轮椅坡道、无障碍出入口、无障碍电梯、升降平台、无障碍机动车停车位、无障碍小汽（客）车上客和落客区、缘石坡道、盲道是专门性的无障碍通行设施，以服务行动障碍者为主，同时兼顾各类有需要的人群。门、楼梯、台阶和扶手是通用性的设施，本规范对其提出了侧重于无障碍方面的要求，仍需满足其他方面要求才能保证其安全性和适用性。无障碍通行流线上有高差处需用轮椅坡道、缘石坡道、无障碍电梯或升降平台处理，楼梯和台阶不是能够方便所有行动障碍者通行的设施。"

（2）设计、评价方法　设计时应注意无障碍通行流线涵盖内容是否全面，设计是否符合《建筑与市政工程无障碍通用规范》等规范、标准的要求，项目基地范围内的人行通道应连通建筑的主要出入口、道路、公共绿地和公共空间以及外部的城市道路，形成连续、完整的无障碍步行系统。注意，将"盲道"等单独一项无障碍设施作为评价依据是与本条要求不符的。

（3）概念界定　本条中所提"公共绿地"是指为各级生活圈居住区配建的，设置了游憩或活动设施且人员可进入的绿地、居住区公园（社区公园）及小游园、街头小广场等。对应城市用地分类G类用地（绿地与广场用地）中的公园绿地（G1）及广场用地（G3），不包括城市级的大型公园绿地及广场用地，也不包括居住街坊内的绿地。

4. 设计阶段初步自评

设计时可按以下步骤复核设计方案是否满足6.1.1条的达标要求。

（1）建筑

建筑内部交通空间中采取无障碍设计的部位包括：□楼梯、□电梯、□公共走道、□门厅、□出入口、□门、□其他_____；

① 无障碍楼梯

踏步尺寸为（宽×高）：_____ mm×_____ mm，梯段净宽为：_____ m；

楼梯按 GB55019 要求设置无障碍扶手、提示盲道、采取防滑措施：□是、□否。

② 无障碍电梯

电梯轿厢尺寸为（宽×高）：_____ mm×_____ mm，电梯门开启后净宽度为：_____ mm；

电梯设置的无障碍设施包括：□盲文按钮、□提示灯、□提示音、□低位按钮、□其他_____；

电梯门口设有提示盲道：□是、□否。

③ 无障碍通道

无障碍通道能到达建筑的各主要使用空间：□是、□否；

无障碍通道的通行净宽度为：_____ m；

地面是否有高差：□是、□否，如有高差，其过渡方式为：□无障碍坡道、□无障碍台阶、□其他_____。

④建筑出入口

建筑室内外高差为_____ m，主要出入口是否设计为无障碍出入口：□是、□否；

无障碍出入口类型是：□平坡出入口（坡度为____）、□轮椅坡道（坡度为____）、□升降平台。

（2）室外场地

场地内各主要游憩场所、服务设施之间形成连贯的无障碍步行路线，存在高差的地方均设置有坡道：□是、□否；

坡道的设计坡度为：_____，符合 GB 55019 的要求：□是、□否。

（3）城市公共空间

场地出入口的数量为：____个，所在方位分别是：_____；

场地出入口与城市道路、公共绿地能以无障碍通道相连通：□是、□否；

其数量是：____个，所在方位分别是：_____。

5. 自评报告说明举例

简要说明建筑、室外场地、公共绿地、城市道路相互之间应设置连贯的无障碍步行系统设计情况（200 字以内），举例如下。

> 本项目各建筑单体室内外高差均为××m，首层入口设置坡度为××的平坡出入口。场地内地形相对平整，各建筑出入口、服务设施、活动场地及城市道路之间均由缓坡过渡。场地内道路、绿地、停车位、出入口、门厅、走廊、楼梯、电梯、公共厕所等室内外公共区域的无障碍设计满足《建筑与市政工程无障碍通用规范》（GB 55019—2021)的相关要求，可形成连贯的无障碍步行路线。

6. 证明材料提供

绿色建筑评价工作中，需要按照评价标准逐条准备相关材料，以证明项目控制项能达标或评分项可以得分，《绿色建筑评价标准》在各个条款的条文说明中均有明确要求。第 6.1.1 条要求在预评价阶段应提供相关设计文件作为证明材料；评价阶段则应提供相关竣工图，同时可提供现场影像资料作为辅助证明材料。

（三）第 6.1.3 条

1. 条款原文

6.1.3　停车场应具有电动汽车充电设施或具备充电设施的安装条件，并应合理设置电动汽车和无障碍汽车停车位。

2. 参评指数

第 6.1.3 条是绿色建筑评价的"控制项"，相当于一般技术性规范标准中的强制性条款，绿色建筑如果要申请参与评价，必须满足全部控制项的要求。

参评指数：★★★★★

3. 评价注意事项

（1）相关政策及规范、标准的规定　为贯彻落实国家发展和改革委员会、国家能源局、工业和信息化部、住房和城乡建设部发布的《电动汽车充电基础设施发展指南（2015～2020年）》的要求，满足电动汽车发展的需求，评价标准规定了绿色建筑配建停车场（库）应具备电动汽车充电设施或安装条件。

《国家发展改革委等部门关于进一步提升电动汽车充电基础设施服务保障能力的实施意见》（发改能源规〔2022〕53号）提出要"严格落实新建居住社区配建要求。新建居住社区要确保固定车位100％建设充电设施或预留安装条件。预留安装条件时需将管线和桥架等供电设施建设到车位以满足直接装表接电需要"。

现行国家标准《电动汽车分散充电设施工程技术标准》（GB/T 51313—2018）第3.0.2条要求："新建住宅配建停车位应100％建设充电设施或预留建设安装条件，大型公共建筑配建停车场、社会公共停车场建设充电设施或预留建设安装条件的车位比例不应低于10％。"

现行国家标准《建筑与市政工程无障碍通用规范》（GB 55019—2021）第2.9.1条要求："应将通行方便、路线短的停车位设为无障碍机动车停车位。"第2.9.5条要求："总停车数在100辆以下时应至少设置1个无障碍机动车停车位，100辆以上时应设置不少于总停车数1％的无障碍机动车停车位；城市广场、公共绿地、城市道路等场所的停车位应设置不少于总停车数2％的无障碍机动车停车位。"均为强制性条款，必须严格执行。

（2）设计、评价方法　电动汽车充电基础设施建设，应纳入工程建设预算范围，随工程统一设计与施工完成直接建设或做好预留。需注意的是：直接建设到位的电动汽车停车位数量至少应达到当地相关规定的要求；预留条件的充电车位，至少应预留外电源管线、变压器容量、一级配电应预留低压柜安装空间、干线电缆敷设条件，第二级配电应预留区域总箱的安装空间与接入系统位置和配电支路电缆敷设条件，以便按需建设充电设施。充电设施供电系统的消防安全应符合现行行业标准《电力设备典型消防规程》（DL 5027—2022）的有关规定，建设中应符合消防安全、供用电安全、环境保护的要求。

4. 设计阶段初步自评

设计时可按以下步骤核对设计方案第6.1.3条的达标情况。

（1）电动车停车设施
是否具有电动汽车充电设施或具备充电设施的安装条件：□是、□否；
停车方式节约集约用地：□机械式停车库、□地下停车库、□停车楼、□其他方式；
采用错时停车方式向社会开放：□是、□否（原因＿＿＿＿＿＿＿＿）；
地面停车设计合理，不挤占步行空间及活动场所：□是、□否；
规划条件是否要求电动汽车充电设施设置到位：□是、□否，设置比例要求为＿＿％；
项目设有直接设置到位的充电车位数量为＿＿个，占总停车数量的比例为＿＿％；
项目预留电动汽车充电设施的车位数量为＿＿个，占总停车数量的比例为＿＿％；
机动车位是否100％预留充电条件：□是、□否；
预留条件包括：□外电源管线、□变压器容量；
其中一级配电预留：□低压柜安装空间、□干线电缆敷设条件；
第二级配电预留：□区域总箱的安装空间与接入系统位置、□配电支路电缆敷设条件。
（2）无障碍车位设置
项目设置无障碍车位的数量为＿＿个；
占总停车数量的比例为＿＿％；
是否满足《建筑与市政工程无障碍通用规范》（GB 55019—2021）相关要求：□是、□否。

（3）充电车位、无障碍车位统计

自评价时可将充电车位、无障碍车位的设计情况列表统计，示例见表 7-15。

表 7-15　机动车停车位配置数量列表示例

车位类型		设计数量/个	规划要求数量/个
机动车停车位			
无障碍车位			
配有充电设施车位	建设安装完成		
	预留安装条件		

5. 自评报告说明举例

简要说明电动车停车位设置、停车方式、停车场管理等（300 字以内），举例如下（具体内容以××替代）。

> 项目设计机动车位共××个，地面停车××辆、地下停车××辆，其中分别设置××个、××个充电车位并安装××牌××型充电桩。地下车库中的其他车位全部预留充电设施安装空间及电量。
>
> 地下车库内的充电车位在设计时执行《电动汽车分散充电设施工程技术标准》（GB/T 51313—2018），按照不超过 1000m² 划分防火单元并设置火灾自动报警系统、排烟设施、自动喷水灭火系统、消防应急照明和疏散指示标识。
>
> 充电车位设有明显标识并在车库入口及内部行车道中设置区位图及导向标识，方便电动汽车选择充电车位停放。物业公司有"避免充电车位被非电动汽车占用"的管理制度，在充电车位空位不足时，会敦促电车位上停放的非电动车辆及时驶离或更换停车位置。

6. 证明材料提供

绿色建筑评价工作中，需要按照评价标准逐条准备相关材料，以证明项目控制项能达标或评分项可以得分，《绿色建筑评价标准》在各个条款的条文说明中均有明确要求。第 6.1.3 条要求在预评价阶段应提供建筑施工图和建筑总平面图中电动汽车、无障碍机动车停车位的设计内容，电气施工图中充电设施条件、配电系统要求、布线系统要求、计量要求等设计内容；评价阶段应提供相关竣工图作为证明材料，可补充现场影像资料及物业管理制度文件。

（四）第 6.1.4 条

1. 条款原文

6.1.4　自行车停车场所应位置合理、方便出入。

2. 参评指数

第 6.1.4 条是绿色建筑评价的"控制项"，相当于一般技术性规范标准中的强制性条款，绿色建筑如果要申请参与评价，必须满足全部控制项的要求。

参评指数：★★★★★

3. 评价注意事项

（1）相关规范、标准的规定　本条为使用非机动车出行的人提供方便的停车场所，以此鼓励绿色出行，停车场所应规模适度、布局合理，符合使用者出行习惯。《城市综合交通体系规划标准》（GB/T 51328—2018）对此有相关要求：

13.2.1　非机动车停车场应满足非机动车的停放需求，宜在地面设置，并与非机动车交通网络相衔接。可结合需求设置分时租赁非机动车停车位。

13.2.2　公共交通站点及周边，非机动车停车位供给宜高于其他地区。

13.2.3　非机动车路内停车位应布设在路侧带内，但不应妨碍行人通行。

13.2.4　非机动车停车场可与机动车停车场结合设置，但进出通道应分开布设。

13.2.5　非机动车的单个停车位面积宜取 1.5m²～1.8m²。

在车库内存放非机动车时，还应满足《车库建筑设计规范》（JGJ 100—2015）第 6 章的相关要求，如：

6.1.3 非机动车库不宜设在地下二层及以下，当地下停车层地坪与室外地坪高差大于7m时，应设机械提升装置。

6.1.4 机动轮椅车、三轮车宜停放在地面层，当条件限制需停放在其他楼层时，应设坡道式出入口或设置机械提升装置；其坡道式出入口的坡度应符合现行行业标准《城市道路工程设计规范》CJJ 37 的规定。

6.4.4 非机动车库出入口的坡道应采取防滑措施。

6.4.5 严寒和寒冷地区非机动车库室外坡道应采取防雪和防滑措施。

国家标准《电动自行车安全技术规范》（GB 17761—2018）明确电动自行车属非机动车属性，电动自行车是以车载蓄电池作为辅助能源，具有脚踏骑行能力，能实现电助动或/和电驱动功能的两轮自行车。

（2）设计原则 非山地城市一般都具备采用自行车、电动自行车作为交通工具的条件，实际也有大量市民骑乘自行车、电动自行车出行，属于"适宜采用自行车作为交通工具"的情况。考虑我国目前电动自行车保有量较大，电动自行车也应按照本条要求设置停车场所，同时符合电动自行车停车有关管理规定，并为电动自行车安装公共充电设施，一方面避免电动自行车与场地内行人发生冲突，另一方面规避了电动自行车在建筑楼下、内部不规范充电引发火灾的风险。

对于场地封闭化管理的项目，如住宅小区、中小学校、托儿所、幼儿园等，在非机动车停车场所设计中，建议结合停车场所设置单独的非机动车出入口，对人员和非机动车进行分流。

电动自行车停放车位应相对集中设置，并集中设置充换电区，且考虑充电设施的安全性。可采用专用充电设施，充电设施宜采用充电柜，且充电设施附近应有电气安全防护措施。充电场所及设施建设应符合现行国家标准《建筑设计防火规范（2018 版）》（GB 50016—2014）及其他当地的相关标准和规定，合理确定设置位置、防火间距和消防设施等，并结合电动自行车的特点，采取有效的防火措施。

4. 设计阶段初步自评

设计时可按以下步骤核对设计方案在第 6.1.4 条的达标情况：

本地交通运输部门是否有非机动车辆总数的相关统计：□是、□否，其中自行车占比____%，电动自行车占比____%；

项目内部预估最高使用人数为____人，使用非机动车出行人员的占比预估为____%；

计算自行车停车需求数为____辆，电动自行车停车需求数为____辆；

规划条件是否要求设置非机动车停车场所：□是、□否，设置规模为____ m²；

项目非机动车停车场所位于_____，实际占地面积为____ m²，按《城市综合交通体系规划标准》（GB/T 51328—2018）要求，折算停放非机动车数量为____辆；

非机动车停车场的位置是否妨碍行人通行：□是、□否；

项目非机动车停车场所出入口是否能直接通达城市道路：□是、□否；

出入口是否独立于人行出入口、机动车出入口：□是、□否；

非机动车停车场与机动车停车场结合设置时，进出通道是否分开设置：□是、□否。

5. 自评报告说明举例

简要说明自行车停车位设置、停车方式、停车场管理等（300 字以内），举例如下（具体内容以××替代）。

项目设计非机动车位共××个，其中自行车停车位××个、电动自行车停车位××个，非机动车停车场总占地面积为××m²，分为××块设置在用地××侧××路出入口、××侧××街出入口附近，使用者自出入口推行非机动车辆进出，车辆垂直停放于充电位置或停车架上。停车场周围设置护栏阻挡车辆进出场地内部，停车后的行人自停车场从场地内部的人行口进入场地。

停车场设有遮阳棚，内部为电动自行车每车位配备××个充电接口，并设置室外消火栓、微型消防站等消防救援设施以便发生电动自行车着火现象时及时扑救。

6. 证明材料提供

绿色建筑评价工作中，需要按照评价标准逐条准备相关材料，以证明项目控制项能达标或评分项可以得分，《绿色建筑评价标准》在各个条款的条文说明中均有明确要求。第6.1.4条要求在预评价阶段应提供相关设计文件；评价阶段则提供相关竣工图，可辅助以施工资料、竣工验收资料及现场影像。

（五）第6.2.2条

1. 条款原文

6.2.2　建筑室内外公共区域满足全龄化设计要求，评价总分值为8分，并按下列规则分别评分并累计：

1　建筑室内公共区域的墙、柱等处的阳角均为圆角，并设有安全抓杆或扶手，得5分；

2　设有可容纳担架的无障碍电梯，得3分。

2. 参评指数

第6.2.2条是绿色建筑评价的"评分项"，一般建设项目应尽量结合项目实际适当提高标准以在评价时得分。其中第1款对于托儿所、幼儿园、老年人照料设施等建筑类型相对好得分，其余项目稍微提升设计、施工要求得分难度也不大。第2款可容纳担架的无障碍电梯要求相对较高，但在医院、疗养院、老年人照料设施等建筑类型的相关规范标准中有强制性要求，12层以上的住宅建筑一般也会按照《住宅建筑设计规范》（GB 50096—2011）设置此类电梯。

参评指数：★★★★

3. 评价注意事项

为老年人、行动不便者提供活动场地及相应的服务设施和方便、安全的无障碍出行环境，营造全龄友好的生活居住环境是城市建设不容忽略的重要问题。

（1）公共区域全龄化设计　建筑内公共空间形成连续的无障碍通道，不仅能满足老人的使用需求，同时行为障碍者及推婴儿车、搬运行李的人提供方便。建筑内的公共空间包括出入口、门厅、走廊、楼梯、电梯等，这些公共空间的无障碍设计符合现行全文强制性国家标准《建筑与市政工程无障碍通用规范》（GB 55019—2021）及国家标准《无障碍设计规范》（GB 50763—2012）中的相关规定。无障碍系统应保持连续性，如建筑场地的无障碍步行道应连续铺设，不同材质的无障碍步行道交接处应避免产生高差，所有存在高差的地方均应设置坡道，并应与建筑场地外无障碍系统连贯连接。住宅内的电梯不应平层错位。建筑室内有高差的地方应设置坡道方便轮椅上下。

建筑的公共区域应充分考虑墙面或者易接触面不应有明显棱角或尖锐凸出物，保证使用者，特别是行动不便的老人、残疾人、儿童的行走安全。当公共区域室内阳角为大于90°的钝角时，可不做圆角要求。该设计主要集中应用在人流量较大、使用人群多样的商业、餐饮、娱乐等建筑的大厅、走廊等公共区域，且在与人体高度直接接触较多的扶手、墙、柱等公共部位设置。同时，该区域应合理设置具有防滑功能的抓杆或扶手，以尽可能保障其行走或使用的安全、便利。

（2）电梯可容纳担架　设有可容纳担架的电梯能保证建筑使用者出现突发病症时，更方便地利用垂直交通。两层及两层以上的建筑应至少设有1部无障碍电梯，其中住宅建筑应每单元设置可容纳担架的电梯，公共建筑应至少设有1部可容纳担架的电梯。可容纳担架的电梯尺寸应满足现行国家标准《电梯主参数及轿厢、井道、机房的型式与尺寸 第1部分：Ⅰ、Ⅱ、Ⅲ、Ⅳ类电梯》（GB/T 7025.1—2023）的规定。

在现行规范、标准中也有类似的规定，如行业标准《托儿所、幼儿园建筑设计规范》（JGJ 39—2016，2019年版）第4.1.10条明确规定"墙角、窗台、暖气罩、窗口竖边等阳角处应做成圆角"；国家标准《综合医院建筑设计规范》（GB 51039—2014）第5.1.12条规定"医疗用房的地面、踢脚板、墙裙、墙面、顶棚应便于清扫或冲洗，其阴阳角宜做成圆角，踢脚板、墙裙应与墙面平"。

在电梯的设计中，可容纳担架的电梯能保证建筑使用者出现突发病症时，更方便地利用垂直交通。在现行规范、标准中有类似的规定，如行业标准《老年人照料设施建筑设计标准》（JGJ 450—2018）中的强制性条文第5.6.4条规定"二层及以上楼层、地下室、半地下室设置老年人用房时应设电梯，电梯应为无障碍电梯，且至少1台能容纳担架"；国家标准《住宅设计规范》（GB 50096—2011）第6.4.2条也要求"十二层及十二层以上的住宅，每栋楼设置电梯不应少于两台，其中应设置一台可容纳担架的电梯"。对于单层建筑本款可直接得分，住宅户内电梯不作要求。

4. 设计阶段初步自评

设计时可按以下步骤核对设计方案在6.2.2条的得分情况。

（1）全龄化设计基本条件
建筑内公共空间（包括出入口、门厅、走廊、楼梯、电梯等）符合无障碍设计要求：□是、□否；
项目实现场地内室外活动场所、停车场所、建筑出入口和公共交通站点之间步行系统的无障碍连通：□是、□否。
（2）公共区域安全防护
与人体高度接触较多的墙柱等公共部位均采用圆角设计或大于90°的钝角：□是、□否；
公共区域设置具有防滑功能的抓杆或扶手：□是、□否；
应用范围包括：□门厅、□走道、□楼梯间、□电梯厅、□其他____。
（3）可容纳担架的无障碍电梯
项目为单层建筑或其他无须设置无障碍电梯的建筑：□是、□否；
是否设有可容纳担架的无障碍电梯：□是、□否；电梯轿厢内部尺寸为：____ m×____ m。

5. 自评报告说明举例

简要说明建筑室内公共区域、室外公共活动场地及道路的无障碍设计情况（200字以内）。举例如下（具体内容以××替代）

本项目各建筑单体室内外高差均为××m，首层入口设置坡度为××的平坡出入口。场地内地形相对平整，各建筑出入口、服务设施、活动场地及城市道路之间均由缓坡过渡。场地内道路、绿地、停车位、出入口、门厅、走廊、楼梯、电梯、公共厕所等室内外公共区域的无障碍设计满足《建筑与市政工程无障碍通用规范》（GB 55019—2021)的相关要求，可形成连贯的无障碍步行路线。

室内公共区域的阳角均设计为小圆角，无障碍电梯轿厢尺寸为××m×××m，可容纳担架。

6. 证明材料提供

绿色建筑评价工作中，需要按照评价标准逐条准备相关材料，以证明项目控制项能达标或评分项可以得分，《绿色建筑评价标准》在各个条款的条文说明中均有明确要求。第6.2.2条要求在预评价阶段需要提供（建筑专业、景观专业）相关设计文件；评价阶段则需提供相关竣工图，必要时可提供现场影像资料作为辅助证明材料。

第八章

生态保护与景观绿化

第一节　生态保护与修复

生态保护是绿色建筑理念诞生的原点，绿色建筑建设项目应对场地可利用的自然资源进行勘察，充分利用原有地形地貌，尽量减少土石方工程量，减少开发建设过程对场地及周边环境生态系统的改变。

一、建设前期的本底调查

生态环境要素包括场地及周边地上附着物、地形地貌、地表植被、地表水文、土壤环境等，还受到气候条件、空气质量、污染源等的影响。在建设项目的策划规划之初，应该深入了解建设场地生态环境的诸多要素并提出对应性建设策略，做到首先不破坏当地生态环境，并尽可能进行局部恢复和改善。

对项目现场及周边环境的调研，应预先列出调研大纲，并根据大纲逐一落实，基本内容如下。

（一）调研建构筑物现状

场地内已有建筑物的使用功能、结构现状、历史文化背景与新建建筑的相对关系等都影响到新建建筑物的设计，应调查其是否为可以拆解消纳或改造再利用的建筑物；对场地内的机井、暗渠、高压电缆及各种市政隐蔽工程，应调查其位置、现状、规划退让条件等资料，保证后续设计过程中规划布局方案的可实施性。

（二）调查地表植被和生物多样性

地表植被是指场地地面所覆盖的植物群落，地表植被的形成与当地的气候、土壤等因素有较大的相关性。在设计过程中，要引入人工植被来增加地表植被覆盖率，也要考虑通过生态修复的方式保护及恢复当地的自然植被及生态系统。

生物多样性调查具体到建设项目的场地内部主要是调查场地内的原生动植物和微生物的种类及数量，涉及三个指标：物种总数、物种密度、特有物种比例。另外，还要对场地内部的生态斑块和场地与周边环境之间的生态廊道进行调研，生态斑块和廊道的保护对于维护生物多样性、保护生态环境都具有重要意义，应在建设过程中尽量不破坏其现状。

（三）调查水文地质及土壤状态

设计前地表水文的调查要素包括山、水、岸、湿地等元素，掌握这些要素的相对位置关系及自身特征，如山势坡度、水体岸线、历年洪水水位等信息，有利于确定绿色建筑的综合选址和朝向布局，确保场地不受洪涝、滑坡、泥石流等自然灾害的威胁。

调研土壤中是否存在有害物质以及地温、地磁、地下水等情况，可以确定场地是否适宜建造建筑物或需要采取改良、改造措施。

通过搜集现状地形图、现场调研等方式，充分了解和掌握现状场地地势、地貌，遵循对环境最小干预的原则，因势利导、因地就势，结合地形地貌进行场地设计与建筑布局，既可减少土方浪费、节省施工造价，又有利于保持水土和生态资源的平衡，综合提升生态、景观、经济及社会效益。

二、设计阶段的保护措施

依据建设前期制订的环境保护策略，可在设计阶段形成对场地内植物、土壤的具体保护方案，在施工初期予以实施。

（一）植物保护

植物保护可分为就地保护、近地保护和迁地保护三种措施。不同树种由于其生物学特性与生态学特性不同，移植难易程度不同。为保证大树移植的成活率，针对不同树种，采用不同的移植方法，确保规划区域范围内的珍贵植物资源最大限度地不受破坏。

就地保护是最好的方式。场地中如有古树名木，应当予以保留，并在建筑布局时给树木预留出足够的生长空间。当场地范围较大、生态体系较为完整时，可以将保护范围适当扩大，针对场地内值得保护的植物种群划分若干个保护小区，就地建立保护基地，确保受保护的野生植物得以保存、原生生态系统不被破坏。

近地保护是在就地保护确实无法实现时采取的一种折中方式，当重要的建设项目威胁到场地内的保护植物，但一些野生保护植物种类生长在特定的海拔和生态环境中时，可以采用这类做法。原因是植物远距离移植成活率极低，只能移植到生境相似的区域。同时，近地移植也大大降低了施工的难度和工作量。

迁地保护适用于对生长环境不是过分敏感的植物种类。为了更好地保存这些大树资源，应选择与这些大树栖息地环境相似的地方建立迁地保护小区，按这些植物的生物学与生态学特性，种植于适当的区域。

（二）土壤保护

优质表层土的剥离与再利用不仅是项目施工建设过程中的必要工作，也是生态修复的重要环节，在保护物种和恢复植被方面有着不可替代的作用。

首先，土壤中的有机质在表层土中分布较多，表土层以下多为砾石层，有机质较少，而表层土中所含营养成分及其化学性质比客土更加适宜本土植物的生长。其次，表层土的物理结构（团粒结构）已经在植物生长过程中与本地植物完成了充分的适配，它能调整土壤的水分、空气和温度，改良可耕性，这些能力是其他土层所不具备的。第三，表土层是优良的土壤种子库，不仅能够降低生态环境修复的难度，还可以降低客土使用量，从而减少或避免生物入侵的发生。

三、建设过程中的生态修复

建设过程中应依据规划设计，结合本地生态调查资料以及保护方案实施生态修复计划。生态修复应遵循以下原则。

（一）生态优先原则

尽量减小施工创面，最大限度地保留场地内的生态本底。在保证裸露边坡稳定的前提下，尽量采用植物修复措施。对于剥离的表土和选择的植物，尽量做到同区域应用。

（二）资源节约原则

充分应用场地内剥离的表层土和产生的弃石、弃木，在保证裸露边坡稳定和满足相关技术规范的前提下尽量减少施工材料的用量，以减少后期养护工作量。

（三）环境友好原则

尽量少用以混凝土为主要材料的工程措施，同时应让修复后的裸露边坡景观尽量与周边环境协调一致。

四、2024年版评价标准相关条款

1. 条款原文

8.2.1　充分保护或修复场地生态环境，合理布局建筑及景观，评价总分值为10分，并按下列规则评分：

1　保护场地内原有的自然水域、湿地、植被等，保持场地内的生态系统与场地外生态系统的连贯性，得10分。

2　采取净地表层土回收利用等生态补偿措施，得10分。

3　根据场地实际状况，采取其他生态恢复或补偿措施，得10分。

2. 参评指数

第8.2.1条是绿色建筑评价的"评分项"，项目前期针对场地内部与周边的生态系统进行深入的调研、评估，在设计阶段制订生态保护方案、生态修复计划，并在施工时予以落实，可以得分。在山林、水体、湿地、草原、沙漠等自然环境中建设的项目，或位于绿色生态城区中的建设项目，应对生态保护给予充分的重视。

参评指数：★★★

3. 评价注意事项

（1）设计策略　尊重场地原有生态环境是绿色建筑保护环境及本土化理念实践的第一步。场地规划与设计时应对场地及周边的自然资源、生物资源情况进行调查，并满足：进行区域生态适宜性评价，不在生态敏感区选址建设；尽量利用原有地形、地貌；保护、利用地表水体，不破坏场地与周边原有水系的关系；调查场地内表层土壤质量，妥善回收、保存和利用无污染的表层土；调查场地内的植物资源，保护和利用场地原有植被，尤其是古树名木；调查场地和周边地区的动物资源分布及动物活动规律，整体规划布局，不破坏原有动物迁徙路线，保留生态走廊；保护原有湿地；采取措施规划或补偿场地和周边地区原有生物生存的条件。

（2）评价规则　本条款所列3款，符合其中任意一款即可得满分10分。但其中也有一定的优先顺序，即优先做到前两款，只有当前两款的情况都不存在，才可适用第3款。当采取其他生态恢复或补偿措施时，需要进行详细的技术说明，证明确实能够实现生态恢复或补偿。

①　保护生态系统。建设项目应对场地的地形和场地内可利用的资源进行勘察，充分利用原有地形地貌进行场地设计以及建筑、生态景观的布局，尽量减少土石方量，减少开发建设过程对场地及周边环境生态系统的改变，包括原有植被，水体，山体，地表层泄洪通道，滞蓄洪坑塘、洼地等。在建设过程中确需改造场地内的地形、地貌、水体、植被等时，应在工程结束后及时采取生态复原措施，减少对原场地环境的改变和破坏。场地内外生态系统保持有效衔接，形成连贯的生态系统更有利于生态建设和保护。

②　表层土回收利用。表层土含有丰富的有机质、矿物质和微量元素，适合植物和微生物的生长，有利于生态环境的恢复。对场地内未受污染的净地表层土进行保护和回收利用是土壤资源保护、维持生物多样性的重要方法。

③　其他生态补偿措施。基于场地资源与生态诊断的科学规划设计，在开发建设的同时

采取符合场地实际的技术措施，并提供足够的证据表明该技术措施可有效实现生态恢复或生态补偿，可参与评审。比如，在场地内规划设计多样化的生态体系，如湿地系统、乔灌草复合绿化体系、结合多层空间的立体绿化系统等，为本土动物提供生物通道和栖息场所。采用生态驳岸、生态浮岛等措施增加本地生物生存活动空间，充分利用水生动植物的水质自然净化功能保障水体水质。对于本条未列出的其他生态恢复或补偿措施，只要申请方能够提供足够的相关证明文件即可认为满足得分要求。本款可以结合评价标准第 8.1.4 条、第 8.2.2 条、第 8.2.5 条等一并进行设计和实施。

4. 设计阶段初步自评

前期设计阶段可以按以下流程复核建设项目的生态保护工作是否达到绿色建筑评价的深度要求：

建设项目是否对场地的地形和场地内可利用的资源进行勘查：□是、□否；

场地内现有的生态资源包括：□植被、□水体、□山体、□泄洪通道、□滞蓄洪坑塘洼地、□以上皆无；

场地设计及建筑、景观布局是否充分利用原有地形地貌：□是、□否；如未利用，是否在工程结束后及时采取生态复原措施：□是、□否；

项目采取的生态补偿措施包括：□净地表层土回收利用、□保留胸径在 15cm～40cm 的中龄期以上乔木、□场地内设置生态通道、□生态驳岸、□生态浮岛、□立体绿化、□其他＿＿＿＿＿＿。

5. 自评报告说明举例

如对场地内原有的自然水域、湿地和植被进行了改造，简要说明工程结束后所采取的生态补偿措施（包括表层土的利用措施）。举例如下（具体内容以××替代）。

本工程建设用地内无原有自然水域、湿地，对场地内的植被进行了改造。在施工前对有保留价值的××高大树木进行了移栽，基坑整体开挖前将表层土剥离并集中存放于场地××（方位）侧不影响施工处妥善保存，施工结束后将表层土重新覆盖于扰动区域内，种植××、××等本土植物以恢复场地生态环境。

6. 证明材料提供

绿色建筑评价工作中，需要按照评价标准逐条准备相关材料，以证明项目控制项能达标或评分项可以得分，《绿色建筑评价标准》在各个条款的条文说明中均有明确要求。第 8.2.1 条要求在预评价阶段应提供场地原始地形图、相关设计文件（带地形的规划设计图、总平面图、竖向设计图、景观设计总平面图）作为证明材料；评价阶段则提供相关竣工图、生态补偿方案（植被保护方案及记录、水面保留方案、表层土利用相关图纸或说明文件等）、施工记录、影像材料等作为证明材料。

第二节　景观设计与绿化

建筑物不是孤立存在的个体，而是生于场地和周边环境，时刻与周围进行能量、气流和人、物交换的庞大共生体系中的一环。绿色建筑理念的落实离不开景观设计对场地环境的营造，绿色建筑理念的落地也无法脱离场地的交通系统、绿化系统对周边设施的充分利用，好的景观系统规划也能对用地周边环境进行反哺，实现用地内外环境相互作用的良性闭环。

景观设计运用美学技巧，将人工造物与自然环境相结合，使人与环境、建筑与生态和谐共存。随着绿色生态理念深入人心，景观设计已经不再是单纯地从视觉美感、植物搭配和形体塑造等角度进行评判了。一方面，人们对生活环境提出了更加人性化的要求，高品质的环境和便利舒适的使用体验成为设计的重要出发点；同时，随着生态、环保、绿色发展理念的持续发展，景观设计越来越强调生态性，尊重自然、顺应自然、保护自然、减少资源消耗等观念在景观设计方面也引起了一定的重视。这两种思潮共同形成了绿色景观设计理念，在城市整体面貌、微环境气候、人的心理调整与利用可再生资源方面能起到积极的作用。

绿色景观设计是指将人工环境友好地融入周边基底，协调人与自然的关系，将建设过程对自然环境的破坏降到最低，同时注重地域性、特色性、节约资源等基本原则的景观设计理念。景观设计除需注重美观以外，还需要注意保护和利用现有的场地资源，如植被、水系、土壤等，通过设置湿地、缓坡、凹地和林地等多层次的生态形态，维持场地生物多样性。造景时应尽量选用本地富产的天然材料，兼顾生态环境与经济效益。

一、活动空间

拉特利奇（A. Rutledge/D. J. Molner）在《大众行为与公园设计》（A Visual Approach to Park Design）中提到："人们对所设计环境的最大不满，可以归咎于这个环境没有恰到好处地对人们习以为常的行为倾向予以支持。"设计者需要观察并尊重不同使用者的日常行为方式，才能完成设计预想的对使用行为的指引，此为"以人为本"的设计。室外活动空间的设计也不例外，儿童好奇但莽撞，年轻人需要适量的日常运动，老年人喜欢不剧烈的运动且五感灵敏度下降，不同人群对于室外活动空间有着不一样的使用需求。我们要从人的行为和心理出发，在活动场地安排不同的活动设施，用设施和景观的趣味性来引导人们使用。

（一）人行道路

在人车分流的基础上，场地内的道路主要分为人行道路和服务道路，其中又以人行道路为主要的景观设计对象，场地中的建筑、小品、活动场地等各类元素均通过人行道路建立起联系，形成景观系统。在人行道路的设计中，绿色建筑理念注重安全性、便利性、环境舒适度及感官愉悦，也希望人行道路系统能兼容慢跑等日常运动行为。

1. 安全性

人行道路的安全性包括交通安全和社会安全两层含义。交通安全指通行安全，一是行人在通行过程中不受汽车威胁或其他速度较快的交通工具的威胁，需要在设计中采用人车分流的设计手法来实现；二是要求工程设计、施工、维护中都能相应采取保障安全性的措施，如选用防滑性能较好的铺装材料、采取措施保证施工质量、及时维护并在施工中设置警示标识等。社会安全意味着人行道路空间能够受到客观监督，比如视线通达、夜间照明足够或设置监控系统。安全是人类活动的最基本要求，是室外活动的前提条件。

2. 便利性

步行会对体力产生消耗，人们在行进过程中往往有抄近路、走捷径的倾向。因此，人行道路系统在使用中，除了要能引导行人缓步慢行以深入体验景观设计各个节点的巧思，获得对环境的认同感以外，还要在主要的人流方向上有便捷的通路，让大部分使用者有获得便利性的可能。

3. 舒适性

相关研究表明，舒适的微气候环境（包括温度、阳光、阴凉处和风）是支持各种户外活动的重要因素，人们的社会性活动多与空间的"阳光充足""避风条件"有极大关联性。季节和天气的变化影响着人们对阳光和阴凉处的喜好。春天多数人都喜欢待在阳光下，夏天林荫、天棚、遮阳篷、挑檐和阴凉处最受欢迎。在实际应用中利用行道树形成连续遮阳空间、孤植树木为交叉口提供遮阳条件、利用冠幅大的乔木营造休憩空间，可以创造良好的街道步行空间。

4. 兼容性

随着"全民健身""健康中国"等国家战略的深入实施，设计要尽可能为使用者提供锻炼身体的各类空间，在各类规划指标的控制下，大量设置活动场地不好实现，那么可与人行道路兼用的健身步道便成为了解题的一把钥匙。一般健身步道包括郊区登山道、城市健走道、骑行道以及户外徒步路线等，而绿色建筑项目通常会涉及的是健走道或慢跑道，占地面积较广的项目可以考虑设计骑行道路。

（二）活动场地

在室外活动场地的布局和设计中，一般首先要确定使用场地的目标人群，结合使用者自身特点将场地布置在适宜的环境中，并且在设计过程中协调安全、功能、美观等各项要求，以便让场地建设完成后能物尽其用。

1. 老年人活动场地

很多老年人有早起晨练、白天晒太阳或乘凉、晚间散步或跳广场舞的规律性运动习惯。为老年人设置活动场地已经成为居住区规划设计的必要课题。在设计中，可以结合老年人的心理特点及活动需求，分类、分散设置活动场地。

如一些老年人喜欢热闹，有表演或观看的心理需要，那么就可以在尽量不影响周边建筑使用的位置为他们设置娱乐性的场地，利用高大乔木为场地在夏季遮阳，老人们可以在场地中表演戏曲、跳广场舞或弹奏乐器，这类场地除了要尽量远离有安静要求的空间，还应该环绕配植乔、灌、草形成声障。

对于运动能力较强或喜爱运动的老人来说，健身步道、门球场、乒乓球场、健身器械场地等都可以成为他们日常活动的场所。这类场地的地面不宜采用卵石、碎石或凹凸不平的设计，场地外围应有林荫及休息设施，如设置亭、廊、花架、坐凳等，方便老人在活动过程中歇息。

运动能力较弱或不喜爱运动的老人对可休憩和交流的场地需求较高，这类场地主要供老人们晒太阳、养神、下棋、观望、读书、听广播等，可结合树冠下空间、花架亭廊领域性空间来设计，保证夏季有足够的树荫、冬季有充足的阳光。场地应有足够的休息座椅，座椅后面用植物围合作为背景，以增强安全感，休息时可创造视线交流的条件，让老人可以通过观察周边环境来获得一定的乐趣。

2. 儿童活动场地

儿童活动场地的设计要满足儿童的心理需求，比如，明亮愉悦的地面铺装色彩会给儿童以愉快的心情，富有想象力的地面铺装图案能培养儿童的创造思维，地形起伏变化的草地为儿童的游憩提供了场所，季节性明显的色叶树让儿童感觉到时空的变换，小巧精致的喷泉能满足儿童的亲水需求，乐趣无穷的活动设施能激发儿童的好奇心。这些活泼的设计手法都能让儿童从游戏中体会愉悦的情绪，收获美好的记忆。

但是在满足心理需求的同时，儿童活动场地的设计要特别注重安全性，排除一切潜在的、可能对儿童造成伤害的不利因素，将意外事故发生的可能性降低到最低程度。比如，植物要选择无毒、无刺、无落果的种类；爬梯要有安全扶手；踏步要有防滑设计；结构构件要有足够的强度并且能够承受预计负荷；活动器械的连接螺栓要经常检修；在活动器械下面的一定下落区内，应铺设具有保护性质的软质材料。

3. 青年人活动场地

活动场地对于青年人来说，主要用途是进行体育锻炼和休闲娱乐。羽毛球、网球、篮球等运动场地是青年人经常光顾的地方，这种场地属于比较喧闹的区域，应注意不要让场地产生的噪声干扰到相对安静的功能区。同时这类场地在使用中可能有球类飞出或肢体冲撞，一般会在场地周边设置有弹性的防护网，避免误伤行人。此外，运动场地经常会产生观看需求，可在场地周围为观众设置长椅，如有可能可以把场地设置在缓坡下面，以便观众可以看清整个场地。

除了运动，私密性是青年人群的需求之一，他们希望能短暂避开父母的视线，寻找自由空间和行为的独立性。在这类空间的营造上，可以用植物围合出一些私密或半私密性的小场地，以安排一些相对私密的读书、聚会活动。

案例：某体育公园

该项目场地占地约 4.2hm²，大致可分为 4 个功能空间，互有重叠，呈象限分布。中轴线是贯穿场地东南到西北，一条轴线穿过商业区，连接了周围的居民社区与地铁。另一条轴线则是中央大型广场，是日常休闲和大型节假日活动的开放空间。由两大轴线划分的四个象限区域，承载了各自不同而独特的活动项目。

首先，设计师在该体育公园并不大的场地中高度集合了各类活动场地，使其成为一个"高密度"的公园，就在一定程度上节省了用地，实现了生态环保的第一个目标。

其次，设计在主题选择时突出了环境教育的重要性，比如中央广场的"戏水山丘"（图 8-1），即长江三角洲景观、三峡水库和古代都江堰灌溉系统的缩影，通过交互式水景的设置寓教于乐。"戏水山丘"表面上反映了中国的景观及其农业和文化的发展和遗产，在更深层次上，设计特别强调人类在重度改造景观和水道方面的角色。这个设计将一个潜在的对于孩子来说可能过于大而抽象的想法转化成了一个游戏环境，让更多的孩子可以了解和探讨这些问题。

图 8-1　戏水山丘

二、水景及水系统

景观设计中的"水"有两重含义，一是景观中的重要构成元素——水景，在整个设计中起到活跃氛围、丰富体验、提升品质的作用，江河湖泊等大型水体往往还会成为整个景观的中心；二是景观设备中的给水排水系统，如储水、净水、供水、换水、灌溉等，解决景观设计中实际使用问题的设备、设施。

（一）水景——气候适应性

1. 水景的作用

亲近水是人的天性，水景的营造在景观设计中占有举足轻重的地位。水景总是能够轻易吸引人们驻足，城市中广场、公园、商务区、居住区均以设有水景为上，各类水景设计花样翻新、大小各异、形态多样，给人带来视觉、触觉和听觉的多重享受，也是衡量城市建设发展水平的一把标尺。

2. 寒地城市水景营造

如何能够让水景适应寒冷、少雨的地域气候特征是寒地城市面临的一个重要课题，具体的营造策略有以下几种。

（1）冰雪景观　在气候寒冷的地区，水的形态并不单一。受气候条件影响，水在冬季的形态转变为冰、雪、霜等形态，全年景观效果不断变化，较之其他地区更加丰富，在造景时可加以考虑，体现地域特色，将水与环境资源充分结合，形成严寒地区独有的冰雪景观。如冬季最常见的冰雕雪雕，就是充分利用严寒地区的气候特点并结合当地的文化历史背景，把冰雪设计雕刻成各式各样的形态。

（2）枯水景观　当然，严寒带来的不只是具有观赏价值的冰雪，还有水体结冰引发的管线、设施的冻胀损坏，因而严寒地区的人工水景一般都在冬季放空水体。设计时可借鉴日本"枯山水"的造景理念，考虑枯水期的景观效果。比如，深化水池的池底铺装设计，将其布置成颜色丰富的图案或步道，或用鹅卵石模仿水纹效果，这样冬季枯水期时，五颜六色的池底铺装显露出来，也能具备一定的景观效果，装点室外空间。

（3）旱地喷泉　可结合休闲广场、活动场地设置旱地喷泉，春、夏、秋三季，在安全用电的基础上结合音乐和灯光照明技术，利用水反射光线的原理，使埋藏于地表面下的喷头喷射出各式高低错落的水柱，让人们特别是孩童穿梭在水柱中玩耍，使人从听觉、触觉、视觉等各个方面感受水景空间。冬季关闭地下水泵后，空间外观上与铺地无异，仍可作为普通的休闲广场或活动场地使用。需要注意的是，旱地喷泉的喷水压力不应过高，避免水柱对人造成伤害，另外还要注意出水孔处的细部设计，以免地面上的孔洞过大引起崴脚、摔伤或其他安全事故。

（4）景观要素综合化　此外，设计中尽量避免出现单纯孤立的水景观，把水景与周围的绿植以及雕塑、台阶、平台、廊架等景观要素融合起来，这样即使进入冬季水体枯竭，其他景观部品配合着常青植物或形态优美的乔木枝干，也能形成一番景致。

（二）水系统——节水与再利用

我们在第六章第二节提到过，严寒、寒冷地区城市的降水普遍不够丰沛。调查显示，我国地下水资源的分布也极不平衡，长江以北的北方地区地下水资源量占全国的 32.2%，而在长江以南的南方地区地下水资源量占全国的 67.7%，呈现南多北少的基本特征。针对总体上水资源相对匮乏的地区，项目整体能够利用的水资源相对紧张，景观设计也受到限制。在这类地区设计水景时应以小取胜。

一方面，将水体灵活、分散地布置在场地内，利用诸如水景小品等点状水体或是结合硬质环境元素的线状水体形成具有活力的水景空间，能够提升项目室外空间的均好性，给使用者提供"移步易景"的感官体验，对于居住区、商务区、商业区等建筑群的品质提升大有助益。另一方面，小规模景观水体的修建过程对场地环境的扰动更小，从生态角度优于人工开挖大面积的水池，同时建设费用和日常维护工作的难度较之大面积水体也大幅度降低，更加符合绿色建筑理念。

此外，景观水体、景观植物灌溉系统的水源供应可结合海绵设施和中水系统进行一体化设计，在达到水质要求的基础上，充分利用净化水、再生水。植物灌溉应选用喷灌、微喷灌、滴灌等节水型产品，也可以考虑利用太阳能等可再生能源为园林景观提供水体循环的动力。

案例：某嬉水公园

某嬉水公园占地 1.8hm²，是连接社区南北的活力主轴，模糊了传统乐园、公园、家园的边界，融合了社区里的商业和住宅，为社区注入了新的生命力与生机（图 8-2）。

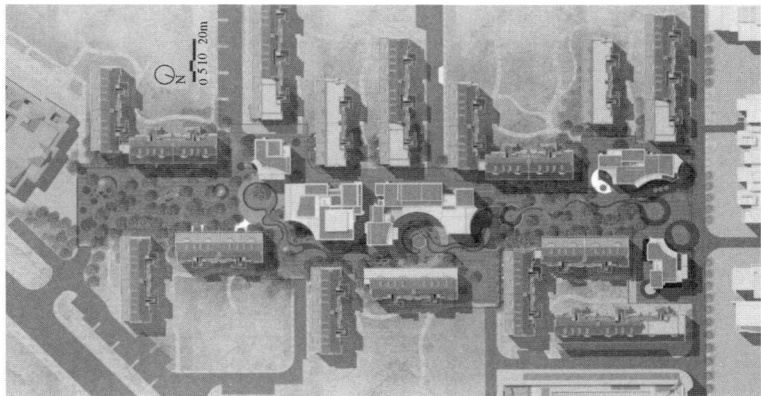

图 8-2　总平面图

通过探索新的空间组织和路径体验的方式，设计突破了商业街景观的常规模式，运用"水"作为统一且具有连续性的设计语言串联场地，将蜿蜒的水系沿着 350m 的商业街南北贯通铺设，并以纯粹的材质去营建林下无障碍的畅行空间。同时设计从场地附近的海滩沙丘地貌和海洋生物的形态出发，提炼和塑造了艺术地景和景观雕塑，使之成为与"水"相融的景观元素。

三、夜景照明

夜景照明设计是景观设计的重要内容，合理的灯光布设不仅能提供基础的公共区域照明，提高夜间通行、散步及其他休息娱乐活动的安全性，还能结合光影效果营造良好的氛围，提升建筑环境品质。现行国家建筑规范、标准对于室外照明设计也提出了要求。

现行国家标准《城市居住区规划设计标准》（GB 50180—2018）第 7.0.6 条规定："居住街坊内附属道路、老年人及儿童活动场地、住宅建筑出入口等公共区域应设置夜间照明；照明设计不应对居民产生光污染。"

现行全文强制性国家标准《建筑环境通用规范》（GB 55016—2021）第 3.4 节专门对室外照明设计质量作出了一系列规定，在建筑、景观的夜景照明中应予以重视，室外公共区域照度值和一般显色指数见第七章第二节表 3.4.1，其他规定摘录如下。

3.4.2　园区道路、人行及非机动车道照明灯具上射光通比的最大值不应大于表 3.4.2 的规定值。

表 3.4.2　灯具上射光通比的最大允许值

照明技术参数	应用条件	环境区域			
		E0、E1 区	E2 区	E3 区	E4 区
上射光通比	灯具所处位置水平面以上的光通量与灯具总光通量之比(%)	0	5	15	25

3.4.3　当设置室外夜景照明时，对居室的影响应符合下列规定：

1 居住空间窗户外表面上产生的垂直面照度不应大于表3.4.3-1的规定值。

表 3.4.3-1 居住空间窗户外表面的垂直面照度最大允许值

照明技术参数	应用条件	环境区域			
		E0、E1 区	E2 区	E3 区	E4 区
垂直面照度 E_v(lx)	非熄灯时段	2	5	10	25
	熄灯时段	0*	1	2	5

注：* 当有公共（道路）照明时，此值提高到1lx。

2 夜景照明灯具朝居室方向的发光强度不应大于表3.4.3-2的规定值。

表 3.4.3-2 夜景照明灯具朝居室方向的发光强度最大允许值

照明技术参数	应用条件	环境区域			
		E0、E1 区	E2 区	E3 区	E4 区
灯具发光强度 I（cd）	非熄灯时段	2500	7500	10000	25000
	熄灯时段	0*	500	1000	2500

注：1 本表不适用于瞬时或短时间看到的灯具；
2 * 当有公共（道路）照明时，此值提高到500cd。
3 当采用闪动的夜景照明时，相应灯具朝居室方向的发光强度最大允许值不应大于表3.4.3-2中规定数值的1/2。

3.4.4 建筑立面和标识面应符合下列规定：

1 建筑立面和标识面的平均亮度不应大于表3.4.4的规定值。

表 3.4.4 建筑立面和标识面的平均亮度最大允许值

照明技术参数	应用条件	环境区域			
		E0、E1 区	E2 区	E3 区	E4 区
建筑立面亮度[1]L_b（cd/m²）	被照面平均亮度	0	5	10	25
标识亮度[2]L_s（cd/m²）	外投光标识被照面平均亮度；对自发光广告标识，指发光面的平均亮度	50	400	800	1000

注：本标中 L_s 值不适用于交通信号标识。

2 E1区和E2区里不应采用闪烁、循环组合的发光标识，在所有环境区域这类标识均不应靠近住宅的窗户设置。

3.4.5 室外照明采用泛光照明时，应控制投射范围，散射到被照面之外的溢散光不应超过20%。

以上条款中所指的"环境区域"是根据环境亮度和活动内容划分的，详见表8-1。

表 8-1 环境区域划分表

编号	区域说明	示例
E0	天然暗环境区	国家公园、自然保护区和天文台所在地区等
E1	暗环境区	无人居住的乡村地区等
E2	低亮度环境区	低密度乡村居住区等
E3	中等亮度环境区	城乡居住区等
E4	高亮度环境区	城市或城镇中心和商业区等

可以看出，规范对于景观照明的质量要求是包括两个方面的，除了要避免光污染，还要兼顾环境安全。因此，设计时不应一味降低光源亮度，也要保证公共区域的照度和显色指数不低于限值要求。而景观照明在设计初期通常由景观专业人员布置，往往对照明质量要求有所忽略，这时电气专业人员应提前介入，根据道路宽度、灯具高度等因素给出灯具布置的合理化建议。

（一）灯具选择

根据建筑物、园区道路、乔木、草坪、水景、雕塑等景观元素，景观照明可以分为泛光照明、轮廓照明、道路照明、植物（草坪）照明、水景照明、标志性构筑物照明等类型。其中道路照明是景观照明设计中的重要组成部分。景观道路照明不仅需满足夜间的环境气氛，还应兼顾使用，保障路面有足够的亮度和照度均匀度，不能有暗区和盲区。

1. 景观道路照明灯具的基本要求

建筑景观道路照明区别于市政道路，以人行道路为主，通常采用庭院灯和矮柱灯，仅于市政道路交会处适当设置高杆灯。由于室外环境比室内复杂，灯具宜选用寿命长、便于维护的产品，并具备良好的防腐性能。一般室外灯具宜采用 IP65 级，埋地灯具不低于 IP67 级，安装于水中的灯具不低于 IP68 级。确定灯具高度时，应结合规范要求、道路宽度、光源特性等计算道路的照度是否满足限值，直线道路平均照度 E_{av} 的计算公式为：

$$E_{av} = \frac{\Phi UKN}{A} = \frac{\Phi UKN}{SW}$$

式中　Φ——光源光通量；

A——工作面面积；

U——利用系数；

S——灯杆间距；

K——维护系数；

W——道路宽度；

N——光源个数。

设计时应尽量确保灯具高度与道路宽度相匹配，保证距高比大于 1.5，从而提高利用系数 U。对于宽度在 4.0~6.0m 的景观道路，采用安装高度在 2.5~4.5m 的庭院灯可以获得比较理想的利用系数，而对于宽度在 1.5~3.0m 之间的景观道路，建议采用高度为 0.5~1.0m 的矮柱灯。需要注意的是，选用非标准灯具进行个性化设计时，灯具的光源照射方向应尽量朝向地面，既容易保证路面照度足够，也避免光线晃眼或引起光污染。

2. 景观道路照明灯具的安装距离

在光源高度确定的前提下，灯具的间距是影响照度均匀度的重要因素，而照度均匀度是判断道路照明质量的主要指标之一。理想的照度均匀度是希望灯具之间各点的照度近似相等，但实际景观道路两灯之间的照度值是变化的，当计算点位于灯具间距的中点时，其照度和最小，如图 8-3 所示。研究显示，假设灯具布置间距为 D、安装高度为 h，则 $D/h \leqslant 3$ 时，照度均匀度可大于 0.2，即如要保证照度均匀度满足规范要求，景观道路照明灯具的间距不宜大于灯具高度的 3 倍。那么，高度在 2.5~

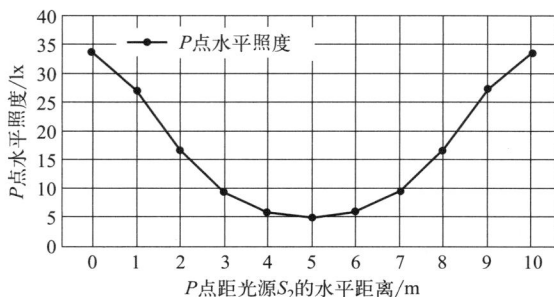

图 8-3　计算点位 P 的照度与光源水平距离的关系

4.5m 的庭院灯，其间距宜控制在 7.5~13.5m；高度为 0.5~1.0m 的矮柱灯，其间距一般可按照 1.5~3.0m 控制。

（二）电击防护

景观灯具的电击防护是景观配电设计中需要重点考虑的内容。景观灯具的电击防护分为直接接触防护和间接接触防护两类。

直接接触防护是要避免灯具带电部分与人体直接接触，设计时应尽量将灯具布置在行人伸臂范围以外，并采用剩余电流保护开关作为附加保护。可采取的防护措施有：室外庭院灯的高度不低于 2.5m，而对于高度低于 2.5m 的草坪灯和射灯应尽量布置在距离道路两侧 1.25m 以外的草坪内，在儿童活动区域或车辆经常通过的区域慎用埋地灯。

间接接触防护是要避免灯具发生外露导电事故时对人体造成伤害，属于故障条件下的电击防护，相关措施需要依据所选灯具的类别对应选用。IEC 对灯具防触电保护有明确的分类规定，详见表 8-2。

表 8-2 景观灯具防触电保护分类表

灯具类别	灯具间接接触防护措施	应用说明
Ⅰ类	除基本绝缘外,灯具可接触的导体外壳应有接地保护	室外大多数照明灯具,如庭院灯、草坪灯、射灯等
Ⅱ类	不仅依靠基本绝缘,而且有附加保护,如双重绝缘	人员经常接触的灯具,如埋地灯等
Ⅲ类	采用安全特低电压(水下环境,交流≤12V,直流≤30V)	人员可能触碰的水下灯具

注：0 类灯具已经淘汰，禁止使用。

四、绿化种植

植物具有季节性的色彩变化，且能修剪造景，是建筑景观设计中必不可少的要素。我国幅员辽阔，植物种类繁多且具有极强的地域特色，而建筑和植物种植的有机结合，不仅能美化室内外环境，也造就了风姿各异的地域性景观。

同一建筑在与不同景观绿化环境相结合的时候会产生风格迥异的视觉效果，在当代建筑设计形式趋同的情况下，植被因其生长环境不同所带来的显著特征就会显得更加突出，从而给城市、建筑及环境打上特有的烙印。因此景观设计中对植物的选用也是我们解决"千城一面"问题的一个突破口。

（一）光线——植物生长的基础

景观种植的设计中，"光"是必须考虑的要素，光照是一切绿色植物进行光合作用、制造养分、将光能转化为化学能、吸收二氧化碳并释放出氧气的第一能源，而不同种类植物对光线的需求量是不一样的，设计时应结合日照分析，合理布置绿地、选配植物。植物根据自身光照习性的不同，一般可分为阳性植物、阴性植物、中性植物三类。阳性植物的向光性很强，在荫蔽环境中生长不良，若有荫蔽会将其枝叶扭向阳光，生长中光照不良的下部枝叶会自行枯落，光弱的枝上极难见萌芽或徒长枝；阴性植物要求光照强度弱一些，在强光照射下会导致生长不良，甚至完全不能生长，多生长在林下或全年没有阳光直射之处；中性植物既喜光，也耐阴，能够适应全光照或半阴环境，但在干旱而高温的气候环境中，中性植物在全光下往往会受到抑制而生长不良，半阴光线下则完全正常。

有研究人员针对哈尔滨市高层住宅小区在建筑遮挡作用下的绿地光环境进行了研究，结果显示，当建筑长、宽和日照间距系数一定时，随着建筑层数增加，日照间距增大，绿地光照环境相对变好，而当建筑偏转角度至南偏西 30°和南偏东 35°左右时，适宜中性及阳性植物生长范围最大。该研究基于光环境分析和植物光照习性的不同，结合严寒地区常用植物种类，给出了一些植物配置示例。

1. 耐阴适生区

耐阴适生区绿化可采用"灌木和草本为主，少量乔木点缀"的模式，例如：①水榆花楸＋东北山梅花＋玉簪；②花楸＋珍珠梅＋蛇莓委陵菜；③杜松＋天目琼花＋美人蕉＋早熟禾；④臭冷杉＋接骨木＋萱草；⑤紫叶李＋东北连翘＋玉簪。

2. 中性适生区

中性适生区可满足大多数植物的生长需求，且区域多分布在建筑围合的中间位置，视线开阔，为居住区绿化的主体部分，可选择植物较多，示例：①山楂＋东陵八仙花＋八宝景天＋早熟禾；②稠李＋茶条槭＋福禄考＋早熟禾；③紫椴＋连翘＋福禄考＋白花三叶草；④五角枫＋锦带＋萱草＋早熟禾；⑤紫叶李＋毛樱桃＋串红＋早熟禾。

3. 阳性适生区

阳性适生区具有阳光充足、绿量多的特点，示例如下：①核桃楸＋金银忍冬＋芍药/牡丹＋白花三叶草；②水曲柳＋偃伏梾木＋白花三叶草；③家榆＋金雀锦鸡儿＋八宝景天＋白花三叶草；④山杏＋毛樱桃＋鸢尾＋连钱草；⑤油松＋紫丁香＋八宝景天＋白花三叶草。

（二）具有多元化生态效应的植物

在植物种植方面，滞尘性是植物改善空气污染能力的关键评价指标之一。研究表明，寒地植物冬季滞尘性与植物的冠幅、株高、分枝类型、叶片及枝干粗糙程度、总叶面积、叶片大小、生长趋向等影响因子显著相关，而场地原有的大树在各方面均远远优于新种植的小植株，这也是尽量保留大树的根本原因。除此以外，有一些植物在生态系统中扮演着更加多元化的角色，具有诸如耐旱、耐盐的特性。

1. 耐旱植物——天然的节水措施

景观体系的节水措施是多元化的，除了通过控制水景规模和采用节水和水资源再生利用的供水系统，还可以选用耐旱植物，从源头控制景观用水需求，从而为水资源稀缺地区的景观设计提供新的维度和可能性。这对于普遍缺水的严寒地区来说尤为重要。耐旱植物一般具有以下特性。

（1）高水分利用效率　耐旱植物能够在土壤水分较低的条件下有效地吸收和利用水分，从而维持生命活动和健康生长。耐旱植物如薰衣草、地中海马鞭草、石莲花和红千层（瓶刷子树）等，即使在依赖雨水或灌溉条件有限的情况下也能保持良好的生长状态，有助于节约宝贵的水资源。

（2）高环境适应能力　耐旱植物通常能够适应城市的高温、干旱等气候条件，对土壤肥沃程度的依赖性也较低。比如，红千层（瓶刷子树）具有强大的耐旱能力，能够在城市的高温和干燥的气候条件下生存，为城市提供必要的绿色覆盖，同时兼具观赏性。

（3）生长缓慢、寿命较长　耐旱植物一般具有生长缓慢但寿命长的特性，对于景观效果的维护大有助益。如生长缓慢的植物灰绿蒿、岩白菜等，不需要频繁地修剪和更换，因此可以使得绿地更易于管理；而其较长的寿命意味着，一旦种植，它们可以在很长一段时间内维持其美观和功能，无需频繁更换。这对于城市公共空间的可持续性和经济效益至关重要。

（4）根系发达　耐旱植物如多年生草本植物熊耳草、长春花等具有发达的根系，这除了能让它们从土壤深层吸收水分和养分，还可以改善土壤结构，提高土壤的持水能力，对整个城市的生态环境产生积极影响。在城市斜坡和未开发地区，这些植物可以通过它们的根系固定土壤，减少雨水冲刷带来的土壤侵蚀。这不仅有助于保护城市的自然景观，还能维护城市的基础设施安全。

2. 耐盐植物——盐渍土壤的应对措施

严寒地区冬季多雪，需要对道路喷洒盐类物质以加速积雪融化，而盐类在融化积雪的同时也会引发周边土地产生盐碱化问题，因此需针对此问题加以治理。

（1）基本修复方法　盐碱地修复的方法有化学修复法、工程修复法和生物修复法。化学修复法是利用化学试剂改变盐碱土壤的理化性质，包括施用化学改良剂和添加化学物质等。

其优点是修复的速度快、面积大；缺点是成本高，容易造成土壤污染和次生盐碱化，只能暂时缓解，不能永久解决土地盐碱化问题。工程修复法是采用工程措施改变盐碱土壤的性质和水分状况，包括排盐、改善排水系统和改变土壤结构等方法。其优点是能稳定修复盐碱地，缺点是修复周期长、成本高、适用范围有限。生物修复法是一种利用生物资源对盐碱地进行改良的技术。其具有低污染、生态效益高、改良效果持久的特点，同时能够通过增强土壤微生物的活力来维持土壤生态系统的稳定。

（2）生物修复原理　生物修复法的原理是利用植物、微生物等生物体的生理代谢功能，将盐碱土壤中的盐分和有害物质转化为无害物质，同时提供利于植物生长的有机质，从而改善土壤环境，使土壤内部形成一个健康的生态系统。

生物修复法作为一种环境友好型的盐碱地修复方法，具有修复周期短、对环境污染少、改良效果持久等诸多优点。对于种植在路边绿地中的植物，应选择滨藜属植物、肉穗果属植物等耐盐植物；对于已经形成盐污染的土壤，可种植碱茅草等具有明显改善土壤盐度作用的植物，对土壤进行生态恢复。

（3）常见耐盐植物　现行行业标准《园林绿化工程盐碱地改良技术标准》（CJJ/T 283—2018）对盐碱地土壤用于园林绿化时的各环节作出了技术性规定，其附录 B 为一般盐碱地绿化工程提供了植物选择范围。表 8-3 也简单列举了一些常见的耐盐植物及其适宜盐浓度，仅供参考。

表 8-3　常见耐盐植物及性能

科	属	植物名称	最大适宜盐浓度 /(mmol/L)
苋科 Amaranthaceae	滨藜属 Atriplex	大洋洲滨藜 Atriplex nummularia	600/200
		四翼滨藜 Atriplex canescens	520/180
		地中海滨藜 Atriplex halimus	600/200
		大滨藜 Atriplex lentiformis	720/180
		多果滨藜 Atriplex polycarpa	400/100
		海绵状滨藜 Atriplex spongiosa	750/200
		加州滨藜 Atriplex californica	460/125
		中亚滨藜 Atriplex centralaciatica	400/100
		榆钱菠菜 Atriplex hortensis	514/86
		异苞滨藜 Atriplex micrantha	600/100
		戟叶滨藜 Atriplex prostrata	600/100
		草地滨藜 Atriplex patula	720/180
	雾冰藜属 Bassia	钩刺沙冰藜 Bassia hyssopofolia	720/180
		地肤 Bassia scoparia	1800/300
	碱蓬属 Suaeda	盐地碱蓬 Suaeda salsa	800/200
	墨节木属 Allenrolfea	Allenrolfea occidentalis	1000/360
爵床科 Acanthaceae	海榄雌属 Avicennia	黑海榄雌 Avicennia germinans	940/170
		海榄雌 Avicennia marina	1200/300
木麻黄科 Casuarinaceae	异果木麻黄属 Allocasuarina	海滨异木麻黄 Allocasuarina littoralis	250/75
豆科 Fabaceae	金合欢属 Acacia	Acacia ampliceps	600/200
乔本科 Poaceae	獐毛属 Aeluropus	Aeluropus lagopoides	750/150
红树科 Rhizophoraceae	木榄属 Bruguiera	小花木榄 Bruguiera parviflora	400/100
肉穗果科 Bataceae	肉穗果属 Batis	肉穗果 Batis maritima	1000/200

五、 2024 年版评价标准相关条款

（一）第 4.1.8 条

1. 条款原文

4.1.8　应具有安全防护的警示和引导标识系统。

2. 参评指数

第 4.1.8 条是绿色建筑评价的"控制项"，相当于一般技术性规范标准中的强制性条款，绿色建筑如果要申请参与评价，必须满足全部控制项的要求。

参评指数：★★★★★

3. 评价注意事项

本条所述是指具有警示和引导功能的安全标志，应在场地及建筑公共场所和其他有必要提醒人们注意安全的场所的显著位置上设置。现行国家标准《安全标志及其使用导则》（GB 2894—2008）明确，安全标志分为禁止标志、警告标志、指令标志和提示标志四类。其中，禁止标志用于禁止人们的不安全行为；警告标志用于提醒人们对周围环境引起注意，以避免可能发生危险；指令标志强制人们必须做出某种动作或采取防范措施；提示标志向人们提供某种信息（如标明安全设施或场所的位置等）。

设置显著、醒目的安全警示标志，有助于提醒建筑使用者注意安全。警示标志一般设置于人员流动大的场所，青少年和儿童经常活动的场所，容易碰撞、夹伤、湿滑及危险的地点和场所等。比如禁止攀爬、禁止倚靠、禁止抛物、注意安全、当心碰头、当心夹手、当心车辆、当心坠落、当心滑倒、当心落水等安全警示标志。

安全引导指示标志，包括紧急出口标志、避险处标志、应急避难场所标志、急救点标志、报警点标志等，以及其他促进建筑安全使用的引导标志等。对于地下室、停车场等地点还应设置车行导向标识。标识设计需要结合建筑平面与建筑功能特点、流线，合理安排标识位置和分布密度。在难以确定位置和方向的流线节点上，应增加标识点位以便明示和指引。比如紧急出口标志，一般设置于便于安全疏散的紧急出口处，结合方向箭头设置于通向紧急出口的通道、楼梯口等处。

标志牌的样式、材质、表面质量、设置高度、位置及后期维护管理等也应符合《安全标志及其使用导则》（GB 2894—2008）的相关规定，需要注意的有以下条款。

6.2　安全标志牌应采用坚固耐用的材料制作，一般不宜使用遇水变形、变质或易燃的材料。有触电危险的作业场所应使用绝缘材料。

8　标志牌设置的高度，应尽量与人眼的视线高度相一致。悬挂式和柱式的环境信息标志牌的下缘距地面的高度不宜小于 2m；局部信息标志的设置高度应视具体情况确定。

9.1　标志牌应设在与安全有关的醒目地方，并使大家看见后，有足够的时间来注意它所表示的内容。环境信息标志宜设在有关场所的入口处和醒目处；局部信息标志应设在所涉及的相应危险地点或设备（部件）附近的醒目处。

9.2　标志牌不应设在门、窗、架等可移动的物体上，以免标志牌随母体物体相应移动，影响认读。标志牌前不得放置妨碍认读的障碍物。

9.5　多个标志牌在一起设置时，应按警告、禁止、指令、提示类型的顺序，先左后右、先上后下地排列。

10.1　安全标志牌至少每半年检查一次，如发现有破损、变形、褪色等不符合要求时应及时修整或更换。

10.2　在修整或更换激光安全标志时应有临时的标志替换，以避免发生意外伤害。

此外，国家标准《公共建筑标识系统技术规范》（GB/T 51223—2017）第4.4.2条对人行导向标识点位的设置也提出了要求，相关条款摘录如下。

4.4.2　人行导向标识点位的设置应符合下列规定：

1　在人行流线的起点、终点、转折点、分叉点、交汇点等容易引起行人对人行路线疑惑的位置，应设置导向标识点位；

2　在连续通道范围内，导向标识点位的间距应考虑其所处环境、标识大小与字体、人流密集程度等因素综合确定，并不应超过50m；

3　公共建筑应设置楼梯、电梯或自动扶梯所在位置的标识；

4　在不同功能区域，或进出上下不同楼层及地下空间的过渡区域应设置导向标识点位。

4. 设计阶段初步自评

设计过程中可按以下步骤复核各类标识设置情况，完善相关内容，以满足达标要求。

项目设有以下安全警示标志：□禁止攀爬、□禁止倚靠、□禁止伸出窗外、□禁止高空抛物、□注意安全、□当心碰头、□当心夹手、□当心车辆、□当心坠落、□当心滑倒、□当心落水、□其他_____；

项目设有以下安全引导指示标志：□人行导向、□车行导向、□紧急出口、□紧急避险处、□应急避难场所、□急救点、□报警点、□其他_____；

项目标识系统的设计是否符合《安全标志及其使用寻则》（GB 2894—2008）的要求：□是、□否。

5. 自评报告说明举例

简要说明具有安全防护的警示和引导标识系统设计情况（200字以内），举例如下。

项目设有禁止攀爬、禁止倚靠、注意安全、当心碰头、当心车辆、当心坠落、当心落水、当心触电等安全警示标志，设有人行导向、车行导向、紧急出口、安全疏散指示灯等安全引导指示标志，满足《公共建筑标识系统技术规范》（GB/T 51223—2017）、《无障碍设计规范》（GB 50763—2012）等相关规范、标准的要求，警示标识系统设置全面，引导标识系统设计到位，满足绿色建筑要求。

6. 证明材料提供

绿色建筑评价工作中，需要按照评价标准逐条准备相关材料，以证明项目控制项能达标或评分项可以得分，《绿色建筑评价标准》在各个条款的条文说明中均有明确要求。第4.1.8条要求在预评价阶段应提供标识系统设计与设置说明文件作为证明材料；评价阶段应提供标识系统设计与设置说明文件、现场影像资料。

（二）第5.2.3条

1. 条款原文

5.2.3　直饮水、集中生活热水、游泳池水、供暖空调系统用水、景观水体等的水质满足国家现行有关标准的要求，评价分值为8分。

2. 参评指数

第5.2.3条是绿色建筑评价的"评分项"。保障供水水质是满足用户正常用水需求的前提，国家现行标准对不同系统的水质均作出了具体规定。当项目中除生活饮用水供水系统外，未设置其他供水系统时，本条可直接得分。（生活饮用水水质已在控制项第5.1.3条要求）。

参评指数：★★★★★

3. 评价注意事项

（1）直饮水　直饮水系统分为集中供水的管道直饮水系统和分散供水的终端直饮水处理设备。管道直饮水系统供水水质应符合现行行业标准《饮用净水水质标准》（CJ/T 94—2005）的要求；终端直饮水处理设备的出水水质标准可参考现行行业标准《饮用净水水质标准》（CJ/T 94—2005）、《全自动连续微/超滤净水装置》（HG/T 4111—2009）等现行饮用净水相关水质标准和设备标准。

（2）生活用水　生活热水、游泳池和公共热水按摩池的原水水质应符合现行国家标准《生活饮用水卫生标准》（GB 5749—2022）的有关规定。生活热水的水质应符合现行行业标准《生活热水水质标准》（CJ/T 521—2018）的规定。

（3）泳池水　游泳池池水水质应符合现行行业标准《游泳池水质标准》（CJ/T 244—2016）的规定。游泳池初次充水和使用过程中的补充水水质及淋浴等生活用水水质，应符合现行国家标准《生活饮用水卫生标准》（GB 5749—2022）的规定。

（4）采暖空调系统用水　采暖空调系统用水水质应符合国家现行标准《采暖空调系统水质》（GB/T 29044—2012）的相关规定。

（5）室外景观用水　国家标准《建筑给水排水与节水通用规范》（GB 55020—2021）规定非亲水性的室外景观用水水源不得采用市政自来水和地下井水，可采用中水、雨水等非传统水源或地表水。当景观补水采用非传统水源时，水质应满足现行国家标准《城市污水再生利用　景观环境用水水质》（GB/T 18921—2019）的要求。当景观水体用于全身接触、娱乐性用途时，即可能全身浸入水中进行嬉水、游泳等活动，如旱喷泉、嬉水喷泉等，水质应满足现行国家标准《生活饮用水卫生标准》（GB 5749—2022）的要求。

（6）非传统水源利用　非传统水源供水系统水质，应根据不同用途的用水满足现行国家标准《城市污水再生利用》系列标准的要求。设有模块化户内中水集成系统的项目，户内中水水质应满足现行行业标准《模块化户内中水集成系统技术规程》（JGJ/T 409—2017）的要求。

4. 设计阶段初步自评

设计过程中可以结合项目各类水系统的设置情况，按以下步骤复核项目在第5.2.3条的得分。

（1）直饮水水质

项目是否设有直饮水系统：□是、□否；

直饮水水质符合以下国家或行业现行标准：

□《饮用净水水质标准》（CJ/T 94—2005）、□《全自动连续微/超滤净水装置》（HG/T 4111—2009）、□其他_____。

（2）生活热水水质

项目是否设有集中生活热水系统：□是、□否；

其水质符合国家现行标准《生活热水水质标准》（CJ/T 521—2018）的相关规定：□是、□否。

（3）游泳池水水质

项目是否设有游泳池：□是、□否；

其水质符合国家现行标准《游泳池水质标准》（CJ 244—2016）的相关规定：□是、□否。

（4）采暖空调系统用水水质

项目是否设有采暖空调循环水系统：□是、□否；

其水质符合国家现行标准《采暖空调系统水质》（GB/T 29044—2012）的相关规定：□是、□否。

（5）景观水体水质

项目是否设有景观水体：□是、□否；

其水质符合以下国家现行标准：□《城市污水再生利用景观环境用水水质》（GB/T 18921—2019）、□《生活饮用水卫生标准》（GB 5749—2022）。

（6）非传统水源

项目是否采用非传统水源：□是、□否；

其水质依照用途符合国家现行标准《城市污水再生利用》系列标准：□是、□否，自评价时可将各用途水质参照标准的执行情况列表统计，示例见表 8-4。

表 8-4　非传统水源水质要求统计表示例

用途	水质参照标准	达标情况
□冲厕、道路浇洒、车库冲洗	《城市污水再生利用 城市杂用水水质》(GB/T 18920—2020)	□是 □否
□绿化灌溉	《城市污水再生利用 绿地灌溉水质》(GB/T 25499—2010)	□是 □否
□景观水体补水	《城市污水再生利用 景观环境用水水质》(GB/T 18921—2019)	□是 □否
□模块化户内中水集成系统	《模块化户内中水集成系统技术规程》(JGJ/T 409—2017)	□是 □否

5. 证明材料提供

绿色建筑评价工作中，需要按照评价标准逐条准备相关材料，以证明项目控制项能达标或评分项可以得分，《绿色建筑评价标准》在各个条款的条文说明中均有明确要求。第 5.2.3 条要求在预评价阶段应提供相关设计文件、市政供水的水质检测报告（采用市政再生水时，可使用同一水源邻近项目一年以内的水质检测报告）作为证明材料；评价阶段则应提供相关竣工图、设计说明、各类用水的水质检测报告等作为证明材料。

（三）第 6.2.5 条

1. 条款原文

6.2.5　合理设置健身场地和空间，评价总分值为 10 分，并按下列规则分别评分并累计：

1　室外健身场地面积不少于总用地面积的 0.5%，得 3 分；

2　设置宽度不少于 1.25m 的专用健身慢行道，健身慢行道长度不少于用地红线周长的 1/4 且不少于 100m，得 2 分；

3　室内健身空间的面积不少于地上建筑面积的 0.3% 且不少于 60m^2，得 3 分；

4　楼梯间具有天然采光和良好的视野，且距离主入口的距离不大于 15m，得 2 分。

2. 参评指数

第 6.2.5 条是绿色建筑的"评分项"，是绿色建筑提倡人性化、倡导健康生活理念在评价过程中的体现。设计阶段根据规划条件要求，适当提升健身场地面积、设置健身慢行道、在布置交通核时将楼梯间贴邻外墙布置都可以得到相应的分数。

参评指数：★★★★

3. 评价注意事项

随着对健康生活的重视，人们对健身活动越来越热衷。健身活动有利于人体骨骼、肌肉的生长，增强心肺功能，改善血液循环系统、呼吸系统、消化系统的机能状况，还有利于人体的生长发育，提高抗病能力，增强有机体的适应能力。室外健身可以促进人们更多地接触自然，提高对环境的适应能力，也有益于心理健康，对保障人体健康具有重要意义。

（1）室外健身活动区　要求在项目用地范围内设置集中的室外健身活动区，与国家标准要求一致。如《城市社区多功能公共运动场配置要求》(GB/T 34419—2017) 提出充分考虑社区所在地的气候、人文和民族特点，选择设置当地群众喜爱的体育项目；《城市居住区规划设计标准》(GB 50180—2018) 提出室外综合建设场地（含老年户外活动场地和儿童活动场地）的服务半径不宜大于 300m。

该款要求在住宅小区、中小学校、托儿所、幼儿园、老年人照料设施、疗养院等项目中，由于规划设计条件或相关的建设标准、设计规范本身对室外健身场地的设置有具体要求，因此比较容易得分。设置室外活动场地时应注意其位置，避免噪声扰民，并根据运动类型设置适当的隔声措施；健身场地应进行全龄化设计，以满足各年龄段人群的室外活动要求。

项目本身无室外健身场地的，本款不得分。

（2）专用健身慢行道　健身慢行道是指在场地内设置的供人们进行行走、慢跑的专门道路。健身慢行道应尽可能避免与场地内车行道交叉，步道宜采用弹性减振、防滑和环保的材料，如塑胶、彩色陶粒等。步道宽度不少于 1.25m，源自原中华人民共和国建设部以及原中华人民共和国国土资源部联合发布的《城市社区体育设施建设用地指标》的要求。

（3）室内健身空间　鼓励在建筑或社区中合理设置健身空间，若健身房设置在地下，其室内照明、排风、新风、空调等应满足使用要求。具体可设置开放共享的健身房、羽毛球室、乒乓球室等，如项目内设置收费健身房并可向业主提供优惠使用条件，本款也可得分。

除专门的健身空间外，也可利用公共空间（如小区会所、入口大堂、休闲平台、共享空间等）在不影响原有功能正常使用的前提下，合理设置健身区，但需要利用空间合理布局，形成固定的、具有一定规模的健身区域，方可计入面积。健康空间内宜配置健身器材，给人们提供全天候健身活动的条件，鼓励大家采用积极健康的生活方式。

（4）楼梯间　鼓励将楼梯设置在靠近主入口的位置，同时靠外墙设置，保证楼梯间内有天然采光和良好的视野，方便使用者白天行走和锻炼。同时设置充足的照明系统和人体感应灯，提高夜间利用楼梯间锻炼的舒适度。

楼梯间距离主入口的距离不大于 15m 是为了吸引人们主动选择走楼梯的健康出行方式，同时也是《建筑设计防火规范(2018 年版)》（GB 50016—2014）中对于紧急疏散情况下楼梯间位置的规定。

4. 设计阶段初步自评

（1）室外健身场地

是否设置了室外健身场地：□是、□否；

室外健身场地面积：＿＿＿＿ m²，在总用地面积中的占比：＿＿＿＿%；

室外健身场地与建筑主要使用空间的间距是：＿＿＿＿＿＿ m，是否采取隔声、降噪措施：□是、□否。

（2）健身慢行道

是否设置了健身慢行道：□是、□否；

健身慢行道宽：＿＿＿＿ m（要求不少于 1.25m），长：＿＿＿＿ m，用地红线周长：＿＿＿＿ m；

健身慢行道与用地红线周长的比例：＿＿＿＿；

健身慢行道地面材料为＿＿＿＿＿＿，是否符合弹性、防滑、环保要求：□是、□否；

健身慢行道是否与场地车行道路分流：□是、□否。

（3）室内健身空间

是否设置了室内健身空间：□是、□否，功能为＿＿＿＿＿＿；

室内健身空间设置的位置是＿＿＿＿＿＿，如设置在地下，是否有良好的照明、通风、空调环境：□是、□否；

室内健身空间的面积：＿＿＿＿ m²，地上建筑面积：＿＿＿＿ m²；

室内健身空间在地上建筑面积中的占比：＿＿＿＿%。

（4）楼梯间

楼梯间是否贴邻建筑外墙布置：□是、□否；

楼梯间是否具有天然采光和良好的视野：□是、□否；

楼梯间距离主入口的距离：＿＿＿＿ m。

5. 证明材料提供

绿色建筑评价工作中，需要按照评价标准逐条准备相关材料，以证明项目控制项能达标或评分项可以得分，《绿色建筑评价标准》在各个条款的条文说明中均有明确要求。第

6.2.5条要求在预评价阶段应提供相关设计文件、场地布置图、产品说明书作为证明材料；评价阶段则应提供相关竣工图、产品说明书等作为证明材料。

（四）第7.2.11条

1. 条款原文

7.2.11 绿化灌溉及空调冷却水系统采用节水设备或技术，评价总分值为12分，并按下列规则分别评分并累计：

1 绿化灌溉在节水灌溉的基础上采用节水技术，并按下列规则评分：

1) 设置土壤湿度感应器、雨天自动关闭装置等节水控制措施，得6分。

2) 50%以上的绿地种植无须永久灌溉植物，且不设永久灌溉设施，得6分。

2 空调冷却水系统采用节水设备或技术，按下列规则评分：

1) 循环冷却水系统采取设置水处理措施、加大集水盘、设置平衡管或平衡水箱等方式，避免冷却水泵停泵时冷却水溢出，得3分；

2) 采用无蒸发耗水量的冷却技术，得6分。

2. 参评指数

第7.2.11条是绿色建筑评价的"评分项"，主要对节水技术的使用提出了相关要求。《建筑给水排水与节水通用规范》（GB 55020—2021）第3.4.8条规定：绿化浇洒应采用高效节水灌溉方式。此为强制性条文，必须遵守。对于不设置空调设备或系统的项目，本条第2款一般可直接得分。

参评指数：★★★★

3. 评价注意事项

（1）绿化灌溉 《建筑给水排水与节水通用规范》（GB 55020—2021）第3.4.8条规定："绿化浇洒应采用高效节水灌溉方式。"此为强制性条款，在设计、建造过程中必须严格执行。因此，本条第1款将"采用节水灌溉"作为得分的前提条件，与强制性条文要求对应一致。节水灌溉方式包括喷灌、微喷灌、滴灌等。

第1款第1项。本项得分的前提条件是绿化面积中采用节水灌溉技术的面积占比不低于项目总绿化面积的90%。在采用节水灌溉技术的基础上，根据场地植物种植的情况设置土壤湿度传感器或雨天自动关闭装置等节水控制方式，进一步节约水资源，可以得分。但需注意，未达到本项得分的前提条件，或采用移动喷灌头，本项不能得分。

第1款第2项。无须永久灌溉植物是指适应当地气候，仅依靠自然降雨即可维持良好的生长状态的植物，或在干旱时体内水分丧失，全株呈风干状态而不死亡的植物。无须永久灌溉，植物仅在生根时需进行人工灌溉，因而不需设置永久的灌溉系统，设置临时灌溉系统即可满足其生长需求，但临时灌溉系统应在安装后一年之内移走。需要注意，本项的得分条件是：50%以上的绿地种植无须永久灌溉植物且不设置永久灌溉设施，同时，其余的绿化面积均应采用节水灌溉方式。另外，对于选用无须永久灌溉植物，设计文件中应提供植物配置表，并明确标明其是否属于无须永久灌溉植物，申报方应提供当地植物名录，说明所选植物的耐旱性能。

（2）空调冷却水系统 对于设有集中空调系统的公共建筑来说，空调系统冷却水的补水量约占建筑物总用水量的30%～50%。降低冷却水系统的耗水量对整个建筑物的节水工作来说意义重大。

第2款第1项。空调冷却水系统采用开式系统时，其蒸发耗水量较大且水质易被污染；采用闭式系统时，其冷却塔的喷淋水系统也存在类似情况。此时，如设置水处理装置和化学加药装置改善水质，可减少排污耗水量，从而实现节约用水，取得分数。另外，在空调冷却水系统中采取加大集水盘、设置平衡管或平衡水箱等方式，能加大冷却塔集水盘浮球阀至溢流口段的容积，避免停泵时的泄水和启泵时的补水浪费，降低用水量。

第2款第2项。"无蒸发耗水量的冷却技术"包括采用分体空调、风冷式冷水机组、风冷式多联机、地源热泵、干式运行的闭式冷却塔等。其中，地源热泵系统采用辅助冷却塔时，一般使用时间较短，其蒸发耗水量总体上对节约用水影响不大，仍可取得本项分数。

4. 设计阶段初步自评

（1）绿化灌溉

① 节水灌溉

绿化灌溉水源为：□市政自来水、□市政中水、□建筑中水、□雨水；

采用的绿化灌溉方式为：□喷灌、□滴灌、□微喷灌、□其他＿＿＿＿＿＿；

采用节水灌溉系统的绿化面积为：＿＿＿＿＿ m²；总绿化面积为：＿＿＿＿＿ m²；

节水灌溉的绿化面积占比为：＿＿＿＿＿％。

② 节水控制措施

项目设置节水灌溉系统的绿化面积在总绿化面积中的占比超过90％：□是、□否；

项目对于绿化灌溉系统采取了节水控制措施：□是、□否，具体包括：□设置土壤湿度感应器、□设置雨天关闭装置、□其他＿＿＿＿＿＿＿＿；

采取节水控制措施的绿化面积为：＿＿＿＿＿ m²；在节水灌溉绿化面积中的占比为：＿＿＿＿＿％；在总绿化面积中的占比为：＿＿＿＿＿％。

③ 无须永久灌溉植物

是否选种无须永久灌溉植物：□是、□否，具体种类包括：＿＿＿＿＿＿＿＿，所选植物能良好适应当地气候条件：□是、□否；

无须永久灌溉植物的种植面积为：＿＿＿＿＿ m²；在总绿化面积中的占比为：＿＿＿＿＿％；超过50％：□是、□否；

种植无须永久灌溉植物的区域中是否设置永久灌溉设施：□是、□否；

其余绿化区域全部设置节水灌溉系统：□是、□否。

（2）空调冷却水系统节水

① 空调系统设置情况

是否设置了空调设备或系统：□是、□否；

空调冷却水系统是否有蒸发耗水量：□是、□否；

② 循环冷却水系统

采取措施避免冷却水消耗量过大：□是、□否；

具体措施有：□设置水处理装置、□加大积水盘、□设置平衡管、□设置平衡水箱、□其他＿＿＿＿＿＿＿＿。

③ 无蒸发耗水量的冷却技术

具体技术类型为：□分体空调、□风冷式冷水机组、□风冷式多联机、□地源热泵、□干式运行的闭式冷却塔、□其他＿＿＿＿＿＿＿＿。

5. 自评报告说明举例

简要说明循环冷却系统采用的节水技术和水质处理措施（150字以内），举例如下（具体内容以××替代）。

循环冷却水系统通过换热器交换热量或直接接触换热方式来交换介质热量，并经冷却塔凉水后循环使用以节约水资源。

循环冷却水的pH值控制在7~9.5以防止腐蚀、结垢；系统中设置过滤器、过滤网以去除水中的杂质，同时采用××复合水处理制剂及××技术体系，保证冷却水塔、冷水机台等设备处于最佳的运行状态。

6. 证明材料提供

绿色建筑评价工作中，需要按照评价标准逐条准备相关材料，以证明项目控制项能达标或评分项可以得分，《绿色建筑评价标准》在各个条款的条文说明中均有明确要求。第7.2.11条要求在预评价阶段应提供相关设计图纸、设计说明（含相关节水产品的设备材料表、冷却节水措施说明）、产品说明书等作为证明材料；评价阶段则应提供相关设计说明、相关竣工图、产品说明书、产品节水性能检测报告、节水产品说明书等作为证明材料。

（五）第7.2.12条

1. 条款原文

7.2.12 结合雨水综合利用设施营造室外景观水体，室外景观水体利用雨水的补水量大于水体蒸发量的60%，且采用保障水体水质的生态水处理技术，评价总分值为8分，并按下列规则分别评分并累计：

1 对进入室外景观水体的雨水，利用生态设施削减径流污染，得4分；

2 利用水生动物、植物保障室外景观水体水质，得4分。

2. 参评指数

第7.2.12条是绿色建筑评价的"评分项"，未设室外景观水体的项目，本条可直接得分。《建筑给水排水与节水通用规范》（GB 55020—2021）第4.5.10条要求，建筑与小区应遵循源头减排原则，建设雨水控制与利用设施，减少对水生态环境的影响。新建的建筑与小区降雨的年径流总量和外排径流峰值的控制应达到建设用地开发前的水平。建设用地开发前是指城市化之前的自然状态，一般为自然地面，产生的地面径流很小，径流系数基本上不超过0.3。此要求为利用雨水补水提供了水源保障。同时需要注意，室外景观水体的补水没有利用雨水或雨水利用量不满足要求时，本条不得分。

参评指数：★★★★

3. 评价注意事项

（1）设计原则　设置本条的目的是鼓励将雨水控制利用和室外景观水体设计有机地结合起来。景观水体的补水应充分利用场地的雨水资源，不足时再考虑其他非传统水源的使用。缺水地区和降雨量少的地区应谨慎考虑设置景观水体，景观水体的设计应通过技术经济可行性论证确定规模和具体形式。设计时应做好景观水体补水量和水体蒸发量逐月的水量平衡，确保满足本条的定量要求。

（2）相关规范、标准的规定　全文强制性国家标准《住宅建筑规范》（GB 50368—2005）第4.4.3条规定："人工景观水体的补充水严禁使用自来水。"因此，设有水景的项目，水体的补水只能使用非传统水源，或在取得当地相关主管部门的许可后，利用邻近的河水、湖水。但利用邻近的河水、湖水进行补水的项目，本条不能得分。利用非传统水源为景观水体补水时，应注意水质的处理要满足景观水体的用水要求。

现行国家标准《民用建筑节水设计标准》（GB 50555—2010）原第4.1.5条规定："景观用水水源不得采用市政自来水和地下井水。"该条款与《住宅建筑规范》的规定相同，但自2022年4月1日起被废止，现以全文强制性国家标准《建筑给水排水与节水通用规范》GB 55020—2021的规定为准。

现行全文强制性国家标准《建筑给水排水与节水通用规范》GB 55020—2021中第3.4.3条规定："非亲水性的室外景观用水水源不得采用市政自来水和地下井水。"较之《住宅建筑规范》的要求有所放宽，即对于亲水性室外景观用水使用市政自来水或地下井水的情况，不视为违反《建筑给水排水与节水通用规范》（GB 55020—2021）的要求。考虑到对于非传统水源的处理也会带来一定的资源消耗，增加运行成本，具体评价过程中可结合当地主管部门要求，对《建筑给水排水与节水通用规范》与《住宅建筑规范》的不同要求予以考虑。

（3）得分要求

① 雨水补水量占比。本条得分的第一个前提条件是：利用雨水提供的室外景观水体补水量应大于水体蒸发量的60%，反之，采用除雨水外的其他水源对景观水体补水时，其补水量不得超过水体蒸发量的40%。设计时应做好景观水体补水量和水体蒸发量的水量平衡，景观水体的补水管应单独设置水表（不得与绿化用水、道路冲洗用水合用）。

② 景观水体水质要求。本条得分的第二个前提条件是：景观水体的水质根据水景补水水源和功能性质不同，应不低于国家现行标准的要求。根据景观水体的功能性质不同，执行的标准也有区别，详见表8-5。

表 8-5　景观水体水质标准

人体与水的接触程度和水景功能		非直接接触、观赏性	非全身接触、娱乐性	全身接触、娱乐性	细雾等微孔喷头、室内水景
适用标准	充水和补水水质	《城市污水再生利用 景观环境用水水质》(GB/T 18921—2019)		《生活饮用水卫生标准》(GB 5749—2022)	《生活饮用水卫生标准》(GB 5749—2022)
	水体水质	《地表水环境质量标准》(GB 3838—2022)中的pH值、溶解氧、粪大肠菌群指标,且透明度≥30cm		《游泳池水质标准》(CJ/T 244—2016)	
		V类	IV类		

注：1. "非直接接触"指人身体不直接与水接触，仅在景观水体外观赏；

2. "非全身接触"指人部分身体可能与水接触，如涉水、划船等娱乐行为；

3. "全身接触"指人可能全身进入水中进行嬉水、游泳等活动，如旱喷泉、嬉水喷泉等；

4. 水深不足 30cm 时，透明度不小于最大水深。

③ 景观水体水质保障措施。景观水体的水质保障应采用生态水处理技术，在雨水进入景观水体之前充分利用植物和土壤的渗滤作用削减径流污染，通过采用非硬质池底及生态驳岸，为水生动、植物提供栖息条件，通过水生动植物对水体进行净化。必要时可采取其他辅助手段对水体进行净化，保障水体的水质安全。

4. 设计阶段初步自评

设计过程中可以按以下步骤复核项目在第7.2.12条的得分情况。

（1）景观水体补水

项目内设有景观水体：□是、□否；

景观水体总用水量为：＿＿＿＿ m³，利用雨水的补水量为：＿＿＿＿ m³；

景观水体利用雨水的补水量大于水体蒸发量的60%：□是、□否；

其他补水来源为：□邻近的河水/湖水、□市政中水、□建筑中水、□其他＿＿＿＿。

（2）生态设施

场地雨水经以下生态设施后进入景观水体：

□前置塘、□植物缓冲带、□下凹式绿地、□植草沟、□调蓄池、□其他＿＿＿＿；

采用非硬质池底及生态驳岸，为水生动植物提供栖息条件，向水体投放水生动植物：

□是、□否。

5. 自评报告说明举例

简要说明水景设计方案、所在地气候条件（逐月蒸发量、降雨量）、项目场地条件（综合径流系数）、雨水利用设施和雨水生态系统的工艺流程及参数、水质安全保障措施（300字以内）。举例如下（具体内容以××替代）。

项目位于××省××市，平均降雨量××mm，逐月蒸发量××毫米，经计算，场地内综合径流系数为××。项目内的景观水体总用水量为××m³，补水的水源为经处理后的雨水、××和××，其中雨水补水量为××m³，占比超过60%。

项目在场地中设有××、××、××等生态设施，雨水经生态设施收集、过滤后进入净化设备，处理后的水质达到景观水体用水要求后储存进蓄水池内。

净化系统选用××牌××型号产品，过滤器滤速可达××m/h，滤后浊度可达到××NTU以下，使滤后出水澄清度、COD等指标完全达到各项杂用水的水质要求，并且滤罐的纳污能力高，易于反洗，避免传统砂滤罐常见的板结问题。紫外杀菌装置将过滤后水中的大肠杆菌或其他致病菌杀灭，确保雨水利用的安全、健康。

6. 证明材料提供

绿色建筑评价工作中，需要按照评价标准逐条准备相关材料，以证明项目控制项能达标或评分项可以得分，《绿色建筑评价标准》在各个条款的条文说明中均有明确要求。第7.2.12条要求在预评价阶段应提供相关设计文件（含总平面图，竖向、室内外给排水施工图，水景详图等）、水量平衡计算书等作为证明材料；评价阶段则应提供相关竣工图、计算书、景观水体补水用水计量运行记录、景观水体水质检测报告等作为证明材料。

（六）第7.2.13条

1. 条款原文

7.2.13 使用非传统水源，评价总分值为15分，并按下列规则分别评分并累计：

1 绿化灌溉、车库及道路冲洗、洗车用水采用非传统水源的用水量占其总用水量的比例不低于40%，得3分；不低于60%，得5分；

2 冲厕采用非传统水源的用水量占其总用水量的比例不低于30%，得3分；不低于50%，得5分；

3 冷却水补水采用非传统水源的用水量占其总用水量的比例不低于20%，得3分；不低于40%，得5分。

2. 参评指数

第7.2.13条是绿色建筑评价的"评分项"，可结合海绵城市设计，利用雨水回收系统，将经净化、水质检测达标后的雨水用于绿化灌溉等用途。

参评指数：★★★

3. 评价注意事项

（1）概念阐释 "非传统水源"的概念是相对于传统地表水供水和地下水供水的水源来说的，一般包括再生水、雨水、海水等，其中再生水又可分为市政再生水和建筑中水。非传统水源的选择与利用方案应通过经济技术比较确定。

"采用非传统水源的用水量占其总用水量的比例"是指项目某部分杂用水采用非传统水源的用水量占该部分杂用水总用水量的比例。本条提及的非传统水源用水量、总用水量均为设计年用水量，由设计平均日用水量和用水时间计算得出。设计平均日用水量应根据节水用水定额和设计用水单元数量计算得出，节水用水定额取值详见现行国家标准《民用建筑节水设计标准》（GB 50555—2010）。

（2）得分措施 ①绿化灌溉、车库及道路冲洗用水、洗车用水、冷却水补水。雨水更适合于季节性利用，比如绿化、景观水体、冷却系统等设施的用水需求一般季节性较强，一年中的用水高峰期基本与雨水充沛的时节重叠，因此本条第1款、第3款所涉及的非传统水源利用情形，适合采用净化后的雨水作为水源。同时项目设计雨水调蓄池时，如在调蓄容积上增加雨水回用容积，也可以作为杂用水补充水源使用。②冲厕用水。冲厕用水需求与建筑中水的产量在全年的分布较为一致，与季节变化相关性都不大。因此，对于大部分地区来说，都可以利用中水作为冲厕用水的水源。对于全年降水量变化不大的地区，也可以利用雨水作为冲厕用水的水源。

（3）水质要求　利用非传统水源作为绿化灌溉、车库及道路冲洗、洗车、冲厕和空调冷却水系统补水的水源时，应注意处理标准符合国家现行规范、标准的要求，详见表 8-6。

表 8-6　非传统水源处理标准

序号	非传统水源用途	应符合的现行国家标准
1	绿化灌溉	《城市污水再生利用 绿地灌溉水质》(GB/T 25499—2010)
2	车库及道路冲洗	《城市污水再生利用 城市杂用水水质》(GB/T 18920—2020)
3	洗车用水	
4	冲厕	
5	空调冷却水	《采暖空调系统水质》(GB/T 29044—2012)

（4）特殊情形

① 利用市政再生水申报的项目，但仅为规划、未同期建设、未投入使用时，本条不得分。

② 非传统水源系统应与建筑同时设计、施工和运行，未配套建设时，本条不得分。

4. 设计阶段初步自评

在设计过程中，可按以下步骤复核项目在 7.2.13 条的得分情况。

（1）项目用水基本情况

建筑年用水总量：_____ m³；

建筑平均日用水量：_____ m³。

（2）非传统水源利用

项目中是否使用非传统水源：□是、□否；

非传统水源来源：□市政中水、□建筑中水、□雨水收集回用、□其他_____；

自评价时可将项目中非传统水源的利用情况列表统计，示例如表 8-7。

表 8-7　非传统水源利用情况统计表示例

用途	年总用水量/m³	非传统水源年供水量/m³	非传统水源利用率/%
绿化灌溉			
车库冲洗			
道路冲洗			
洗车用水			
室内冲厕			

水质是否满足现行国家标准的要求：□是、□否。

（3）冷却水补水

项目是否有循环冷却水系统：□是、□否；

循环冷却水系统补水年用水量：____ m³，其中非传统水源年供水量：____ m³，非传统水源利用率为：____%；

使用非传统水源的类型为：□市政中水、□建筑中水、□雨水收集回用、□河道（湖）水、□其他_____；

非传统水源处理工艺为：_____，设计出水水质是否满足《采暖空调系统水质》(GB/T 29044—2012) 相关规定：□是、□否。

5. 自评报告说明举例

简要说明冷却塔补水量、补水来源、非传统水源处理工艺、设计出水水质（150 字以内）。举例如下（具体内容以××替代）。

本工程未设置中央空调系统，无冷却塔等用水设施，不涉及冷却塔补水。项目结合海绵专项设计，利用海绵设施对雨水进行初步过滤并收集于雨水处理设施，经过进一步沉淀、过滤、消毒等处理工艺，处理后的雨水水质达到××标准，可用于××等用途。

6. 证明材料提供

绿色建筑评价工作中，需要按照评价标准逐条准备相关材料，以证明项目控制项能达标或评分项可以得分，《绿色建筑评价标准》在各个条款的条文说明中均有明确要求。第7.2.13条要求在预评价阶段应提供相关设计文件、当地相关主管部门的许可、非传统水源利用计算书作为证明材料；评价阶段则应提供相关竣工图纸、设计说明、非传统水源利用计算书、非传统水源水质检测报告等作为证明材料。

（七）第8.1.3条

1. 条款原文

8.1.3 配建的绿地应符合所在地城乡规划的要求，应合理选择绿化方式，植物种植应适应当地气候和土壤，且应无毒害、易维护，种植区域覆土深度和排水能力应满足植物生长需求，并应采用复层绿化方式。

2. 参评指数

第8.1.3条是绿色建筑评价的"控制项"，相当于一般技术性规范标准中的强制性条款，绿色建筑如果要申请参与评价，必须满足全部控制项的要求。

参评指数：★★★★★

3. 评价注意事项

（1）概念阐释 "绿地"包括建设项目用地中各类绿化用地。合理设置绿地可起到改善和美化环境、调节小气候、缓解城市热岛效应等作用。绿地率以及公共绿地的数量是衡量居住区环境质量的重要指标之一。

采用复层绿化要求合理搭配乔木、灌木和草坪，以乔木为主，灌木填补林下空间，地面栽花种草，在垂直面上形成乔、灌、草空间互补和重叠的效果，提高绿地的空间利用率，增加绿量，使有限的绿地发挥更大的生态效益和景观效益。一般住宅建筑绿地每$100m^2$配植乔木不少于3株。

（2）评价原则 为保障城市公共空间的品质、提高服务质量，每个城市对城市中不同地段或不同性质的公共设施建设项目，都制订有相应的绿地管理控制要求。本条鼓励公共建筑项目优化建筑布局，提供更多的绿化用地或绿化广场，创造更加宜人的公共空间；鼓励绿地或绿化广场设置休憩、娱乐等设施并定时向社会公众免费开放，以提供更多的公共活动空间；鼓励各类公共建筑进行屋顶绿化和墙面垂直绿化，但应结合当地气候条件和项目具体情况综合判断是否设置。

选择当地植物，更易于成活，并能突出地方物种特色，降低维护成本。选择无毒害的植物，在绿化的同时保障人身健康。该要求与全文强制性国家标准《园林绿化工程项目规范》（GB 55014—2021）的要求一致，规范第3.3.1条明确指出："植物选择应适地适树，应优先选用乡土植物和引种驯化后在当地适生的植物，并应结合场地环境保护要求和自然生态资源。"内蒙古自治区地方标准《绿色建筑设计标准》（DBJ 03-66—2015）在附录B中列举了内蒙古自治区部分常用植物，附录C给出了场地各功能区的植物配植建议，可为严寒地区提供一定的参考。

全文强制性国家标准《园林绿化工程项目规范》（GB 55014—2021）第3.3.5条要求："地下空间顶面、建筑屋顶和构筑物顶面的立体绿化应保证植物自然生长，地下空间顶面种植乔木区覆土深度应大于1.5m。"另外，满足灌木、草坪生长需求的覆土深度一般分别为0.5m、0.3m。同时，种植区域的覆土深度因所处地域不同会有差异，因此在满足规范要求的基础上，还要结合当地实际情况确定最终的设计覆土深度。

4．设计阶段初步自评

（1）住宅建筑

① 乡土植物，复层绿化

项目所在地为以下选项中的：□华北、□东北、□西北、□华中、□华东、□华南、□西南；

绿化物种是否主要选用适宜当地气候和土壤条件的乡土植物：□是、□否；

是否采用包含乔、灌木的复层绿化：□是、□否；

如绿化植物种植在地下车库顶板上，则种植区域覆土深度：＿＿＿＿＿ m；

地下车库顶板上排水设施情况：＿＿＿＿＿＿。

② 绿地配植乔木

项目用地面积：＿＿＿＿＿ m²，绿地面积：＿＿＿＿＿ m²；

绿地中乔木的数量：＿＿＿＿＿株，平均每 100m² 绿地面积上的乔木数：＿＿＿＿＿株；

主要绿化物种包括：＿＿＿＿＿＿。

（2）公共建筑

① 乡土植物，复层绿化

项目所在地为以下选项中的：□华北、□东北、□西北、□华中、□华东、□华南、□西南；

绿化物种是否主要选用适宜当地气候和土壤条件的乡土植物：□是、□否；

是否采用包含乔、灌木的复层绿化：□是、□否。

② 采用垂直绿化、屋顶绿化等方式

是否采用屋顶绿化：□是、□否；

是否采用垂直绿化：□是、□否；

屋顶可绿化面积：＿＿＿＿＿ m²；屋顶绿化面积：＿＿＿＿＿ m²；屋顶绿化面积占屋顶可绿化面积比例：＿＿＿＿＿%；

如绿化植物种植在地下车库顶板上，则种植区域覆土深度：＿＿＿＿＿ m。

5．自评报告说明举例

（1）请列举本项目中的主要绿化物种（200 字以内）。举例如下（具体内容以××替代）。

> 本项目绿化选取乡土植物，采用乔、灌、地被比例协调，在平面布置上疏密得当，竖向布置上进行分层设计，绿地配置乔木不少于 3 株/100m²，乔木布置对步道、庭院、广场、游憩场等人行区域形成遮阳作用。
>
> 具体植物种类有：××、××、××、××等常绿乔木；××、××、××、××等落叶乔木；××、××、××、××等小乔木；××、××、××、××等灌木；××、××、××、××等地被。

（2）简要说明屋顶绿化或垂直绿化，包括屋顶绿化或垂直绿化的位置、方式、主要植物种类等（200 字以内）。举例如下（具体内容以××替代）。

> 项目在××单体的上人屋面设计屋顶花园，绿化面积为×× m²，种植区域覆土深度和排水能力应满足植物生长需求，植物种植以草本植物为主、灌木为辅，具体植物包括：××、××、××、××等耐旱植物和××、××、××、××等耐寒植物。

6．证明材料提供

绿色建筑评价工作中，需要按照评价标准逐条准备相关材料，以证明项目控制项能达标或评分项可以得分，《绿色建筑评价标准》在各个条款的条文说明中均有明确要求。第8.1.3 条要求在预评价阶段应提供规划批复文件、相关设计文件（苗木表、覆土深度、排水设计）等作为证明材料；评价阶段应提供规划批复文件、相关竣工图、绿地计算书、苗木采购清单等作为证明材料。

（八）第8.1.5条

1. 条款原文

8.1.5　建筑内外均应设置便于识别和使用的标识系统。

2. 参评指数

第8.1.5条是绿色建筑评价的"控制项"，相当于一般技术性规范标准中的强制性条款，绿色建筑如果要申请参与评价，必须满足全部控制项的要求。第8.1.5条的评价可结合评价标准第4.1.8条的相关要求统一委托设计、采购、安装。

参评指数：★★★★★

3. 评价注意事项

（1）标识概念及分类　公共建筑的标识系统应当执行现行国家标准《公共建筑标识系统技术规范》（GB/T 51223—2017），住宅建筑可以参照执行。《公共建筑标识系统技术规范》GB/T 51223—2017明确指出，标识是指在公共建筑空间环境中，通过视觉、听觉、触觉或其他感知方式向使用者提供导向与识别功能的信息载体，规范第3.1节从多个维度对标识及标识系统进行了分类，摘录如下。

3.1.1　公共建筑标识分类应符合表3.1.1的要求。

表3.1.1　公共建筑标识分类

序号	分类方式	标识类别
1	传递信息的属性	引导类标识、识别类标识、定位类标识、说明类标识、限制类标识
2	标识本体设置安装方式	附着式标识、吊挂式标识、悬挑式标识、落地式标识、移动式标识、嵌入式标识
3	显示方式	静态标识、动态标识
4	感知方式	视觉标识、听觉标识、触觉标识、感应标识、交互标识
5	设置时效	长期性标识、临时性标识

3.1.2　公共建筑标识系统分类应符合表3.1.2的要求。

表3.1.2　公共建筑标识系统分类

序号	分类方式	标识系统类别
1	所在空间的位置	室外空间标识系统、导入/导出空间标识系统、交通空间标识系统、核心功能空间标识系统、辅助功能空间标识系统
2	使用对象	人行导向标识系统、车行导向标识系统
3	构成形式	点状形式标识系统、线状形式标识系统、枝状形式标识系统、环状形式标识系统、复合形式标识系统

3.1.3　公共建筑标识系统应包括导向标识系统和非导向标识系统。导向标识系统的构成应符合表3.1.3的规定。

表3.1.3　导向标识系统构成及功能

序号	系统构成		功能	设置范围
1	通行导向标识系统	人行导向标识系统	引导使用者进入、离开及转换公共建筑区域空间	邻近公共建筑的道路、道路平面交叉口、公共交通设施及公共建筑的空间，以及公共建筑附近的城市规划建筑红线内外区域及地面出入口、内部交通空间等
		车行导向标识系统		
2	服务导向标识系统		引导使用者利用公共建筑服务功能	公共建筑所有使用空间
3	应急导向标识系统		在突发事件下引导使用者应急疏散	公共建筑所有使用空间

（2）设置原则

①体现人文关怀。在标识系统设计和设置时，应考虑建筑使用者的识别习惯，针对色彩、

形式、字体、符号等整体进行设计，形成统一性和可辨识度，并考虑老年人、残障人士、儿童等不同人群对标识的识别和感知的方式。例如，老年人由于视觉能力下降，需要采用字号较大的文字、较易识别的色彩系统等；儿童由于身高较低、识字量不够等因素，需要采用高度适合、色彩与图形化结合等方式的识别系统。

② 标识信息传递。标识系统各类标识中信息的传递应优先使用图形标识，且图形标识应符合现行国家标准《标志用公共信息图形符号》（GB/T 10001.2～6、9）的规定，并应符合现行国家标准《公共信息导向系统 导向要素的设计原则与要求》（GB/T 20501—2013）第 1 部分和第 2 部分的规定。边长 3mm～10mm 的印刷品公共信息图形标识应符合现行国家标准《公共信息图形符号 第 1 部分：通用符号》（GB 10001.1—2023）的规定。标识的辨识度要高，安装位置和高度要适宜，易于被发现和识别，尤其要避免将标识安装在活动物体上。例如将厕所的标识安装在门上时，会因门打开而不容易看到。对于居住区和公共建筑群，在场地主出入口应当设置总平面布置图，标出楼号及建筑主出入口等信息。同时，建筑及场地的标识应沿通行路径布置，构成完整和连续的引导系统。

（3）公共建筑标识系统设置要求　《公共建筑标识系统技术规范》（GB/T 51223—2017）第 3.2 节对公共建筑标识系统设置提出了相关要求，设计时应注意核查，避免缺漏。其中第 3.2.1 条、第 3.2.2 条、第 3.2.4 条的规定涉及标识的设置范围和内容，比较重要，摘录如下。

3.2.1　公共建筑用地红线范围内的室外和室内空间均应进行公共建筑导向标识系统的专项设计。

3.2.2　公共建筑导向标识系统应包括无障碍标识系统。

3.2.4　公共建筑标识系统的设置应综合考虑使用者的需求，对公共建筑物的物业管理、空间功能、环境空间、建筑流线等方面进行整体规划布局。当需求功能及设置条件发生变化时，应及时增减、调换、更新标识。

此外，对于无障碍标识系统的设计，在现行国家强制性标准《建筑与市政工程无障碍通用规范》（GB 55019—2021）中有具体要求，现将第 4.0.1、4.0.2、4.0.3、4.0.4 条摘录如下，设置无障碍标识系统时应注意不要违反强制性条款。

4.0.1　无障碍标识应纳入室内外环境的标识系统，应连续并清楚地指明无障碍设施的位置和方向。

4.0.2　无障碍标识的安装位置和高度应保证从站立和座位的视觉角度都能够看见，并且不应被其他任何物品遮挡。

4.0.3　无障碍设施处均应设置无障碍标识。

4.0.4　对需要安全警示处，应同时提供包括视觉标识和听觉标识的警示标识。

4. 设计阶段初步自评

设计过程中可按以下内容复核各类标识设置情况以满足达标要求。

（1）标识设置概况

本项目的主要使用性质为：□公共建筑、□住宅建筑；

主要使用人群包括：□老年人、□少年儿童、□病患、□残障人士、□其他特殊人群；

标识系统设置对象覆盖范围是否全面：□是、□否。

（2）标识系统设计

① 导向标识系统

项目中是否设置导向标识：□是、□否；

导向标识的设计内容包括：□人行导向、□车行导向；

导向标识的设置部位有：□邻近公共建筑的道路、□道路平面交叉口、□公共交通设施及公共建筑的空间、□公共建筑附近的城市规划建筑红线内外区域、□地面出入口、□内部交通空间、□其他部位_____；

导向标识系统中的标识类别包括：□引导类、□识别类、□定位类、□说明类、□限制类。

② 无障碍标识

无障碍标识的设置部位包括：□无障碍坡道、□无障碍门、□无障碍电梯、□无障碍楼梯、□无障碍走道、□无障碍卫生间、□其他无障碍设施_____；

项目中需要安全警示的位置有：□机房、□电气设备、□施工地点、□保洁工作中、□其他需要警示的情形_____；

需要安全警示的部位设置的标识类型包括：□视觉标识、□听觉标识。

5. 自评报告说明举例

简要说明建筑内外便于识别和使用的标识系统的设置情况（200字以内）。举例如下

本项目场地内的标识系统是一个完整的体系，主要包含如下内容。

1. 建筑物类标识：楼栋牌、单元牌、门牌等。
2. 公共服务类标识：洗手间标识牌。
3. 提示、警示类标识：避难场所、小心落水等类似的标识牌。
4. 安全设施类标识：消防中心处和配电处标识牌、安全出口标识牌等。
5. 道路交通标识牌：小区内部道路交通指示牌，停车场及停车场内容。
6. 临时性标识：正在维修等标识牌。

6. 证明材料提供

绿色建筑评价工作中，需要按照评价标准逐条准备相关材料，以证明项目控制项能达标或评分项可以得分，《绿色建筑评价标准》在各个条款的条文说明中均有明确要求。第8.1.5条要求在预评价阶段应提供相关设计文件（标识系统设计文件）作为证明材料；评价阶段应提供相关竣工图作为证明材料，同时可附带现场影像资料。

（九）第8.1.7条

1. 条款原文

8.1.7 生活垃圾应分类收集，垃圾容器和收集点的设置应合理并应与周围景观协调。

2. 参评指数

第8.1.7条是绿色建筑评价的"控制项"，相当于一般技术性规范标准中的强制性条款，绿色建筑如果要申请参与评价，必须满足全部控制项的要求。

参评指数：★★★★★

3. 评价注意事项

（1）条款理解 第8.1.7条主要倡导在垃圾分类的大前提下，在规划阶段合理设计场地内的垃圾收集及回收利用设施。这里场地内的垃圾包括开发建设过程和建筑运营过程中产生的建筑垃圾和生活垃圾。回收利用是绿色建筑实现"低碳"目标的重要举措，而垃圾分类是回收利用的前提。同时，垃圾处理不当会严重影响使用者的出行感受，不符合绿色建筑"以人为本"的设计理念。这两个方面都要求策划方在规划阶段能对垃圾物流进行合理预测并落实到设计图纸及施工、运营过程中。本项的评价要求实际可以拆分成两个部分：一是"合理"设置垃圾容器/收集点，需要在规划阶段根据项目使用人数、使用功能设置；二是垃圾收集设施/收集点的设置应与周围景观相协调。

（2）相关政策 为推动生活垃圾分类工作逐步落实，国务院办公厅、国家发展和改革委员会、住房和城乡建设部等部门先后印发了《国务院办公厅关于转发国家发展改革委、住房城乡建设部生活垃圾分类制度实施方案的通知》（国办发〔2017〕26号）、《住房和城乡建设部等部门关于在全国地级及以上城市全面开展生活垃圾分类工作的通知》（建城〔2019〕56号）、《"十四五"城镇生活垃圾分类和处理设施发展规划》（发改环资〔2021〕642号）等文

件。其中《"十四五"城镇生活垃圾分类和处理设施发展规划》提出"完善垃圾分类设施体系"方面的主要任务包括：参照《生活垃圾分类标志》规范垃圾分类投放方式，结合实际明确生活垃圾分类方式，设置规范的垃圾分类投放标志，便于居民投放生活垃圾；按照分类类别合理布局居民社区、商业场所和其他公共场所的生活垃圾分类收集容器、箱房、站点等设施，推进收集能力与收集范围内人口数量、垃圾产生量相协调；加快建立完善的生活垃圾分类运输系统，有效衔接分类投放端和分类处理端，加大对运输环节的监管力度，防止生活垃圾"先分后混""混装混运"。

（3）规范、标准的要求

① 第8.1.7条的要求实际上与现行行业标准《环境卫生设施设置标准》（CJJ 27—2012）中的强制性条文一致，相关条款摘录如下：

2.0.4 城乡新区开发与旧区改造时，环境卫生设施必须同步规划、同步建设、同期交付。

2.0.8 替代环境卫生设施未交付前，不得停止使用或拆除原有的环境卫生设施。

② "十四五"规划提到的国家标准《生活垃圾分类标志》（GB/T 19095—2019），标准将生活垃圾分为4个大类、11个小类，并规定了各类垃圾的标志样式。现阶段生活垃圾分类均以此标准为依据，分类情况详见表8-8。

表8-8 标志的类别构成

序号	大类	小类
1		纸类
2		塑料
3	可回收物	金属
4		玻璃
5		织物
6		灯管
7	有害垃圾	家用化学品
8		电池
9		家庭厨余垃圾
10	厨余垃圾	餐厨垃圾
11		其他厨余垃圾
12	其他垃圾	

注：除上述4大类外，家具、家用电器等大件垃圾和装修垃圾应单独分类。
①"厨余垃圾"也可称为"湿垃圾"；
②"其他垃圾"也可称为"干垃圾"。

③ 行业标准《环境卫生设施设置标准》（CJJ 27—2012），第3.1节、第3.2节、第4.2节对废物箱、垃圾收集站（点）的设置做出了规定，其中几个条款涉及垃圾容器的选用，需要注意，具体摘录如下。

3.1.2 生活废物中的有害垃圾应使用可封闭容器，单独收集、运输和处理。

3.2.1 废物箱应卫生、耐用、美观，并应能防雨、抗老化、防腐、阻燃。

3.3.3 垃圾容器的容量和数量应按使用人口、各类垃圾日排出量、种类和收集频率计算。垃圾存放的总容纳量应满足使用需要，垃圾不得溢出而影响环境。垃圾日排出量及垃圾容器设置数量的计算方法应符合本标准附录A的规定。

④ 行业标准《城市生活垃圾分类及其评价标准》（CJJ/T 102—2004），其中第2.3节对生活垃圾分类操作给出了基本要求，影响绿色建筑评价的有以下条款。

2.3.3 垃圾分类应按国家现行标准CJJ 27的要求设置垃圾分类收集容器。

2.3.4　垃圾分类收集容器应美观适用，与周围环境协调；容器表面应有明显标志，标志应符合现行 GB/T 19095 的规定。

2.3.7　大件垃圾应按指定地点投放，定时清运，或预约收集清运。

⑤ 现行国家标准《城市居住区规划设计标准》（GB 50180—2018）附录 C 中的表 C.0.3 明确了居住街坊中生活垃圾收集点的设置要求，摘录如下。

a. 服务半径不应大于 70m，生活垃圾收集点应采用分类收集，宜采用密闭方式；

b. 生活垃圾收集点可采用放置垃圾容器或建造垃圾容器间方式；

c. 采用混合收集垃圾容器间时，建筑面积不宜小于 $5m^2$；

d. 采用分类收集垃圾容器间时，建筑面积不宜小于 $10m^2$。

4. 设计阶段初步自评

设计过程中可按以下步骤填写相关数据、勾选设置情形，复核设计内容是否达标。

（1）垃圾分类收集概况

项目垃圾排放总质量：＿＿＿＿＿ t/a；分类收集的垃圾质量：＿＿＿＿＿ t/a；垃圾分类收集率：＿＿＿＿＿%。

（2）垃圾回收比例

项目可回收垃圾排放总质量：＿＿＿＿＿ t/a；已回收的可回收垃圾质量：＿＿＿＿＿ t/a；可回收垃圾的回收比例：＿＿＿＿＿%。

（3）垃圾生物降解

是否对可生物降解垃圾进行单独收集：□是、□否，处置方式：＿＿＿＿＿＿＿＿＿＿＿＿＿＿＿＿＿＿。

（4）有害垃圾收集处置

是否对有害垃圾进行单独收集：□是、□否，处置方式：＿＿＿＿＿＿＿＿＿＿＿＿＿＿＿＿＿＿。

（5）垃圾收集站

项目配建垃圾收集站（垃圾房）：□是、□否；

垃圾收集站（房）的主要通道符合进站车辆最大宽度、最高高度及荷载要求：□是、□否；

垃圾收集设施对可回收垃圾、厨余垃圾、有害垃圾及其他垃圾等生活垃圾进行分类收集，制订垃圾分类管理制度：□是、□否。

（6）垃圾容器和收集点

垃圾收集点的服务半径为：＿＿＿＿＿ m；

设置位置合理、密闭并位置相对固定：□是、□否；

是否满足分类投放需要：□是、□否；

是否与周围景观协调：□是、□否。

5. 证明材料提供

绿色建筑评价工作中，需要按照评价标准逐条准备相关材料，以证明项目控制项能达标或评分项可以得分，《绿色建筑评价标准》在各个条款的条文说明中均有明确要求。第 8.1.7 条要求在预评价阶段应提供相关设计文件、垃圾收集设施布置图作为证明材料；评价阶段应提供相关竣工图、垃圾收集设施布置图作为证明材料，投入使用的项目还应提供相关管理制度。

（十）第 8.2.3 条

1. 条款原文

8.2.3　充分利用场地空间设置绿化用地，评价总分值为 16 分，并按下列规则评分：

1　住宅建筑按下列规则分别评分并累计：

1）绿地率达到规划指标 105% 及以上，得 10 分；

2）住宅建筑所在居住街坊内人均集中绿地面积，按表 8.2.3 的规则评分，最高得 6 分。

表 8.2.3 住宅建筑人均集中绿地面积评分规则

人均集中绿地面积 A_g/（m²/人）		得分
新区建设	旧区改建	
0.50	0.35	2
0.50＜A_g＜0.60	0.35＜A_g＜0.45	4
A_g≥0.60	A_g≥0.45	6

2 公共建筑按下列规则分别评分并累计：

1）公共建筑绿地率达到规划指标 105% 及以上，得 10 分；

2）绿地向公众开放，得 6 分。

2. 参评指数

第 8.2.3 条是绿色建筑评价的"评分项"。对于个人开发项目来说，提高绿地率、降低人员密度可提升项目品质，增加项目卖点，符合行业大趋势；对于政府投资的公建项目，适当增加绿地面积也能提升使用体验。

参评指数：★★★★

3. 评价注意事项

（1）概念界定

① 绿地率。绿地包括建设项目用地中各类用作绿化的用地。绿地率指建设项目用地范围内各类绿地面积的总和占该项目总用地面积的比率（%）。绿地率与规划指标的关系，应根据项目所在地城乡规划行政主管部门核发的"规划条件"进行核算。

② 集中绿地。根据现行国家标准《城市居住区规划设计标准》（GB 50180—2018），集中绿地是指居住街坊配套建设、可供居民休憩、开展户外活动的绿化场地。集中绿地应满足的基本要求：宽度不小于 8m，面积不小于 400m² 时，集中绿地应设置供幼儿、老年人在家门口日常户外活动的场地，并应有不少于 1/3 的绿地面积在标准的建筑日照阴影线（即日照标准的等时线）范围之外，并在此区域设置供儿童、老年人户外活动场地，为老年人及儿童在家门口提供日常游憩及游戏活动场所。

（2）公共建筑评价原则 为保障城市公共空间的品质、提高服务质量，每个城市对城市中不同地段或不同性质的公共设施建设项目，都制定了相应的绿地管理控制要求。本条第 2 款鼓励公共建筑项目优化建筑布局，提供更多的绿化用地或绿化广场，创造更加宜人的公共空间；鼓励绿地或绿化广场设置休憩、娱乐等设施并定时向社会公众免费开放，以提供更多的公共活动空间。

（3）特殊情形

① 一般公建项目没有设置可开放公共绿地的，本条第 2 款第 2 项不得分，但对于幼儿园、中小学、医院等建筑的绿地，评价时可视为向社会公众开放，直接获得本条第 2 款第 2 项的分值。

② 宿舍建筑按照公共建筑要求，依据本条第 2 款进行评价。

4. 设计阶段初步自评

（1）住宅建筑

① 居住区人均公共绿地面积：

居住区总公共绿地面积：_____ m²；

居住人口数：_____ 人（若当地有具体规定，应按照当地规定取值，如无统一规定按每户 3.2 人计算）；

人均集中绿地面积：_____ m²。

② 居住区绿地率：

居住区绿地面积：_____ m²；

居住区月地面积：_____ m²；

居住区绿地率：_____%。

（2）公共建筑

① 绿地率：

项目绿地面积：_____ m²；

项目用地面积：_____ m²；

项目绿地率：_____%。

② 绿地向社会公众开放：

项目绿地是：□幼儿园、□小学、□中学、□医院、□其他_____；

项目绿地是否向社会公众免费开放：□是、□否。

5. 证明材料提供

绿色建筑评价工作中，需要按照评价标准逐条准备相关材料，以证明项目控制项能达标或评分项可以得分，《绿色建筑评价标准》在各个条款的条文说明中均有明确要求。第8.2.3条要求在预评价阶段应提供规划许可的设计条件、相关设计文件、日照分析报告、绿地率计算书作为证明材料；评价阶段则应提供相关竣工图、绿地率计算书等作为证明材料。

（十一）第8.2.4条

1. 条款原文

8.2.4　室外吸烟区位置布局合理，评价总分值为9分，并按下列规则分别评分并累计：

1　室外吸烟区布置在建筑主出入口的主导风的下风向，与所有建筑出入口、新风进气口和可开启窗扇的距离不少于8m，且距离儿童和老人活动场地不少于8m，得5分；

2　室外吸烟区与绿植结合布置，并合理配置座椅和带烟头收集的垃圾筒，从建筑主出入口至室外吸烟区的导向标识完整、定位标识醒目，吸烟区设置吸烟有害健康的警示标识，得4分。

2. 参评指数

第8.2.4条是绿色建筑评价的"评分项"。室外吸烟区占地不大，较易布置，可结合景观统一规划、设计。

参评指数：★★★★

3. 评价注意事项

（1）评价原则　本条与评价标准第5.1.1条衔接，通过"堵疏结合"，为"烟民"们设置专门的室外吸烟区，有效引导有吸烟习惯的人走出室内，在规定的范围内合理吸烟，以实现建筑室内禁烟。设置室外吸烟区时除满足条款本身的要求，还须注意避免将吸烟区设置在人员密集区、有遮阳的人员聚集区、雨篷等半开敞的空间。对于室外吸烟区与建筑出入口、新风进气口、可开启窗户、儿童和老年人活动区域等区域的间距，是指直线距离需保持8m以上。吸烟区内须配置垃圾筒和吸烟有害健康的警示标识。对于居住区、大型公共建筑群等，可以根据场地条件，在场地中相对均匀地设置多个室外吸烟区。

（2）特殊情形　《国务院关于实施健康中国行动的意见》（国发〔2019〕13号）提出"鼓励领导干部、医务人员和教师发挥控烟引领作用"，同时考虑项目主要使用人群的特性。对于幼儿园、中小学校，室外不设置吸烟区并且在显著位置设置禁烟标识，直接判定本条得分。对于其他类型建筑，如果场地不适宜设置吸烟区，并且能提供证明的，也可以判定本条直接得分，但需要在室外显著位置设置禁烟标识。

4. 设计阶段初步自评

设计过程中可以按以下步骤勾选项目设计室外吸烟区和禁烟标志的情形，复核室外吸烟区布置及得分情况。

（1）可直接得分的情形
项目为所在地控烟条例规定的全面禁烟项目：□是、□否；
项目使用功能为：□幼儿园、□中小学校、□其他不适宜设置室外吸烟区的功能；
项目为幼儿园或中小学校时，室外不设吸烟区并在显著位置设置禁烟标识：□是、□否；
项目为其他不适宜设置室外吸烟区的功能时，能提供相关证明：□是、□否。
（2）一般项目室外吸烟区设置情况
室外吸烟区布置在建筑主出入口主导风的下风向：□是、□否，室外吸烟区距建筑出入口的最小距离：_____ m；
场地内有新风进气口：□是、否，室外吸烟区距此的直线距离：_____ m；
室外吸烟区距可开启窗扇的直线距离：_____ m；
场地内有儿童和老人活动场地：□是、□否，室外吸烟区距此的直线距离：_____ m；
室外吸烟区与绿植结合布置：□是、□否；
室外吸烟区合理配置座椅和带烟头收集的垃圾筒：□是、□否；
从建筑主出入口至室外吸烟区有完整且醒目的导向、定位标识：□是、□否；
室外吸烟区设置吸烟有害健康的警示标识：□是、□否。

5. 自评报告说明举例

简要说明室外吸烟区布局情况（200字以内）。举例如下（具体内容以××替代）。

本项目小区内共设置××处室外吸烟区，总占地面积为××m²。室外吸烟区均布置在建筑主出入口的主导风的下风向，与所有建筑出入口、新风进风口和可开启窗扇的距离大于8m，且距离综合健身场地大于8m。

室外吸烟区的分布合理，且与周围景观相融合。吸烟区配置座椅和室外烟灰筒，并保证每日进行清倒。从建筑主出入口至室外吸烟区的导向标识完整、定位标识醒目，吸烟区设置吸烟有害健康的警示标识。

6. 证明材料提供

绿色建筑评价工作中，需要按照评价标准逐条准备相关材料，以证明项目控制项能达标或评分项可以得分，《绿色建筑评价标准》在各个条款的条文说明中均有明确要求。第8.2.4条要求在预评价阶段应提供相关设计文件作为证明材料；评价阶段则应提供相关竣工图、影像资料等作为证明材料，未设置室外吸烟区但参评本条的项目，还应提供场地不适宜设置吸烟区的证明文件。

（十二）第8.2.7A条

1. 条款原文

8.2.7A　建筑室外照明及室外显示屏避免产生光污染，评价总分值为10分，并按下列规则分别评分并累计：

1　在居住空间窗户外表面产生的垂直照度不大于表8.2.7-1规定的最大允许值，得5分。

表8.2.7-1　居住空间窗户外表面的垂直照度最大允许值

照明技术参数	应用条件	环境区域		
		E2	E3	E4
垂直面照度 E_v	非熄灯时段	2	5	10
（lx）	熄灯时段	0*	1	2

注：*对于公共（道路）照明灯具产生的影响，此值提高到1lx。

2 建筑室外设置的显示屏表面平均亮度不大于表8.2.7-2规定的限值，且车道和人行道两侧未设置动态模式显示屏，得5分。

表 8.2.7-2 建筑室外设置显示屏表面平均亮度限值

照明技术参数	环境区域		
	E2	E3	E4
平均亮度(cd/m²)	200	400	600

2. 参评指数

第8.2.7A条是绿色建筑评价的"评分项"。现行国家强制性标准《建筑环境通用规范》（GB 55016—2021）中有相关要求，必须满足。不设置室外照明及室外显示屏，或适当采取技术措施，控制室外照明和室外显示屏的亮度和设置范围，并注意产品选型，可以得分。

参评指数：★★★★

3. 评价注意事项

（1）概念界定

①"光污染"是指由于室外夜景照明等干扰光或过量的光辐射（含可见光、紫外线和红外线光辐射）对人、生态环境和天文观测等造成的负面影响。

②"居住空间"包括住宅的卧室、起居室，宿舍，旅馆的客房等。

③"建筑室外"的边界是指参评项目建设场地范围内，建设场地之外不在本条的评价范围内。

④ 表格中的"环境区域划分"的依据是国家标准《室外照明干扰光限制规范》（GB/T 35626—2017）和行业标准《城市夜景照明设计规范》（JGJ/T 163—2008）中内容。

（2）相关规范、标准要求　现行国家全文强制性标准《建筑环境通用规范》（GB 55016—2021）第3.4.3条、第3.4.4条和第3.4.5条已对相关内容作出规定，评价标准是在《建筑环境通用规范》（GB 55016—2021）相关要求的基础上进行了提高。现将《建筑环境通用规范》（GB 55016—2021）的条款原文摘录如下，以供比对，评价时注意不要违反强制性条文中的其他要求。

3.4.3　当设置室外夜景照明时，对居室的影响应符合下列规定：

1　居住空间窗户外表面上产生的垂直面照度不应大于表3.4.3-1的规定值。

表 3.4.3-1　居住空间窗户外表面的垂直面照度最大允许值

照明技术参数	应用条件	环境区域			
		E0 区、E1 区	E2 区	E3 区	E4 区
垂直面照度 E_v(lx)	非熄灯时段	2	5	10	25
	熄灯时段	0*	1	2	5

注：* 当有公共（道路）照明时，此值提高到1lx。

2　夜景照明灯具朝居室方向的发光强度不应大于表3.4.3-2的规定值。

表 3.4.3-2　夜景照明灯具朝居室方向的发光强度最大允许值

照明技术参数	应用条件	环境区域			
		E0 区、E1 区	E2 区	E3 区	E4 区
灯具发光强度 I (cd)	非熄灯时段	2500	7500	10000	25000
	熄灯时段	0*	500	1000	2500

注：1　本表不适用于瞬时或短时间看到的灯具；

2　* 当有公共（道路）照明时，此值提高到500cd。

3　当采用闪动的夜景照明时，相应灯具朝居室方向的发光强度最大允许值不应大于表

3.4.3-2 中规定数值的 1/2。

　　3.4.4　建筑立面和标识面应符合下列规定：

　　1　建筑立面和标识面的平均亮度不应大于表 3.4.4 的规定值。

表 3.4.4　建筑立面和标识面的平均亮度最大允许值

照明技术参数	应用条件	环境区域			
		E0 区、E1 区	E2 区	E3 区	E4 区
建筑立面亮度$^1 L_b$（cd/m²）	被照面平均亮度	0	5	10	25
标识亮度$^2 L_s$ （cd/m²）	外投光标识被照面平均亮度； 对自放光广告标识， 指发光面的平均亮度	50	400	800	1000

　　注：本表中的 L_s 值不适用于交通信号标识。

　　2　E1 区和 E2 区里不应采用闪烁、循环组合的发光标识，所有环境区域这类标识均不应靠近住宅的窗户设置。

　　3.4.5　室外照明采用泛光照明时，应控制投射范围，散射到被照面之外的溢散光不应超过 20%。

　　除《建筑环境通用规范》（GB 55016—2021）外，室外夜景照明设计还应满足现行国家标准《室外照明干扰光限制规范》（GB/T 35626—2017）和现行行业标准《城市夜景照明设计规范》（JGJ/T 163—2008）中关于光污染控制的相关要求。

　　（3）评价原则　当参评建筑为公共建筑，且其周围建筑有住宅、宿舍或旅馆时，需要评估参评建筑的室外照明及室外显示屏对周围居住空间的影响；当参评建筑为公共建筑，且其周围建筑均为公共建筑时，可直接得分；当参评建筑为住宅建筑时，需要评估其室外照明及室外显示屏对自身和周边居住空间的影响。

　　4. 设计阶段初步自评

　　在设计过程中，可按以下步骤计算项目在第 8.2.7A 条的得分情况。

　　（1）室外夜景照明

　　项目所处环境区域属于：_____；

　　是否设有室外夜景照明：□是、□否；

　　室外景观照明是否有直射光射入空中：□是、□否；

　　照明光线是否有超出被照区域的溢散光：□是、□否，如是，则溢散光占比为：_____%。

　　自评价时可将室外照明情况列表统计，复核是否达标，相关表格示例如表 8-9、表 8-10 所示。

表 8-9　室外夜景照明的光污染控制情况统计表示例

照明技术参数	应用条件	设计值	标准限值

表 8-10　居住区和步行区夜景照明灯具的眩光控制情况统计表示例

安装高度/m	L 与 $A^{0.5}$ 的乘积设计值	L 与 $A^{0.5}$ 的乘积标准限值

　　注：L 为灯具与向下垂线成 85°和 90°方向间的最大平均亮度，cd/m²；
　　　　$A^{0.5}$ 为灯具在与向下垂线成 85°和 90°方向间的所有出光面积，m²。

　　（2）室外显示屏

　　自评价时可将项目自身附带、周围其他建筑附带的室外显示屏情况列表统计，示例如表 8-11、表 8-12 所示。

表 8-11　媒体立面墙面的亮度控制情况统计表示例

表面亮度（白光）	设计值	标准限值
表面平均亮度		
表面最大亮度		

表 8-12　LED 显示屏表面的平均亮度控制情况统计表示例

LED 显示屏（全彩色）	设计值	标准限值
平均亮度		

（3）避免夜景照明光污染的措施

□玻璃幕墙、铝塑板墙、釉面砖墙或其他具有光滑表面的建筑物不采用投光照明设计；

□对于住宅、宿舍、教学楼等不采用泛光照明；

□住宅小区室外照明时尽量避免将灯具安装在邻近住宅的窗户附近；

□绿化景观的投光照明尽量采用间接式投光，减少光线直射形成的光；

□在满足照明要求的前提下减小灯具功率；

□其他措施：_____。

5. 自评报告说明举例

简要说明建筑及照明设计过程中，采用何种措施避免对周边建筑造成光污染（200 字以内）。举例如下（具体内容以××替代）。

> 本项目未对光滑外立面采取夜间投光照明设计。其他室外照明均与建筑外窗保持××m 以上的间距，且灯具照明方向朝向与相邻建筑外立面相背的一侧。绿化景观的投光照明采用间接方式。所有室外照明灯具的功率均进行控制，在满足照明质量的前提下尽量降低。

6. 证明材料提供

绿色建筑评价工作中，需要按照评价标准逐条准备相关材料，以证明项目控制项能达标或评分项可以得分，《绿色建筑评价标准》在各个条款的条文说明中均有明确要求。第 8.2.7A 条要求在预评价阶段应提供相关设计文件、光污染分析报告作为证明材料；评价阶段则应提供相关竣工图、光污染分析报告、检测报告（设有夜景照明时，查阅居住空间户外表面垂直照度检测报告；建筑室外设置显示屏时，查询显示屏表面亮度检测报告）等作为证明材料。

（十三）第 9.2.4A 条

1. 条款原文

9.2.4A　采取措施提升场地绿容率，评价总分值为 5 分，并按下列规则评分：

1 场地绿容率计算值，不低于 1.0，得 1 分；不低于 2.0，得 2 分；不低于 3.0，得 3 分。

2 场地绿容率实测值，不低于 1.0，得 2 分；不低于 2.0，得 4 分；不低于 3.0，得 5 分。

2. 参评指数

第 9.2.4A 条是绿色建筑的"加分项"。如要得分需结合地域气候种植叶面积相对更大的植物，结合复层绿化设计，并进行绿容率计算。

参评指数：★★★

3. 评价注意事项

（1）概念界定

①"绿容率"是指场地内各类植被叶面积总量与场地面积的比值，是人工环境下场地生态水平的评价指标。绿容率可以作为绿地率指标的补充，二者相辅相成，完善绿化指

标体系。

② "叶面积"是生态学中研究植物群落、结构和功能的关键性指标，它与植物生物量、固碳释氧、调节环境等功能关系密切，较高的绿容率往往代表较好的生态效益。

③ 本条计算涉及的"场地面积"是指项目红线内的总用地面积。

（2）计算值 绿容率可采用公式计算：

$$绿容率＝[\sum(乔木叶面积指数×乔木投影面积×乔木株数)＋灌木占地面积×3＋草地占地面积]/场地面积$$

公式中的叶面积指数在《城市居住区热环境设计标准》（JGJ 286—2013）中有明确定义，是指"单位地面面积上植物叶子单面总面积所占比值"。一般冠层稀疏类乔木叶面积指数可按 2 取值，冠层密集类乔木叶面积指数可按 4 取值。（纳入冠层密集类的乔木需提供相似气候区该类苗木的图片说明。公式中的乔木投影面积可按苗木表数据计算，按设计冠幅中间值进行取值；场地内的立体绿化如屋面绿化和垂直绿化均可纳入计算）。

有条件地区可采用当地建设主管部门认可的常用植物叶面积调研数据进行绿容率计算，采用此方法计算时需注明资料来源。

（3）实测值 对绿容率实测值进行评价时，可提供以实际测量数据为依据的绿容率测量报告。测量时间可选择全年叶面积较多的季节，对乔木株数、乔木投影面积（即冠幅面积）、灌木和草地占地面积、各类乔木叶面积指数等进行实测。

（4）证明材料一致性 本条得分计算内容与场地热环境计算具有一定关联性。《城市居住区热环境设计标准》（JGJ 286—2013）第 4.2.3 条规定："绿化遮阳体的叶面积指数不应小于 3.0。当不满足本条文要求时，居住区的夏季逐时湿球黑球温度和夏季平均热岛强度应符合本标准第 3.3.1 条的规定。"即冠层密集类乔木的计算面积与场地热环境计算中的绿化遮阳体面积应一致。

4. 证明材料提供

绿色建筑评价工作中，需要按照评价标准逐条准备相关材料，以证明项目控制项能达标或评分项可以得分。第 9.2.4A 条要求在预评价阶段应提供相关设计文件（绿化种植平面图、苗木表等）、绿容率计算书作为证明材料，评价时重点审核面积计算或测量是否合理、叶面积指数取值是否符合要求、叶面积测量是否符合要求；评价阶段则应提供相关竣工图、绿容率计算书或植被叶面积测量报告、相关证明材料（当地叶面积调研数据等）作为证明材料。

第三篇　建筑设计与室内环境

　　建筑设计是绿色建筑理念诞生的源头，建筑物本身是绿色建筑理念落地的主体。一般建筑设计过程是分专业协同完成的，绿色建筑的建造也不例外。下面我们分别从各专业的视角出发，看一看建筑设计过程中影响绿色建筑性能的因素都有哪些。

第九章

建筑、结构专业

　　绿色建筑应优先采取被动、低能耗的设计手法，注重建筑形体的优化和空间布局的合理性，在围护结构采取保温构造措施的基础上，充分利用自然资源实现天然采光、自然通风，降低建筑在采暖、空调、照明等设备系统中的能耗，提高室内舒适度。

　　在建筑方案设计中，提倡以"简约"为取向的绿色建筑审美，在满足使用功能的基础上优化基本造型和外部设备设施的细部构造、色彩搭配、材料选择，塑造美观大方、经典实用的建筑形象，尽可能不采用纯装饰构件。

　　在建筑功能划分时，除考虑近期建筑的使用功能、容纳人数、使用方式外，还应预测远期建筑的发展需求，选择适宜的开间和层高，提升室内分隔灵活度，实现空间可变，增加后期改造的可能性。

　　在平面布局时，一方面应将室内环境需求相同或相近的空间尽量集中布置，实现建筑空间和设备设施的共享，提高空间利用率，降低传输过程中的能耗折损；同时控制交通等辅助空间的面积，如要设置高大空间以提升项目品质，可结合具体情况在其中适当规划使用功能，同时降低用能指标，避免资源浪费。

第一节　确定建筑意象

　　绿色建筑意象的确定过程中需要考虑的要素相对于传统建筑更加多元化。首先，要避免将建筑作为孤立于其所在环境的存在而肆意发挥。尊重历史、尊重当地文化、尊重城市肌理或场地周边的自然环境是绿色建筑理念中确定建筑意象的基本原则。而后，要充分利用地域特色进行建筑设计。如住在多雪的东北地区林间小屋的人们采用坡屋顶避免屋顶积雪；住在黄土高原的人们在土壁上挖窑洞来避免室内温度随着室外早晚温差的变化而剧烈波动；居住于云南的少数民族同胞建造底层架空的竹楼来防止室内过度潮湿。这些传统建筑的建造方式正是绿色建筑理念所倡导的"低能耗舒适"的经典实践，是绿色建筑设计的天然养料。

一、建筑形体

　　在建筑规模一定的前提下，建筑形体选择与绿色建筑性能实现效果之间的关联是多方面的，最直接的就是建筑形体影响建筑体形系数的大小，进而影响建筑能耗的高低。现行全文强制性国家标准《建筑节能与可再生能源利用通用规范》（GB 55015—2021）第 3.1.2 条对严寒地区、寒冷地区、夏热冬冷 A 区及温和 A 区的居住建筑体形系数进行了限制，第 3.1.3 条也对严寒和寒冷地区中的公共建筑体形系数限值作出了明确规定，设计时应提前注意，以免建筑形体不合理导致在方案完成后进行节能设计时陷入困境。

此外，建筑体量的整体性、体形的"高矮胖瘦"、建造方式选择架空或埋地，都深刻影响其与周边环境的和谐程度。在规划方案确定后，应调研当地传统建筑的营造方式，结合当地的气候条件，通过分析、模拟等辅助手段，在建筑布局合理的基础上对不良气候进行规避，从而挑选出最适合当前项目的建筑形体。

案例：方块屋，瑞典

图 9-1　方块屋外观

方块屋（图 9-1）位于瑞典延雪平市中心、芒克斯洪湖（Munksjön lake）岸边，是节能型公寓建筑。瑞典靠近海洋的地区受大西洋暖流影响，1 月份北部地区平均气温为 −16℃，南部地区为 −0.7℃；7 月份北部地区平均气温为 14.2℃，南部地区为 17.2℃。建筑师在建筑形体上选用了两个大小适中的方形体量，与湖区和城市环境相协调，同时在合理范围内尽可能降低了建筑的体形系数，非常有利于减小建筑的能量损耗。

案例：马斯达尔科技学院，阿联酋

马斯达尔科技学院（Masdar Institute of Science and Technology）位于阿拉伯联合酋长国首都阿布扎比的马斯达尔城。马斯达尔城位于沙漠之中，由英国著名建筑师诺曼·福斯特勋爵总体设计，以"零碳、零废物"作为城市建设的总体目标。马斯达尔科技学院的设计和建造也遵循了城市总体的建设思路，实现零碳排放的同时，也是马斯达尔城首个全方位利用太阳能的建筑。

建筑在总体布局上比较密集，但建筑师通过建筑物本身形体上的丰富变化实现了建筑体量的消解。利用错落有致的建筑体量对室内形成遮阳效果（图 9-2），同时还利用建筑物间的夹缝增加局部风速来帮助建筑物散热，大大降低了制冷能耗。

图 9-2　马斯达尔科技学院

案例：古尔本基安现代艺术中心改造，葡萄牙

古尔本基安（Gulbenkian）现代艺术中心位于葡萄牙首都里斯本市中心，建造于 20 世纪 80 年代。里斯本是一个气候较为温和的城市，夏季大部分时间都是晴天，干燥且炎热。建筑师对该建筑改造的主要内容是为建筑的室外部分增加一个抛物线形的顶棚，形成一个半室外空间，让室内外空间的过渡在视觉上更加自然，同时也通过顶棚的遮阳作用在建筑外侧形成了一个温度低于纯室外空间的"空气层"，进一步优化了室内环境（图 9-3）。同时，新结构创造了一个入口门廊，将户外体验与文化融合，既可作为活动空间，也可作为休闲聚会场所或安静的阅读区。中心可利用这一处新增加的半室外空间举办多种多样的文化活动，丰富了活动场地类型。

图 9-3　古尔本基安现代艺术中心外廊

案例：迪拜世博会新加坡馆

2020 年迪拜世博会新加坡馆的设计融合了建筑、自然与创新，体现了新加坡成为自然之城的愿景。新加坡馆的场地面积十分有限，但设计采用开放式的建筑布局，运用分层处理、多层次叠加的设计手法，将场地的价值开发到最大。放眼望去，建筑及场地内都是热带植物，整体呈现出一片欣欣向荣的景象（图 9-4、图 9-5）。

图 9-4　新加坡馆入口

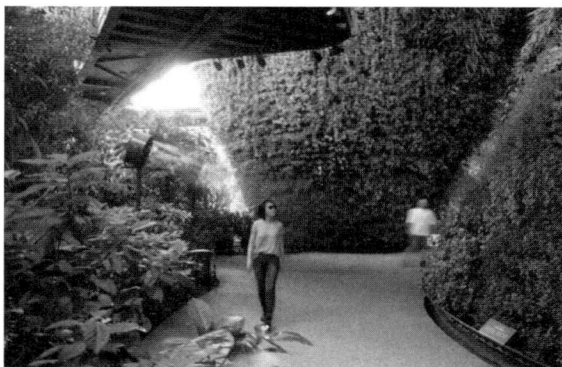

图 9-5　底层架空的花园将室内外作贯通设计

二、立面设计

一般建筑物的立面设计通常会采取"平面构成"的手法，如设计母题的重复、近似、渐变、对比、特异等。而在对绿色建筑进行立面设计时，还需要考虑如何在保证功能性的基础上通过合理的立面设计来节约资源、传承文化、呼应环境。影响绿色建筑立面设计的要素一般有采光、遮阳、通风，也包括本地材料的选用及对环境肌理的模仿。

（一）采光、遮阳、通风与建筑立面

建筑设计重视对天然光的运用，采光在绿色建筑项目中尤为重要。设计人员要充分调查建筑物所在地的季节性温度变化规律和日照时长、日照强度，了解建筑使用功能对天然光线的需求程度，从而合理布置各功能区的朝向及窗户的位置、大小、形式，既要让对采光有需求的功能房间日照充足、光线均匀，又要合理控制室内温度。对于日照强度过高、入射角度不合理的地区和建筑朝向，应通过设置遮阳系统来避免因眩光、高温导致的室内空间难以使用的问题。建筑遮阳构件的类型很多，总体上可根据其遮阳效果的调节能力分为固定式、活动式（也称可调节式）两大类。固定式遮阳构件根据其遮挡入射阳光的角度不同又可分为水

平遮阳、垂直遮阳、综合式遮阳、板式遮阳等，需要根据实际需求仔细斟酌设置。活动式遮阳构件因其可根据日照情况手动或自动调节，应用上更为灵活。

此外，遮阳构件可以结合太阳能光伏系统设置，将光伏板安装在遮光面上，在遮挡阳光的同时，还能有效收集太阳能并将其转化为电能供建筑物使用。

建筑室内的通风效果是建筑立面开口设计需要重点关注的一个方面。设计人员可利用CFD软件对不同开口状态下的室内风环境进行模拟，合理确定建筑物立面的开口位置和大小，充分利用自然通风降低室内温、湿度并引入新风。自然通风的设计还可以与机械通风配合，形成综合的通风体系，进一步提高通风效率。

建筑需在夜间持续通风时，可以考虑选用晚间通风系统。这类系统的基本原理是在夜间组织大量通风换气，利用温度比较低的室外空气充分冷却室内空气以及相应的围护结构等蓄冷结构，并将冷量蓄存于该结构中；到了白天，室外空气温度比室内高的时候，关闭通风系统，尽量减少建筑通过围护结构的得热，依靠夜间蓄存的冷量抵消建筑白天的空调负荷。晚间通风的使用条件除了要符合自然通风的使用条件外，还必须注意当地室外气温的日较差——日较差越大的地方，晚间通风的使用效果越好；反之，当日较差小于 7℃ 时，晚间通风降温的效果就不明显了。

（二）利用本地材料打造建筑特色

在建筑立面设计时因地制宜选用本地的传统建材或凝结着场地记忆的石料、废材，不仅可以帮助新建建筑自然地融入其所在的场地环境，传承场地记忆，还能通过缩短建材的运输距离、降低新材料的用量来减少新建建筑的碳排放量，这是与绿色建筑理念十分契合的设计手法。

案例：Cantenac Brown 酒庄新建酒窖，法国

Cantenac Brown 酒庄历史悠久，于 2019 年被收购后，收购方结合生态、环保的理念，利用夯土技术和木结构建造了一座新酒窖（图 9-6）。建筑没有使用任何水泥，只使用了自然、本土的建筑材料，实现"零碳足迹"的设计目标。夯土墙体具有比较强的热惰性，在不使用空调的情况下即能保持酒窖内部温、湿度的稳定，为葡萄酒的酿造提供了良好的环境。

图 9-6　Cantenac Brown 酒庄新建酒窖

案例：哥本哈根动物园阴阳熊猫馆，丹麦

2019 年丹麦向中国租借了两只大熊猫，为了给大熊猫营造一个良好的生活环境，哥本哈根动物园组织新建了熊猫馆。熊猫馆的设计尽量模拟了熊猫的自然栖息地（图 9-7），并在建筑立面的设计语言的选用上采用了熊猫最爱的"竹子"作为母题，打造出了妙趣横生的建筑形象（图 9-8）。

图 9-7 熊猫馆室外庭院

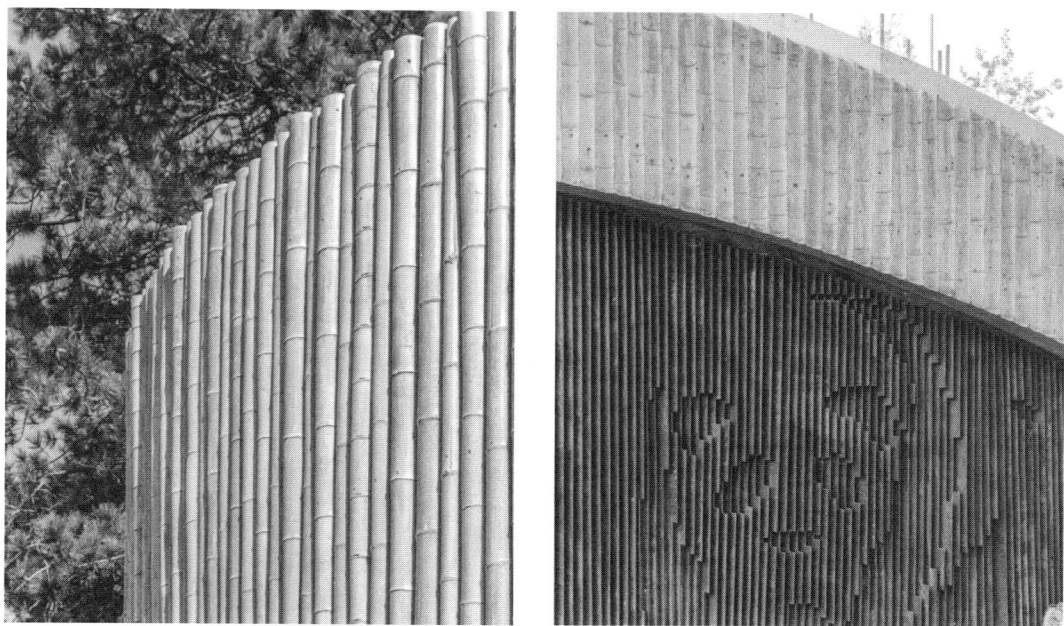

图 9-8 建筑外立面

（三）垂直绿化墙面

起初，墙面的垂直绿化是通过常春藤、爬山虎等具有吸盘的攀缘植物来实现的。这类绿化虽然具有基本的美化效果及生态效益，但一方面植物的生长范围难以控制，墙面的覆盖效果斑驳无序，会出现遮挡建筑外窗的情况；另一方面，植物攀爬高度也有限，用于低层建筑时问题不大，但想在多层、高层建筑墙面上取得良好的整体性绿化效果就不太现实。此外，对攀缘植物的修剪、维护工作也较难展开。基于以上原因，设计师们对传统的垂直绿化墙面进行了改良，发明了"活墙"，也称作"绿墙"（图9-9）。

图9-9 传统垂直绿化（左）与活墙（右）

活墙利用支撑构架和人工种植槽固定植物，是一个有着完整结构体系的立体绿化系统。植物在模块化的种植容器中生长，容器与墙面之间采用防水层互相隔离，并设置滴灌系统向容器内补充水分或营养来维持植物生长。与传统的垂直绿化相比，其优势在于植物种类更为丰富，景观效果更加可控，种植范围限制性较低，模块化容器具有可替换性，且日常维护难度大大降低。总体上看，活墙比传统的垂直绿化模式更加符合绿色建筑的发展理念，生态效益也更显著，设计时可结合项目的实际情况选用。

（四）地景建筑

地景建筑（Landform Building）突破建筑物与场地之间的界限，将建筑与场地进行同质化处理，强调其连续性、统一性，其建筑意象以第五立面为主体，多以屋顶绿化、景观广场为要素。地景建筑不是改变原来的土地，而是采取了一种具有地表延续性的设计策略，通过一体化的大尺度、整体性的屋顶形态的变化将建筑体量消解于建设环境中，借助人工的力量以相对人工化的形态让地表重现自然的景观形态。具体设计方式很多，一般有楔入地表、掀开地表、折叠、扭曲、隆起等。

选用地景建筑的设计策略除了能够让建筑物与周边环境之间的关系天然地和谐起来，还顺带消解掉一部分，甚至是大部分建筑外表面积，从而大幅降低室外气候变化对室内环境的影响，是一种能耗较低的建筑形式。与此同时，地景建筑也并非全无弊端，可开口建筑外表面积的减少对于室内的采光、通风不利，解决该问题的困难程度虽不至于等同于地下建筑，但仍需要设计师深入地研究、解决。

案例：海事博物馆，丹麦

丹麦海事博物馆毗邻欧洲著名的建筑遗产卡隆堡宫（Kronborg Slot），为了突显卡隆堡宫的建筑形象，设计师将博物馆的展厅放置在地面以下，围绕在具有60年历史的船坞墙壁外围。而船坞被打造成了一个开敞的地下庭院式公共空间，这样能够让游客感受到船只的尺寸（图9-10）。

图 9-10　丹麦海事博物馆鸟瞰图

三、2024 年版评价标准相关条款

（一）第 7.1.1 条

1. 条款原文

7.1.1　应结合场地自然条件和建筑功能需求，对建筑的体形、平面布局、空间尺度、围护结构等进行节能设计，且应符合国家有关节能设计的要求。

2. 参评指数

第 7.1.1 条是绿色建筑评价的"控制项"，相当于一般技术性规范标准中的强制性条款，绿色建筑如果要申请参与评价，必须满足全部控制项的要求。

参评指数：★★★★★

3. 评价注意事项

（1）评价前提　本条达标的前提条件是符合国家现行节能标准的相关要求，包括《建筑节能与可再生能源利用通用规范》（GB 55015—2021）、《民用建筑热工设计规范》（GB 50176—2016）、《公共建筑节能设计标准》（GB 50189—2015）、《严寒和寒冷地区居住建筑节能设计标准》（JGJ 26—2018）、《夏热冬暖地区居住建筑节能设计标准》（JGJ 75—2012）、《夏热冬冷地区居住建筑节能设计标准》（JGJ 134—2010）、《温和地区居住建筑节能设计标准》（JGJ 475—2019）等。

进行节能设计时应注意"居住建筑"的涵盖范围，除住宅外，一般还包括集体宿舍、住宅式公寓、商住楼的住宅部分、托儿所、幼儿园。

（2）设计原则

① 空间节能优先。建筑设计时，通过优化建筑体形和平面空间布局，合理控制建筑空调、供暖的规模、区域和时间，以实现对建筑的自然通风和天然采光的优先利用，降低供暖、空调照明负荷，进而降低建筑能耗。②统筹协调、综合设计。"因地制宜"不仅仅需要考虑当地气候条件，还应使建筑的形体、尺寸与综合场地周边的传统文化、地方特色统筹协调。建筑物的平面布局应结合场地地形、环境等自然条件，并权衡各因素之间的相互关系，

通过多方面分析，优化建筑的规划设计。绿色建筑设计还应在综合考虑基地容积率、限高、绿化率、交通条件等技术参数的基础上，统筹考虑冬夏季节能需求，优化设计体形、朝向和窗墙比。

4. 设计阶段初步自评

（1）项目基本情况

项目所在建筑热工设计气候区为：_____；

建筑使用性质为：□公共建筑、□居住建筑；

执行的节能设计标准包括：

□《建筑节能与可再生能源利用通用规范》（GB 55015—2021）；

□《民用建筑热工设计规范》（GB 50176—2016）；

□《公共建筑节能设计标准》（GB 50189—2015）；

□《严寒和寒冷地区居住建筑节能设计标准》（JGJ 26—2018）；

□《夏热冬暖地区居住建筑节能设计标准》（JGJ 75—2012）；

□《夏热冬冷地区居住建筑节能设计标准》（JGJ 134—2010）；

□《温和地区居住建筑节能设计标准》（JGJ 475—2019）。

（2）节能设计情况

自评价时，可将各单体节能设计情况列表统计，示例见表 9-1：

表 9-1　建筑设计参数统计表示例

楼栋编号	建筑体形	建筑朝向	主要围护结构传热系数	窗墙比	满足国家或地方节能标准
	□条式 □点式 体形系数：		屋面： 外墙： 外窗：	东向： 南向： 西向： 北向：	□是 □否 □权衡通过
	□条式 □点式 体形系数：		屋面： 外墙： 外窗：	东向： 南向： 西向： 北向：	□是 □否 □权衡通过
	□条式 □点式 体形系数：		屋面： 外墙： 外窗：	东向： 南向： 西向： 北向：	□是 □否 □权衡通过

建筑的最小楼间距位于_____（单体名称或编号）和_____（单体名称或编号）之间，距离为_____ m；

项目内主要建筑朝向为：_____，是否为当地最佳朝向：□是、□否。

5. 自评报告说明举例

① 概述项目所在地气候条件特点，在建筑朝向、布局设计时如何使得建筑在冬季获得足够的日照，避开主导风向，在夏季利用自然通风，降低太阳辐射影响及防止暴风雨袭击等（150 字以内）。举例如下。

> 本项目的设计方案符合国家和地区有关日照标准，按照本设计方案建成后，新建建筑对周边现存建筑未产生不符合标准的不利影响，建筑间距符合标准要求。

② 概述自然通风效果优化模拟计算结论（100 字以内）。举例如下（具体内容以××替代）。

> 经过模拟分析，在冬季典型风速和风向条件下，建筑物周围人行区距地 1.5m 高处的风速为：×× m/s，风速放大系数为 ××，除迎风第一排建筑外，建筑迎风面与背风面表面最大风压差为：×× Pa。过渡季、夏季典型风速和风向条件下，场地内人员活动区不出现涡旋或无风区，可开启外窗室内外表面的风压差大于 0.5Pa，外窗占比为 ×× %。

（3）概述自然采光效果优化模拟计算结论（100字以内）。举例如下。

> 建筑主要功能房间具有良好的户外视野，设计阶段通过模拟分析优化设计方案，调整开窗位置及大小，优化后主要功能房间的采光系数满足现行国家标准《建筑采光设计标准》（GB 50033—2013）的要求，室内照度均匀合理。

6. 证明材料提供

绿色建筑评价工作中，需要按照评价标准逐条准备相关材料，以证明项目控制项能达标或评分项可以得分，《绿色建筑评价标准》在各条款的条文说明中均有明确要求。第7.1.1条要求在预评价时要查阅相关设计文件（总图，建筑鸟瞰图，单体效果图，人群视点透视图，平、立剖图纸，设计说明等）、节能计算书、建筑日照模拟计算报告、优化设计报告；评价则提供相关竣工图、节能计算书、建筑日照模拟计算报告、优化设计报告。

（二）第7.1.8条

1. 条款原文

7.1.8　不应采用建筑形体和布置严重不规则的建筑结构。

2. 参评指数

第7.1.8条是绿色建筑评价的"控制项"，相当于一般技术性规范标准中的强制性条款，绿色建筑如果要申请参与评价，必须满足全部控制项的要求。

参评指数：★★★★★

3. 评价注意事项

（1）设计原则　合理的建筑体形和布置在抗震设计中尤为重要。震害表明，简单、对称的建筑在地震时较不容易被破坏。建筑设计应重视平面、立面和竖向剖面的规则性对抗震性能及经济合理性的影响。"规则"是对建筑的平、立面外形尺寸，抗侧力构件布置、质量分布，承载力分布等诸多因素的综合要求。规则的建筑方案体现在体形（平面和立面的形状）简单，侧力体系的刚度和承载力上下变化连续、均匀，平面布置基本对称。即在平面、立面、竖向剖面或抗侧力体系上，没有明显的、实质的不连续突变。

（2）概念界定　严重不规则，指的是形体复杂，多项不规则指标超过国家标准《建筑抗震设计规范（2024年版）》（GB/T 50011—2010）第3.4.3条规定的上限值或某一项大大超过规定值，具有现有技术和经济条件不能克服的严重的抗震薄弱环节，可能导致地震破坏的严重后果。

（3）相关标准要求　现行强制性工程建设规范《建筑与市政工程抗震通用规范》（GB 55002—2021）第5.1.1条明确规定："建筑设计应根据抗震概念设计的要求明确建筑形体的规则性。不规则的建筑应按规定采取加强措施；特别不规则的建筑应进行专门研究和论证，采取特别的加强措施；不应采用严重不规则的建筑方案。"

4. 设计阶段初步自评

本项目建筑形体规则性：□规则、□不规则、□特别不规则、□严重不规则。

设计时可根据建筑形态的不规则类型复核达标情况，示例如表9-2、表9-3所示。

表9-2　平面不规则的主要类型判定表示例

不规则类型	定义和参考指标	指标值
扭转不规则	在规定的水平力作用下,楼层的最大弹性水平位移或(层间位移),大于该楼层两端弹性水平位移(或层间位移)平均值的1.2倍	□是　□否
凹凸不规则	平面凹进的尺寸,大于相应投影方向总尺寸的30%	□是　□否
楼板局部不连续	楼板的尺寸和平面刚度急剧变化,例如,有效楼板宽度小于该层楼板典型宽度的50%,或开洞面积大于该层楼面面积的30%,或较大的楼层错层	□是　□否

表 9-3 竖向不规则的主要类型判定表示例

不规则类型	定义和参考指标	指标值
侧向刚度不规则	该层的侧向刚度小于相邻上一层的 70%，或小于其上相邻三个楼层侧向刚度平均值的 80%；除顶层或出屋面小建筑外，局部收进的水平向尺寸大于相邻下一层的 25%	□是 □否
竖向抗侧力构件不连续	竖向抗侧力构件(柱、抗震墙、抗震支撑)的内力由水平转换构件(梁、桁架等)向下传递	□是 □否
楼层承载力突变	抗侧力结构的层间受剪承载力小于相邻上一楼层的 80%	□是 □否

其他不规则类型_____。

5. 证明材料提供

绿色建筑评价工作中，需要按照评价标准逐条准备相关材料，以证明项目控制项能达标或评分项可以得分，《绿色建筑评价标准》在各个条款的条文说明中均有明确要求。第7.1.8 条要求在预评价时要提供相关设计文件（建筑图、结构施工图）、建筑形体规则性判定报告；评价阶段要提供相关竣工图、建筑形体规则性判定报告。

（三）第 7.1.9 条

1. 条款原文

7.1.9 建筑造型要素应简约，应无大量装饰性构件，并应符合下列规定：

1 住宅建筑的装饰性构件造价占建筑总造价的比例不应大于 2%；

2 公共建筑的装饰性构件造价占建筑总造价的比例不应大于 1%。

2. 参评指数

第 7.1.9 条是绿色建筑评价的"控制项"，相当于一般技术性规范标准中的强制性条款，绿色建筑如果要申请参与评价，必须满足全部控制项的要求。

参评指数：★★★★★

3. 评价注意事项

（1）概念界定 本条所指的装饰性构件主要包括以下三类：超出安全防护高度两倍的女儿墙；仅用于装饰的塔、球、曲面；不具备功能作用的飘板、格栅、构架。

（2）设计原则 本条鼓励使用装饰和功能一体化构件，在满足建筑功能的前提下，体现美学效果，节约资源。对于不具备遮阳、导光、导风、载物、辅助绿化等作用的飘板、格栅、构架及超过安全防护高度两倍的女儿墙超高部分和塔、球、曲面等装饰性构件，应对其造价进行控制。同时，设置屋顶装饰性构件时应特别注意鞭梢效应等抗震问题。

（3）计算方法 以建筑群为评价对象时，装饰性构件造价比例计算应以单栋建筑为单元，各单栋建筑的装饰性构件造价比例均应符合条文规定的比例要求。计算时，分子为各类装饰性构件造价之和，分母为单栋建筑的土建、安装工程总造价，不包括征地、装修等其他费用。

4. 设计阶段初步自评

本项目使用性质为：□住宅、□公建；

设计中是否使用了装饰性构件：□是、□否；

装饰性构件类型为：□无功能的纯装饰构件、□具备功能的装饰性构件；

本项目采用的纯装饰构件包括：

□超出安全防护高度 2 倍的女儿墙，单项造价为_____万元；

□仅用于装饰的塔、球、曲面，单项造价为_____万元；

□不具备功能作用的飘板、格栅、构架，单项造价为_____万元；

□其他_____，单项造价为_____万元；

装饰性构件造价合计：_____万元，工程总造价：_____万元；

装饰性构件造价占工程总造价的比例：_____%。

本项目采用的具备功能的装饰构件包括：

□结合遮阳、雨篷等功能设计的立面构成元素；

□结合绿化布置的构架；

□结合室外空调机位设置的格栅；

□结合女儿墙设置的高度在 3m 以下的立面造型；

□其他_____。

5. 证明材料提供

绿色建筑评价工作中，需要按照评价标准逐条准备相关材料，以证明项目控制项能达标或评分项可以得分，《绿色建筑评价标准》在各个条款的条文说明中均有明确要求。第 7.1.9 条要求在预评价阶段应提供建筑施工图设计文件（有装饰性构件的应提供功能说明书和造价计算书）；评价应提供建筑竣工图和造价计算书。

（四）第 9.2.2A 条

1. 条款原文

9.2.2A　因地制宜建设绿色建筑，评价总分值为 30 分，并按下列规则分别评分并累计：

1　传承建筑文化，采用适宜地区特色的建筑风貌设计，得 15 分；

2　适应自然环境，充分利用气候适应性和场地属性进行设计，得 7 分；

3　利用既有资源，合理利用废弃场地或充分利用旧建筑，得 8 分。

2. 条款释义

第 9.2.2A 条是绿色建筑评价的"加分项"，深入了解本地建筑特色并结合地域气候、资源、环境、经济、文化等特点，选择适宜本地区的建筑形象进行设计，对设计水平有一定要求，但技术上不难实现，是加分项中较易得分的一项。具体内容详见本书第二章第一节。

第二节　优化围护结构热工性能

建筑围护结构热工性能直接影响建筑采暖和空调的负荷与能耗。因此，围护结构热工性能的优化在寒冷地区的建筑项目中应充分引起重视。以严寒地区为例，建筑在进行节能设计时，进一步提高透明围护结构的太阳得热系数 SHGC 或遮阳系数 SC 往往并不困难，而在保温层厚度合理范围内如何降低围护结构的传热系数才是节能设计的重点。下面我们以寒地建筑为例，从保温系统、外窗热工和节能型围护墙体等方面来讨论围护结构热工性能的优化方向。

一、恰当选用保温系统

设置保温系统是在寒地建筑中使用最广泛的节能措施，恰当地选用建筑保温系统是建筑节能的基础。

（一）保温系统分类

保温系统一般可根据其与围护主体的相对位置关系分为外保温、夹芯保温和内保温。

1. 外保温系统

外保温系统顾名思义，即位于围护结构室外一侧的保温系统，其既可用于新建建筑，也适用于既有建筑的节能改造项目。外保温系统可以有效避免热桥现象的产生，保护墙体材料，是一般节能设计的首选方法。我国现阶段有多种外保温体系，主要以保温材料的类型来区分，并结合保温材料的特点形成了不同的构造做法，如聚苯板（EPS）外保温系统、挤塑板（XPS）外保温系统、聚氨酯（PUR）外保温系统、岩棉外保温系统、无机矿物纤维喷涂外保温系统等。其中大部分保温材料是可燃材料，《建筑防火通用规范》（GB 55037—2022）等消防相关的规范、标准限制了其适用范围。而不可燃的保温材料保温性能又不够理想，往往设置厚度较大，又衍生出保温材料与墙体之间如何连接牢固的做法问题。随着建筑节能要求的不断提高，如何选用高效节能、无其他安全隐患的外保温系统成了节能设计中需要重点思考的内容。

2. 夹芯保温系统

夹芯保温系统的墙体分为内外两层，中间留有一定的空腔，以聚苯板、岩棉、玻璃棉、膨胀珍珠岩等保温材料填充，或直接保留为空气间层。内、外墙体中间设置拉结件连接固定，形成复合化的围护结构。但夹心保温难以避免热桥问题，施工难度也比较大，导致这一体系的整体发展受限。

3. 内保温系统

内保温系统的常见做法有两种：一是抹保温浆料，选用的材料通常有胶粉聚苯颗粒保温浆料、复合硅酸盐保温浆料、稀土复合保温砂浆等；二是粘贴或挂装保温板，通常会选用硬质矿棉板、石膏玻璃棉夹芯板、水泥聚苯板、泡沫玻璃保温板、石膏复合聚苯保温板等保温材料。内保温体系施工方便、技术成熟，但在寒地会因热桥现象导致保温层与围护主体之间结露，应用不多。

（二）常用保温材料

保温材料一般是指导热系数小于或等于 0.12 的材料，按材料的主要成分可分为有机保温材料、无机保温材料，按材料的形态可分为松散状、板状。有机类保温材料主要有聚氨酯泡沫、EPS、XPS、酚醛泡沫等，具有重量轻、可加工性好、致密性高、保温隔热效果好的优点，但同时也具备不耐老化、变形系数大、稳定性差、安全性差、易燃烧、生态环保性差等缺点。无机类保温材料包括玻璃棉、岩棉、膨胀珍珠岩、陶瓷纤维毯、硅酸铝毡、氧化铝、碳化硅纤维、气凝胶毡、微纳米隔热材料、发泡水泥等。

二、提高外窗热工性能

外窗（包括阳台门的透明部分）对建筑能耗高低的影响主要从两个方面体现：一是窗的传热系数高低影响冬季采暖、夏季空调时的室内外温差传热；二是太阳辐射热穿透外窗而造成室内得热。在寒地建筑中，冬季通过窗户进入室内的太阳辐射有利于建筑节能，减小窗的传热系数是降低建筑外窗热损失的主要途径；而夏季，过多的阳光通过窗口进入室内会大幅提升室内温度造成热不舒适，减少进入室内的太阳辐射热就变得与降低外窗传热系数同样重要。

外窗不仅是室内外能量交换的主要部位，也是建筑在冬季获得能量的重要途径，所以合理的外窗热工设计不应一味地降低室内外热交换效率，而应使能量损失和能量获得达到平衡。这类技术应用比较多的是 Low-E 镀膜中空玻璃，这类产品既能达到减少热量损失的目的，提高所获得的太阳能量，又不需要通过减少建筑物的窗户面积，来降低建筑物在传热方面的能量损失。

三、节能型墙体

随着建筑节能要求的不断提高，采用设置保温层等传统手段提升围护结构的热工性能在寒地建筑设计中发展到了瓶颈阶段。为了避免一味增加保温层厚度从而引发的安全隐患，对于使用多种材料复合加工而成的节能型墙体的相关研发也日渐增多。与传统做法相比，节能型墙体除了具备良好的节能性能，还根据其材料选用的不同而具备抗冻性、防水性、抗盐害性、长寿命等性能，其能够显著降低建筑围护结构的故障率和维修率。有研究以"真空隔热板"节能型墙体为例，将其与传统保温材料的性能进行了对比（详见表9-4），可以看出真空隔热板的导热系数远低于聚苯板，且隔音效果更佳、使用年限更长、环保性能更为优异。如建设项目对于建筑的节能性能提出了特别高的要求，设计师可以充分调研所在城市及其周边地区已有的、方便采购的节能型墙体产品都有哪些，酌情选用。

表 9-4　新型节能墙体材料性能

材料类型	导热系数/[W/(m·K)]	耐火等级	隔音效果/dB	耐用年限/年	环保指标
真空隔热板	0.004	一级	52	50	低排放
相变材料	0.018	二级	50	40	可再生
发泡聚苯板	0.033	三级	47	35	低 VOC 排放

案例：某党政办公区围护结构热工性能优化

某党政办公区包括综合楼、常委楼、主席楼、会议中心。办公区中的综合楼为 19 层框架剪力墙结构建筑，1、2 层外立面采用干挂蘑菇石，内部填充聚苯板，3 层及以上为抹灰及涂料，无外墙保温，外窗为双层玻璃断桥铝合金窗，南北立面中间区域有较大面积玻璃幕墙。办公区中的常委楼、主席楼、会议中心为 4 层框架结构，300mm 厚填充墙的主要材料为陶粒混凝土砌块，外立面采用干挂花岗岩，外窗为双层玻璃断桥铝合金窗，南立面中间有玻璃幕墙。经检测外窗存在明显的热工缺陷，建筑气密性较差。

首先，通过更换老化外窗密封条等措施，渗风换气次数从检测的 8.62 次/h 降低至 4.08 次/h，可有效减少供暖能耗约 24%。外窗密封措施具有材料价格低、施工难度小等优点，但该措施需要工人进入室内进行改造，对建筑正常使用有一定影响。其次，针对无保温外墙，通过增加 60mm 厚保温材料，有效提高建筑保温性能，可有效减少供暖能耗约 12%。然而实际工程中建筑高度较高，保温固定难度大，该项改造施工周期较长。另外，针对玻璃隔热性能差的窗体，通过更换外窗，将原有玻璃改为中空 Low-E 玻璃，其节能量提升约 8%。此外，针对现场检测中发现的幕墙漏热、暖气支管堵塞及部分外门缺少门斗等问题，制订针对性改进计划，根据预算进度，逐步推进落实。

为了分析既有建筑改造效果，以综合楼为研究对象，现场检测墙体增加保温层后室内温度变化。改造后，房间 48h 室内温度变化及围护结构红外热成像显示，外墙传热系数由 $1.5W/(m^2 \cdot K)$ 降低至 $0.7W/(m^2 \cdot K)$，室内温度可以稳定在 24℃ 以上，围护结构红外热成像表面温度均匀，无受潮、温度缺陷现象，且使用人员普遍反映室内温度可满足使用要求，改造效果良好。改造后建筑能耗从 $20.72W/m^2$ 降低到了 $11.53W/m^2$。

四、2024 年版评价标准相关条款

（一）第 5.1.7 条

1. 条款原文

5.1.7　围护结构热工性能应符合下列规定：

1　在室内设计温度、湿度条件下，建筑非透光围护结构内表面不得结露；

2　供暖建筑的屋面、外墙内部不应产生冷凝；

3　屋顶和外墙隔热性能应进行隔热性能计算，透光围护结构太阳得热系数与夏季建筑遮阳系数的乘积还应满足现行国家标准《民用建筑热工设计规范》GB 50176 的要求。

2. 参评指数

第 5.1.7 条是绿色建筑评价的"控制项",相当于一般技术性规范标准中的强制性条款,绿色建筑如果要申请参与评价,必须满足全部控制项的要求。此外,现行全文强制性国家标准《建筑环境通用规范》(GB 55015—2021)中也有相关要求。

参评指数:★★★★★

3. 评价注意事项

(1)结露验算

① 概念界定。"室内设计温度"对于供暖房间应取 18℃,非供暖房间应取 12℃;"室内设计湿度"应根据建筑所在地的实际情况取 30%~60%。

② 相关标准要求。对于供暖建筑和冬季室外计算温度低于 0.9℃ 的地区,应对建筑非透光围护结构进行结露验算且应符合现行国家全文强制性标准《建筑环境通用规范》(GB 55016—2021)的相关规定,相关规定摘录如下。

4.4.1 供暖建筑非透光围护结构中的热桥部位应进行表面结露验算,并应采取保温措施确保热桥内表面温度高于房间空气露点温度。

4.4.2 非透光围护结构热桥部位的表面结露验算应符合以下规定:

1 当冬季室外计算温度低于 0.9℃ 时,应对热桥部位进行内表面结露验算。

2 热桥部位的内表面温度计算应符合下列规定:

1)室内空气相对湿度应取 60%;

2)应根据热桥部位确定采用二维或三维传热计算;

3)距离较小的热桥应合并计算。

3 当热桥部位内表面温度低于空气露点温度时,应采取保温措施,并应重新进行验算。

(2)冷凝验算 第 2 款主要是控制供暖期间建筑屋面、外墙内部的冷凝。设计时应防止水蒸气渗透进入围护结构内部,并防止围护结构内部不产生冷凝。对于供暖建筑,其屋面、外墙内部进行冷凝验算,应符合现行国家全文强制性标准《建筑环境通用规范》(GB 55016—2021)中的第 4.4.3 条的规定,摘录如下。

4.4.3 供暖期间,围护结构中保温材料因内部冷凝受潮而增加的重量湿度的允许增量,应符合表 4.4.3 的规定;相应冷凝计算界面内侧最小蒸汽渗透阻应大于按式 4.4.3 计算的蒸汽渗透阻。

表 4.4.3 保温材料因内部冷凝受潮而增加的重量湿度允许增量

保温材料	重量湿度允许增量 $[\Delta w]$(%)
多孔混凝土(泡沫混凝土、加气混凝土等)($\rho_0 = 500\text{kg/m}^3 \sim 700\text{kg/m}^3$)	4
矿渣和炉渣填料	2
水泥纤维板	5
矿棉、岩棉、玻璃棉及制品(板或毡)	5
模塑聚苯乙烯泡沫塑料(EPS)	15
挤塑聚苯乙烯泡沫塑料(XPS)	10
硬质聚氨酯泡沫塑料(PUR)	10
酚醛泡沫塑料(PF)	10
胶粉聚苯颗粒保温浆料(自然干燥后)	5
复合硅酸盐保温板	5

$$H_{0,i} = \frac{P_i + P_{s,c}}{\dfrac{10\rho_0\delta_i[\Delta w]}{24Z} + \dfrac{P_{s,c} - P_e}{H_{0,e}}} \qquad \text{式 4.4.3} ❶$$

---

❶ 编者注:P_i,P_e 分别为室内外空气的水蒸气分压,Pa。

式中　$H_{0,i}$——冷凝计算界面内侧所需的蒸汽渗透阻，$\mathrm{m^2 \cdot h \cdot Pa/g}$；

$\quad\quad H_{0,e}$——冷凝计算界面至围护结构外表面之间的蒸汽渗透阻，$\mathrm{m^2 \cdot h \cdot Pa/g}$；

$\quad\quad \rho_0$——保温材料的干密度，$\mathrm{kg/m^3}$；

$\quad\quad \delta_i$——保温材料厚度，m；

$\quad\quad [\Delta w]$——保温材料因内部冷凝受潮而增加的重量湿度的允许增量，%（应按本规范表 4.4.3 的规定取值）；

$\quad\quad Z$——供暖期天数；

$\quad\quad P_{s,c}$——冷凝计算界面处与界面温度 θ_c 对应的饱和水蒸气分压，Pa。

（3）隔热性能计算　此要求主要是针对夏热冬暖、夏热冬冷及寒冷 B 区等气候区划的建筑提出。条款要求可拆分为两项：一是建筑外墙、屋面应根据国家标准《民用建筑热工设计规范》（GB 50176—2016）附录 C 第 C.3 节的规定进行隔热计算，同时满足现行强制性工程建设规范《建筑环境通用规范》（GB 55016—2021）的相关要求；二是透光围护结构隔热性能应满足国家标准《民用建筑热工设计规范》（GB 50176—2016）的要求，计算时注意，透光围护结构太阳得热系数的计算应采用夏季计算条件，建筑遮阳系数应采用夏季时段的结果。

《建筑环境通用规范》（GB 55016—2021）第 4.2.2 条对围护结构隔热性能提出了具体要求，摘录如下。

4.2.2　非透光围护结构内表面温度与室内空气温度的差值应符合表 4.2.2 的规定。

表 4.2.2　非透光围护结构内表面温度与室内空气温度的允许温差

非透光围护结构部位	允许温差 $\Delta t /K$
外墙	
楼、屋面	$\leqslant t_i - t_d$
地面	
地下室外墙	

注：Δt 为非透光围护结构的内表面温度与室内空气温度的温差；t_i 为室内空气温度；t_d 为室内空气露点温度。

《民用建筑热工设计规范》（GB 50176—2016）第 6.3.1、6.3.2 条对夏热冬暖、夏热冬冷及寒冷 B 区建筑物透光围护结构的隔热性能作出了规定，摘录如下。

6.3.1　透光围护结构太阳得热系数与夏季建筑遮阳系数的乘积宜小于表 6.3.1 规定的限值。

表 6.3.1　透光围护结构太阳得热系数与夏季建筑遮阳系数乘积的限值

气候区	朝向			
	南	北	东	西
寒冷 B 区	—	—	0.55	0.45
夏热冬冷 A 区	0.55	—	0.50	0.40
夏热冬冷 B 区	0.50	—	0.45	0.35
夏热冬暖 A 区	0.50	—	0.40	0.30
夏热冬暖 B 区	0.45	0.55	0.40	0.30

6.3.2　透光围护结构的太阳得热系数应按本规范附录 C 第 C.7 节的规定计算；建筑遮阳系数应按本规范第 9.1 节的规定计算。

4. 设计阶段初步自评

（1）项目基本情况

项目所在地冬季是否供暖：□是、□否；

如采暖，采暖天数为_____天；

冬季室外计算温度为：_____℃；

室内设计温度为：□18℃、□12℃、□其他_____；

室外相对湿度为：_____ %，室内设计湿度取值为：_____ %。

（2）围护结构内表面结露

自评价时可将非透光围护结构的设计情况及结露验算结果列表统计，复核项目达标情况，示例见表9-5。

表 9-5 非透光围护结构材料结露情况统计表示例

建筑单体名称或编号	屋面构造层次	屋面内表面温度/℃	外墙构造层次	外墙内表面温度/℃

是否为各建筑单体进行结露验算：□是、□否，验算书结论：_____。

（3）围护结构内部冷凝

设计时可将非透光围护结构的设计情况及冷凝验算结果列表统计，复核项目达标情况，示例见表9-6。

表 9-6 非透光围护结构材料冷暖凝情况统计表示例

建筑单体名称或编号	屋面			外墙		
	构造层次	保温层湿度增量/%	冷凝计算界面温度/℃	构造层次	保温层湿度增量/%	冷凝计算界面温度/℃

（4）内表面温度

设计时可将非透光围护结构、透光围护结构的内表面温度计算结果列表统计，复核项目达标情况，示例见表9-7、表9-8。

表 9-7 非透光围护结构材料内表面温度统计表示例

建筑单体名称或编号	屋面		外墙	
	自然通风条件下内表面最高温度/℃	夏季室外计算温度最高值/℃	自然通风条件下内表面最高温度/℃	夏季室外计算温度最高值/℃

表 9-8 透光围护结构设计情况统计表示例

建筑单体名称或编号	透光围护结构朝向	太阳得热系数	夏季建筑遮阳系数	太阳得热系数与夏季建筑遮阳系数乘积

是否进行隔热性能验算：□是、□否，验算书结论：_____。

5. 自评报告说明举例

（1）简要说明防冷凝措施（200字以内）。举例如下（具体内容以××替代）。

本项目各围护结构均设置保温，建筑围护结构采取的防冷凝措施有：

1. 外墙采用聚合物水泥砂浆（××mm）+热固复合聚苯乙烯泡沫保温板（××mm）+钢筋混凝土/高精度砌块（××mm）+水泥砂浆（××mm）；

2. 屋面采用地面砖+干硬性水泥砂浆（××mm）+C20细石混凝土（××mm）+SBS防水卷材（××mm+××mm）+水泥砂浆（××mm）+焦渣混凝土（××mm）+挤塑聚苯板（××mm）+钢筋混凝土（××mm）。

经冷凝验算，围护结构内部冷凝计算截面不产生冷凝，各围护结构位置冷凝均满足要求。

（2）简要说明隔热措施（200字以内）。举例如下（具体内容以××替代）。

建筑围护结构采取的隔热措施有：

1. 外墙采用聚合物水泥砂浆（××mm）+ 热固复合聚苯乙烯泡沫保温板（××mm）+ 钢筋混凝土/高精度砌块（××mm）+ 水泥砂浆（××mm）；

2. 屋面采用地面砖+ 干硬性水泥砂浆（××mm）+ C20 细石混凝土（××mm）+ SBS 防水卷材（××mm+ ××mm）+ 水泥砂浆（××mm）+ 焦渣混凝土（××mm）+ 挤塑聚苯板（××mm）+ 钢筋混凝土（××mm）。

《民用建筑热工设计规范》（GB 50176—2016）表 4.1.2 提出：严寒地区可不考虑防热设计，结合本项目围护结构采用外保温系统的实际情况，围护结构隔热性能满足要求。

6. 证明材料提供

绿色建筑评价工作中，需要按照评价标准逐条准备相关材料，以证明项目控制项能达标或评分项可以得分，《绿色建筑评价标准》在各个条款的条文说明中均有明确要求。第 5.1.7 条要求在预评价阶段应提供相关设计文件、建筑围护结构防结露验算报告、隔热性能验算报告、内部冷凝验算报告；评价阶段应提供相关竣工图（如建筑专业相关设计说明、墙身节点详图等），检查建筑构造与计算报告一致性。

（二）第 7.2.4 条

1. 条款原文

7.2.4　优化建筑围护结构的热工性能，评价总分值为 10 分，并按下列规则评分：

1　围护结构热工性能比现行强制性工程建设规范《建筑节能与可再生能源利用通用规范》GB 55015 的规定提高 5%，得 5 分；每再提高 1%，再得 1 分，最高得 10 分。

2　建筑供暖空调负荷降低 3%，得 5 分；每再降低 1%，再得 1 分，最高得 10 分。

2. 参评指数

第 7.2.4 条是绿色建筑评价的"评分项"，《绿色建筑评价标准（2024 年版）》（GB/T 50378—2019）修订时，结合现行规范对条款的得分要求有适当降低。考虑节约能源是绿色建筑性能的重要组成部分，设计时应尽量优化。

参评指数：★★★★

3. 评价注意事项

（1）围护结构热工　①一般性要求。本条第 1 款要求围护结构热工性能优于现行强制性工程建设规范《建筑节能与可再生能源利用通用规范》（GB 55015—2021）的规定，关注的重点是外墙、屋顶、外窗、幕墙等围护结构的主要部位，要求优于《建筑节能与可再生能源利用通用规范》（GB 55015—2021）相关规定的参数是传热系数 K 和太阳得热系数 SHGC。②特殊情形。对于夏热冬暖地区的建筑，在满足现行强制性工程建设规范《建筑节能与可再生能源利用通用规范》要求的基础上，只对其太阳得热系数 SHGC 提出优化要求，而其围护结构传热系数 K 不高于《建筑节能与可再生能源利用通用规范》的限值即可认为达到得分标准。对于严寒和寒冷地区的建筑，在满足现行强制性工程建设规范《建筑节能与可再生能源利用通用规范》要求的基础上，对于建筑窗墙比未超过 0.5 的朝向，只要求设计对其围护结构的传热系数 K 进行优化，而太阳得热系数 SHGC 不超过《建筑节能与可再生能源利用通用规范》的限值即可认为达到得分标准；对于建筑窗墙比超过 0.5 的朝向，则要按一般性要求，对围护结构的传热系数 K 和太阳得热系数 SHGC 均作出优化。

（2）建筑供暖空调负荷　①概念界定。"建筑围护结构节能率"指的是与参照建筑相比，设计建筑通过围护结构热工性能改善而使全年供暖空调能耗降低的百分数。②技术要求。建筑供暖空调负荷降低比例通过计算建筑围护结构节能率来判定。围护结构节能率的计算应符合行业标准《民用建筑绿色性能计算标准》（JGJ/T 449—2018）第 5.2 节的规定。计算时，设计建筑和参照建筑的供暖空调室内设定温度和运行时间、照明功率密度和使用时间、电器设备功率密度和使用时间、人员密度和在室率、新风量和新风运行情况等参数的设置，应符合《建筑节能与可再生能源利用通用规范》第 C.0.6 条的规定。

4. 设计阶段初步自评

（1）围护结构热工性能

项目所在气候区划区为：_____；

设计建筑的体形系数区间为：

□体形系数≤0.3，□0.3＜体形系数≤0.5，□体形系数＞0.5；

节能设计为综合权衡通过：□是、□否。

自评价时，可将建筑围护结构的热工设计情况列表统计，复核项目得分情况，示例见表 9-9。

表 9-9　建筑围护结构热工性能统计表示例

围护结构部位		设计建筑		参照建筑或规范限值		降低比率/%
		传热系数 K /[W/(m²·K)]	太阳得热系数 SHGC	传热系数 K /[W/(m²·K)]	太阳得热系数 SHGC	
屋面						
外墙（包括非透光幕墙）						
单一立面外窗（包括透光幕墙）	窗墙面积比≤0.20					
	0.20＜窗墙面积比≤0.30					
	0.30＜窗墙面积比≤0.40					
	0.40＜窗墙面积比≤0.50					
	0.50＜窗墙面积比≤0.60					
	0.60＜窗墙面积比≤0.70					
	0.70＜窗墙面积比≤0.80					
	窗墙面积比＞0.80					

（2）建筑供暖空调负荷

分别计算设计建筑和参照建筑的全年供暖供冷综合能耗量：□是、□否；

两次计算采用相同版本的节能计算软件和典型气象年数据：□是、□否；

计算建模时，设计建筑和参照建筑的空间划分、使用功能一致：□是、□否；

计算时以下参数按《建筑节能与可再生能源利用通用规范》（GB 55015—2021）第 C.0.6 条设置：

□供暖空调室内设定温度和运行时间；

□照明功率密度和使用时间；

□电器设备功率密度和使用时间；

□人员密度和在室率；

□新风量和新风运行情况。

自评价时，可将建筑供暖空调负荷降低的计算结果列表统计，复核项目得分情况，示例见表 9-10。

表 9-10　建筑供暖空调负荷降低情况统计表示例

建筑单体名称或编号	计算内容	设计建筑	参照建筑	围护结构节能率
	全年采暖负荷/kW			
	全年空调负荷/kW			
	全年总负荷/kW			

5. 证明材料提供

绿色建筑评价工作中，需要按照评价标准逐条准备相关材料，以证明项目控制项能达标或评分项可以得分，《绿色建筑评价标准》在各个条款的条文说明中均有明确要求。第 7.2.4 条要求在预评价时应提供相关设计文件（设计说明、围护结构施工详图）、节能计算书、对第 2 款进行评价时还应提供建筑围护结构节能率分析报告；评价则提供相关竣工图（设计说明、围护结构竣工详图）、节能计算书，对第 2 款进行评价时还应提供建筑围护结构节能率分析报告。

第三节　室内布局与物理环境

经过前文多层面、多角度的分析，可以看出，绿色建筑项目总体的规划布局和建筑的形体、外立面设计都影响着建筑物的采光、通风和声环境水平。反之，在规划设计和建筑方案确定的前提下，建筑物外部环境和外表面设计几乎已有定论。这时，我们如要在绿色建筑"低能耗舒适"的理念下进一步优化建筑室内的物理环境，只能从室内布局上下功夫。建筑平面越大，越不应忽视对其布局方案的优化、对比。

一、平面布局与"低能耗舒适"

人对室内环境舒适性的要求不是一成不变的，而是随着不同气候条件、不同季节、一天当中的不同时间段、人在室内停留时间长短乃至个体体质的不同而不断变化。依赖于各类设备系统的调节固然能让室内环境在某一方面达到让人相对满意的状态，但其功效性并不是面面俱到的。如空调系统可以将室内温度控制在特定范围，新风系统也可以定时、定量地更新室内空气，但往往送风口处的体感舒适度不佳。又如我国北方的集中供暖系统可以保证冬季室内温度不至于过低，但在城市层面上的热量分配难以均衡，距离热源近的建筑室内过热，远端建筑室内温度又偏低。最重要的是，将室内环境的舒适度简单地与设备系统进行绑定会带来大量的资源消耗，与绿色建筑的理念背道而驰。

如何在低能耗的大前提下尽可能提升室内物理环境的舒适程度，是"低能耗舒适"理念研究的重点内容。我们可以从以下几个方面着手来调整室内布局。

（一）控制空间规模

在满足使用功能要求的前提下，过高的层高、过大的进深和房间面积会在建筑的全寿命周期中造成额外的资源消耗。比如设计难度提升导致设计成本增加，施工难度加大导致建设成本过高，使用过程中为保证室内舒适度而消耗了过多的水、电资源，同时日常维护保养的工作量也远高于尺度正常的功能空间。

对于一般建筑来说，基本房间单元的进深应尽可能控制在 8～12m 的范围内。进深太小则建筑的使用效率降低，不够经济；进深过大则房间内的采光、通风条件不好。房间进深在 8～12m 范围内时，房间内侧不会过暗，自然通风效果也比较好。

对于交通枢纽等需要超大尺度空间的功能性建筑，室内空间高度要达到一定程度才能与平面尺度相匹配且满足使用要求。但从节能的角度考虑，不应单纯追求建筑形式而造成空间的高度过大，导致用能的空间体积超出正常需要，造成资源浪费。

（二）压缩用能范围

建筑最终使用目标的实现实际上是由多种不同功能空间组合而来的。总体上，建筑各使用功能空间由交通空间连通起来，使用功能空间本身又可分为主要使用功能、辅助功能以及配套的设备用房，不同的空间对于室内环境舒适度的要求是不一样的。

交通空间、辅助功能房间和设备用房等区域，由于人员在其中仅仅是通过或短暂停留，对室内环境舒适度的要求较低。主要使用功能空间中，住宅、教室、办公室、酒店客房等是使用者长期停留的场所，一般层高、进深都不大，室内温湿度可通过开关门窗和窗帘为主、空调和新风系统为辅的方式进行调节，用能标准不高；商场、交通枢纽、综合医院和文化建筑等大型公建由于建筑规模大、功能复杂、人员较多，建筑往往能耗较大，需要对用能空间进行更为精细化的调整。

设计时，可结合项目所在地的气候条件和使用功能划分，设置不用能的半室外空间，降低对环境舒适度要求不高的使用区域的用能标准，或局部设置室内景观、水雾、风扇等设备调节温湿度，采取低能耗的措施从多方面优化室内物理环境。

（三）设置天井、中庭或风道

对于大进深的空间，在恰当的位置设置天井或中庭可以平衡建筑外围与内部功能区域的天然采光，将自然光引入建筑内部，同时也可以利用竖井式空间的烟囱效应促进建筑自然通风。但寒地建筑设置天井或中庭时还需要考虑冬季热量的过度散失，控制建筑物向天井开口的面积，或为中庭设置可调节的顶盖。

增强大进深建筑的自然通风，除了设置天井或中庭外，还可结合当地的主导风向，在建筑内部设置贯通的风道。风道的设置应以建筑形态和功能区域的合理划分为基准，在建筑物内部沿在夏季主导风向从底层至最高处设置。另外，气候干燥的地区还可设置地道来冷却空气，并采用机械通风、诱导式通风等设备系统将冷气输送到地面以上的建筑室内，达到通风、换气、降温的目的。

二、平面布局与室内声环境

室内良好声环境的打造，除了要注意远离、茸蔽用地周边的噪声源，还要对建筑内部的功能布局进行合理分配。现行全文强制性国家标准《建筑环境通用规范》（GB 55016—2021）第2.1.4条对建筑内部设备传播至主要功能房间的噪声的等效声级作出了限制性规定，同时在第2.2.2条、第2.2.3条中明确了有噪声的房间和管线穿过墙体、楼板时应采取隔声降噪措施。

实际工程设计中，除了要考虑构造隔声，还要在室内布局时注意做到"总体上动静分区、细节上静噪分离"。在分辨可能产生噪声的功能用房时，并不局限于设备用房，还应慎重安排多功能厅、体育场馆、器乐排练室等使用时可能比较嘈杂的场所的位置。这在国家规范或行业标准中也是有明确条款要求的。比如，针对住宅建筑，《住宅设计规范》（GB 50096—2011）的第6.4.7条要求"电梯不应紧邻卧室布置"；第6.10.3条指出"水泵房、冷热源机房、变配电机房等公共机电用房不宜设置在住宅主体建筑内，不宜设置在与住户相邻的楼层内，在无法满足上述要求贴邻设置时，应增加隔声减振处理"；第7.3.5条提出"起居室（厅）紧邻电梯布置时，必须采取有效的隔声和减振措施"。再如，对养老院及类似功能的建筑，《老年人照料设施建筑设计标准》（JGJ 450—2018）第5.1.8条第2款建议将文娱与健身用房"按动态和静态活动的不同需求分区或分室设置"。又如，《科研建筑设计标准》（JGJ 91—2019）第6.2.1条指出"产生噪声、振动的房间不宜与实验室、会议室、学术活动室等房间贴邻，如相邻则应采取隔声、降噪、减振措施"。

三、平面布局与室内空气质量

建筑内部难免会布置一些使用过程中产生污浊气体的功能房间，最有代表性、在各类建筑工程中最为常见的是公共厕所（卫生间），另外，厨房、地下车库、打印室、发电机室、锅炉房等也是比较常见的室内空气污染源。此外，学校和科研建筑中的实验室、医疗建筑中的污物间等也可能会产生对人体健康不利的气体或物质。

在布置此类功能房间时，应注意将其布置在建筑自然通风的负压一侧，并为其预留机械通风系统的设置条件。在竖向布置时，可将这类房间尽量布置在上部，以利污物消散。对于地下车库和地下室其他有污染性的房间，应注意按《民用建筑通用规范》（GB 55031—2022）第4.5.1条为其布置具有污染性的排风口，具体要求为："有污染性的排风口不应朝向邻近建筑的可开启外窗或取风口；当排风口与人员活动场所的距离小于10m时，朝向人员活动场所的排风口底部距人员活动场所地坪的高度不应小于2.5m"。

四、平面布局与空间可变性

在正常使用、维护的条件下，一般建筑的设计使用年限是50年。随着我国社会发展的日新月异，建筑使用者也会随着年龄增长和生活经历的不断变化而对建筑使用功能产生不同的要求。绿色建筑理念提倡建筑在全寿命周期内能适应使用者对功能需求的变迁，因而需要在设计、建造之初即考虑其空间的可变性。实现建筑空间可变的主要途径有两个：一是采用模块化、单元式的设计语言，配合工业化、装配式的建造体系，以达到在后期使用中根据功能调整建筑结构、围护结构和分隔墙体的目的；二是在结构体系不变的前提下，通过增加开间、进深和层高来为后续的功能调整预留余量，使用中可采用轻质隔墙及时调整平面分隔以适应功能的改变。

五、2024年版评价标准相关条款

（一）第4.2.6条

1. 条款原文

4.2.6　采取提升建筑适变性的措施，评价总分值为18分，并按下列规则分别评分并累计：

1　采取通用开放、灵活可变的使用空间设计，或采取建筑使用功能可变措施，得7分；

2　建筑结构与建筑设备管线分离，得7分；

3　采用与建筑功能和空间变化相适应的设备设施布置方式或控制方式，得4分。

2. 参评指数

第4.2.6条是绿色建筑评价的"评分项"，对于采用装配式建筑设计方式、选用工业化建筑构件，或采用非工业化体系设计、建造的项目，在策划及设计阶段考虑增加开间、进深，适当细化设计，均可以得分，不过需要综合权衡建设成本的增加与运行阶段节省的检修、维护成本之间的平衡。考虑相关政策对装配式建筑体系推广、普及的要求，有条件时应尽量考虑在项目中选用工业化的设计、建造方式。

参评指数：★★

3. 评价注意事项

（1）概念界定

①"建筑适变性"包括建筑的适应性和可变性。适应性是指使用功能和空间的变化潜力，可变性是指结构和空间上的形态变化。

②"管线分离"是指建筑结构体中不埋设设备及管线，将设备及管线与建筑结构体相分离的方式，详见现行行业标准《装配式住宅建筑设计标准》（JGJ/T 398—2017）第2.0.15条。这里的"建筑结构"不仅指建筑主体结构，还包括外围护结构和公共管井等可保持长久不变的部分。

（2）评价方法

① 空间或功能可变。通过利用建筑空间和结构潜力，使建筑空间和功能适应使用者需求的变化，在适应当前需求的同时，使建筑具有更大的弹性以应对变化，以此获得更长的使用寿命。可采取的措施包括但不限于以下三种。

a. 楼面采用大开间和大进深结构布置；

b. 灵活布置内隔墙；

c. 提高楼面活荷载取值。

② 管线分离。装配式建筑采用 SI 体系，即支撑体 S（Skeleton）和填充体 I（Infill）相分离的建筑体系，可认为实现了建筑主体结构与建筑设备管线分离。其他可采取的措施包括但不限于以下四种。

a. 墙体与管线分离，或采用轻质隔墙、双层贴面墙；

b. 设公共管井，集中布置设备主管线；

c. 卫生间利用架空地面或双层天棚等空间进行同层排水；

d. 公共建筑在结构板下明装管线。

③ 设备布置及控制。设计时将家具、电器与隔墙相结合，满足不同分隔空间的使用需求；采用智能控制手段，实现设备设施的升降、移动、隐藏等功能，满足某一空间的多样化使用需求；采用可拆分构件或模块化布置方式，实现同一构件在不同需求下的功能互换，或同一构件在不同空间的功能复制以上设计均符合本条第 3 款的得分要求，具体实施表现包括但不限于以下三种。

a. 平面布置时，设备设施的布置及控制方式满足多种建筑功能空间的使用要求。如层内或户内水、强弱电、供暖通风等竖井及分户计量控制箱的位置不改变即可满足建筑适变的要求；

b. 对设备空间进行模数化设计，将设备设施进行模块化布置，包括整体厨卫、标准尺寸的电梯等；

c. 公共建筑采用可移动、可组合的办公家具、隔断等，形成不同的办公空间，方便不同人群的办公需求。

4. 设计阶段初步自评

（1）空间功能可变设计或措施
□楼面采用大开间和大进深结构布置；
□灵活布置内隔墙；
□结构计算时，提高楼面活荷载取值适应灵活隔墙，取值高于活荷载规范 25％及以上；
□其他提升建筑适变性的措施：_____。
（2）管线分离设计
□给排水管线与建筑结构分离设计；
□电气管线与建筑结构分离设计；
□供暖通风管线与建筑结构分离设计；
□项目为装配式建筑，采用 SI 体系相分离的建筑体系；
□其他管线分离措施：_____。
（3）其他适变性设计
□部分功能空间的给排水设备及管线设计方便拆装，可适应建筑功能及空间变化的需要；
□采用与建筑功能和空间变化相适应的电气管线或设施布置方式；
□其他可实现建筑功能和空间变化相适应的设备设施布置方式或控制方式：_____。

5. 自评报告说明举例

简要说明采取提升建筑适变性的措施（200 字以内）。举例如下。

项目采用大开间结构布置，可实现平面功能转换，其中客厅可转换为客厅+书房，主卧可转换为卧室+书房。结构墙、梁布置不影响居室转换且卧室中间不露梁，现场未设隔断，用户可根据实际使用需求灵活布置，符合《绿色建筑评价标准技术细则》（2019 年版）第 4.2.6 条第 1 款的得分要求。

6. 证明材料提供

绿色建筑评价工作中，需要按照评价标准逐条准备相关材料，以证明项目控制项能达标或评分项可以得分，《绿色建筑评价标准》在各个条款的条文说明中均有明确要求。第4.2.6条要求在预评价时要提供相关设计文件、建筑适变性提升措施的设计说明；评价阶段应提供相关竣工图、建筑适变性提升措施的设计说明，必要时可补充现场影像资料等作为辅助证明材料。

（二）第5.1.2条

1. 条款原文

5.1.2　应采取措施避免厨房、餐厅、打印复印室、卫生间、地下车库等区域的空气和污染物串通到其他空间；应防止厨房、卫生间的排气倒灌。

2. 参评指数

第5.1.2条是绿色建筑评价的"控制项"，相当于一般技术性规范标准中的强制性条款，绿色建筑如果要申请参与评价，必须满足全部控制项的要求。

参评指数：★★★★★

3. 评价注意事项

（1）相关规范、标准的要求　厨房和卫生间的排气道设计应视项目使用性质，符合现行国家标准《民用建筑通用规范》（GB 55031—2022）、《民用建筑设计统一标准》（GB 50352—2019）、《住宅设计规范》（GB 50096—2011）、《住宅建筑规范》（GB 50368—2005）、《住宅排气管道系统工程技术标准》（JGJ/T 455—2018）等规范的有关规定。排气道的断面、形状、尺寸和内壁应有利于排烟（气）通畅，防止产生阻滞、涡流、串烟、漏气和倒灌等现象。其他措施还包括安装止回排气阀、防倒灌风帽等。止回排气阀的各零件部品表面应平整，不应有裂缝、压坑及明显的凹凸、锤痕、毛刺、孔洞等缺陷。

其中，《民用建筑通用规范》（GB 55031—2022）第4.5.1条对于地下室排风口的防污染设计提出了强制性要求，摘录如下。

4.5.1　地下车库、地下室有污染性的排风口不应朝向邻近建筑的可开启外窗或取风口；当排风口与人员活动场所的距离小于10m时，朝向人员活动场所的排风口底部距人员活动场所地坪的高度不应小于2.5m。

《民用建筑供暖通风与空气调节设计规范》（GB 50736—2012）中对机械排风系统的设计作出了相应规定，摘录如下。

6.3.4　（4）（住宅）厨房、卫生间宜设竖向排风道，竖向排风道应具有防火、防倒灌及均匀排气的功能，并应采取防止支管回流和竖井泄漏的措施。顶部应设置防止室外风倒灌装置。

6.3.5　（5）（公共厨房）排风罩、排油烟风道及排风机设置安装应便于油、水的收集和油污清理，且应采取防止油烟气味外溢的措施。

6.3.6　（2）公共卫生间应设置机械排风系统。公共浴室宜设气窗；无条件设气窗时，应设独立的机械排风系统。应采取措施保证浴室、卫生间对更衣室以及其他公共区域的负压。

（2）设计原则　厨房、餐厅、打印复印室、地下车库等区域都是建筑室内的污染源空间，如不进行合理设计，会导致污染物串通至其他空间，影响使用者的身体健康。因此，不仅要对这些污染源空间与其他空间进行合理隔断，还要采取排风措施保证室内气流方向是自其他空间流向污染源空间。方法包括但不限于以下四种。

① 将厨房和卫生间设置于建筑单元（或户型）自然通风的负压侧。

②　设置机械排风，对不同功能房间保证一定压差，避免气味或污染物串通到室内其他空间。设置时注意要将排风道设计在污染源空间室内远离房间门的位置，避免短路污染。

③　采取隔断措施，形成污染源封闭空间。

④　对于未进行土建和装修一体化施工的项目，预留排风设备安装条件。

4. 设计阶段初步自评

（1）污染源空间隔离设计

项目污染源采用如下空间隔离设计：

□厨房、餐厅、打印复印室、卫生间、地下车库等室内污染源空间与其他空间进行了合理隔断设计；

□厨房、卫生间等室内污染源空间设置于建筑单元（或户型）自然通风的负压侧；

□垃圾临时转存点、隔油池、污水井等污染源区域与其他空间进行了合理隔断设计或采取了异味隔离措施。

（2）负压设计

厨房、餐厅、打印复印室、卫生间、地下车库等室内污染源空间负压设计满足以下条件：

□设有排风系统；

□送、排风量之间的相对关系满足负压要求；

□取、排风口的位置合理，避免短路或污染；

对项目中的室内污染源空间进行气流组织模拟，满足防止污染物串通的要求：□是、□否。

（3）排气防倒灌设计

厨房、卫生间等室内空间排气防倒灌设计包括：

□厨房、卫生间排气道的断面、形状、尺寸和内壁有利于排烟（气）通畅，防止产生阻滞、涡流、串烟、漏气和倒灌等现象；

□厨房、卫生间排气道采取安装止回排气阀、防倒灌风帽等措施；

□止回排气阀的各零件部品表面平整，无裂缝、压坑及明显的凹凸、锤痕、毛刺、孔洞等缺陷。

5. 自评报告说明举例

简要说明避免厨房、餐厅、打印复印室、卫生间、地下车库等区域的空气和污染物串通到其他空间，防止厨房、卫生间的排气倒灌的措施（200字以内）。举例如下（具体内容以××替代）。

项目对××、××等污染源空间与其他空间进行了合理隔断设计；××、××等室内污染源空间设置于住宅套内自然通风的负压侧；××、××等污染源区域与其他空间进行了合理隔断设计或采取了异味隔离措施。

××、××等室内污染源空间负压设计满足以下条件：设有排风系统，送、排风量之间的相对关系满足负压要求，取、排风口的位置合理，避免短路或污染。

××、××排气道的断面、形状、尺寸和内壁有利于排烟（气）通畅，防止产生阻滞、涡流、串烟、漏气和倒灌等现象，并安装止回阀、防倒灌风帽。

6. 证明材料提供

绿色建筑评价工作中，需要按照评价标准逐条准备相关材料，以证明项目控制项能达标或评分项可以得分，《绿色建筑评价标准》在各个条款的条文说明中均有明确要求。第5.1.2条要求在预评价时应提供相关设计文件、气流组织模拟分析报告；评价阶段应提供相关竣工图、气流组织模拟分析报告、相关产品性能检测报告或质量合格证书。

（三）第5.1.4A条

1. 条款原文

5.1.4A　建筑声环境设计应符合下列规定：

1　场地规划布局和建筑平面设计时应合理规划噪声源区域和噪声敏感区域，并应进行识别和标注；

2　外墙、隔墙、楼板和门窗等主要建筑构件的隔声性能指标不应低于现行国家标准《民用建筑隔声设计规范》GB 50118 的规定，并应根据隔声性能指标明确主要建筑构件的构造做法。

2. 参评指数

第5.1.4A 条是绿色建筑评价的"控制项"，相当于一般技术性规范标准中的强制性条款，绿色建筑如果要申请参与评价，必须满足全部控制项的要求。

参评指数：★★★★★

3. 评价注意事项

（1）场地规划布局和建筑平面设计

① 设计原则。设计阶段降低建筑物噪声污染的方法包括但不限于：

a. 在场地规划布局时，调查噪声源方位，按照设计建筑对噪声的敏感程度，将总图区域分为噪声源、噪声不敏感建筑、噪声敏感建筑、降噪措施，并将噪声不敏感建筑、景观绿化带、隔声屏障等布置在噪声源与噪声敏感建筑物之间；

b. 建筑平面设计时，区分产生噪声的区域、混合区域、交通区域和噪声敏感区域，将各功能区域总体分区，类似功能集中布置，将混合区域、交通区域布置在中间，对产生噪声区域、噪声敏感区域之间设置缓冲过渡。

② 评价方法。设计时应在相关图纸中表达各建筑物（或建筑中的各功能分区）对噪声的敏感程度，以便复核设计是否达到控制项要求。

a. 建筑总平面图中，应利用不同颜色的色块对声学分区进行标注。一般噪声源用红色，噪声不敏感建筑物用黄色，降噪措施用蓝色，噪声敏感建筑物用绿色。

b. 建筑平面图或其他类似图纸中，应利用不同颜色的色块对声学分区进行标注。一般产生噪声区域用红色，混合区域用黄色，交通区域用蓝色，噪声敏感区域用绿色。

（2）建筑构件隔声

① 概念界定——隔声性能。外墙、隔墙和门窗的隔声性能指空气声隔声性能；楼板的隔声性能除了空气声隔声性能之外，还包括撞击声隔声性能。

② 评价方法。由于主要建筑构件的隔声性能指标需要通过具体的构造做法来实现，评价时应明确主要建筑构件的构造做法。

（3）相关标准的要求　现行全文强制性国家标准《建筑环境通用规范》（GB 55016—2021）中对不同类型功能房间的噪声影响提出了限制要求，相关条款摘录如下。

2.1.3　建筑物外部噪声源传播至主要功能房间室内的噪声限值及适用条件应符合下列规定：

1　建筑物外部噪声源传播至主要功能房间室内的噪声限值应符合表 2.1.3 的规定；

表 2.1.3　建筑物外部噪声源传播至主要功能房间室内的噪声限值

房间的使用功能	噪声限值(等效声级 $L_{Aeq,T}$,dB)	
	昼间	夜间
睡眠	40	30
日常生活	40	
阅读、自学、思考	35	
教学、医疗、办公、会议	40	

注：1 当建筑位于 2 类、3 类、4 类声环境功能区时，噪声限值可放宽 5dB；

2 夜间噪声限值应为夜间 8h 连续测得的等效声级 $L_{Aeq,8h}$；

3 当 1h 等效声级 $L_{Aeq,1h}$ 能代表整个时段噪声水平时，测量时段可为 1h。

2　噪声限值应为关闭门窗状态下的限值；

3　昼间时段应为 6：00～22：00 时，夜间时段应为 22：00～次日 6：00 时。当昼间、夜间的划分当地另有规定时，应按其规定。

2.1.4　建筑物内部建筑设备传播至主要功能房间室内的噪声限值应符合表 2.1.4 的规定。

表 2.1.4　建筑物内部建筑设备传播至主要功能房间室内的噪声限值

房间的使用功能	噪声限值（等效声级 $L_{Aeq,T}$，dB）	房间的使用功能	噪声限值（等效声级 $L_{Aeq,T}$，dB）
睡眠	33	教学、医疗、办公、会议	45
日常生活	40	人员密集的公共空间	55
阅读、自学、思考	40		

2.1.5　主要功能房间室内的 Z 振级限值及适用条件应符合下列规定：

1　主要功能房间室内的 Z 振级限值应符合表 2.1.5 的规定；

表 2.1.5　主要功能房间室内的 Z 振级限值

房间的使用功能	Z 振级 VL_Z（dB）	
	昼间	夜间
睡眠	78	75
日常生活	78	

2　昼间时段应为 6：00～22：00 时，夜间时段应为 22：00～次日 6：00 时。当昼间、夜间的划分当地另有规定时，应按其规定。

具体项目在评价时还应考虑相应的项目标准的要求，如现行行业标准《托儿所、幼儿园建筑设计规范（2019 年版）》（JGJ 39—2016）、《老年人照料设施建筑设计标准》（JGJ 450—2018）、《宿舍建筑设计规范》（JGJ 36—2016）、《电影院建筑设计规范》（JGJ 58—2008）、《剧场建筑设计规范》（JGJ 57—2016）、《体育建筑设计规范》（JGJ 31—2003）、《体育场馆声学设计及测量规程》（JGJ/T 131—2012）等。

4. 设计阶段初步自评

（1）场地规划布局和建筑平面设计

① 场地规划布局

规划布局时将建筑分为：

□噪声源（包括＿＿＿＿＿＿＿）；

□噪声不敏感建筑（包括＿＿＿＿＿＿＿）；

□噪声敏感建筑（包括＿＿＿＿＿＿＿）；

□降噪措施（包括＿＿＿＿＿＿＿）；

噪声不敏感建筑、降噪措施位于噪声源与噪声敏感建筑之间：□是、□否；

总平面图中以不同色块对声学分区进行了标注：□是、□否。

② 建筑平面设计

建筑平面设计将各功能分区分为：

□产生噪声的区域（包括＿＿＿＿＿＿＿）；

□混合区域（包括＿＿＿＿＿＿＿）；

□交通区域（包括＿＿＿＿＿＿＿）；

□噪声敏感区（包括＿＿＿＿＿＿＿）；

混合区域、交通区域位于产生噪声的区域与噪声敏感区域之间：□是、□否；

建筑平面图中以不同色块对声学分区进行了标注：□是、□否。

（2）建筑构件隔声

项目周边是否有噪声污染源：□是、□否；

项目是否采取降噪措施：□是、□否，降噪方法为：＿＿＿＿＿＿＿；

外墙构造层次为：＿＿＿＿＿＿＿＿，隔声量为：＿＿＿＿＿dB；

隔墙构造层次为：＿＿＿＿＿＿＿＿，隔声量为：＿＿＿＿＿dB；

楼板构造层次为：＿＿＿＿＿＿＿＿，隔声量为：＿＿＿＿＿dB；

门窗选型为：＿＿＿＿＿＿＿，隔声量为：＿＿＿＿＿dB；

自评价过程中也可对主要建筑构件的隔声性能列表统计，见表 9-11、表 9-12。

表 9-11　主要功能房间围护结构的空气声隔声性能统计表示例

主要功能房间名称 /构件名称	空气声隔声量 /dB	单值评价量＋频谱修正量/dB	
		低限要求	高要求

表 9-12　主要功能房间楼板的撞击声隔声性能统计表示例

主要功能房间名称	撞击声隔声量 /dB	单值评价量/dB	
		低限要求	高要求

构件隔声性能达到《民用建筑隔声设计规范》（GB 50118—2010）中的低限要求：□是、□否。

有噪声源的房间是否采取吸声、降噪措施：□是、□否，如是，墙面吸声构造做法为：＿＿＿＿＿＿＿，顶棚吸声构造做法为：＿＿＿＿＿＿，设备基础或吊件采取的减振措施为：＿＿＿＿＿＿；

设计阶段对室内声环境进行模拟分析：□有、□无，如有进行模拟分析，其结论为达到相关标准要求：□是、□否。

5. 自评报告说明举例

（1）简要说明建筑室内、室外噪声源及其传播途径、采用的降噪措施（200 字以内）。举例如下（具体内容以××替代）。

> 本项目建筑外噪声源主要为交通噪声，道路两侧均设置绿化带，可有效隔离来自公路的交通噪声。建筑内噪声主要为设备噪声，风机采用高效率、低噪声型，并设有减振装置，水泵房、风机房均采用吸声和隔声处理措施，新风机组、风机等设备进出口与风管连接处设柔性接管，设备落地安装时采用减振基础上设弹性支吊架，空调、通风管道设消声设备或采取其他消声措施，满足室内外环境对噪声的要求。
>
> 本项目建筑围护结构隔声措施如下。
>
> 外墙做法：水泥砂浆（××mm）＋水泥砂浆（××mm）＋岩棉板（××mm）＋硬泡聚氨酯板（PIR，××mm）＋钢筋混凝土（××mm）＋水泥砂浆（××mm），隔声量不小于××dB。外窗：建筑用隔热铝合金型材，隔声量大于××dB。

（2）简要说明建筑围护结构的构造做法、采用的隔声措施（200 字以内）。举例如下（具体内容以××替代）。

> 本项目建筑围护结构隔声措施：
>
> 1. 外墙做法：水泥砂浆（××mm）＋水泥砂浆（××mm）＋岩棉板（××mm）＋硬泡聚氨酯板（PIR）（××mm）＋钢筋混凝土（××mm）＋水泥砂浆（××mm），隔声量不小于××dB。
>
> 2. 外窗：建筑用隔热铝合金型材，隔声量大于××dB。
>
> 3. 分户墙、室内卧室墙做法：无机保温砂浆（××mm）＋钢筋混凝土（××mm）＋无机保温砂浆（××mm），隔声量不小于××dB。
>
> 4. 楼板做法：地砖（××mm）＋DAT 砂浆（××mm）＋C20 细石混凝土（××mm）＋真空镀铝聚酯薄膜＋挤塑聚苯板保温层（××mm）＋电子交联聚发泡乙烯减振垫层（××mm）＋钢筋混凝土（××mm），隔声量不小于××dB。楼板计权标准撞击声级小于等于 60dB。
>
> 5. 本项目的分户门具备防盗、防火、隔音、保温功能，满填岩棉板，门与墙体缝隙处用聚氨酯发泡材料填塞，经良好的门缝处理后隔声性能应能达到 35dB。

6. 证明材料提供

绿色建筑评价工作中，需要按照评价标准逐条准备相关材料，以证明项目控制项能达标或评分项可以得分，《绿色建筑评价标准》在各个条款的条文说明中均有明确要求。第 5.1.4 条要求在预评价时应提供建筑总平面声学分区标注图、建筑标准层平面或其他类似图纸声学分区标注图、主要建筑构件隔声性能分析报告、隔声性能实验室检测报告；评价阶段应提供建筑总平面声学分区标注竣工图、建筑标准层平面或其他类似图纸声学分区标注竣工图、主要建筑构件隔声性能分析报告、隔声性能实验室检测报告或现场检测报告。

（四）第 5.2.6 条

1. 条款原文

5.2.6　采取措施优化主要功能房间的室内声环境，评价总分值为 8 分，并按下列规则分别评分并累计：

1　建筑物外部噪声源传播至主要功能房间的噪声比现行强制性工程建设规范《建筑环境通用规范》GB 55016 限值低 3dB 及以上，得 4 分；

2　建筑物内部建筑设备传播至主要功能房间的噪声比现行强制性工程建设规范《建筑环境通用规范》GB 55016 限值低 3dB 及以上，得 4 分。

2. 参评指数

第 5.2.6 条是绿色建筑评价的"评分项"，在第 5.1.4A 条基础上适当采取措施、提高设计标准，可以得分。

参评指数：★★★

3. 评价注意事项

国家标准《民用建筑隔声设计规范》（GB 50118—2010）规定的建筑主要功能房间的室内允许噪声级已经被现行强制性工程建设规范《建筑环境通用规范》（GB 55016—2021）替代。《建筑环境通用规范》规定的室外声源传入噪声、建筑设备噪声的限值是所有建筑必须达到的值，不再分为低限标准限值和高要求标准限值（具体条款摘录详见第 5.1.4A 条）。为了更好地保障使用者具有宁静的声环境，将现行强制性工程建设规范《建筑环境通用规范》（GB 55016—2021）规定的限值再降低 3dB，作为第 5.2.6 条的得分要求。

4. 初步自评

（1）噪声源

① 室内噪声源包括：□通风空调设备、□日常电器（可具体说明电器种类）、□电梯井道、□公共楼梯间、□设备机房、□多功能厅、□宴会厅、□其他_____；

② 室外噪声源包括：□城市干道、□铁路、□集会场地、□菜市场、□其他_____。

（2）降噪措施

项目中采取的降噪措施包括：□优化平面布局、□选用低噪声设备、□隔声措施、□隔振措施、□吸声措施、□消声措施、□其他_____。

（3）室内噪声级

自评价时可将各房间室内声环境进行列表统计，如表 9-13 所示。

表 9-13　主要功能房间室内噪声统计表示例

房间名称	室内等效声级 $L_{Aeq,T}/dB$	噪声限值 等效声级 $L_{Aeq,T}/dB$	优于限值 3dB
			□是、□否
			□是、□否

5. 自评报告说明举例

简要说明建筑室内、室外噪声源及其传播途径、采用的降噪措施（200 字以内）。举例如下（具体内容以××替代）。

> 本项目建筑外噪声源主要为交通噪声，道路两侧均设置绿化带，可有效隔离来自公路的交通噪声。建筑内噪声主要为设备噪声，风机采用高效率、低噪声型，并设有减振装置，水泵房、风机房均采用吸声和隔声处理措施，新风机组、风机等设备进出口与风管连接处设柔性接管，设备落地安装时采用减振基础上设弹性支吊架，空调、通风管道设消声设备或采取其他消声措施，满足室内外环境对噪声的要求。
>
> 本项目建筑围护结构隔声措施如下。
>
> 外墙做法：水泥砂浆（××mm）+ 水泥砂浆（××mm）+ 岩棉板（××mm）+ 硬泡聚氨酯板（PIR，××mm）+ 钢筋混凝土（××mm）+ 水泥砂浆（××mm），隔声量不小于××dB。外窗：建筑用隔热铝合金型材，隔声量大于××dB。

6. 证明材料提供

绿色建筑评价工作中，需要按照评价标准逐条准备相关材料，以证明项目控制项能达标或评分项可以得分，《绿色建筑评价标准》在各个条款的条文说明中均有明确要求。第 5.2.6 条要求在预评价时应提供相关设计文件、噪声分析报告；评价阶段应提供相关竣工图、室外声源传入噪声与建筑设备噪声现场检测报告。

（五）第 5.2.7 条

1. 条款原文

5.2.7　主要功能房间的隔声性能良好，评价总分值为 10 分，按表 5.2.7 的规则分别评分并累计：

表 5.2.7　主要功能房间隔声性能评分规则

建筑类别	构件或房间名称		评价指标	得分
住宅建筑	卧室含窗外墙		计权标准化声压级差与交通噪声频谱修正量之和 $D_{2m,nT,w} + C_{tr} \geqslant 35dB$	2
	相邻两户房间之间空气声隔声	隔墙两侧房间之间	计权标准化声压级差与交通噪声频谱修正量之和 $D_{nT,w} + C_{tr} \geqslant 50dB$（卧室与邻户房间之间）且计权标准化声压级差与粉红噪声频谱修正量之和 $D_{nT,w} + C \geqslant 50dB$（其他相邻两户房间之间）	2
		楼板上下房间之间		2
	卧室和起居室楼板撞击声隔声		计权标准化撞击声压级 $L'_{nT,w} \leqslant 60dB(55dB)$	2(4)
公共建筑	外围护结构		计权标准化声压级差与交通噪声频谱修正量之和 $D_{2m,nT,w} + C_{tr} \geqslant 30dB$	2
	房间之间空气声隔声	隔墙两侧房间之间	比国家民用建筑隔声设计标准规定限值高 3dB 及以上	2
		楼板两侧房间之间		2
	楼板撞击声隔声		比国家民用建筑隔声设计标准规定限值低 5dB(10dB) 及以上	2(4)

2. 参评指数

第 5.2.7 条是绿色建筑评价的"评分项"，在第 5.1.4A 条基础上适当采取措施、提高设计标准，可以得分。

参评指数：★★★

3. 评价注意事项

公共建筑要求的"房间之间空气声隔声"和"楼板撞击声隔声"两项指标，其性能提升的参照是现行国家标准《民用建筑隔声设计规范》（GB 50118—2010）中的低限标准限值。对于《民用建筑隔声设计规范》中没有涉及的建筑类型，其围护结构构件的隔声性能可对照相似类型建筑的要求进行评价。

4. 设计阶段初步自评

项目建筑使用性质包括：□住宅建筑、□公共建筑；

外墙构造层次为：_____，隔声量为：_____ dB；

隔墙构造层次为：_____，隔声量为：_____ dB；

楼板构造层次为：_____，隔声量为：_____ dB；

门窗选型为：_____，隔声量为：_____ dB；

构件隔声性能达到《民用建筑隔声设计规范》（GB 50118—2010）中的低限要求：□是、□否。

（1）住宅建筑

① 卧室含窗外墙，计权标准化声压级差与交通噪声频谱修正量之和 $D_{2m,nT,w}+C_{tr}\geqslant35dB$：□是、□否；

② 相邻两户房间之间空气声隔声：

卧室与邻户房间之间的计权标准化声压级差与交通噪声频谱修正量之和 $D_{nT,w}+C_{tr}\geqslant50dB$：□是、□否；

其他相邻两户房间之间的计权标准化声压级差与粉红噪声频谱修正量之和 $D_{nT,w}+C\geqslant50dB$：□是、□否；

③ 卧室和起居室楼板撞击声隔声，计权标准化撞击声压级 $L'_{nT,w}$：□$\leqslant60dB$、□$\leqslant55dB$。

（2）公共建筑

① 外围护结构，计权标准化声压级差与交通噪声频谱修正量之和 $D_{2m,nT,w}+C_{tr}\geqslant30dB$：□是、□否；

② 房间之间空气声隔声，高于限值3dB及以上：□是、□否；

③ 楼板撞击声隔声，低于限值：□5dB、□10dB。

5. 自评报告说明举例

简要说明建筑围护结构的构造做法、采用的隔声措施（200字以内）。举例如下（具体内容以××替代）。

> 本项目建筑围护结构隔声措施如下。
>
> 1. 外墙构造层次包括××（××mm）+××（××mm）+××（××mm）+××（××mm），隔声量不小于××dB；
>
> 2. 外窗型号为××型断桥铝（5+12A+5+12A+5），隔声量大于××dB；
>
> 3. 室内墙构造层次包括××（××mm）+××（××mm）+××（××mm）+××（××mm），隔声量不小于××dB；
>
> 4. 楼板构造层次包括××（××mm）+××（××mm）+××（××mm）+××（××mm），隔声量不小于××dB；楼板计权标准撞击声级小于等于60dB。

6. 证明材料提供

绿色建筑评价工作中，需要按照评价标准逐条准备相关材料，以证明项目控制项能达标或评分项可以得分，《绿色建筑评价标准》在各个条款的条文说明中均有明确要求。第5.2.7条要求在预评价时要提供相关设计文件、构件隔声性能的实验室检验报告；评价阶段应提供相关竣工图、构件或房间之间隔声性能的现场检测报告。

（六）第5.2.8条

1. 条款原文

5.2.8 充分利用天然光，评价总分值为12分，并按下列规则评分：

1　住宅建筑室内主要功能空间至少 60％面积比例区域，其采光照度值不低于 300lx 的小时数平均不少于 8h/d，得 12 分。

2　公共建筑按下列规则分别评分并累计：

1）内区采光系数满足采光要求的面积比例达到 60％，得 4 分；

2）地下空间平均采光系数不小于 0.5％的面积与地下室首层面积的比例达到 10％以上，得 4 分；

3）室内主要功能空间至少 60％面积比例区域的采光照度值不低于采光要求的小时数平均不少于 4h/d，得 4 分。

2. 参评指数

第 5.2.8 条是绿色建筑评价的"评分项"，适当采取措施，在设计阶段进行采光模拟设计，合理进行平面布局并调整开窗的位置及大小，可以得分。

参评指数：★★★

3. 评价注意事项

（1）概念界定

① 第 1 款中的"住宅建筑室内主要空间"是指卧室、起居室（厅）等；

② 第 2 款第 1 项中的"内区"是相对于"外区"而言的，一般情况下"外区"为距离建筑外围护结构 5m 范围以内的区域，其余被划为"内区"；

③ 第 2 款第 1 项中的"采光达标面积比例"是指满足采光系数要求区域的面积占该楼层内区面积的比例；

④ 第 2 款第 3 项中的"（公共建筑）室内主要功能空间"为现行国家标准《建筑采光设计标准》（GB 50033—2013）中 Ⅱ～Ⅳ级有采光标准值要求的场所；

⑤ 第 2 款第 3 项中的"采光照度值"是指对设计建筑采用全年动态采光计算后，获得的采光照度平均值。

（2）评价方法

① 设计阶段的采光要求，根据场所的视觉活动特点及现行国家标准《建筑采光设计标准》（GB 50033—2013）对于不同场所的采光标准值的规定来确定；

② 运行阶段可按照建筑实际参数进行计算，以获得准确的采光计算结果；

③ 采光模拟应符合现行行业标准《民用建筑绿色性能计算标准》（JGJ/T 449—2018）的相关规定。计算过程中，相关参数应设定为：地面反射比 0.3，墙面反射比 0.6，外表面反射比 0.5，顶棚反射比 0.75，外窗的透射比根据设计图纸确定。如果设计图纸中涉及的相关参数有所不同，需提供材料测试报告。

（3）特殊情形

① 宿舍建筑按本条第 1 款对住宅建筑的要求进行评价；

② 当无内区时，可等同于"内区采光达标面积比例"为 100％，本条第 2 款第 1 项直接得分。

（4）相关标准要求　除满足《建筑采光设计标准》外，现行国家标准《建筑环境通用规范》（GB 55016—2021）的第 3.2 节也对建筑采光提出了强制性要求，其中的主要条款摘录如下。

3.2.2　采光设计应以采光系数为评价指标，并应符合下列规定：

1　采光等级与采光系数标准值应符合表 3.2.2-1 的规定。

2　光气候区划应按本规范附录 B 确定。各光气候区的光气候系数应按表 3.2.2-2 确定。

表 3.2.2-1 采光等级与采光标准值

采光等级	侧面采光		顶部采光	
	采光系数标准值（%）	室内天然光照度标准值（lx）	采光系数标准值（%）	室内天然光照度标准值（lx）
Ⅰ	5	750	5	750
Ⅱ	4	600	3	450
Ⅲ	3	450	2	300
Ⅳ	2	300	1	150
Ⅴ	1	150	0.5	75

注：表中所列采光系数标准值适用于我国Ⅲ类光气候区，其他光气候区的采光系数标准值应按本条第 2 款规定的光气候系数进行修正。

表 3.2.2-2 光气候系数

光气候区类别	Ⅰ类	Ⅱ类	Ⅲ类	Ⅳ类	Ⅴ类
光气候系数 K	0.85	0.90	1.00	1.10	1.20
室外天然光设计照度值(lx)	18000	16500	15000	13500	12000

3.2.3 对天然采光需求较高的场所，应符合下列规定：

1 卧室、起居室和一般病房的采光等级不应低于Ⅳ级的要求；

2 普通教室的采光等级不应低于Ⅲ级的要求；

3 普通教室侧面采光的采光均匀度不应低于0.5。

3.2.4 长时间工作或学习的场所室内各表面的反射比应符合表3.2.4的规定。

表 3.2.4 反射比

表面名称	反射比	表面名称	反射比
顶棚	0.6～0.9	地面	0.1～0.5
墙面	0.3～0.8		

3.2.7 主要功能房间采光窗的颜色透射指数不应低于80。

4. 设计阶段初步自评

（1）住宅建筑采光

对主要功能空间进行了采光模拟计算：□是、□否；

自评价时，可将主要功能空间的采光系数列表统计，判断项目得分，如表9-14所示。

表 9-14 主要功能空间采光系数统计表示例

分析区域	主要功能空间面积/m²	采光达标面积/m²	采光达标面积比例/%
总计			

（2）公共建筑采光

自评价时，可将建筑中的内区房间、地下空间、主要功能空间等功能区域的采光设计情况分别列表统计，方便判断项目得分，并且在得分情况不理想时，有条不紊地制订项目方案调整计划。如表9-15～表9-17所示。

① 内区采光

表 9-15 内区采光系数统计表示例

分析区域/楼层	内区空间面积/m²	采光达标面积/m²	采光达标面积比例/%
总计			

② 地下空间采光

项目设有地下室：□是、□否；

表 9-16 地下室平均采光系数达标情况统计表示例

分析区域/楼层	地下室首层面积/m²	采光达标面积/m²	采光达标面积比例/%
总计			

③ 主要功能房间采光

项目主要功能房间包括：＿＿＿＿＿＿＿＿＿；

表 9-17 主要功能空间动态采光模拟分析情况统计表示例

房间名称	房间面积/m²	60%面积照度达标的小时数/(h/d)	室内天然光照度/lx	
			标准值	评价值

平均达标小时数为：＿＿＿＿＿＿＿h/d。

5. 证明材料提供

绿色建筑评价工作中，需要按照评价标准逐条准备相关材料，以证明项目控制项能达标或评分项可以得分，《绿色建筑评价标准》在各个条款的条文说明中均有明确要求。第 5.2.8 条要求在预评价时要提供相关设计文件、计算书；评价要提供相关竣工图、计算书、采光检测报告。

（七）第 5.2.10 条

1. 条款原文

5.2.10 优化建筑空间和平面布局，改善自然通风效果，评价总分值为 8 分，并按下列规则评分：

1 住宅建筑：通风开口面积与房间地板面积的比例在夏热冬暖和温和 B 地区达到 12%，在夏热冬冷和温和 A 地区达到 8%，在其他地区达到 5%，得 5 分；每再增加 2%，再得 1 分，最高得 8 分。

2 公共建筑：过渡季典型工况下主要功能房间平均自然通风换气次数不小于 2 次/h 的面积比例达到 70%，得 5 分；每再增加 10%，再得 1 分，最高得 8 分。

2. 参评指数

第 5.2.10 条是绿色建筑评价的"评分项"，本地区一般项目在满足相关规范要求的基础上，在设计阶段对室内气流组织进行模拟分析，酌情优化设计，可以得分。

参评指数：★★★★

3. 评价注意事项

（1）住宅建筑 住宅建筑需计算每个户型中各主要功能房间（主要考察卧室、起居室、书房及厨房）的通风开口面积与该房间地板面积的比例。确定通风开口面积时，当平开门窗、悬窗、翻转窗的最大开启角度小于 45°时，通风开口面积应按照外窗可开启面积的 1/2 计算，或根据实际有效通风面积计算。

（2）公共建筑 公共建筑需对过渡季节典型工况下主要功能房间的平均自然通风换气次数进行模拟。在室内空气混合均匀的状态下，评估单个计算区域或房间的自然通风效果时，宜采用区域网络模拟方法。当描述单个区域或房间内的自然通风效果时，宜采用CFD分布参数计算方法。具体计算过程可参照行业标准《民用建筑绿色性能计算标准》（JGJ/T 449—2018）第6.2.2条、第6.2.3条的相关规定进行。

（3）特殊情形

① 宿舍、住宅式公寓的评价，按照本条第1款对住宅建筑的要求进行。

② 对于公共建筑内的高大空间，进行平均自然通风换气次数模拟时，主要考虑3m以下的活动区域。

③ 对公共建筑进行平均自然通风换气次数模拟时，如其层数超过18层，只计算18层及以下楼层自然通风换气次数不小于2次/h的面积比例。

4. 设计阶段初步自评

（1）设计概况

项目所在气候区划为：_____；

项目中建筑单体的使用性质为：□住宅（含宿舍、住宅式公寓）、□公建；

是否对室内气流组织进行模拟计算：□是、□否。

自评价时，由于室内功能房间开窗情形较多，可将开启扇面积、自然通风情况等列表统计，复核项目得分，示例见表9-18～表9-21。

（2）外窗可开启面积

表 9-18 外窗可开启面积统计表示例

建筑名称编号	外窗编号	外窗开启类型	外窗尺寸		数量 /个	可开启面积比例 /%
			外窗面积	可开启面积		
			总计			

（3）幕墙可开启面积

表 9-19 幕墙可开启面积统计表示例

建筑名称编号	幕墙编号	幕墙类型	幕墙尺寸		数量 /个	可开启面积比例 /%
			幕墙面积	可开启面积		
			总计			

（4）居住建筑自然通风

表 9-20 居住建筑自然通风情况统计表示例

户型编号	房间名称	地板面积/m²	通风开口面积/m²	自然通风开口与地板面积的比例/%

（5）公共建筑自然通风换气次数

表 9-21 主要功能房间自然通风情况统计表示例

房间/区域名称	房间/区域面积 /m²	平均自然通风换气次数不小于2次/h的面积/m²	平均自然通风换气次数不小于2次/h的面积与总面积的比例/%

5. 证明材料提供

绿色建筑评价工作中，需要按照评价标准逐条准备相关材料，以证明项目控制项能达标或评分项可以得分，《绿色建筑评价标准》在各个条款的条文说明中均有明确要求。第5.2.10 条要求在预评价时要提供相关设计文件、计算分析报告；评价应提供相关竣工图、计算分析报告。

（八）第 5.2.11 条

1. 条款原文

5.2.11 设置可调节遮阳设施，改善室内热舒适，评价总分值为 9 分，根据可调节遮阳设施的面积占外窗透明部分的比例按表 5.2.11 的规则评分。

表 5.2.11 可调节遮阳设施的面积占外窗透明部分比例评分规则

可调节遮阳设施的面积占外窗透明部分比例 S_Z	得分
$25\% \leqslant S_Z < 35\%$	3
$35\% \leqslant S_Z < 45\%$	5
$45\% \leqslant S_Z < 55\%$	7
$S_Z \geqslant 55\%$	9

2. 参评指数

第 5.2.11 条是绿色建筑评价的"评分项"，适当采取技术手段后较易得分，部分地区可直接得分。

参评指数：★★★★

3. 评价注意事项

（1）概念界定

① "可调节遮阳设施"包括：a. 活动外遮阳设施（含电致变色玻璃）；b. 中置可调遮阳设施（中空玻璃夹层可调内遮阳）；c. 固定外遮阳（含建筑自遮阳）加内部高反射率（全波段太阳辐射反射率大于 0.50）可调节遮阳设施；d. 可调高反射率内遮阳设施（包括活动百叶和窗帘）。

② "固定外遮阳"是指建筑设计中宽度不小于 300mm 的挑檐、阳台或其他具有遮阳作用的立面造型。

③ 本条所述的"外窗"包含立面外窗和屋顶天窗。

（2）评价方法 遮阳设施的面积占外窗透明部分比例 S_Z 按下式计算：

$$S_Z = S_{Z0} \times \eta$$

式中 η——遮阳方式修正系数；

S_{Z0}——遮阳设施应用面积比例。

对于活动外遮阳设施，η 为 1.2；对于中置可调遮阳设施，η 为 1；对于固定外遮阳加内部高反射率可调节遮阳设施，η 为 0.8；对于可调高反射率内遮阳设施，η 为 0.6。

活动外遮阳、中置可调遮阳和可调内遮阳设施，可直接取其应用外窗的比例，即装有遮阳设施的外窗面积占所有外窗面积的比例；对于固定外遮阳加内部高反射率可调节遮阳设施，按大暑日 9：00～17：00 之间所有整点时刻其有效遮阳面积比例平均值进行计算，即该期间所有整点时刻其在所有外窗的投影面积占所有外窗面积比例的平均值。

（3）特殊情形

① 严寒地区、全年空调度日数（CDD26）值小于 10℃·d 的寒冷及温和地区的建筑，本条可直接得分；

② 对于按照大暑日 9：00～17：00 之间整点时刻没有阳光直射的透明围护结构，不计

人计算；

③ 可调节的高反射率内遮阳设施，应在建筑设计图纸中明确要求安装，方可算作可调节遮阳设施。

4. 设计阶段初步自评

项目所在气候区划为：_____；

全年空调度日数（CDD26）值小于 10℃·d：□是、□否；

建筑设有可调节遮阳设施：□是、□否，类型有：□活动外遮阳设施、□中置可调遮阳设施、□固定外遮阳加内部高反射率可调节遮阳设施、□可调高反射率内遮阳设施。

自评价时，可将透明围护结构的遮阳设计情况列表统计，复核得分，如表 9-22、表 9-23 所示。

表 9-22　外窗采取可控遮阳的面积统计表示例

编号	朝向	尺寸		数量/个	采取可控遮阳调节措施面积/m²	采取可控遮阳调节措施面积比例/%
		宽度/m	高度/m			
总计						

表 9-23　透明幕墙采取可控遮阳的面积统计表示例

编号	朝向	尺寸		数量/个	采取可控遮阳调节措施面积/m²	采取可控遮阳调节措施面积比例/%
		宽度/m	高度/m			
总计						

5. 证明材料提供

绿色建筑评价工作中，需要按照评价标准逐条准备相关材料，以证明项目控制项能达标或评分项可以得分，《绿色建筑评价标准》在各个条款的条文说明中均有明确要求。第 5.2.11 条要求在预评价时要提供相关设计文件、产品说明书、计算书；评价阶段应提供相关竣工图、产品说明书、计算书。

第四节　通行安全与便利

建筑内部的日常通行是使用过程中非常重要的一环，离开交通空间，大部分建筑的设计将无法成立。因此，交通空间设计是否便利直接影响人在建筑中的使用体验，而交通空间的优化设计也是绿色建筑"以人为本"理念落地必不可少的过程。

一、提升安全性

安全是建筑设计中永恒的话题。确保室内通行的安全是保障日常活动顺利进行和紧急情况下安全疏散的关键。人在室内行走时会分神寻找路线、思考其他事情或与人交谈，对于脚下地面的变化并不敏感，因此水平向交通空间的地面最好没有高差。在连通新老建筑或需要营造特殊的室内空间氛围等情况下必须设置高差时，应注意踏步尺寸适宜行走且数量不应少于 2 个，在颜色、材质上凸显踏步边缘，当高差较小而不足以设置 2 个踏步时，应设坡道过渡。另外，无论是日间采光还是夜间照明均应保证室内高差处地面有足够的照度，方便使用者及时辨别。

其次，选择地面材料时应保证地面平整、防滑并具有足够的强度，以避免人们在行进过程中被绊倒、滑倒或对其造成其他不必要的伤害。这也是《民用建筑通用规范》（GB 55031—2022）第 6.3.1 条的强制性要求。

二、无障碍设计

无障碍设计的重要性本书在前面章节内容中已经讨论过了，在此不多做描述。无障碍通行的具体技术要求目前以全文强制性国家标准《建筑与市政工程无障碍通用规范》（GB 55019—2021）为准。《建筑与市政工程无障碍通用规范》第 2 章从无障碍通行流线、无障碍通道、轮椅坡道、出入口、门、电梯、楼梯和台阶等方面全范围对无障碍通行设施提出了详尽的规定。其中第 2.1.1 条要求"城市开敞空间、建筑场地、建筑内部及其之间应提供连贯的无障碍通行流线"，与《绿色建筑评价标准》（GB 50378—2019）中的第 6.1.1 条控制项要求"建筑、室外场地、公共绿地、城市道路相互之间应设置连贯的无障碍步行系统"相互呼应。设计时应予以充分重视。

三、设置标识系统

标识是在公共建筑空间环境中，通过视觉、听觉、触觉或其他感知方式向使用者提供导向与识别功能的信息载体。在室内设置导向标识可以帮助使用者快速熟悉建筑内功能布局，避开危险地带，提升使用便利度。尤其是针对人员密集的大型公共建筑，设置导向标识系统是非常有必要的。国家标准《公共建筑标识系统技术规范》（GB/T 51233—2017）从技术角度规范了标识分类，并对各类标识的设置进行了规定。

公共建筑的标识系统应包括导向标识系统和非导向标识系统。其中导向标识系统传达方向、位置、距离等信息，帮助人们认知起止点，且具有公共属性，由通行导向、服务导向和应急导向三类标识系统共同构成；非导向标识系统传达非导向信息，其中比较有代表性的有"禁止吸烟""禁止拍照""小心触电""请勿攀爬"等具有警示性的标识。设计时应结合项目的具体情况，按照规范要求全面、系统性地设置标识。

四、 2024 年版评价标准相关条款

（一）第 4.1.7 条
1. 条款原文
4.1.7 走廊、疏散通道等通行空间应满足紧急疏散、应急救护等要求，且应保持畅通。
2. 参评指数
第 4.1.7 条是绿色建筑评价的"控制项"，相当于一般技术性规范标准中的强制性条款，绿色建筑如果要申请参与评价，必须满足全部控制项的要求。

参评指数：★★★★★
3. 评价注意事项
在发生突发事件时，疏散和救护顺畅非常重要，因此必须在场地和建筑设计中考虑到相应的对策和措施。建筑应根据其高度、规模、使用功能和耐火等级等因素合理设置安全疏散和避难设施。安全出口和疏散门的位置、数量、宽度及疏散楼梯间的形式，应满足人员安全疏散的要求。走廊、疏散通道等应满足现行国家标准《建筑防火通用规范》（GB 55037—2022）、《建筑设计防火规范（2018 年版）》（GB 50016—2014）、《民用建筑通用规范》（GB 55031—2022）、《防灾避难场所设计规范（2021 年版）》（GB 51143—2015）等对安全疏散和避难、应急交通的相关要求。本条重在强调建筑保持通行空间路线畅通、视线清晰，不应有

阳台花池、机电箱等凸向走廊、疏散通道的设计，防止给人员活动、步行交通、消防疏散埋下安全隐患。

4. 设计阶段初步自评

> 安全出口和疏散门的数量、宽度等是否足够：□是、□否，位置、开启方向是否正确：□是、□否；
>
> 疏散楼梯间的形式为：□敞开楼梯间、□封闭楼梯间、□防烟楼梯间，是否符合规范对本项目中建筑的设计要求：□是、□否；
>
> 走廊、疏散通道的最小宽度为：_____ m，是否满足相关规范对安全疏散和避难、应急交通的相关要求：□是、□否；
>
> 通行空间路线畅通、视线清晰：□是、□否，运行阶段有相关管理制度：□是、□否；
>
> 通行空间中是否有阳台花池、机电箱等凸出物：□是、□否，运行阶段有相关管理制度：□是、□否。

5. 自评报告说明举例

简要说明通行空间的无障碍设计情况（200字以内）。举例如下（具体内容以××替代）。

> 项目安全疏散设计均严格满足《建筑设计防火规范》（GB 50016—2014，2018年版）的相关规定，按规范要求设置了封闭楼梯间/防烟楼梯间，楼梯间、疏散走道、门厅范围内无影响疏散的凸出障碍物，楼梯间门、户门、单元门等疏散门的净宽度不小于××m。
>
> 走廊、疏散通道等设计满足现行国家标准《建筑设计防火规范（2018年版）》（GB 50016—2014）、《防灾避难场所设计规范》（GB 51143—2015）等对安全疏散和避难应急交通的相关要求。

6. 证明材料提供

绿色建筑评价工作中，需要按照评价标准逐条准备相关材料，以证明项目控制项能达标或评分项可以得分，《绿色建筑评价标准》在各个条款的条文说明中均有明确要求。第4.1.7条要求在预评价时要提供相关设计文件；评价阶段应提供相关竣工图、相关管理规定。

（二）第4.2.4条

1. 条款原文

4.2.4 室内外地面或路面设置防滑措施，评价总分值为10分，并按下列规则分别评分并累计：

1 建筑出入口及平台、公共走廊、电梯门厅、厨房、浴室、卫生间等设置防滑措施，防滑等级不低于现行行业标准《建筑地面工程防滑技术规程》JGJ/T 331规定的 B_d、B_w 级，得3分；

2 建筑室内外活动场所采用防滑地面，防滑等级达到现行行业标准《建筑地面工程防滑技术规程》JGJ/T 331规定的 A_d、A_w 级，得4分；

3 建筑坡道、楼梯踏步防滑等级达到现行行业标准《建筑地面工程防滑技术规程》JGJ/T 331规定的 A_d、A_w 级或按水平地面等级提高一级，并采用防滑条等防滑构造技术措施，得3分。

2. 参评指数

第4.2.4条是绿色建筑评价的"加分项"，合理选用材料，采购时符合设计要求，即可得分。

参评指数：★★★★

3. 评价注意事项

（1）地面防滑等级 本条所指的防滑等级均对应现行行业标准《建筑地面工程防滑技术

规程》（JGJ/T 331—2014）中的规定，防滑等级的划分标准在《建筑地面工程防滑技术规程》第 3.0.3 条，共将地面防滑安全等级分为四级，摘录如下。

3.0.3 建筑地面防滑安全等级应分为四级。室外地面、室内潮湿地面、坡道及踏步防滑值应符合表 3.0.3-1 的规定，检测方法应符合本规程附录 A.1 的规定；室内干态地面静摩擦系数应符合表 3.0.3-2 的规定，检测方法应符合本规程附录 A.2 的规定。

表 3.0.3-1 室外及室内潮湿地面湿态防滑值

防滑等级	防滑安全程度	防滑值 BPN	防滑等级	防滑安全程度	防滑值 BPN
A_w	高	BPN≥80	C_w	中	45≤BPN<60
B_w	中高	60≤BPN<80	D_w	低	BPN<45

表 3.0.3-2 室内干态地面静摩擦系数

防滑等级	防滑安全程度	静摩擦系数 COF	防滑等级	防滑安全程度	静摩擦系数 COF
A_d	高	COF≥0.70	C_d	中	0.50≤COF<0.60
B_d	中高	0.60≤COF<0.70	D_d	低	COF<0.50

此外，《建筑地面工程防滑技术规程》（JGJ/T 331—2014）中的第 4.1.5 条和第 4.1.7 条对于特殊建筑类型和建筑中的特殊部位地面的防滑性能提出了更高要求，其中第 4.1.7 条对建筑坡道、楼梯踏步的要求与《绿色建筑评价标准》第 4.2.4 条的第 3 款相对应。摘录如下。

4.1.5 对于老年人居住建筑、托儿所、幼儿园及活动场所、建筑出入口及平台、公共走廊、电梯门厅、厨房、浴室、卫生间等易滑地面，防滑等级应选择不低于中高级防滑等级。幼儿园、养老院等建筑室内外活动场所，宜采用柔（弹）性防滑地面，应符合国家现行标准《老年人居住建筑设计标准》❶ GB/T 50340 和《托儿所、幼儿园建筑设计规范》JGJ 39 的规定。

4.1.7 建筑坡道、楼梯踏步及经常有水、油污的地面进行防滑设计时应符合现行国家标准《建筑地面设计规范》GB 50037 的规定，其防滑等级应按水平地面等级提高一级，并应采用防滑条等防滑构造技术措施。

（2）检测标准 《建筑地面工程防滑技术规程》（JGJ/T 331—2014）第 9.2.1 条规定了室内外各类地面工程的检验标准，摘录如下。

9.2.1 对室内外各类地面工程防滑性能应进行现场检验，检验方法应符合表 9.2.1 的规定。

表 9.2.1 地面防滑性能检查

地面工程	检测方法
室外地面防滑工程	按本规程附录 A.1 摆式防滑性能检测方法
室内潮湿地面防滑工程	按本规程附录 A.1 摆式防滑性能检测方法
室内干态防滑地面工程	按本规程附录 A.1 卧式拉力计防滑性能检测方法

陶瓷砖按国家标准《陶瓷砖》（GB/T 4100—2015）检测标准检测的防滑系数不小于0.5，并不代表满足本条的相关规定。需执行《建筑地面工程防滑技术规程》（JGJ/T 331—2014）第 9.2.1 条的要求，按该规程中附录 A 的要求进行检测。摘录如下。

---

❶ 编者注：《老年人居住建筑设计标准》（GB/T 50340—2003）及其替代版本的《老年人居住建筑设计规范》（GB 50340—2016）均已废止，以现行行业标准《老年人照料设施建筑设计标准》（JGJ 450—2018）中的规定为准。

A.1　摆式防滑性能检测方法

A.1.1　摆式防滑性能检测方法应符合现行国家标准《混凝土路面砖》GB/T 28635 的规定。

A.1.2　该检测方法适用于在潮湿态下室内外地面的防滑性能检测，可用于工程现场的实测和工程验收，防滑性能以防滑值表示。

A.1.3　检测时，室内外地面应呈潮湿态，但不得有明水。

A.2　卧式拉力计防滑性能检测方法

A.2.1　卧式拉力计防滑性能检测方法应符合现行行业标准《地面石材防滑性能等级划分及试验方法》JC/T 1050 的规定。

A.2.2　该检测方法适用于在干态室内外地面防滑性能现场检测，防滑性能以摩擦系数表示。

4. 设计阶段初步自评

（1）重点部位地面防滑措施

自评价时，可将项目重点部位的地面防滑设计情况列表统计，复核得分，如表 9-24 所示。

表 9-24　重点部位楼/地面防滑措施及等级统计表示例

重点部位	楼/地面面层材料及厚度	防滑等级
建筑出入口平台		
室内公共走廊、电梯门厅		
厨房、浴室、卫生间		
室内活动场所		
室外活动场所		

对各部位防滑等级进行了现场检测或有相关计划：□是、□否；

防滑等级的检测方法依据《建筑地面工程防滑技术规程》（JGJ/T 331—2014）附录 A：□是、□否。

（2）建筑坡道及楼梯踏步地面防滑措施

设计时，可将各处建筑坡道、楼梯踏步的设计情况列表统计，复核得分，示例见表 9-25。

表 9-25　楼/地面防滑措施及等级统计表示例

部位	楼/地面面层材料及厚度	防滑等级
建筑坡道		
楼梯踏步		

建筑坡道地面采用的防滑构造为：□拉毛、□刻痕、□防滑条、□礓磋、□其他_____；

楼梯踏步采用的防滑构造为：□防滑条、□其他_____。

5. 证明材料提供

绿色建筑评价工作中，需要按照评价标准逐条准备相关材料，以证明项目控制项能达标或评分项可以得分，《绿色建筑评价标准》在各个条款的条文说明中均有明确要求。第 4.2.4 条要求在预评价时应提供相关设计文件；评价阶段应提供相关竣工图、地面防滑有关测试报告。

第五节　结构与细部构造

建筑主体的安全性是一切节约资源和舒适性设计的基础，绿色建筑不能脱离结构的安全耐久而存在。在结构体系安全、耐久的基础之上，绿色建筑也关注建筑材料在生产、运输过程中造成的碳排放压力，注意部品、部件的性能以及其构造做法是否牢固可靠，同时也强调从细节上优化设计来排除一些潜在的、可能对使用者造成伤害的后期使用风险。

一、结构安全

结构设计应满足承载能力极限状态计算和正常使用极限状态验算的要求，符合国家现行相关标准及地方规程的规定。应定期对结构进行检查、维护与管理，并针对建筑运行期内可能出现的地基不均匀沉降、使用环境的影响导致的钢材锈蚀等问题，采取相应措施。

在结构设计时采用基于性能的抗震设计，合理提高建筑的抗震性能指标要求，采用隔震、消能减震等设计，这些措施旨在满足建筑物的设计类别或抗震性能要求，确保建筑在地震发生时能够保持结构完整和功能正常。绿色建筑通过采取基于性能的抗震、隔震、消能减震设计等措施提升建筑物的抗震性能，不仅能使建筑在环保和节能方面表现出色，同时使其在抗震性能上也达到了较高的标准，为人们提供了一个更加安全、舒适的居住和工作环境。

二、选材恰当

绿色建筑材料的选择对于保护环境、提高建筑能效至关重要。在选择材料时，应关注材料的来源、处理方式、性能指标等因素，以确保选用的材料符合环保要求。通过合理选用绿色环保材料，可以为可持续发展作出贡献，创造更加健康、舒适的建筑环境。

（一）选用工厂化预制构件

绿色建筑提倡使用车间生产加工完成的预制构件，如外墙板、内墙板、叠合板、阳台、空调板、楼梯、预制梁、预制柱等，以减少现场施工量，提高生产效率。另外，绿色建筑还倡导采用高强钢材和免支撑的楼板、屋面板。

（二）选用环保建材

合理选用建筑结构材料与构件，优先使用可再循环材料、可再利用材料和利废建材，在满足安全和使用性能的前提下，提高绿色建材应用比例。使用可持续的材料能减少对自然资源的消耗，使用可循环利用的材料可以减少废弃物的产生。同时，应关注材料的环保性能和施工性能。例如，水性材料是一种以水为基质的材料，相比传统的溶剂型材料，具有较低的挥发性，能够减少有机化合物的排放和降低环境污染程度。另外，还应考虑材料的生命周期成本。每种材料都有其优点和缺点，因此需要综合考虑物料产生的生命周期成本。若某材料在生产和环保方面非常优秀，而且使用寿命周期较长，那么就有可能成为一种具有较低生命周期成本的材料。

（三）选用本地材料

选用本地材料能大幅降低建材的运输成本以及运输过程中造成的碳排放量，避免材料在运输过程中可能对沿途环境造成的污染，是一举多得的环保措施。另外，鼓励选用具有本地特色的建筑材料，一定程度上也鼓励了建设过程中对传统建材和传统施工工艺的使用，有利于打造项目特色，弘扬当地文化，是改善"千城一面"现象的一把钥匙，设计时应尽量予以考虑。

三、构造可靠

绿色建筑不仅关注建筑的环境友好性和能源效率，还特别强调构件的安全耐久性。这要求建筑外墙、屋面、门窗、幕墙等外围护结构及建筑内部的非结构构件、设备及附属设施等应连接牢固并能适应主体结构变形，确保建筑在使用年限内保持较好的承载力和外观，满足建筑使用功能要求。

绿色建筑构造做法的可靠性可通过采用工业化建造体系来实现。预制构件的使用，设计的标准化和管理信息化，以及绿色策划方案的实施等策略，在提高建筑能效、减少资源消耗、降低环境损害的同时，还能降低施工现场作业量，从而提高产品质量的可控性，进而提升建筑主体安全性。

四、2024年版评价标准相关条款

（一）第4.1.2条

1. 条款原文

4.1.2　建筑结构应满足承载力和建筑使用功能要求。建筑外墙、屋面、门窗、幕墙及外保温等围护结构应满足安全、耐久和防护的要求。

2. 参评指数

第4.1.2条是绿色建筑评价的"控制项"，相当于一般技术性规范标准中的强制性条款，绿色建筑如果要申请参与评价，必须满足全部控制项的要求。

参评指数：★★★★★

3. 评价注意事项

（1）建筑结构　结构设计应根据各种荷载组合进行承载能力极限状态和正常使用极限状态验算，设计、施工及运维等并应符合国家现行相关标准的规定，包括但不限于现行强制性工程建设规范《工程结构通用规范》（GB 55001—2021）、《建筑与市政工程抗震通用规范》（GB 55002—2021）、《建筑与市政地基基础通用规范》（GB 55003—2021）、《组合结构通用规范》（GB 55004—2021）、《木结构通用规范》（GB 55005—2021）、《钢结构通用规范》（GB 55006—2021）、《砌体结构通用规范》（GB 55007—2021）、《混凝土结构通用规范》（GB 55008—2021）等；关注环境类别对结构包括基础构件等影响，并应采取相应的抗腐蚀措施提高结构的耐久性；同时，为避免建筑运行期内可能出现的因地基不均匀沉降、使用环境影响导致的钢筋（材）锈蚀等影响结构安全的问题，应定期对结构进行检查、维护与管理。

（2）建筑围护结构　建筑外墙、建筑外保温系统、屋面、幕墙门窗等还应符合国家现行标准《建筑外墙防水工程技术规程》（JGJ/T 235—2011）、《外墙外保温工程技术标准》（JGJ 144—2019）、《屋面工程技术规范》（GB 50345—2012）、《建筑幕墙》（GB/T 21086—2007）、《玻璃幕墙工程技术规范》（JGJ 102—2003）、《建筑玻璃点支撑装置》（JG/T 138—2010）、《吊挂式玻璃幕墙用吊夹》（JG/T 139—2017）、《金属与石材幕墙工程技术规范》（JGJ 133—2001）、《玻璃幕墙工程技术规范》（JGJ 102—2003）、《塑料门窗工程技术规程》（JGJ 103—2008）、《铝合金门窗工程技术规范》（JGJ 214—2010）等关于防水材料和防水设计施工的规定。

4. 设计阶段初步自评

（1）建筑结构安全

建筑结构选型和结构布置是否满足建筑的使用功能要求：□是、□否；

依据国家标准或规范要求进行结构验算，确保建筑结构满足承载力要求：□是、□否；

项目依据国家标准或规范要求进行结构验算，确保建筑主要围护结构与主体结构连接可靠，能适应主体结构在多遇地震及各种荷载工况下的承载力与变形要求：□是、□否。

（2）建筑围护结构安全

建筑结构、结构构件和围护结构是否出现以下现象：

□局部损坏（如裂缝、缺口、锈蚀、腐蚀、剥落、过度变形等）、□破坏、□振动或不稳定、□地基不均匀沉降或超载使用、□窗扇开启不便（如不易维修清洗、影响行人通行、存在安全隐患等）、□以上皆无；

围护结构防水材料选用及构造设计符合相关标准的规定：□是、□否；

采取提高以上围护结构安全、耐久和防护的技术措施：＿＿＿＿＿＿＿。

（3）运行阶段管理要求

项目指定建筑物有日常检查维修的制度或相关计划：□是、□否；

建筑投入使用后的巡检部位及频次：＿＿＿＿＿＿＿。

运营阶段的物业管理制度表格可按表 9-26、表 9-27 编制。

表 9-26　建筑物日常检查记录表示例

建筑名称或编号：　　　　　　　　检查时间：　　年　月　日

检查项目	检查结论 （否，或填写损坏部位）	维修情况	检查人 （签字）	备注
屋面是否有渗漏、损坏				
女儿墙及出屋面的其他设施是否变形、损坏				
外墙饰面是否有开裂、渗漏、空鼓、脱落等损伤				
外门窗、幕墙等密闭性是否良好，与主体结构的连接是否有缺陷、变形、损伤				
雨篷、室外机位、避雷装置是否有损坏，与主体结构的连接是否有缺陷、变形、损伤				
建筑结构、结构构件的连接是否有缺陷、变形、损伤				
墙体是否开裂				

表 9-27　建筑物维修记录表示例

维修日期	维修部位及内容	开始时间	结束时间	维修人 （签字）

5. 自评报告说明举例

简要说明避免出现以上现象的措施（300 字以内）。举例如下（具体内容以××替代）。

　　结构设计满足承载能力极限状态计算和正常使用极限状态验算的要求，并符合《建筑结构可靠性设计统一标准》（GB 50068—2018）、《建筑抗震设计规范》（GB/T 50011—2010）、《建筑结构荷载规范》（GB 50009—2012）等国家现行相关标准的规定，建筑外墙、屋面、门窗及外保温等围护结构满足安全、耐久和防护要求，与主体结构的连接可靠，且能适应主体结构在多遇地震及各种荷载作用下的变形。同时，结构专业图纸在设计说明中对建筑物沉降观测作出了相关要求：每栋楼沉降观测水准基点不少于 3 个，沉降观测资料按《建筑变形测量规范》（JGJ 8—2016）的相关要求进行整理并提供图表。

　　物业单位制订了对建筑物日常检查和维修的相关制度并落实，有相关记录。

6. 证明材料提供

绿色建筑评价工作中，需要按照评价标准逐条准备相关材料，以证明项目控制项能达标或评分项可以得分，《绿色建筑评价标准》在各个条款的条文说明中均有明确要求。第 4.1.2 条要求在预评价时应提供相关设计文件（含设计说明、计算书等）；评价阶段应提供相关竣工图（含设计说明、计算书等）。

（二）第4.1.3条

1. 条款原文

4.1.3　外遮阳、太阳能设施、空调室外机位、外墙花池等外部设施应与建筑主体结构统一设计、施工，并应具备安装、检修与维护条件。

2. 参评指数

第4.1.3条是绿色建筑评价的"控制项"，相当于一般技术性规范标准中的强制性条款，绿色建筑如果要申请参与评价，必须满足全部控制项的要求。

参评指数：★★★★★

3. 评价注意事项

（1）基本要求　外遮阳、太阳能设施、空调室外机位、外墙花池等外部设施应与建筑主体结构统一设计、施工，确保连接可靠，并应符合现行强制性工程建设规范以及国家现行标准《建筑遮阳工程技术规范》（JGJ 237—2011）、《建筑光伏系统应用技术标准》（GB/T 51368—2019）、《民用建筑太阳能热水系统应用技术标准》（GB 50364—2018）、《装配式混凝土建筑技术标准》（GB/T 51231—2016）、《建筑给水排水设计标准》（GB 50015—2019）、《消防给水及消火栓系统技术规范》（GB 50974—2014）等的规定。

（2）评价条件　外部设施需要定期检修和维护，因此在建筑设计时应考虑后期检修和维护条件，如设计检修通道、马道和吊篮固定端等。当与主体结构不同时施工时，应设预埋件，并在设计文件中明确预埋件的检测和验证参数及要求，确保其安全性与耐久性。建筑设计时应预留与主体结构连接牢固的空调外机安装位置，并与拟定的机型大小匹配，同时预留操作空间，保障安装、检修、维护人员安全。

4. 设计阶段初步自评

（1）外部设施设计情况

自评价时，可将项目本身涉及的外部设施的设计要求及细节列表统计，示例如表9-28所示。

表9-28　外部设施情况统计

外部设施	与主体结构同时施工	设预埋件	依据标准
建筑外遮阳			《建筑遮阳工程技术规范》（JGJ 237—2011）
太阳能光伏系统			《建筑光伏系统应用技术标准》（GB/T 51368—2019）
太阳能热水系统			《民用建筑太阳能热水系统应用技术标准》（GB 50364—2018）
空调室外机位			《装配式混凝土建筑技术标准》（GB/T 51231—2016）
外墙花池			《装配式混凝土建筑技术标准》（GB/T 51231—2016）
生活水箱、消防水箱			《建筑给水排水设计标准》（GB 50015—2019）、《消防给水及消火栓系统技术规范》（GB 50974—2014）
其他			

（2）后期检修和维护条件

建筑内部有以下检修设施：

□检修通道、□马道、□吊篮固定端、□以上皆无（原因_____）；

建筑外部设有以下设施，具备后期检修和维护的条件：

□检修通道、□马道、□吊篮固定端、□其他_____。

5. 自评报告说明举例

简要说明保障安装、检修与维护的措施（200字以内）。举例如下（具体内容以××替代）。

> 本项目太阳能集热板位于每栋楼的屋面，安装做法为××，与主体结构同时施工并验收；室外空调机位与外窗开启扇就近布置，固定做法为××，遮挡空调机位的百叶设置开启扇，与外窗开启扇的间距为××m。室外设施方便安装、检修、维护。

6. 证明材料提供

绿色建筑评价工作中，需要按照评价标准逐条准备相关材料，以证明项目控制项能达标或评分项可以得分，《绿色建筑评价标准》在各个条款的条文说明中均有明确要求。第4.1.3条要求在预评价时应提供相关设计文件（含设计说明、计算书等）；评价阶段应提供相关竣工图（含设计说明、计算书等）、检修和维护条件。

（三）第4.1.4条

1. 条款原文

4.1.4　建筑内部的非结构构件、设备及附属设施等应连接牢固并能适应主体结构变形。

2. 参评指数

第4.1.4条是绿色建筑评价的"控制项"，相当于一般技术性规范标准中的强制性条款，绿色建筑如果要申请参与评价，必须满足全部控制项的要求。

参评指数：★★★★★

3. 评价注意事项

（1）概念界定

① "非结构构件"包括：非承重墙体（砌筑填充墙、轻质隔墙、装配式内隔墙板等），内门、窗，附着于楼面、屋面结构的构件（防护栏杆等），装饰构件和部件以及固定于楼面的大型储物架、移动式档案密集柜等。

② "设备"指建筑中为建筑使用功能服务的附属机械、电气、空调、供暖等构件、部件和系统，主要包括电梯、照明和应急电源、通信设备，管道系统、供暖和空气调节系统，烟火监测和消防系统，公用天线等。

③ "附属设施"包括整体卫生间、橱柜、储物柜等。

（2）评价要求　建筑内部的非结构构件、设备及附属设施等应优先采用机械固定、焊接、预埋等连接方式或一体化建造方式，实现与建筑主体结构可靠连接且不影响主体结构的安全的目的，同时也防止由于个别构件破坏引起连续性破坏或倒塌。经过设计，满足承载力、耐久性和变形要求，且符合现行国家标准要求的连接方式均可以采用，但不应在梁柱节点等钢筋密集区域设置膨胀螺栓。可采用的具体措施包括但不限于以下几种。

① 砌筑填充墙与主体结构承重墙柱之间需设拉结筋，并根据填充墙情况确定是否设计钢筋混凝土构造柱与圈梁，以满足填充墙整体稳定性及抗震性能要求。

② 装配式内隔墙板需要注重与主体结构的连接，且需要考虑其与主体结构梁板的变形协调问题，包括高墙、长墙的墙板连接构造及防开裂措施、门窗洞口边及顶部过梁的节点构造等。

③ 设备及附属设施与主体结构的连接应按相关规范进行一体化设计与建造，满足结构承载力与变形要求；施工过程中，应对其与主体结构连接件的力学性能进行检测，验证是否满足设计要求。

④ 设备安装及室内装饰装修除应符合国家现行相关标准的规定外，还需关注其与建筑主体之间的连接性能，包括横穿结构变形缝时，应做相应的变形协调处理。

4. 设计阶段初步自评

（1）非结构构件

① 填充墙超过一定高度与长度即设腰梁及构造柱，与结构柱之间设拉结筋：□是、□否；

② 装配式内墙条板，在楼面与梁（板）底连接处设金属限位连接卡，墙板之间设子母槽等：□是、□否；

③ 设有移动式档案密集柜的位置，楼面刚度足以避免移动式档案柜脱轨：□是、□否；

建筑部品、非结构构件及附属设备与建筑主体的连接方式：

□机械固定、□焊接、□预埋、□一体化建造、□以上皆无（原因_____）。

（2）建筑附属设施

门窗防护栏杆与主体结构连接满足国家现行相关标准要求：□是、□否；

装饰构件之间以及装饰构件与基体的连接牢固，满足承载力验算及国家相关规范规定的构造要求：□是、□否。

（3）设施设备

管道穿越变形缝时，是否设置补偿管道伸缩和剪切变形的装置：□是、□否；

设备与主体结构采用以下可靠的连接方式：□机械固定、□焊接、□预埋、□一体化建造、□其他_____。

5. 证明材料提供

绿色建筑评价工作中，需要按照评价标准逐条准备相关材料，以证明项目控制项能达标或评分项可以得分，《绿色建筑评价标准》在各个条款的条文说明中均有明确要求。第4.1.4条要求在预评价时应提供相关设计文件（含各连接件、配件、预埋件的力学性能参数设计要求，计算书，相关施工图设计说明，连接节点大样等）、产品设计要求等；评价阶段应提供相关竣工图、材料决算清单、产品说明书、力学性能检测检验报告。

（四）第 4.1.5 条

1. 条款原文

4.1.5　建筑外门窗必须安装牢固，其抗风压性能和水密性能应符合国家现行有关标准的规定。

2. 参评指数

第 4.1.5 条是绿色建筑评价的"控制项"，相当于一般技术性规范标准中的强制性条款，绿色建筑如果要申请参与评价，必须满足全部控制项的要求。

参评指数：★★★★★

3. 评价注意事项

（1）安装及施工　在满足《绿色建筑评价标准》第4.1.2条的前提下，第4.1.5条重点强调建筑外门窗各构件的连接设计及其安装施工应牢固。门窗各构件及其连接应具有足够的刚度和承载能力，以及在沉降、风压等情况下适应形变的能力。施工前应编制门窗专项施工工法，严格落实设计要求和相关验收标准。

（2）检测与验收　外门窗的检测与验收应按《建筑外门窗气密、水密、抗风压性能检测方法》（GB/T 7106—2019）、《建筑外窗气密、水密、抗风压性能现场检测方法》（JG/T 211—2007）、《建筑门窗工程检测技术规程》（JGJ/T 205—2010）、《建筑装饰装修工程质量验收标准》（GB 50210—2001）等现行相关标准的规定执行。

（3）抗风压性能、水密性能的相关规定　设计时外门窗应确保可以满足不同气候及环境条件下建筑物的使用功能，明确抗风压性能、水密性能指标和等级，并应符合《塑料门窗工程技术规程》（JGJ 103—2018）、《铝合金门窗工程技术规范》（JGJ 214—2010）等现行相关标准的规定。

现行行业标准《塑料门窗工程技术规程》（JGJ 103—2008）第3.2.1条、第3.3.1条对塑料门窗的抗风压性能、水密性能要求摘录如下。

3.2.1　塑料外门窗所承受的风荷载应按现行国家标准《建筑结构荷载规范》GB 50009规定的围护结构风荷载标准值进行计算确定，且不应小于1000Pa。

3.3.1　塑料门窗的水密性能应符合现行国家标准《建筑外窗水密性能分级及检测方法》GB/T 7018的有关规定。水密性设计值应按下式计算，且不得小于100Pa。

$$P = 0.9\rho\mu_Z V_0^2$$

式中　P——水密性设计值（Pa）；

　　　ρ——空气密度，按现行国家标准《建筑结构荷载规范》GB 50009—2012 的规定采用；

　　　μ_Z——风压高度变化系数，按现行国家标准《建筑结构荷载规范》GB 50009—2012 的规定采用；

　　　V_0^2——根据气象资料和建筑物重要性确定的水密性能设计风速（m/s）。

当缺少气象资料无法确定水密性能设计风速时，水密性设计值也可按下式计算：

$$P \geqslant C\mu_Z W_0$$

式中　C——水密性能设计计算系数，受热带风暴和台风袭击的地区取值为 0.5，其他地区取值为 0.4；

　　　W_0——基本风压（Pa），按现行国家标准《建筑结构荷载规范》GB 50009—2012 的规定采用。

现行行业标准《铝合金门窗工程技术规范》（JGJ 214—2010）第 4.4.1 条、第 4.5.1 条对铝合金的门窗抗风压性能、水密性能要求摘录如下。

4.4.1　建筑外门窗的抗风压性能指标值（P_3）应按不低于门窗所受的风荷载标准值（W_k）确定，且不应小于 1.0kN/m^2。

4.5.1　铝合金门窗水密性能设计指标即门窗不发生雨水渗漏的最高风压力差值（ΔP）的计算应符合下列规定：

1　应根据建筑物所在地的气象观测数据和建筑设计需要，确定门窗设防雨水渗漏的最高风力等级；

2　应按照风力等级与风速的对应关系，确定水密性能设计风速（V_0）值；

3　铝合金门窗水密性能设计指标（ΔP）应按下式计算：

$$\Delta P = 0.9\rho\mu_Z V_0^2$$

式中　ΔP——任意高度 Z 处门窗的瞬时风速风压力差值（Pa）；

　　　ρ——空气密度（t/m^3），按现行国家标准《建筑结构荷载规范》GB 50009 的规定进行计算；

　　　μ_Z——风压高度变化系数，按现行国家标准《建筑结构荷载规范》GB 50009 确定；

　　　V_0^2——水密性能设计用 10min 平均风速（m/s）。

4. 设计阶段初步自评

（1）外门窗性能要求

建筑选用的节能外门窗类型为：□铝合金门、□塑料门、□铝塑门、□铝木门、□木塑铝门、□木门、□其他_____，各层材料配置为：_____；

建筑选用的玻璃幕墙类型为：□中空玻璃、□非中空玻璃，玻璃配置为：_____；

建筑外门窗的抗风压性能为：_____级，水密性能为：_____级，性能指标符合国家现行有关标准的规定：□是、□否；

玻璃幕墙的抗风压性能：_____级，水密性能为：_____级，性能指标符合国家现行有关标准的规定：□是、□否；

自评价时，如在判断性能指标的达标情况时遇到困难，可将外门窗及玻璃幕墙的设计指标、相关标准要求列表统计，示例见表 9-29。

表 9-29　外门窗设计指标统计表示例

建筑单体名称/编号：					
	外门		外窗		玻璃幕墙	
	抗风压性能	水密性能	抗风压性能	水密性能	抗风压性能	水密性能
设计指标						
标准要求						
是否达标	□是、□否	□是、□否	□是、□否	□是、□否	□是、□否	□是、□否

（2）推拉窗设计

7 层及以上建筑外窗设计是否采用推拉窗：□是、□否；

推拉窗必须有防脱落装置：□是、□否。

（3）塑料门窗安装

以《塑料门窗工程技术规程》（JGJ 103—2008）的相关要求为例。

门窗应采用预留洞口法安装，是否落实：□是、□否；

安装前要求清除洞口中松动的砂浆、浮渣及浮灰：□是、□否；

门窗安装时的环境温度要求不低于 5℃：□是、□否；

门窗与洞口之间要求采用固定片法安装、固定：□是、□否；

安装必须安全牢固，在砖砌体上安装时，严禁用射钉固定：□是、□否；

安装滑撑时，紧固螺钉必须使用不锈钢材质，并应与框扇增强型钢或内衬局部加强钢板可靠连接：□是、□否；

螺钉与框扇连接处应进行防水密封处理：□是、□否；

窗纱应固定牢固，纱扇关闭应严密：□是、□否；

安装门窗、玻璃或擦拭玻璃时，严禁手攀窗框、窗扇、窗梃和窗撑：□是、□否；

操作时，应系好安全带，且安全带必须有坚固牢靠的挂点，严禁把安全带挂在窗体上：□是、□否。

（4）铝合金门窗安装

以《铝合金门窗工程技术规范》（JGJ 214—2010）的相关要求为例。

不采用边砌口边安装或先安装后砌口的施工方法：□是、□否；

安装的施工工法为：□干法施工、□湿法施工；

采用干法施工时，金属附框安装在洞口及墙体抹灰湿作业前完成，铝合金门窗安装在洞口及墙体抹灰湿作业后进行：□是、□否；

采用湿法施工时，铝合金门窗框安装在洞口及墙体抹灰湿作业前完成：□是、□否；

砌体墙不使用射钉直接固定门窗：□是、□否。

（5）门窗质量检查

验收时门窗是否出现以下现象：□渗水、□窗扇脱落、□以上皆无；

制订了运行阶段对建筑门窗的检查、维修管理制度或有相关计划：□是、□否。

5. 证明材料提供

绿色建筑评价工作中，需要按照评价标准逐条准备相关材料，以证明项目控制项能达标或评分项可以得分，《绿色建筑评价标准》在各个条款的条文说明中均有明确要求。第 4.1.5 条要求在预评价阶段，可结合本标准第 4.1.2 条要求准备材料，包括门窗的设计文件（计算书、连接及构造大样做法等，门窗的抗风压性能、水密性能和气密性能的参数要求）；评价阶段应提供的证明材料包括预评价涉及内容的竣工文件，施工工法说明文件，门窗的抗风压性能、水密性能和气密性能检测报告等，投入运营后的项目还应提供相关运营管理制度及定期查验记录与维修记录等。现场巡查有怀疑时，可要求建设单位委托第三方专业检测机构对门窗性能进行现场检测，检测数量不少于 1 组 3 个。

（五）第 4.1.6 条

1. 条款原文

4.1.6　卫生间、浴室的地面应设置防水层，墙面、顶棚应设置防潮层。

2. 参评指数

第 4.1.6 条是绿色建筑评价的"控制项"，相当于一般技术性规范标准中的强制性条款，绿色建筑如果要申请参与评价，必须满足全部控制项的要求。同时，现行全文强制性国家标准《建筑与市政工程防水通用规范》（GB 55030—2022）对民用建筑室内防水提出了更高要求，满足《建筑与市政工程防水通用规范》的要求，本控制项即可达标。

参评指数：★★★★★

3. 评价注意事项

（1）相关规范、标准的要求　防水层和防潮层设计应符合现行行业标准《住宅室内防水工程技术规范》（JGJ 298—2013）、《建筑与市政工程防水通用规范》（GB 55030—2022）的规定。

（2）特殊情形

① 卫生间、浴室设置吊顶时，仍应按本条要求对顶棚进行防潮处理；

② 整体卫生间与整体浴室产品也应满足地面防水，墙面、顶棚防潮要求。

4. 设计阶段初步自评

（1）室内工程防水等级判定

室内防水设计工作年限为：_____年（要求不低于 25 年）；

室内防水设防部位包括：□卫生间、□浴室、□盥洗室、□厨房、□洗衣间或设洗衣机的阳台、□水泵房、□有水管线的设备层、□其他_____；

室内工程防水使用环境包括：

□Ⅰ类（频繁遇水场合或长期相对湿度 $RH \geqslant 90\%$），具体部位有_____；

□Ⅱ类（间歇遇水场合），具体部位有_____；

□Ⅲ类（偶发渗漏水可能造成明显损失的场合），具体部位有_____；

室内工程防水等级包括：

□一级防水，具体部位有_____；

□二级防水，具体部位有_____。

（2）防水层构造要求

选用的防水材料类型包括：

□防水卷材（选用材料为：_____，材料厚度为：_____mm）；

□防水涂料（选用材料为：_____，材料厚度为：_____mm）；

□防水砂浆（选用材料为：_____，材料厚度为：_____mm）；

□密封材料（选用材料为：_____）；

□其他_____（选用材料为：_____，材料厚度为：_____mm）；

防水及密封材料的性能满足《建筑与市政工程防水通用规范》（GB 55030—2022）的要求：□是、□否；

防水层道数满足《建筑与市政工程防水通用规范》（GB 55030—2022）的要求：□是、□否；

不同防水材料配合使用时，可以兼容：□是、□否；

防潮层的设置位置为：_____；

自评价时，可将项目中各房间或功能区的防水、防潮做法列表统计，判断达标情况，示例见表 9-30。

（3）其他防水、防潮构造措施

设计采用的防水防潮措施有：□楼地面低于相邻楼地面 15.0mm、□采取防水、防滑的构造措施（如采用不吸水、易冲洗、防滑的面层材料）、□设排水坡坡向地漏、□设门槛等挡水设施、□设排水设施、□设防水隔离层、□以上皆无（原因_____）。

表 9-30 各部位防水、防潮构造做法统计表示例

房间或功能区	防水/防潮部位	构造做法	是否达标
	顶棚		
	墙面		
	地面		
	顶棚		
	墙面		
	地面		

5. 证明材料提供

绿色建筑评价工作中，需要按照评价标准逐条准备相关材料，以证明项目控制项能达标或评分项可以得分，《绿色建筑评价标准》在各个条款的条文说明中均有明确要求。第4.1.6 条要求在预评价时应提供相关设计文件、防水和防潮措施说明；评价阶段应提供相关竣工图、防水和防潮措施说明、防水材料使用情况及材料鉴证送检报告、卫生间闭水试验报告。

（六）第 4.2.1 条

1. 条款原文

4.2.1 采用基于性能的抗震设计并合理提高建筑的抗震性能，评价分值为 10 分。

2. 参评指数

第 4.2.1 条是绿色建筑评价的"评分项"，一般项目得分有较多注意事项；根据《建设工程抗震管理条例》，高烈度区（8 度及以上）及地震重点监视防御区的新建学校、幼儿园、医院、养老机构、儿童福利机构、应急指挥中心、应急避难场所、广播电视等建筑应当按照国家有关规定采用隔震减震等技术，保证发生本区域设防地震时能够满足正常使用要求。

参评指数：甲、乙类建筑★★★★，其他建筑★★

3. 评价注意事项

评价时应区分抗震性能的基本要求与性能化设计要求。建筑结构抗震的基本要求是"小震不坏、中震可修、大震不倒"，而性能化要求则需要在满足基本要求的前提下，对项目结构进行抗震性能化分析，综合考虑使用功能、设防烈度、结构的不规则程度和类型、结构发挥延性变形的能力、造价、震后的各种损失及修复难度等因素，确定结构抗震设计目标。抗震性能化设计在《建筑抗震设计标准》（GB/T 50011—2010）、《钢结构设计标准》（GB 50017—2017），以及《高层民用建筑钢结构技术规程》（JGJ 99—2015）、《建筑消能减震技术规程》（JGJ 297—2013）、《高层建筑混凝土结构技术规程》（JGJ 3—2010）等现行规范、标准中均有专门的章节列举技术性要求。

本条实际操作时，根据项目实际，可以考虑对整体结构、局部部位或者关键构件及节点按更高的抗震性能目标进行设计，或者采取措施减少地震作用。局部部位或者关键构件及节点可根据建筑平面、立面的规则性及构件的重要性选取。如利用教学楼的楼梯间作"抗震安全岛"，提高该区域的抗震性能，结构转换层的框支柱、框支梁，剪力墙的底部加强层部位、结构薄弱层构件等；采取的措施包括设隔震支座（垫）、消能减震支撑、阻尼器等。

4. 设计阶段初步自评

（1）采用基于性能的抗震设计并合理提高建筑的抗震性能，具体措施有：

□剪力墙的底部加强区的约束边缘构件按"中震不屈服"设计；

□框支层的约束边缘构件按"中震弹性"设计；

□框支柱及框支梁按"中震弹性"设计；

□其他可显著提高建筑抗震性能的设计目标：_____。

（2）为满足使用功能提出比现行标准要求更高的抗震设防要求，包括：

□采用地震力放大系数不小于 1.1；

□抗震构造措施提高 1 级；

□层间位移角限值不大于规范限值的 90%；

□其他提高抗震设防要求：＿＿＿＿＿＿。

（3）采用减少地震作用的技术措施，包括：

□隔震支座（垫）、□消能减震支撑、□阻尼器、□其他：＿＿＿＿＿＿。

5. 自评报告说明举例

简要说明基于性能的抗震设计情况及提高建筑抗震性能的措施（200 字以内）。举例如下。

本工程剪力墙的底部加强区的约束边缘构件按"中震不屈服"设计，提高楼梯间抗震性能，作为"抗震安全岛"；建筑底部设置隔震层；设置隔震支座（垫）、消能减震支撑、阻尼器。

6. 证明材料提供

绿色建筑评价工作中，需要按照评价标准逐条准备相关材料，以证明项目控制项能达标或评分项可以得分，《绿色建筑评价标准》在各个条款的条文说明中均有明确要求。第4.2.1条要求在预评价时应提供相关设计文件、结构计算文件、项目抗震安全分析报告、隔震减震设计及设备参数要求；评价阶段应提供预评价要求提供的相关材料，以及隔震减震设备检测验证报告。

（七）第 4.2.2 条

1. 条款原文

4.2.2　采取保障人员安全的防护措施，评价总分值为 15 分，并按下列规则分别评分并累计：

1　采取措施提高阳台、外窗、窗台、防护栏杆等安全防护水平，得 5 分；

2　建筑物出入口均设外墙饰面、门窗玻璃意外脱落的防护措施，并与人员通行区域的遮阳、遮风或挡雨措施结合，得 5 分；

3　利用场地或景观形成可降低坠物风险的缓冲区、隔离带，得 5 分。

2. 参评指数

第 4.2.2 条是绿色建筑评价的"评分项"，完善设计细节或适当提高设计要求，可以得分。

参评指数：★★★★

3. 评价注意事项

（1）提高建筑主体的防护水平　提高安全防护水平的措施包括阳台外窗采用高窗设计、限制窗扇开启角度、窗台与绿化种植整合设计、适度减少防护栏杆垂直杆件水平净距、安装隐形防盗网、设置具有防护功能的纱窗等。其中，设置具有防护功能的纱窗时，防护性能可量化的提高幅度达到 10% 及以上可以得分。

（2）强化防坠物设计

① 建筑出入口。针对本条第 2 款得分的情形进行设计时，可考虑采取以下措施：在各出入口上方设置具有一定强度、能实现安全防护作用的雨篷、遮阳篷、门斗、门廊等，或可考虑在设计时让建筑出入口经由高度较低的裙房进入建筑内部。

② 建筑周边。针对本条第 3 款得分的情形进行设计时，可考虑采取以下措施：在建筑周边设置人员在室外地面正常行走或活动时不会进入的绿化带或造景，设置与景观协调的围栏，在建筑主体周边设计凸出地面的地下室天窗或窗井，或结合地形高差在建筑周围形成有

一定宽度的台地等。

4. 设计阶段初步自评

（1）提高建筑主体的防护水平

设计时采取以下措施提高阳台、外窗、窗台、防护栏杆等的安全防护水平：

□设计高窗，窗台距人员活动的楼地面的高度为：_____ m，应用范围：_____，在全部外窗中的占比为：_____%；

□外窗开启扇增加限位装置，装置类型为：_____，窗扇最大开启角度：_____°；

□增加上人屋面/露台/阳台的防护栏板宽度，栏板顶部宽度为：_____ mm；

□增加上人屋面/露台/阳台的防护栏杆高度，规范要求为：_____ m，设计防护高度为：_____ m；

□窗台与绿化种植整合设计；

□适度减少防护栏杆垂直杆件水平净距，规范要求为：_____ m，设计防护高度为：_____ m；

□安装隐形防盗网，设计应用范围：_____；

□外窗与纱窗结合设计，设计应用范围：_____；

□其他防护措施_____。

（2）建筑出入口

设计时对建筑出入口采取了防坠物措施：□设置防护挑檐、□其他防护措施：_____；

防护措施与人员通行区域的遮阳、遮风或挡雨措施相结合：□是、□否。

（3）建筑周边

设计时在建筑周边采取了以下防坠物措施：

□设置景观隔离带、□建筑周边设立围栏、□其他防护措施：_____。

5. 自评报告说明举例

简要说明采取保障人员安全的防护措施（200字以内）。举例如下。

住宅建筑各单元出入口上方均结合雨篷设置防护挑檐；建筑物周边结合景观设计，以绿化种植形成可降低坠物风险的缓冲区/隔离带。

6. 证明材料提供

绿色建筑评价工作中，需要按照评价标准逐条准备相关材料，以证明项目控制项能达标或评分项可以得分，《绿色建筑评价标准》在各个条款的条文说明中均有明确要求。第4.2.2条要求在预评价时应提供相关设计文件；评价应提供相关竣工图。

（八）第4.2.3条

1. 条款原文

4.2.3 采用具有安全防护功能的产品或配件，评价总分值为10分，并按下列规则分别评分并累计：

1 采用具有安全防护功能的玻璃，得5分；

2 采用具备防夹功能的门窗，得5分。

2. 参评指数

第4.2.3条是绿色建筑评价的"评分项"，完善设计细节或适当提高设计要求，可以得分。

参评指数：★★★★

3. 评价注意事项

（1）安全玻璃

① 相关规范、标准的规定。现阶段建筑安全玻璃的选用的主要依据是行业标准《建筑

玻璃应用技术规程》(JGJ 113—2015)中第 7.1.1 条的规定,摘录如下。选用平板玻璃、浮法玻璃和真空玻璃时,如单块玻璃的面积超出表 7.1.1-2 对玻璃许用面积的规定,即应按表 7.1.1-1 选用安全玻璃。

    7.1.1 安全玻璃的最大许用面积应符合表 7.1.1-1 的规定;有框平板玻璃、真空玻璃和夹丝玻璃的最大许用面积应符合表 7.1.1-2 的规定。

表 7.1.1-1 安全玻璃最大许用面积

玻璃种类	公称厚度(mm)	最大许用面积(m²)
钢化玻璃	4	2.0
	5	2.0
	6	3.0
	8	4.0
	10	5.0
	12	6.0
夹层玻璃	6.38　6.76　7.52	3.0
	8.38　8.76　9.52	5.0
	10.38　10.76　11.52	7.0
	12.38　12.76　13.52	8.0

表 7.1.1-2 有框平板玻璃、超白浮法玻璃和真空玻璃的最大许用面积

玻璃种类	公称厚度(mm)	最大许用面积(m²)
平板玻璃 超白浮法玻璃 真空玻璃	3	0.1
	4	0.3
	5	0.5
	6	0.9
	8	1.8
	10	2.7
	12	4.5

    ② 设计原则。参考国家现行标准《建筑用安全玻璃》(GB 15763—2009)、《建筑玻璃应用技术规程》(JGJ 113—2015)的有关规定以及《建筑安全玻璃管理规定》对建筑用安全玻璃使用的建议,在建筑中使用玻璃制品时需尽可能地采取下列措施:

    a. 选择安全玻璃制品时,充分考虑玻璃的种类、结构、厚度、尺寸,尤其是合理选择安全玻璃制品霰弹袋冲击试验的冲击历程和冲击高度级别等;

    b. 对关键场所的安全玻璃制品采取必要的其他防护措施;

    c. 关键场所的安全玻璃制品应设置容易识别的标识。

    (2) 防夹门窗 对于人流量大、门窗开合频繁的公共区域,采用可调力度的闭门器或具有缓冲功能的延时闭门器等,主要部位包括但不限于电梯门、大堂入口门、旋转门、推拉门窗等。对于托儿所、幼儿园等使用人群较为特殊的建筑,应对所有特殊人群出入的门窗采取防夹手措施,除闭门器外,还可在门边贴防止夹伤手指的软条。

    4. 设计阶段初步自评

    (1) 安全玻璃

    项目中安全玻璃的应用范围:□7 层及 7 层以上建筑物外开窗、□面积大于 1.5m² 的窗玻璃、□玻璃底边离最终装饰面小于 500mm 的落地窗、□倾斜装配窗、□各类天窗(含天窗、采光顶)、□吊顶、□地板、□其他: _____;

    安全玻璃占玻璃总用量的比例: _____%。

    (2) 防夹门窗

    自评价时,可将设计中采用的门窗防夹措施列表统计,以方便后期材料的有序提供,示例见表 9-31。

表 9-31　防夹门窗应用情况统计表示例

防夹措施	应用范围	设置数量	在门窗总量中的占比/%
□智能感应	□电梯门、□旋转门、□建筑入口门、□推拉门窗、□其他_____		
□可调力度的闭门器	□旋转门、□建筑入口门、□推拉门窗、□其他_____		
□延时闭门器	□楼梯间门、□建筑入口门、□大堂入口门、□其他_____		
□儿童限位锁	□推拉门窗、□其他_____		
□防夹胶条	□推拉门窗、□其他_____		
□其他_____			
总计			

5. 自评报告说明举例

简要说明所采用的具有安全防护功能的产品或配件（200 字以内）。举例如下（具体内容以××替代）。

> 项目在××层以上建筑物外开窗、面积大于 1.5m² 的窗玻璃或玻璃底边离最终装饰面小于 500mm 的落地窗、倾斜装配窗、各类天窗（含天窗、采光顶）、吊顶、易遭受撞击、冲击而造成人体伤害的其他部位使用安全玻璃，安全玻璃占玻璃总用量的比例超过××%。

6. 证明材料提供

绿色建筑评价工作中，需要按照评价标准逐条准备相关材料，以证明项目控制项能达标或评分项可以得分，《绿色建筑评价标准》在各个条款的条文说明中均有明确要求。第 4.2.3 条要求在预评价时应提供相关设计文件等；评价阶段应提供相关竣工图、安全玻璃及门窗检测检验报告。

（九）第 4.2.7 条

1. 条款原文

4.2.7　采取提升建筑部品部件耐久性的措施，评价总分值为 10 分，并按下列规则分别评分并累计：

1　使用耐腐蚀、抗老化、耐久性能好的管材、管线、管件，得 5 分；

2　活动配件选用长寿命产品，并考虑部品组合的同寿命性；不同使用寿命的部品组合时，采用便于分别拆换、更新和升级的构造，得 5 分。

2. 参评指数

第 4.2.7 条是绿色建筑评价的"评分项"，合理选用材料和构造做法，采购时注意设计要求，施工时积极落实，可以得分。

参评指数：★★★

3. 评价注意事项

（1）管材、管线、管件　"管材、管线、管件"指建筑常用的各类水管、线缆等。选用时注意：管材、管线、管件均应"优于"国家现行相关标准规范规定的参数要求。一般情况下的选用原则如下。

① 室内给水系统应采用性能优异的铜管、不锈钢管或塑料管等，其耐久性能应优于强制性工程建设规范《建筑给水排水与节水通用规范》（GB 55020—2021）的第 3.4.2 条和第 4.1.1 条的要求。《建筑给水排水与节水通用规范》第 3.4.2 条、第 4.1.1 条摘录如下。

3.4.2　给水系统应使用耐腐蚀、耐久性能好的管材、管件和阀门等，减少管道系统的漏损。

4.1.1 排水管道及管件的材质应耐腐蚀，应具有承受不低于40℃排水温度且连续排水的耐温能力。接口安装连接应可靠、安全。

② 电气系统应采用低烟低毒阻燃型线缆、矿物绝缘类不燃性电缆、耐火电缆等，且导体材料采用铜芯。

③ 室外设备、管道及支架走道等设施应采取防腐耐老化措施。

（2）活动配件 "活动配件"指建筑的各种五金配件、管道阀门、开关龙头等。门窗、钢质户门、遮阳、水嘴、阀门等典型活动配件应符合相应绿色建材标准中相关耐久性指标的要求。没有相应标准的，可选用同类寿命较好的产品。

4. 设计阶段初步自评

（1）管材、管线、管件

① 室内给水、生活热水、采暖系统管材选型：

□无规共聚聚丙烯管（PP-R）、□氯化聚氯乙烯管（PVC-U）、□交联聚乙烯管（PE-X）、□耐热聚乙烯管（PE-RT）、□聚丁烯管（PB）、□钢塑复合管、□铝塑复合管（PAP）、□铜管、□不锈钢管、□其他_____；

② 室内排水管材选型：

□芯层发泡管（PSP）、□硬聚氯乙烯管（PVC-U）、□高密度聚乙烯管（HDPE）、□其他_____；

③ 线缆选型：

□低烟低毒阻燃型线缆，且导体材料采用铜芯；

□矿物绝缘类不燃性电缆，且导体材料采用铜芯；

□耐火电缆，且导体材料采用铜芯；

□其他_____。

（2）活动配件

设计水嘴寿命超出现行相应产品标准寿命的1.2倍：□是、□否；

选用水嘴类型包括：□单柄单控、双柄双控陶瓷片密封水嘴、□单柄双控陶瓷片密封水嘴、□非陶瓷片密封水嘴、□非接触式水嘴、□其他_____；

设计阀门寿命超出现行相应产品标准寿命要求的1.5倍：□是、□否；

选用阀门类型为：_____；

门窗反复启闭性能达到相应产品标准要求的2倍：□是、□否；

门反复启闭次数：_____次；

窗反复启闭次数：_____次；

遮阳产品机械耐久性达到相应标准要求最高级：□是、□否；

选用其他长寿命活动配件：_____；

选用相同使用寿命部品组合的活动配件，且使用寿命满足相关长寿命产品标准：□是、□否；

选用的活动配件部品组合寿命：_____年；

选用不同使用寿命部品组合的活动配件，构造上易于更换：□是、□否。

5. 自评报告说明举例

简要说明采取提升建筑部品部件耐久性的措施说明（200字以内）。举例如下（具体内容以××替代）。

> 1. 室内给水立管采用××管，水表后生活给水管采用××管，生活热水采用××管；
>
> 2. 室内排水立管采用××管，支管采用××管，通气管、底层单排管采用××管；
>
> 3. 低温地面辐射采暖系统，管井至户内分集水器前采暖管道采用××管，分集水器后采暖管道为××管，管件带阻燃层；

> 4. 电气竖井内给消防电源供电电缆采用××电缆，其余电缆采用××电缆，应急照明导线采用××电缆，消防负荷的导线采用××绝缘线。

6. 证明材料提供

绿色建筑评价工作中，需要按照评价标准逐条准备相关材料，以证明项目控制项能达标或评分项可以得分，《绿色建筑评价标准》在各个条款的条文说明中均有明确要求。4.2.7条要求在预评价时应提供相关设计文件、产品设计要求；评价阶段应提供相关竣工图、产品说明书或检测报告。

（十）第4.2.8条

1. 条款原文

4.2.8　提高建筑结构材料的耐久性，评价总分值为10分，并按下列规则评分：

1　按100年进行耐久性设计，得10分。

2　采用耐久性能好的建筑结构材料，满足下列条件之一，得10分：

1）对于混凝土构件，提高钢筋保护层厚度或采用高耐久混凝土；

2）对于钢构件，采用耐候结构钢或耐候型防腐涂料；

3）对于木构件，采用防腐木材、耐久木材或耐久木制品。

2. 参评指数

第4.2.8条是绿色建筑评价的"评分项"，对于一般项目，第1款得分难度较大，第2款评价时有一些限制条件会提高工程造价。

参评指数：★★

3. 评价注意事项

（1）提高结构设计使用年限　按100年进行耐久性设计，可在造价提高有限的情况下提高结构综合性能，减少后期检测维修工程量。对于混凝土构件，按照现行国家标准《混凝土结构耐久性设计标准》（GB/T 50476—2019）要求，结合所处的环境类别、环境作用等级，按对应设计工作年限100年的相应要求（钢筋保护层厚度、混凝土强度等级、最大水胶比等）进行混凝土结构设计和材料选用。对于钢构件、木构件，可采取相应比现行规范标准更严格的防护措施，如适当提高防护厚度、延长防护时间等，满足设计工作年限100年的要求。

（2）提升结构构件耐久性

① 钢筋混凝土构件。按现行国家标准《混凝土结构设计标准》（GB/T 50010—2010）对应混凝土构件的混凝土保护层厚度均提高5mm即可得分。

② 钢构件。本条第2款第2项中的"耐候结构钢"是指符合现行国家标准《耐候结构钢》（GB/T 4171—2008）要求的钢材；"耐候型防腐涂料"是指符合现行行业标准《建筑用钢结构防腐涂料》（JG/T 224—2007）的Ⅱ型面漆和长效型底漆。设计采用耐候型防护涂料体系时，应符合现行国家标准《色漆和清漆防护涂料体系对钢结构的防腐蚀保护　第5部分：防护涂料体系》（GB/T 30790.5—2014）的相关要求。对于钢结构建筑，采用耐候钢或耐候型防腐涂料即可得分。

③ 木构件。根据现行国家标准《木结构设计标准》（GB 50005—2017），所有在室外使用，或与土壤直接接触的木构件，应采用防腐木材。在不直接接触土壤的情况下，可采用其他耐久木材或耐久木制品。

（3）特殊情形

① 混合结构建筑：按本条第2款进行评价时应注意，结构体系中涉及的结构构件分别满足第2款的相应要求，方可在第2款得分。如单体建筑结构中既有混凝土结构，也有钢结

构和木结构，其评价时对应满足第 2 款中全部要求才可得分。

②　型钢混凝土结构（混凝土包钢）满足第 1 项即可得分。

③　钢管混凝土结构（钢包混凝土）满足第 2 项即可得分。

4. 设计阶段初步自评

（1）提高结构设计使用年限

结构设计工作年限不小于 100 年：□是、□否。

（2）提升结构构件耐久性

设计建筑的结构形式为：□钢筋混凝土结构（含型钢混凝土结构）、□钢结构（含钢管混凝土结构）、□木结构、□混合结构、□其他_____。

①　混凝土构件

设计中提高混凝土构件耐久性的措施有：

□增加钢筋保护层厚度，设计保护层厚度为：_____ mm，较规范要求增加 5mm：□是、□否。

□采用高耐久性混凝土，使用范围包括：_____，用量为：_____ m³，占混凝土总用量的比例是：_____%，其性能指标满足相关标准要求：□是、□否。

②　钢构件

设计中提高混凝土构件耐久性的措施有：□采用耐候结构钢，□采用耐候性防腐涂料；

耐候结构钢或耐候型防腐涂料的使用范围包括：_____，其性能指标满足相关标准要求：□是、□否。

③　木构件

所有室外使用或与土壤直接接触的木构件，均采用防腐木材：□是、□否；

不直接接触土壤的木构件，采用耐久木材或耐久木制品：□是、□否；

防腐木材、耐久木材或耐久木制品的使用范围包括：_____，其性能指标满足相关标准要求：□是、□否。

5. 证明材料提供

绿色建筑评价工作中，需要按照评价标准逐条准备相关材料，以证明项目控制项能达标或评分项可以得分，《绿色建筑评价标准》在各个条款的条文说明中均有明确要求。第 4.2.8 条要求在预评价时应提供相关设计文件；评价阶段应提供相关竣工图、材料用量计算书、材料见证送检报告、材料用量清单。

（十一）第 7.2.15 条

1. 条款原文

7.2.15　合理选用建筑结构材料与构件，评价总分值为 10 分，并按下列规则评分：

1　混凝土结构，按下列规则分别评分并累计：

1）400MPa 级及以上强度等级钢筋应用比例达到 85%，得 5 分；

2）混凝土竖向承重结构采用强度等级不小于 C50 混凝土用量占竖向承重结构中混凝土总量的比例达到 50%，得 5 分。

2　钢结构，按下列规则分别评分并累计：

1）Q355 级及以上高强钢材用量占钢材总量的比例达到 50%，得 3 分；达到 70%，得 4 分；

2）螺栓连接等非现场焊接节点占现场全部连接、拼接节点的数量比例达到 50%，得 4 分；

3）采用施工时免支撑的楼屋面板，得 2 分。

3　混合结构：对其混凝土结构部分、钢结构部分，分别按本条第 1 款、第 2 款进行评价，得分取各项得分的平均值。

2. 参评指数

第 7.1.15 条是绿色建筑评价的"评分项",设计阶段适当选用高强度材料,总用量降低,可综合比较后采取适合项目的设计策略。

参评指数:★★★

3. 评价注意事项

(1) 概念界定

① 本条中"建筑结构材料"主要指高强度钢筋、高强度混凝土、高强度钢材。其中,"高强度钢筋"为 400MPa 级及以上受力普通钢筋,"高强度混凝土"为 C50 及以上混凝土,"高强度钢材"包括现行国家标准《钢结构设计标准》(GB 50017—2017)规定的 Q355 级以上高强度钢材。

② 第 2 款第 3 项所指的"施工时免支撑的楼屋面板",包括各种类型的钢筋混凝土叠合板或预应力混凝土叠合板。

(2) 特殊情形

① 对于楼屋面采用工具式脚手架与配套定型模板施工,可达到免抹灰效果的,本条第 2 款第 3 项视为满足要求。

② 当建筑结构材料与构件中的地上所有竖向承重构件为钢构件或者钢包混凝土构件,楼面结构是钢梁与混凝土组合楼面时,本条第 3 款直接按第 2 款计算分值。

(3) 计算要求 材料用量比例应按以下规则进行计算:

① 对于混凝土结构,需计算高强度钢筋比例、高强度混凝土使用比例;

② 对于钢结构,需计算高强度钢材使用比例、螺栓连接节点数量比例;

③ 对于混合结构,除计算以上材料之外,还需计算各类建筑结构中高强度材料的使用比例。

4. 设计阶段初步自评

(1) 混凝土结构高强结构建材使用情况

混凝土结构建筑的主体结构 400MPa 级及以上受力普通钢筋用量:_____ t;

钢筋总用量:_____ t;

400MPa 级及以上受力普通钢筋用量的比例:_____%;

混凝土结构建筑的混凝土承重结构中采用强度等级在 C50(或以上)混凝土用量:_____ m³;

承重结构中混凝土用量:_____ m³;

强度等级在 C50(或以上)混凝土占承重结构中混凝土总量的比例:_____%。

(2) 钢结构高强结构建材使用情况

钢结构建筑的 Q355 及以上高强钢材用量:_____ t;

钢材总用量:_____ t;

Q355 及以上高强钢材用量的比例:_____%。

(3) 混合结构高强结构建材使用情况

根据混凝土结构和钢结构评价要点,混凝土结构得分:_____;钢结构得分:_____;合计得分:_____。

5. 证明材料提供

绿色建筑评价工作中,需要按照评价标准逐条准备相关材料,以证明项目控制项能达标或评分项可以得分,《绿色建筑评价标准》在各个条款的条文说明中均有明确要求。第 7.2.15 条要求在预评价时要查阅相关设计文件、各类材料用量比例计算书;评价阶段应提供相关竣工图、施工记录、材料决算清单、各类材料用量比例计算书。

第十章

建筑设备专业

第一节 给排水专业

"节水"是我国绿色建筑理念诞生之初所提出的绿色建筑要素——"四节一环保"中的重要组成部分，现今绿色建筑理念不断发展、扩容，但给排水在绿色建筑中仍扮演着重要角色，潜能很大。在满足用户使用要求的前提下，我们可以从节水、非传统水源利用等方面对建筑的用水进行优化设计，使我们的项目更加具有可持续性，更加符合时代赋予其的环保使命。同时，水专业设计师们应充分意识到自身所肩负的"水资源"责任重大，必须对水资源进行合理的利用，为绿色建筑的可持续发展提供坚实支持。

给排水专业在绿色建筑设计中的主要工作内容包括水资源管理和节约、污水处理与再生利用以及提高资源利用效率。

通过合理规划和设计给排水系统，能够有效管理和节约水资源。如我们前面提到的海绵城市设计中的水系统，通过收集和利用雨水，不仅可以满足绿色建筑对水资源的需求，还能减轻城市排水系统的压力，实现水资源的可持续利用。污水处理与再利用设计通过先进的处理技术，将污水净化后再用于灌溉、景观用水等方面，减少了对清洁水资源的依赖，同时也降低了环境污染。而采用先进的给排水技术和设备，以提高资源利用效率，提高水资源的利用率，减少能源消耗，从而实现绿色建筑的建设目标，提高建筑工程的经济效益和社会效益。

一、节水技术

建筑节水技术主要包括使用节水型用水器具、完善城市管网供应系统、推广使用优质给水管材和水表、增强节水意识，以及采用雨水收集和利用系统、中水回收利用系统、智能化水务管理系统等措施。这些技术的应用不仅有助于减少建筑对环境的影响，还提高了水资源的利用效率，是绿色建筑设计中不可或缺的一部分。

（一）使用节水型用水器具

使用如节水型便器、节水型水龙头、节水型淋浴设施等节水器具，能够显著减少用水量，提高水的有效利用率。低流量水龙头和淋浴装置通过限制水流量，从而在减少用水量的同时保持正常使用体验，减少水资源浪费。低水消耗设备，如高效节水的厕所、洗衣机和洗碗机，可减少用水量和洗涤剂的使用。

（二）完善城市管网供应系统

完善城市管网供应系统包括加强管网维护以减少跑冒滴漏，减少系统超压出流造成的隐性水量浪费，以及完善热水供应循环系统。

随着我国在智慧城市建设方面的投资持续增加，技术不断革新，城市生命线工程建设的必要性日益凸显。城市管网监测作为城市生命线工程的重要组成部分，在保障城市安全、提升管理效率、保护环境质量等方面具有不可替代的作用。通过使用管网智能监测设备，可以实时监测管道的运行状况，包括流量、液位、水压等参数，从而及时发现漏水、破损、堵塞等问题，及时采取修复和维护措施，避免水资源浪费、污水泄漏、城市内涝等问题，保障公共安全，提升管网运行效率，确保水环境质量。

（三）推广使用优质给水管材

给水管的作用是向建筑物、公共场所、工业企业等提供生活、生产用水，使其能够正常运转。通过给水管，自来水公司将水源输送到用户手中，以满足人们日常的用水需求，这是现代城市化不可或缺的一部分。给水管在保障人们用水安全、提高水资源的利用效率、节省用水成本、保障城市基础设施建设中扮演着重要的角色。因此，选用优质的给水管材是实现绿色建筑健康舒适、资源节约理念的必然要求。采用优质管材，如铜管、不锈钢管、聚氯乙烯管等，不仅能够保证供水安全，还可提高供水效率和质量。

（四）增强节水意识

增强节水意识对绿色建筑具有重要意义，不仅有助于提高水资源利用效率、推动绿色建筑发展，还能应对城市水资源短缺问题，推动城市绿色发展。

① 增强节水意识有助于提高水资源利用效率。绿色建筑的核心在于节约水资源，通过提高节水意识，可以避免水资源的浪费，并提高水资源的整体利用效率。

② 节水意识有助于推动绿色建筑的发展。节水设计的优劣直接关系到绿色建筑的发展，通过合理设计节水方案，可以确保水资源的高效循环利用，减少供水能耗，从而推动绿色建筑的发展。

③ 节水意识有助于应对城市水资源短缺问题。我国许多大城市的水资源人均占有率较低，水资源稀缺问题严重。通过增强节水意识，可以有效缓解城市水资源短缺问题，保障工业和居民用水需求。

④ 节水意识有助于推动城市绿色发展。节水即减排，通过系统性节水，可以减少城市新鲜水取用量和污水外排量，降低城市水系统运行过程中的能耗，推动形成绿色低碳发展方式和生活方式。

二、非传统水源利用

绿色建筑非传统水源的利用有利于实现环保、节能的目标，促进资源的高效利用以及环境的可持续发展。在保障生活质量的同时，也有效地减轻了非传统水源对环境的负担，符合现代社会对绿色、低碳、可持续的发展要求。一般建筑项目可利用的非传统水源主要是雨水和中水，可用范围主要有景观灌溉、保洁、洗车和冲厕。

（一）雨水收集和利用

收集屋顶、道路和其他建筑表面的雨水，储存用于非饮用水用途，并供日常生活用水和灌溉使用，这样能够避免浪费宝贵的水资源，可以有效地补充和利用水资源，减少对自然水资源的消耗。具体内容我们在第五章"海绵设计"相关的部分已有讨论，此处不再赘述。

（二）中水回收利用

收集和处理生活废水，如洗澡水、洗衣机排水、淋浴水和地面排水等，对经过处理后的生活废水再次利用，用于冲厕、浇灌植物等，可以避免直接使用自来水，从而减少对新鲜水资源的依赖。

三、供水系统水质保障

绿色建筑供水系统的水质保障措施主要包括定期检测生活饮用水水质、设置水质在线监测系统、采取措施满足卫生要求、给排水管道设有明晰的永久性标识等。

为了确保供水系统的水质安全，每年应定期检测建筑生活饮用水的水质，以确保水质符合健康和安全标准。此外，设置水质在线监测系统可以实时监控水质变化，及时发现并解决问题。生活饮用水池（水箱）应采取措施满足卫生要求，如使用合适的材料和构造，以防止水质污染。给排水管道应设有明晰的永久性标识，便于维护和管理，减少误操作导致的污染风险。

在绿色建筑的设计、建设和验收过程中，应注意海绵城市建设是否达标、给排水管道系统及设备设计是否合理，以及施工与设计是否脱节等问题。通过这些措施，可以最大限度地改善居民用水体验，保障用水健康，同时保障供水系统的水质安全。

四、 2024 年版评价标准相关条款

（一）第 5.1.3 条

1. 条款原文

5.1.3　给水排水系统的设置应符合下列规定：

1　生活饮用水水质应满足现行国家标准《生活饮用水卫生标准》GB 5749 的要求；

2　应制定水池、水箱等储水设施定期清洗消毒计划并实施，且生活饮用水储水设施每半年清洗消毒不应少于 1 次；

3　应使用构造内自带水封的便器，且其水封深度不应小于 50mm；

4　非传统水源管道和设备应设置明确、清晰的永久性标识。

2. 参评指数

第 5.1.3 条是绿色建筑评价的"控制项"，相当于一般技术性规范标准中的强制性条款，绿色建筑如果要申请参与评价，必须满足全部控制项的要求。

参评指数：★★★★★

3. 评价注意事项

设置符合健康要求的建筑给排水系统，是建筑健康与安全的重要保障。在设计阶段，从保障健康角度出发，建筑给排水系统在设计时应主要注意以下几点。

（1）给水系统水质要求及保障措施　建筑物终端用水设备及器具处的水质应符合现行国家标准《生活饮用水卫生标准》（GB 5749—2022）的要求。在生活饮用水水质符合现行国家标准《生活饮用水卫生标准》（GB 5749—2022）规定的前提下，若建筑未设置生活饮用水储水设施，本条第 1 款可直接通过。

①　生活饮用水水质。能够提供符合卫生要求的生活饮用水是绿色建筑的基本前提之一。现行国家标准《生活饮用水卫生标准》（GB 5749—2022）对饮用水中与人群健康相关的各种因素（物理、化学和生物），作出了量值规定，同时对为实现量值所作的有关行为提出了规范要求，包括：生活饮用水水质卫生要求、生活饮用水水源水质卫生要求、集中式供水单位卫生要求、二次供水卫生要求、涉及生活饮用水卫生安全的产品卫生要求、水质监测和水质检验方法等。生活饮用水的主要水质指标包括微生物指标、毒理指标、感官性状和一般化学指标、放射性指标、消毒剂指标等，而这些指标又分为常规指标和非常规指标。常规指标指能反映生活饮用水水质基本状况的水质指标；非常规指标指根据地区、时间或特殊情况需要的生活饮用水水质指标。建筑生活饮用水用水点出水水质的常规指标应符合现行国家标准

《生活饮用水卫生标准》（GB 5749—2022）的规定。

② 储水设施水质保障措施。生活饮用水储水设施包括生活饮用水供水系统储水设施、集中生活热水储水设施、储有生活用水的消防储水设施、冷却用水储水设施、游泳池及水景平衡水箱（池）等。储水设施清洗后应进行水质检测，水质合格后方可恢复供水。水池、水箱等储水设施的设计与运行管理应符合现行国家标准《二次供水设施卫生规范》（GB 17051—1997）的要求。

（2）排水系统便器设置要求 水封装置是建筑排水管道系统中用以实现水封功能的装置。便器构造内自带水封，能够在保证污废水顺利排出的前提下，最大限度地防止排水系统中的有害气体逸入室内，避免室内环境受到污染，有效保护人体健康。便器构造内自带水封时，有效水封深度不得小于 50mm，且不能采用活动机械密封替代水封。

（3）非传统水源管道标识设置要求 要求对非传统水源的管道和设备设置明确、清晰的永久标识，可最大限度避免在施工、日常维护或维修时发生误接、误饮、误用的情况，为用户提供健康用水保障。目前建筑行业有关部门仅对管道标记的颜色进行了规定，尚未制定统一的民用建筑管道标识标准图集，标识设置可参考现行国家标准《工业管道的基本识别色、识别符号和安全标识》（GB 7231—2003）、《建筑给水排水及采暖工程施工质量验收规范》（GB 50242—2002）中的相关规定。

4. 设计阶段初步自评

（1）生活饮用水水质

生活饮用水水质满足现行国家标准《生活饮用水卫生标准》（GB 5749—2022）的相关条款要求：□是、□否。

（2）储水设施定期清洗消毒

项目设有生活饮用水水池、水箱等储水设施：□是、□否；

制订水池、水箱等储水设施定期清洗消毒计划并实施：□是、□否；

生活饮用水储水设施每半年清洗消毒不少于 1 次：□是、□否。

（3）自带水封的便器

是否使用构造内自带水封的便器：□是、□否；

水封深度：_____ mm。

（4）非传统水源管道标识

项目应用非传统水源：□是、□否；

非传统水源的管道和设备设置明确、清晰的永久标识：□是、□否。

5. 自评报告说明举例

（1）简要说明生活饮用水水质的常规指标和非常规指标检测情况（200 字以内）。举例如下。

> 本项目内未设置生活饮用水储水设施。市政管道供水水质符合《生活饮用水卫生标准》（GB 5749—2022）的规定，生活饮用水水质的常规指标和非常规指标检测情况符合现行国家标准《生活饮用水卫生标准》（GB 5749—2022）中表 1 和表 3 的卫生要求。

（2）简要说明水池、水箱等储水设施定期清洗消毒计划以及实施情况（200 字以内）。举例如下。

> 本工程设置生活饮用水水箱，为保证出水水质，在水箱出水口处设置紫外线消毒器，且水箱每半年进行一次清洗消毒，保证出水水质符合现行国家标准《二次供水设施卫生规范》（GB 17051—1997）的要求。

（3）简要说明非传统水源管道和设备永久性标识的设置情况（200 字以内）。举例如下。

本项目雨水收集后进行处理用于室内冲厕、绿化灌溉、道路及车库冲洗，管道和设备设置明确清晰的永久性标识，且符合国家标准《工业管道的基本识别色、识别符号和安全标识》（GB 7231—2003）和《建筑给水排水及采暖工程施工质量验收规范》（GB 50242—2002）的相关规定，中水、雨水管道设置"非饮用水"标识。

6. 证明材料提供

绿色建筑评价工作中，需要按照评价标准逐条准备相关材料，以证明项目控制项能达标或评分项可以得分，《绿色建筑评价标准》在各个条款的条文说明中均有明确要求。第5.1.3条要求在预评价时应提供：市政供水的水质检测报告（可用同一水源邻近项目一年以内的水质检测报告）、相关设计文件（含卫生器具和地漏水封要求的说明、标识设置说明）；评价时应提供相关竣工图、产品说明、各用水部门水质检测报告、管理制度、工作记录。

（二）第5.2.3条

1. 条款原文

5.2.3　直饮水、集中生活热水、游泳池水、供暖空调系统用水、景观水体等的水质满足国家现行有关标准的要求，评价分值为8分。

2. 释义

保障供水水质是满足用户正常用水需求的前提，国家现行标准对不同系统的水质均作出了具体规定。详见本书第142页。

（三）第5.2.4条

1. 条款原文

5.2.4　生活饮用水水池、水箱等储水设施采取措施满足卫生要求，评价总分值为9分，并按下列规则分别评分并累计：

1　使用符合国家现行有关标准要求的成品水箱，得4分；

2　采取保证储水不变质的措施，得5分。

2. 参评指数

第5.2.4条是绿色建筑评价的"评分项"，《建筑给水排水与节水通用规范》（GB 55020—2021）第3.3节及《建筑给水排水设计标准》（GB 50015—2019）第3.3节、第3.8节均对生活饮用水水池、水箱等储水设施的卫生安全性能要求做出明确规定。如建筑未设置生活饮用水储水设施，本条可直接得分。

参评指数：★★★★★

3. 评价注意事项

如建筑未设置生活饮用水储水设施，本条可直接得分。

二次供水是目前各类民用建筑主要采用的生活饮用水供水方式。储水设施是建筑生活饮用水二次供水设施水质安全保障的关键环节，在设计中重点把握以下几点。

（1）使用成品水箱　现行国家标准《二次供水设施卫生规范》（GB 17051—1997）和现行行业标准《二次供水工程技术规程》（CJJ 140—2010）规定了建筑二次供水设施的卫生要求和水质检测方法。使用符合现行国家标准《二次供水设施卫生规范》（GB 17051—1997）和现行行业标准《二次供水工程技术规程》（CJJ 140—2010）要求的成品水箱，能够有效避免现场加工过程中的污染问题，且在安全生产、品质控制、减少误差等方面均较现场加工更有优势。

（2）采取保证水质的措施　避免储水变质的主要技术措施包括以下几种。

①　储水设施分格。饮用水水箱、水池要求定期清洗，清洗后还要求进行水质检测，清洗及检测均需要耗费时间，若储水设施不采用分格设置，将会造成长时间停水。容积大于

$10m^3$ 的饮用水储水设施分两格设置，可保证清洗时不停止供水，有利于建筑运行期间的储水设施清洗工作的开展。对储水设施进行定期清洗，能够有效避免设施内滋生蚊虫、生长青苔、沉积废渣等水质污染状况的发生。

② 避免产生"死水区"。应保证设施内水流通畅，储水设施的体形选择及进出水管设置应保证水流通畅，避免"死水区"。"死水区"即水流动较少或静止的区域，由于死水区的水长期处于静止状态，缺乏补氧，容易滋生细菌和微生物，进而导致水质恶化。储水设施体形应规则，进出水管在设施远端两头分别设置（必要时可设置导流装置），能够在最大限度上避免水流迂回和短路，避免"死水区"的产生。

③ 采取防止生物进入的措施。储水设施的检查口（人孔）加锁、溢流管及通气管口采取防止生物进入的措施等，可避免非管理人员、灰尘携带致病性微生物、蛇虫鼠蚁等进入水箱并污染储水。

4. 设计阶段初步自评

（1）成品水箱

项目是否设有生活饮用水水池、水箱等储水设施：□是、□否；

所采用的成品水箱是否符合国家现行标准《二次供水设施卫生规范》（GB 17051—1997）和《二次供水工程技术规程》（CJJ 140—2010）的要求：□是、□否。

（2）储水水质保障措施

项目采取避免储水变质的措施包括：

□储水设施分格；

□储水设施的体形选择及进出水管设置应保证水流通畅、避免"死水区"；

□储水设施的检查口（人孔）应加锁，溢流管、通气管口应采取防止生物进入的措施；

□其他_____。

5. 自评报告说明举例

简要说明所采取的保证储水不变质的措施（200字以内）。举例如下（具体内容以××替代）。

本项目选用××m^3 容积的成品水箱，水箱采用食品级不锈钢材质，符合国家现行标准《二次供水设施卫生规范》（GB 17051—1997）和《二次供水工程技术规程》（CJJ 140—2010）的要求。水箱进出水分别设置于水箱的两侧对角方向，保证水流通畅、避免产生"死水区"。水箱的检查口（人孔）加锁，溢流管、通气管口设置 18 目防虫网罩，防止虫、鼠生物进入，保证水质安全。

6. 证明材料提供

绿色建筑评价工作中，需要按照评价标准逐条准备相关材料，以证明项目控制项能达标或评分项可以得分，《绿色建筑评价标准》在各个条款的条文说明中均有明确要求。第5.2.3条要求在预评价时要提供相关设计文件（含设计说明、储水设施详图、设备材料表）；评价时应提供相关竣工图（含设计说明、储水设施详图、设备材料表）、设备材料采购清单或进场记录、水质检测报告。

（四）第5.2.5条

1. 条款原文

5.2.5 所有给水排水管道、设备、设施设置明确、清晰的永久性标识，评价分值为8分。

2. 参评指数

第5.2.5条是绿色建筑评价的"评分项"，只需较少投入即可得到相应分值。

参评指数：★★★★★

3. 评价注意事项

现代化的建筑给水排水管线繁多，如果没有清晰的标识，难免在施工或日常维护、维修时发生误接的情况，造成误饮、误用，给用户带来健康隐患。

（1）标识设置意义 强制性工程建设规范《建筑给水排水与节水通用规范》（GB 55020—2021）第8.1.9条要求，给水、排水、中水、雨水回用及海水利用管道应有不同的标识，这样做是为了防止在建筑物内设有中水系统或雨水回用系统的情况下，给水系统与中水系统的管道采用同一种管材时，不能区分的问题。在建筑维修或改造时，如果管道没有不同的标识，会造成给水管道与中水管道的错接，发生饮用中水的问题，影响使用者的身体健康。第8.1.9条还要求，非传统水源管道应采取防止误接、误用、误饮的措施，包括管网中所有组件和附属设施的显著位置应设置非传统水源的耐久标识，埋地、暗敷管道应设置连续耐久标识；管道取水接口处应设置"禁止饮用"的耐久标识等。

（2）标识设置方法 建筑内给水排水管道及设备的标识设置可参考现行国家标准《工业管道的基本识别色、识别符号和安全标识》（GB 7231—2003）、《建筑给水排水及采暖工程施工质量验收规范》（GB 50242—2002）中的相关规定。

4. 设计阶段初步自评

> 所有给水排水管道、设备、设施设置明确、清晰的永久性标识，且标识设置符合现行国家标准中的相关规定：□是、□否；
>
> 永久性标识设计的内容包含：
> □各类管道颜色标识设计；
> □管道色环标识设计（间距不应大于10m）；
> □所有管道的起点、终点、交叉点、转弯处、阀门和穿墙孔两侧等均应设置标识；
> □标识设计由系统名称和流向（单向流动）组成，设置的字体、大小、颜色应方便辨识并符合耐久性要求；
> □给排水主要设备应在设备外轮廓明显处注明设备名称或悬挂明显的标识标牌。

5. 自评报告说明举例

简要说明所有给水排水管道、设备、设施的永久性标识设置情况（200字以内）。举例如下。

> 本项目标识为由系统名称、流向组成的永久性标识，标识的字体、大小、颜色方便识别。使用期间对其进行定期维护，避免标识随时间褪色、剥落、损坏。在管道上设置一长方形的识别色标牌标识，并在长方形的一端指出流向。每两个标识之间的距离均小于10m。所有管道的起点、终点、交叉点、转弯处、阀门和穿墙孔两侧等的管道上，设置以带箭头的长方形识别色标牌标识。

6. 证明材料提供

绿色建筑评价工作中，需要按照评价标准逐条准备相关材料，以证明项目控制项能达标或评分项可以得分，《绿色建筑评价标准》在各个条款的条文说明中均有明确要求。第5.2.5条要求在预评价时要提供相关设计文件、标识设置说明；评价时应提供相关竣工图、标识设置说明。

（五）第7.1.7条

1. 条款原文

7.1.7 应制定水资源利用方案，统筹利用各种水资源，并应符合下列规定：

1 应按使用用途、付费或管理单元，分别设置用水计量装置；

2 用水点处水压大于0.2MPa的配水支管应设置减压设施，并应满足用水器具最低工作压力的要求；

3 用水器具和设备应满足现行国家标准《节水型产品通用技术条件》GB/T 18870 的要求。

2. 参评指数

第 7.1.7 条是绿色建筑评价的"控制项",相当于一般技术性规范标准中的强制性条款,绿色建筑如果要申请参与评价,必须满足全部控制项的要求。

参评指数:★★★★★

3. 评价注意事项

水资源节约是资源节约的重要组成部分,给排水专业在绿色建筑的节水设计过程中需要做到以下几点。

(1)制订水资源利用方案 水资源利用方案包含项目所在地气候情况、市政条件及节水政策,项目概况,水量计算及水平衡分析,给水排水系统设计方案介绍,节水器具及设备说明,非传统水源利用方案等内容。

在进行绿色建筑设计前,应充分了解项目所在区域的市政给排水条件、水资源状况、气候特点等实际情况,通过全面的分析研究,制订水资源利用方案,提高水资源循环利用率,减少市政供水量和污水排放量。

(2)设置计量装置 按使用用途、付费或管理单元情况分别设置用水计量装置,可以统计各种用水部门的用水量和分析渗漏水量,达到持续改进节水管理的目的。同时,也可以据此施行计量收费,或节水绩效考核,鼓励节水行为。

(3)设置减压设施 用水器具给水配件在单位时间内的出水量超过额定流量的现象,称为超压出流现象,该流量与额定流量的差值,为超压出流量。超压出流量未产生使用效益,为无效用水量,即浪费的水量。给水系统设计时应采取措施控制超压出流现象,应合理进行压力分区,并适当地采取减压措施,避免造成浪费。

当选用自带减压装置的用水器具时,该部分管线的工作压力满足相关设计规范的要求即可。当建筑因功能需要,选用特殊水压要求的用水器具时,可根据产品要求采用适当的工作压力,但应选用节水产品,并在说明中做相应描述。

(4)选择节水器具 要求所有用水器具应满足现行国家标准《节水型产品通用技术条件》(GB/T 18870—2011)的要求。除特殊功能需求外,均应采用节水型用水器具。

4. 设计阶段初步自评

(1)水资源利用方案

是否制订水资源利用方案,统筹利用各种水资源:□是、□否;

水资源利用方案内容包括:□当地节水要求及水资源状况、□市政设施情况、□项目概况、□用水定额的确定、□用水量估算及水量平衡、□给排水系统设计方案、□节水器具、□非传统水源利用、□用水分项计量、□其他_____。

(2)计量装置

是否按使用月途、付费或管理单元设置用水计量表:□是、□否;

用水计量分类包括:□厨房、□卫生间、□绿化灌溉、□道路浇洒、□车库冲洗、□空调冷却水补水、□景观补水、□泳池用水、□屋顶消防水箱补水、□消防水池补水、□其他_____;

自评价时,可将项目中各处的用水计量水表主要信息列表统计,方便判断,示例见表10-1。

表 10-1　用水计量水表主要信息统计表示例

水表编号	用途	安装位置	产品品牌及型号	数量
1	厨房	厨房供水管		
2	卫生间	各卫生间供水管		
3	空调冷却水补水	机房补水总管		

续表

水表编号	用途	安装位置	产品品牌及型号	数量
4	绿化灌溉	绿化总管		
5	道路浇洒	室外总管		
6	车库冲洗	车库供水管		
…				

（3）减压设施

用水点处水压大于 0.2MPa 的配水支管设置减压设施，并满足给水配件最低工作压力的要求：□是、□否。

（4）节水器具

用水器具和设备满足节水产品的要求：□是、□否。

5. 自评报告说明举例

简要说明水资源利用方案（300 字以内）。举例如下（具体内容以××替代）。

一、当地节水要求及水资源状况

略。

二、项目概况

本项目规划用地为×× m²，总建筑面积×× m²，其中地上面积×× m²，地下面积×× m²，容积率××。本项目属于办公类建筑，××接入 2 路市政给水，给水压力为×× MPa。

三、用水定额

平均日用水量×× t/d，最大时用水量×× t/h；平均日排水量为×× t/d，最大小时排水量为×× t/h。

四、给水系统

低区××层及以下采用市政直供；中区××层采用水箱和变频泵加压联合供水；高区××层至顶层采用水箱和变频泵加压联合供水。各用水点压力不超过 0.2MPa，超压楼层设置减压阀。

五、节水器具

本项目采用的用水器具包括××、××、××、××，用水效率等级分别为××级、××级、××级、××级，满足现行国家标准《节水型产品通用技术条件》（GB/T 18870—2011）的要求。

六、非传统水源

本项目将收集的雨水用于冲厕、车库地面冲洗、洗车、室外绿化、室外景观，平均中水日用水量×× t/d。

---

6. 证明材料提供

绿色建筑评价工作中，需要按照评价标准逐条准备相关材料，以证明项目控制项能达标或评分项可以得分。《绿色建筑评价标准》在各个条款的条文说明中均有明确要求。第 7.1.7 条要求在预评价时要提供相关设计文件（含水表分级设置示意图、各层用水点用水压力计算图表、用水器具节水性能要求）、水资源利用方案及其在设计中的落实说明；评价时应提供相关竣工图、水资源利用方案（含其在运行阶段与设计相比的不同点说明）、用水器具产品说明书或产品节水性能检测报告。

（六）第 7.2.10 条

1. 条款原文

7.2.10　使用较高水效等级的卫生器具，评价总分值为 15 分，并按下列规则评分：

1　全部卫生器具的水效等级达到 2 级，得 8 分。

2　50% 以上卫生器具的水效等级达到 1 级且其他达到 2 级，得 12 分。

3　全部卫生器具的水效等级达到 1 级，得 15 分。

2. 参评指数

第 7.2.10 条是绿色建筑评价的"评分项"，对于有用水效率相关标准的卫生器具，达到相应的用水效率等级的产品,方可得分。

参评指数:★★★★

3. 评价注意事项

(1)用水器具水效 目前,我国已对大部分用水器具的用水效率制定了标准,如现行国家标准《水嘴水效限定值及水效等级》(GB 25501—2019)、《坐便器水效限定值及水效等级》(GB 25502—2024),《小便器水效限定值及水效等级》(GB 28377—2019)、《淋浴器水效限定值及水效等级》(GB 28378—2019)、《便器冲洗阀水效限定值及水效等级》(GB 28379—2022)、《蹲便器水效限定值及水效等级》(GB 30717—2019)等。

(2)评价方法 在设计文件中要注明对卫生器具的节水要求和相应的参数或标准。当存在不同水效等级的卫生器具时,按满足最低等级的要求得分。

有水效相关标准的卫生器具全部采用达到相应水效等级的产品时,方可认定第 1 款或第 3 款得分;50%以上数量的器具采用达到水效等级 1 级的产品且其他达到 2 级时,方可认定第 2 款得分。今后,当其他用水器具出台了相应示准时,按同样的原则进行要求。

4. 设计阶段初步自评

(1)项目基本情况及用水器具类型

土建工程与装修工程一体化设计项目:□是、□否;

主要器具类型有:□龙头、□大便器、□小便器、□淋浴器、□其他_____。

(2)节水器具设置情况

采用节水器具:□是、□否。

自评价时,可将用水器具的相关信息列表统计,方便复核得分,示例见表 10-2。

表 10-2 节水器具统计表示例

用水器具名称	用水器具数量	节水器具参数及特点	节水器具数量	用水效率等级

(3)土建工程与装修工程非一体化的设计项目节水器具设置的确保措施

对土建工程与装修工程非一体化的设计项目,是否有确保业主采用节水器具的措施、方案或约定:□是、□否;

如果"是",请简要说明确保采用节水器具的措施、方案或约定。

5. 自评报告说明举例

简要说明确保采用节水器具的措施、方案或约定(200 字以内)。举例如下(具体内容以××替代)。

> 本工程采用土建工程与装修工程一体化设计,公共部分的卫生器具与主体工程同步施工,一次性安装到位;出售的房屋在出售过程中,积极进行节水宣传,与用户签订节水器具使用合同,经最终组织验收合格后,给予相应的购房款减免优惠,保证节水器具安装到位并使用,促进落实节约水资源。

6. 证明材料提供

绿色建筑评价工作中,需要按照评价标准逐条准备相关材料,以证明项目控制项能达标或评分项可以得分,《绿色建筑评价标准》在各个条款的条文说明中均有明确要求。第 7.2.10 条要求在预评价时应提供相关设计文件、产品说明书(含相关节水器具的性能参数要求)以及卫生器具水效达到相关等级的数量比例计算书;评价时应提供相关竣工图纸、设计说明、产品说明书、产品节水性能检测报告、产品采购合同以及卫生器具水效达到相关等级的数量比例计算书。

第二节　暖通空调专业

暖通空调专业在绿色建筑中的应用主要体现在提高室内环境的舒适度、节约能源消耗、促进健康和安全，以及适应各种建筑形式、环境和气候变化这些方面。适宜的暖通空调系统不仅能提高建筑的节能性能和舒适性，也能促进环境保护和可持续发展，满足未来社会发展对节能环保的需求。

暖通空调系统在绿色建筑中扮演着关键角色，通过提供舒适的室内温度、湿度、空气流速和新风量，保证建筑物室内环境质量，同时采用能源回收技术，将浪费的能量重新利用，优化建筑物的能耗，提高能源效率并降低能源消耗。此外，暖通空调系统还可以调节室内空气质量，管理通风，确保室内空气的新鲜度，并防止污染物的积累。使用过滤器、除湿器、换气风机等设施，有助于提高室内的环境健康和安全性。

在绿色建筑理念的背景下使用暖通空调系统，应以节约能源、提高效率、改善环境为目标。建筑的整个设计应符合能源效率标准，考虑使用具有保温、高效隔热和防水等性能的材料，以减少能源消耗。此外，绿色建筑技术通过采用高效节能设备、优化系统设计和能源管理，减少暖通空调系统的能源消耗，降低建筑的能耗；通过采用环保材料，减少污染物排放，降低建筑对自然环境的影响，保护生态环境。

一、暖通空调冷热源

暖通空调系统的冷热源节能涉及多个方面，包括动力机房的优化控制、冷冻水系统的改进、源侧和最终使用侧的能源效率提升以及泵匹配的优化等，通过采取这些措施可以有效降低能耗，提高能源利用效率。

（一）动力机房的优化控制

通过 DDC 控制器（直接数字控制器）来控制冷水机组的启动/停止以及相关设备的联锁，根据实际冷热负荷来控制冷水机组及水泵的运行台数，以达到节能效果。例如，根据冷冻水供水温度及回水温度的差值和回水流量计算出冷冻水系统的冷负荷，并根据实际冷负荷决定投入运行的制冷机组及相关设施的数量，以达到最佳的节能状态。

（二）冷冻水系统的优化

冷冻水系统的优化在提高能源利用效率、延长设备寿命、提升系统稳定性、减少资源浪费、改善环境效益和提升用户体验等方面都具有重要意义。

首先，通过优化冷冻水系统的设计和运行，可以显著降低能耗，提高能源利用效率。例如，合理选型和运行水泵、改善冷却塔性能、加强水质管理等措施，可以减少不必要的能耗，降低运行成本。其次，优化冷冻水系统可以减少设备的维护频次，减少故障和停机时间，延长设备的使用寿命。再次，通过循环使用冷冻水，可以减少新鲜水的消耗，降低水资源浪费。最后，冷冻水系统的优化能够降低能耗和资源消耗，减少温室气体排放。

（三）源侧和最终使用侧的能源效率提升

在源侧，供冷时应尽可能多地运行效率最高的制冷机组，计算 COP 值，使制冷机组在高效区运行，根据制冷负荷或室外气候参数灵活设置冷冻水的供水温度及流量。此外，可以采用地源热泵、太阳能等新能源技术作为暖通空调系统的辅助能源，以进一步提高系统的能效。

在最终使用侧，提高终端空调设备（如风机）的效率，进行优化控制，有效控制室内新鲜空气的吸入量，使用热回收技术，采用变风量空调系统（VAV）。采用智能控制手段有效控制室内的新风量，实施热回收技术，如安装空气热交换器或使用排风热回收装置。采用变风量空调系统（VAV），通过改变风量自动调节室外环境对室内温度和湿度的影响。

（四）冷冻水泵、冷却水泵匹配节能

冷冻水泵和冷却水泵的容量通常是按照最大设计热负载选定的，并且留有 10% 左右的余量。然而，在实际运行中，设备的热负载远低于设计负载的时间占全年运行时间的一半以上。由于季节、昼夜的温度变化及用户负荷的变化，设备实际的热负载在绝大部分时间内远比设计负载低。因此，水泵系统长期在低温差、大流量的情况下工作，增加了管路系统的能量损失，浪费了水泵运行输送的能量。因此，冷冻水泵和冷却水做节能匹配设计既能够有效减少能源浪费，提高系统效率，还能延长设备寿命和降低维护成本，对于提升整体系统的经济性和环境友好性具有重要意义。

二、暖通空调风系统

绿色建筑暖通空调风系统设计旨在为人们创造舒适、健康的室内环境的同时满足节能与环保要求。具体可以从以下几个方面进行考虑。

（一）合理性设计

在暖通空调系统中，暖风系统的设计工作应结合绿色建筑内部平面布置，以及不同区位要素进行设置。设计时应重视暖风系统的供暖效果，可以利用模型来模拟设备位置，模拟暖风系统供暖效果，进行暖风系统数据综合试验。设计时应结合绿色建筑设计理念与设计标准，以维持生态环境平衡为目标，根据暖通空调系统运行需求的差异与建筑物朝向合理进行设计区分。

（二）节能性设计

在绿色建筑中，节能是首要考虑的因素。暖通空调系统在建筑中的能耗占比较大，因此如何设计一个高效的系统来减少能耗是关键。通过采用适当的节能措施，如高效的设备选择、节能控制技术以及建筑的被动舒适设计理念，可以显著降低系统的能耗。合理设计系统的布局和管道网络，减小系统的压降和功率损耗是节能设计的重要内容。

在设计过程中，可以通过模拟计算等手段来优化系统的设计，确保在满足舒适度要求的前提下，以最小的能耗来实现建筑的热负荷和冷负荷。此外，还可以应用新技术，如智能控制系统、节能空调设备等，大大降低能源消耗和运营成本。同时，应遵循相关的绿色建筑节能标准和规范，以确保建筑尽可能地节约能源。

（三）舒适度设计

一个良好的暖通空调系统应该能够提供舒适的室内环境，包括温度、湿度、室内空气质量等。在设计中，可以通过选用合理的空调设备、合适的系统布局和管道设计、优化的控制策略等方法，来保证室内环境的舒适度。此外，还可以在系统设计中考虑自然通风和采光因素，尽可能地减少对机械通风和空调系统的依赖，以提高室内环境的舒适度。

三、 2024 年版评价标准相关条款

（一）第 5.1.2 条

1. 条款原文

5.1.2　应采取措施避免厨房、餐厅、打印复印室、卫生间、地下车库等区域的空气和污染物串通到其他空间；应防止厨房、卫生间的排气倒灌。

2. 释义

第5.1.2条是绿色建筑评价的"控制项"，相当于一般技术性规范标准中的强制性条款，绿色建筑如果要申请参与评价，必须满足全部控制项的要求。具体详见本书第九章第三节"五"中的"（二）"/内容。

（二）第5.1.6条

1. 条款原文

5.1.6　应采取措施保障室内热环境。采用集中供暖空调系统的建筑，房间内的温度、湿度、新风量等设计参数应符合现行国家标准《民用建筑供暖通风与空气调节设计规范》GB 50736的有关规定；采用非集中供暖空调系统的建筑，应具有保障室内热环境的措施或预留条件。

2. 参评指数

第5.1.6条是绿色建筑评价的"控制项"，相当于一般技术性规范标准中的强制性条款，绿色建筑如果要申请参与评价，必须满足全部控制项的要求。

参评指数：★★★★★

3. 评价注意事项

建筑应满足室内热环境舒适度的要求。采用集中供暖空调系统的建筑，其房间的温度、湿度、新风量等是室内热环境的重要指标，应满足现行国家标准《民用建筑供暖通风与空气调节设计规范》（GB 50736—2012）中的有关规定。对于非集中供暖空调系统的建筑，应有保障室内热环境的措施或预留条件，如分体空调安装条件等。对于采用多联机的建筑，应按照集中供暖空调建筑的要求进行考虑。

4. 设计阶段初步自评

（1）集中供暖空调系统的建筑

房间内的温度、湿度、新风量等设计参数符合现行国家标准《民用建筑供暖通风与空气调节设计规范》（GB 50736—2012）的有关规定：□是、□否；

自评价时，可将不同功能房间内温湿度、新风量等参数的设计值、标准值列表统计，复核项目达标情况，示例见表10-3、表10-4。

表10-3　主要功能房间室内设计温湿度统计表示例

房间类型	温度/℃				相对湿度/%			
	夏季空调		冬季采暖		夏季空调		冬季采暖	
	设计值	标准值	设计值	标准值	设计值	标准值	设计值	标准值

表10-4　主要功能房间室内设计新风量统计表示例

房间类型	人员密度/（人/m²）	新风量/[m³/(h·人)]	
		设计值	标准值

注意，对于设置分体空调、多联机的建筑或功能房间（一般应为建筑外区），如果具备开窗通风条件或设置了排气扇，则不要求独立设置新风系统。

（2）非集中供暖空调系统的建筑

保障室内热环境的措施或预留条件：□分体空调安装条件、□其他_____。

5. 证明材料提供

绿色建筑评价工作中，需要按照评价标准逐条准备相关材料，以证明项目控制项能达标或评分项可以得分，《绿色建筑评价标准》在各个条款的条文说明中均有明确要求。第5.1.6条要求在预评价时应提供相关设计文件；评价时应提供相关竣工图、室内温湿度检测报告。

（三）第5.1.8条

1. 条款原文

5.1.8 主要功能房间应具有现场独立控制的热环境调节装置。

2. 参评指数

第5.1.8条是绿色建筑评价的"控制项"，相当于一般技术性规范标准中的强制性条款，绿色建筑如果要申请参与评价，必须满足全部控制项的要求。

参评指数：★★★★★

3. 评价注意事项

采用个性化热环境调节装置可以满足不同人员对热舒适的差异化需求，从而最大限度地改善个体热舒适性，提高室内人员对室内热环境的满意度。在具体设计工作中，对于采用集中供暖空调系统的建筑和未采用集中供暖空调系统的建筑可分别采取以下方法进行设计。

（1）采用集中供暖空调系统的建筑 对于采用集中供暖空调系统的建筑，应根据房间、区域的功能和所采用的系统形式，合理设置可现场独立调节的热环境调节装置。末端设有独立开启装置，温度、风速可独立调节，或系统具有满足主要功能房间不同热环境需求的调节装置或功能，则认为是可现场独立控制的热环境调节装置。

（2）未采用集中供暖空调系统的建筑 对于未采用集中供暖空调系统的建筑，应合理设计建筑热环境营造方案，具备满足个性化热舒适需求的可独立控制的热环境调节装置或功能。可独立控制的热环境调节装置包括多联机、分体空调、吊扇等个性化舒适装置。

4. 设计阶段初步自评

（1）集中供暖空调系统的建筑

自评价时，可将设置了集中供暖空调系统的功能房间相关设计情况列表统计，复核项目是否达标，示例见表10-5。

表 10-5 主要功能房间供暖、空调末端形式统计表示例

主要功能房间	供暖、空调末端形式	是否可独立调节	备注说明

主要功能房间个数为：_____个；

空调末端可独立调节的房间个数为：_____个；

比例为：_____％。

（2）非集中供暖空调系统的建筑

主要功能房间具备满足个性化热舒适需求的可独立控制的调节装置或功能：□是、□否；

可独立控制的热环境调节装置包括：□多联机、□分体空调 、□吊扇、□其他_____；

主要功能房间个数为：_____个；

空调末端可独立调节的房间个数为：_____个；

比例为：_____％。

5. 自评报告说明举例

简述所采用的供暖、空调系统末端形式和调节方式（200字以内）。举例如下（具体内

容以××替代）。

> 本项目为××建筑，利用市政热水在××层设换热站，通过板式换热器为大楼空调、供暖提供热水，办公室、会议室、休息室、餐厅等空调采暖末端采用四管制风机盘管加新风系统，各房间末端均可以独立调节控制。

6. 证明材料提供

绿色建筑评价工作中，需要按照评价标准逐条准备相关材料，以证明项目控制项能达标或评分项可以得分，《绿色建筑评价标准》在各个条款的条文说明中均有明确要求。第 5.1.8 条要求在预评价时应提供相关设计文件；评价时应提供相关竣工图、产品说明书。

（四）第 5.1.9 条

1. 条款原文

5.1.9　地下车库应设置与排风设备联动的一氧化碳浓度监测装置。

2. 参评指数

第 5.1.9 条是绿色建筑评价的"控制项"，相当于一般技术性规范标准中的强制性条款，绿色建筑如果要申请参与评价，必须满足全部控制项的要求。

参评指数：★★★★★

3. 评价注意事项

不设地下车库的项目，本条直接通过。

地下车库空气流通不畅，容易导致有害气体浓度过大，对人体造成伤害。有地下车库的建筑，车库应设置与排风设备联动的一氧化碳监测装置，超过一定的量值时即报警并启动排风系统，排风系统宜多台并联或选用变频调速风机。监测装置安装高度宜控制在 $1.5 \sim 2\mathrm{m}$ 的范围内，数量应保证每个防火分区至少 1 个，当单个防火分区面积较大时，应保证每 $300 \sim 400\mathrm{m}^2$ 一个。所设定的量值可参考现行国家标准《工作场所有害因素职业接触限值 第 1 部分：化学有害因素》（GBZ 2.1—2019）等相关标准的规定。其中，《工作场所有害因素职业接触限值　第 1 部分：化学有害因素》（GBZ 2.1—2019）对非高原地区工作场所空气中的一氧化碳职业接触限值规定为：时间加权平均容许浓度不高于 $20\mathrm{mg/m}^3$；短时间接触容许浓度不高于 $30\mathrm{mg/m}^3$。

4. 设计阶段初步自评

> （1）项目内是否设有地下车库：□是、□否；
> （2）一氧化碳浓度监控系统
> 地下空间建筑面积：＿＿＿ m^2，地下车库建筑面积：＿＿＿ m^2；
> 地下车库设置一氧化碳浓度监测装置：□是、□否；
> 一氧化碳浓度监测装置与排风设备联动：□是、□否。

5. 自评报告说明举例

简要说明地下车库一氧化碳浓度监控系统功能、装置布点情况以及控制策略（200 字以内）。举例如下（具体内容以××替代）。

> 本项目在地下车库设置一氧化碳浓度监测装置，按每×× m^2 设置一个监测点，结合排烟风机房的控制范围布置。本项目地下车库设置与排风设备联动的一氧化碳浓度监测装置，车库一氧化碳浓度超过×× $\mathrm{mg/m}^3$ 时，联动控制对应的防烟分区分机启动，有效避免一氧化碳中毒情况发生。

6. 证明材料提供

绿色建筑评价工作中，需要按照评价标准逐条准备相关材料，以证明项目控制项能达标或评分项可以得分，《绿色建筑评价标准》在各个条款的条文说明中均有明确要求。第 5.1.9

条要求在预评价时应提供相关设计文件；评价时应提供相关竣工图、运行记录。

（五）第5.2.9条

1. 条款原文

5.2.9 具有良好的室内热湿环境，评价总分值为8分，并按下列规则评分：

1 建筑主要功能房间<u>自然通风或复合通风工况下</u>室内热环境参数在适应性热舒适区域的时间比例，达到30%，得2分；每再增加10%，再得1分，最高得8分。

2 建筑主要功能房间<u>供暖、空调工况下</u>室内热环境参数达到现行国家标准《民用建筑室内热湿环境评价标准》GB/T 50785规定的室内人工冷热源热湿环境整体评价Ⅱ级的面积比例，达到60%，得5分；每再增加10%，再得1分，最高得8分。

3 <u>当建筑主要功能房间部分时段采用自然通风或复合通风，部分时段采用供暖、空调时，按照第1款、第2款分别评分后再按各工况运行时间加权平均计算作为本条得分。</u>

2. 参评指数

第5.2.9条是绿色建筑评价的"评分项"，得分有较多注意事项。

参评指数：★★★

3. 评价注意事项

（1）建筑适应性热舒适设计 建筑中人不是环境的被动接受者，而是能够进行自我调节的适应者，人们会通过改变着装、行为或逐步调整自己的反应以适应复杂的环境变化，从而接受变化范围较大的室内温度。营造动态而非恒定不变的室内环境，有利于维持人体对热环境的应激能力，改善使用者的舒适感与身体健康度。从动态热环境和适应性热舒适角度，对室内热湿环境进行设计优化，强化自然通风、复合通风，合理拓宽室内热湿环境设计参数范围，允许室内人员对外窗、风扇等装置进行自由调节。

本条第1款以建筑物内主要功能房间或区域为对象，以自然通风、复合通风运行时段为评价时间范围，按主要功能房间或区域满足适应性热舒适区间的时间百分比进行评分。建筑主要功能房间室内热环境参数在适应性热舒适区域的时间比例指：建筑在使用时段主要功能房间室内温度达到适应性舒适温度区间的小时数占建筑自然通风运行小时数的比例。适应性热舒适温度区间可根据室外月平均温度进行计算。当室内平均气流速度≤0.3m/s时，舒适温度为图10-1中的阴影区域。

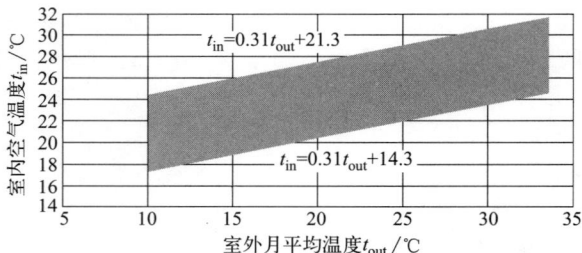

图10-1 自然通风或复合通风建筑室内舒适温度范围

当室内温度高于25℃时，允许采用提高气流速度的方式来补偿室内温度的上升，即室内舒适温度上限可进一步提高，提高幅度如表10-6所示。若项目设有风扇等个性化送风装置，室内气流平均速度采用个性化送风装置设计风速进行计算；若没有个性化送风装置，室内气流平均速度采用0.3m/s以下进行分析计算。

表10-6 室内平均气流速度对应的室内舒适温度上限值提高幅度

室内气流平均速度 V_a/(m/s)	$0.3 < V_a \leq 0.6$	$0.6 < V_a \leq 0.9$	$0.9 < V_a \leq 1.2$
舒适温度上限提高幅度 Δt/℃	1.2	1.8	2.2

例如，当室外月平均温度为20℃，且 $V_a \leq 0.3$m/s 时，室内舒适温度区间为20.5～27.5℃；若提高室内气流平均速度，且 0.3m/s $< V_a \leq 0.6$m/s 时，舒适温度上限可提高

1.2℃，即室内舒适温度区间为 20.5～28.7℃；若进一步提高室内气流平均速度，并且 0.6m/s＜V_a≤0.9m/s 时，舒适温度上限可提高 1.8℃，即室内舒适温度区间为 20.5～29.3℃；若再提高室内气流平均速度 V_a，并且 0.9m/s＜V_a≤1.2m/s 时，舒适温度上限可提高 2.2℃，即室内舒适温度区间为 20.5～29.7℃。

（2）达标要求　人工冷热源热湿环境整体评价指标应包括预计平均热感觉指标（PMV）和预计不满意者的百分数（PPD），PMV-PPD 的计算程序应按国家标准《民用建筑室内热湿环境评价标准》（GB/T 50785—2012）附录 E 的规定执行。对于空调区域，还应确保气流组织合理，避免造成冷吹风感。本条第 2 款以建筑物内主要功能房间或区域为对象，以达标面积比例为评价依据。

（3）各工况加权　考虑大部分建筑运行模式为过渡季采用自然通风或复合通风，冬、夏季采用供暖空调系统，本条第 3 款给出了依据运行模式所占时间比例进行加权平均计算的得分判定方法。

4. 设计阶段初步自评

（1）建筑类型

□采用自然通风的建筑、□采用复合通风的建筑、□采用人工冷热源的建筑。

（2）采用自然通风或复合通风

建筑全年运行时间：＿＿＿＿＿ min；

自评价时，可将各主要功能房间的室内热环境舒适程度列表统计，以便判断项目得分情况，示例见表 10-7。

表 10-7　通风条件下室内热环境舒适性统计表示例

主要功能房间	室内热环境参数在适应性热舒适区域的时间/min	比例/%

（3）采用人工冷热源

自评价时，可将各主要功能房间的室内热环境舒适程度列表统计，以便判断项目得分情况，示例见表 10-8。

表 10-8　采用人工冷热源时室内热环境舒适性统计表示例

主要功能房间	房间面积/m²	室内热环境参数达到整体评价Ⅱ级的面积	比例/%

5. 证明材料提供

绿色建筑评价工作中，需要按照评价标准逐条准备相关材料，以证明项目控制项能达标或评分项可以得分，《绿色建筑评价标准》在各个条款的条文说明中均有明确要求。第 5.2.9 条要求在预评价时应提供相关设计文件、计算分析报告；评价时应提供相关竣工图、计算分析报告。

（六）第 7.1.2 条

1. 条款原文

7.1.2　应采取措施降低部分负荷、部分空间使用下的供暖、空调系统能耗，并应符合下列规定：

1　应区分房间的朝向，细分供暖、空调区域，并应对系统进行分区控制；

2 空调系统的电冷源综合制冷性能系数应符合现行国家标准《公共建筑节能设计标准》GB 50189 的规定。

2. 参评指数

第 7.1.2 条是绿色建筑评价的"控制项",相当于一般技术性规范标准中的强制性条款,绿色建筑如果要申请参与评价,必须满足全部控制项的要求。

参评指数:★★★★★

3. 评价注意事项

(1) 分区要求 对没有供暖需求的建筑,仅考虑空调分区。对于采用分体式以及多联式空调的,可认定为满足空调供冷分区要求。

不同朝向、不同使用时间、不同功能需求(人员设备负荷、室内温湿度要求)的区域应考虑供暖空调的分区,否则既增加了后期运行调控的难度,也带来了能源的浪费。因此,本条要求设计应区分房间的朝向,细分供暖、空调区域,应对系统进行分区控制。

(2) 电冷源综合制冷性能系数(SCOP)需达标 目前,大型公共建筑中,空调系统的能耗占整个建筑能耗的比例约为 40%～60%,所以空调系统的节能是建筑节能的关键,而节能设计是空调系统节能的基础条件。

在现有的建筑节能标准中,只对单一空调设备的能效相关参数限值作了规定,例如规定冷水(热泵)机组制冷性能系数(COP)、单元式机组能效比等,却没有对整个空调冷源系统的能效水平进行规定。实际上,最终决定空调系统耗电量的是包含空调冷热源、输送系统和空调末端设备在内的整个空调系统,整体更优才能达到节能的最终目的。这里提出引入空调系统电冷源综合制冷性能系数(SCOP)这个参数,保证空调冷源部分的节能设计整体更优。在设计中,空调系统的电冷源综合制冷性能系数(SCOP)需满足现行国家标准《公共建筑节能设计标准》(GB 50189—2015)的要求。冷源综合制冷性能系数(SCOP)的计算亦按照现行国家标准《公共建筑节能设计标准》(GB 50189—2015)进行。

4. 设计阶段初步自评

(1) 空调系统分区

根据建筑的功能及房间朝向细分供暖、空调区域:□是、□否;

系统可以实现分区控制:□是、□否;

采用多联机:□是、□否;

采用分体空调:□是、□否。

(2) 冷源机组配置

项目设计有冷却水泵和冷却塔:□是、□否;

空调系统计算冷负荷:_____ kW,设计冷负荷:_____ kW。

(3) 冷源机组设备参数

自评价时,可将项目冷源机组的相关参数列表统计,示例见表 10-9。

表 10-9 冷源机组设备参数统计表示例

设备型号	冷却形式	类型	名义制冷量 CC/kW	综合制冷性能系数 SCOP/(W/W)	
				设计值	标准规定

5. 自评报告说明举例

简要说明建筑功能分区、空调系统分区情况和空调系统分区控制方式(100 字以内)。举例如下。

> 本项目为公共建筑，根据使用功能等因素，合理划分空调分区，办公室、会议室、休息室、餐厅等空调采暖末端采用四管制风机盘管加新风系统；首层大堂、中庭、智能化大空间、报告厅空调采暖末端采用全空气系统，空调机组独立设置；空调供给新风机组（空调机组）、风机盘管水路各自独立分开，以方便运行管理。风机盘管设动态平衡电动两通阀，实现房间恒温控制。新风机组、空调机组设置动态平衡型调节阀，实现水量平衡及精确控制水量。

6. 证明材料提供

绿色建筑评价工作中，需要按照评价标准逐条准备相关材料，以证明项目控制项能达标或评分项可以得分，《绿色建筑评价标准》在各个条款的条文说明中均有明确要求。第 7.1.2 条要求在预评价时要提供相关设计文件（暖通专业施工图纸及设计说明，要求有控制策略、电冷源综合制冷性能系数计算说明）；评价时应提供相关竣工图、冷源机组设备说明。

（七）第 7.1.3 条

1. 条款原文

7.1.3　应根据建筑空间功能设置分区温度，合理降低室内过渡区空间的温度设定标准。

2. 参评指数

第 7.1.3 条是绿色建筑评价的"控制项"，相当于一般技术性规范标准中的强制性条款，绿色建筑如果要申请参与评价，必须满足全部控制项的要求。

参评指数：★★★★★

3. 评价注意事项

（1）分区设置温度　考虑到人们对长期逗留区域和短期逗留区域的舒适性要求不同，不同功能房间对室内热舒适的要求亦不同，因此在设计过程中，如果用空调将供暖空间全覆盖，或者简单地降低夏季空调温度和提升冬季供暖温度，这些做法不利于节能。所以，应区分建筑类型，结合不同的行为特点和功能要求合理分区设定室内温度标准。在保证使用舒适度的前提下，合理设置少用能、不用能空间，减少用能时间，缩小用能空间，通过建筑空间设计达到节能效果。

（2）过渡区空间温度设计　室内过渡空间是指门厅、中庭、高大空间中超出人员活动范围的空间，由于其较少或没有人员停留，可适当降低温度标准，以达到降低供暖、空调用能的目的。"小空间保证、大空间过渡"是指在设计高大空间建筑时，将人员停留区域控制在小空间范围内，大空间部分按照过渡空间设计。

现行国家标准《民用建筑供暖通风与空气调节设计规范》（GB 50736—2012）第 3.0.2 条第 2 款规定："人员短期逗留区域空调供冷工况室内设计参数宜比长期逗留区域提高 1℃～2℃，供热工况宜降低 1℃～2℃。短期逗留区域供冷工况风速不宜大于 0.5m/s，供热工况风速不宜大于 0.3m/s。"

4. 设计阶段初步自评

（1）空调系统分区
根据建筑的功能及房间朝向细分供暖、空调区域：□是、□否；
系统可以实现分区控制：□是、□否；
采用多联机：□是、□否；
采用分体空调：□是、□否。
（2）建筑室内过渡空间
项目建筑的室内过渡空间无需空调供暖系统：□是、□否；
合理降低室内过渡空间的温度设定标准，满足《民用建筑供暖通风与空调设计规范》（GB 50736—2012）的规定：□是、□否；

不同功能空间空调供暖末端独立设置：□是、□否；

自评价时，可将项目中长期逗留区域、过渡空间的空气调节室内参数分别列表统计，判断项目达标情况，示例见表 10-10、表 10-11。

表 10-10 长期逗留区域空气调节室内参数统计表示例

季节	舒适度等级	温度/℃	相对湿度/%	风速/(m/s)
冬季				
夏季				

表 10-11 过渡空间空气调节室内参数统计表示例

季节	舒适度等级	温度/℃	相对湿度/%	风速/(m/s)
冬季				
夏季				

5. 自评报告说明举例

简要说明建筑功能分区、空调系统分区情况和空调系统分区控制方式（100 字以内）。

> 本工程室内过渡空间为门厅、楼梯间、电梯厅，过渡空间内未设置供暖空调系统，根据《绿色建筑评价标准技术细则》相关说明："对于室内过渡空间无须设置供暖空调的项目，本条直接通过。"

6. 证明材料提供

绿色建筑评价工作中，需要按照评价标准逐条准备相关材料，以证明项目控制项能达标或评分项可以得分，《绿色建筑评价标准》在各个条款的条文说明中均有明确要求。第 7.1.3 条要求在预评价时应提供相关设计文件；评价时应提供相关竣工图、计算书。

（八）第 7.2.5 条

1. 条款原文

7.2.5 供暖空调系统的冷、热源机组能效均优于现行强制性工程建设规范《建筑节能与可再生能源利用通用规范》GB 55015 的规定以及国家现行有关标准能效限定值的要求，评价总分值为 10 分，按表 7.2.5 的规则评分。

表 7.2.5 冷、热源机组能效提升幅度评分规则

机组类型		能效指标	参照标准	评分要求	
电机驱动的蒸气压缩循环冷水(热泵)机组	定频水冷	制冷性能系数(COP)	现行强制性工程建设规范《建筑节能与可再生能源利用通用规范》GB 55015	提高 4%	提高 8%
	变频水冷	制冷性能系数(COP)		提高 6%	提高 12%
	活塞式/涡旋式风冷或蒸发冷却	制冷性能系数(COP)		提高 4%	提高 8%
	螺杆式风冷或蒸发冷却	制冷性能系数(COP)		提高 6%	提高 12%
直燃型溴化锂吸收式冷(温)水机组		制冷、供热性能系数(COP)		提高 6%	提高 12%
单元式空气调节机、风管送风式空调(热泵)机组	风冷单冷型	制冷季节能效比(SEER)		提高 8%	提高 16%
	风冷热泵型	全年性能系数(APF)			
	水冷	制冷综合部分负荷性能系数(IPLV)			
多联式空调(热泵)机组	水冷	制冷综合部分负荷性能系数(IPLV)		提高 8%	提高 16%
	风冷	全年性能系数(APF)			
锅炉		热效率		提高 1 个百分点	提高 2 个百分点

续表

机组类型	能效指标	参照标准	评分要求	
房间空气调节器	制冷季节能源消耗效率（SEER）或全年能源消耗效率（APF）	现行国家标准《房间空气调节器能效限定值及能效等级》GB 21455	2级能效等级限值	1级能效等级限值
燃气供暖热水炉	热效率	现行国家标准《家用燃气快速热水器和燃气采暖热水炉能效限定值及能效等级》GB 20665		
蒸汽型溴化锂吸收式冷水机组	制冷、供热性能系数（COP）	现行国家标准《溴化锂吸收式冷水机组能效限定值及能效等级》GB 29540		
得分			5分	10分

2. 参评指数

第7.2.5条是绿色建筑评价的"评分项"，有较多注意事项，但对于绿色建筑节能、环保性能的实现具有重要意义。

参评指数：★★★

3. 评价注意事项

（1）特殊情况　对于城市市政热源，不对其热源机组能效进行评价。住宅用户自主购买的空调设备，本条不得分。

（2）评价要求　对于同时存在供暖、空调的项目，冷热源能效提升应同时满足表7.2.5的要求才能得分。区域能源中心涉及评分表格中的设备类型，需要参与评价。

强制性工程建设规范《建筑节能与可再生能源利用通用规范》（GB 55015—2021）对锅炉额定热效率、户式燃气供暖热水炉热效率、电机驱动的蒸汽压缩循环冷水（热泵）机组的制冷性能系数（COP）、水冷多联式空调（热泵）机组的制冷综合部分负荷性能系数（IPLV）、风冷多联式空调（热泵）机组的全年性能系数（APF）、单元式空气调节机、风管送风式的制冷季节能效比（SEER）和全年性能系数（APF）、直燃型溴化锂吸收式冷（温）水机组的性能参数、房间空气调节器的制冷季节能源消耗效率（SEER）及全年能源消耗效率（APF）提出了基本要求。本条在此基础上，以提高百分比（锅炉热效率以百分点）的形式，对包括上述机组在内的供暖空调冷热源机组能源效率提出了更高要求。对于该规范中未予规定的情况，例如蒸汽型溴化锂吸收式冷（温）水机组等其他设备作为供暖空调冷热源以及在产品设计选型时一般以产品标准中的等级为依据的情况，例如房间空气调节器，则应以现行国家标准《热泵和冷水机组能效限定值及能效等级》（GB 19577—2024）、《房间空气调节器能效限定值及能效等级》（GB 21455—2019）等中规定的能效等级2级作为本条得分的依据，若在此之上再提高一级，可以得到更高的分值。

（3）相关等级规定　国家标准《热泵和冷水机组能效限定值及能效等级》（GB 19577—2024）将溴化锂吸收式冷水机组能效等级分为3级，其中1级能效等级最高；国家标准《房间空气调节器能效限定值及能效等级》（GB 21455—2019）按照房间空气调节器类型并依据全年能源消耗效率（APF）和制冷季节能源消耗效率（SEER），将房间空气调节器能效等级分为5级，其中1级能效等级最高。

4. 设计阶段初步自评

（1）供暖空调系统的冷、热源机组能效

冷源形式：_____；热源形式：_____。

（2）冷热源机组性能参数

自评价时，可将冷热源机组的性能参数列表统计，判断项目得分情况，示例见表 10-12～表 10-18。

表 10-12 电机驱动的蒸气压缩循环冷水（热泵）机组性能参数统计表示例

类型		设备型号	名义制冷量 CC/kW	性能系数 COP/（W/W）		提高幅度/%
				设计值	标准规定	
水冷	活塞式/涡旋式					
	螺杆式					
	离心式					
风冷或蒸发冷却	活塞式/涡旋式					
	螺杆式					

表 10-13 溴化锂吸收式冷（温）水机组性能参数统计表示例

类型	设备型号	工况类别	性能系数/（W/W）		提高幅度/%
			设计值	标准要求	
直燃型		制冷工况			
		供热工况			
		制冷工况			
		供热工况			

类型	设备型号	蒸汽压力/MPa	单位制冷量蒸汽耗量/[kg/（h·kW）]		降低幅度/%
			设计值	标准要求	
蒸汽单效型					
蒸汽双效型					

表 10-14 单元式空气调节机、风管送风式和屋顶式空调机组性能参数统计表示例

类型		设备型号	名义制冷量 CC/kW	能效比 EER（W/W）		提高幅度/%
				设计值	标准规定	
风冷	不接风管					
	接风管					
水冷	不接风管					
	接风管					

表 10-15 多联式空调（热泵）机组参数统计表示例

设备型号	名义制冷量 CC/kW	制冷综合性能系数 IPLV（C）		提高幅度/%
		设计值	标准规定	

表 10-16　锅炉参数统计表示例

类型		设备型号	[额定蒸发量 D/(t/h)]/ [额定热功率 Q/MW]	热效率/%		提高幅度/%
				设计值	标准要求	
燃油燃气锅炉	重油					
	轻油					
	燃气					
层状燃烧锅炉						
抛煤机链条炉排锅炉						
流化床燃烧锅炉						

表 10-17　房间空气调节器参数统计表示例

类型		设备型号	额定制冷量 CC/kW	能效等级	
				设计值	节能评价值
分散式	整体式				
分散式	整体式				
转速可控型	分体式				

表 10-18　燃气供暖热水炉参数统计表示例

设备型号	额定热负荷/kW	能效等级	
		设计值	节能评价值

5. 自评报告说明举例

简要说明系统冷热源形式。（100 字以内，具体内容以××代替）。

> 　本项目选用多联式空调（热泵）机组+分散式房间空气调节器进行供冷，名义制冷量 CC××kW，多联式空调（热泵）机组制冷综合性能系数 IPLV（C）为××，共计××台，分散式房间空气调节器额定制冷量为××W，能效比 EER 为××，能效等级为××级，共计××台，满足本工程制冷需求。

6. 证明材料提供

绿色建筑评价工作中，需要按照评价标准逐条准备相关材料，以证明项目控制项能达标或评分项可以得分，《绿色建筑评价标准》在各个条款的条文说明中均有明确要求。第 7.2.5 条要求在预评价时应提供相关设计文件；评价时应提供相关竣工图、主要产品型式检验报告。

（九）第 7.2.6 条

1. 条款原文

7.2.6　采取有效措施降低供暖空调系统的末端系统及输配系统的能耗，评价总分值为

5分，并按以下规则分别评分并累计：

1　通风空调系统风机的单位风量耗功率比现行国家标准《公共建筑节能设计标准》GB 50189的规定低20%，得2分；

2　集中供暖系统热水循环泵的耗电输热比、空调冷热水系统循环水泵的耗电输冷（热）比比现行国家标准《民用建筑供暖通风与空气调节设计规范》GB 50736规定值低20%，得3分。

2. 参评指数

第7.2.6条是绿色建筑评价的"评分项"。本条第1款，对于采用分体空调和多联机空调（热泵）机组的，本款可直接得分。第2款，对于非集中采暖空调系统的项目，如分体空调、多联机空调（热泵）机组、单元式空气调节机等，本款可直接得分。

参评指数：★★★★

3. 评价注意事项

本条主要评价参评项目是否采取了大温差空调制冷系统，或者更高效率的风机、水泵，评价其对输配系统能耗的影响。

（1）本条第1款　应按照国家标准《公共建筑节能设计标准》（GB 50189—2015）中的第4.3.22条对风机单位耗功率的要求进行评价。本款的评价范围仅限于风量大于10000m³/h的空调风系统和通风系统。对于设置新风机的项目，新风机需参与评价。

（2）本条第2款　应按照国家标准《民用建筑供暖通风与空气调节设计规范》（GB 50736—2012）中的第8.5.12条和第8.11.13条对集中供暖系统热水循环泵的耗电输热比、空调冷热水系统循环水泵的耗电输冷（热）比的要求进行评价。

本条对以上参数提出更优化要求，通过末端系统及输配系统的优化设计，降低末端和输配能耗。

4. 设计阶段初步自评

（1）输配系统效率

项目设集中供暖系统：□是、□否；

自评价时，可将项目中涉及的各类集中供暖空调系统的相关参数列表统计，复核项目得分情况，示例见表10-19～表10-22。

表 10-19　供暖系统循环水泵性能参数统计表示例

设备编号	设备类型	设计流量/(m³/h)	设计扬程/m	设计工作点效率

表 10-20　集中供暖系统耗电输热比统计表示例

设计热负荷/kW	设计供回水温差/℃	A	B	供回水管道总长度/m	α	集中供暖系统耗电输热比	
						设计值	限值

注：A为与水泵流量有关的计算系数；B为与机房及用户的水阻力有关的计算系数；α为与供回水管道总长度有关的计算系数。

表 10-21　空调冷热水系统循环水泵性能参数统计表示例

设备编号	设备类型	设计流量/(m³/h)	设计扬程/m	设计工作点效率

表 10-22　空调冷热水系统循环水泵的耗电输冷（热）比统计表示例

设计冷/热负荷/kW	设计供回水温差/℃	A	B	供回水管道总长度/m	α	空调冷热水系统循环水泵的耗电输冷（热）比		
						设计值	限值	降低幅度

注：A 为与水泵流量有关的计算系数；B 为与机房及用户的水阻力有关的计算系数；α 为与供回水管道总长度有关的计算系数。

（2）单位风量耗功率

项目是否有风量大于 10000m³/h 的通风空调系统：□是、□否。

设计时，可将通风空调系统相关参数列表统计，示例见表 10-23。

表 10-23　通风空调系统风机单位风量耗功率统计表示例

设备编号	设备类型	系统形式	空调机组的余压或通风系统风机的风压/Pa	电机及传动效率	风机效率	风机的单位风量耗功率/[W/(m³·h)]	
						设计值	限值

风机单位风量耗功率降低比例：_____％。

5. 证明材料提供

绿色建筑评价工作中，需要按照评价标准逐条准备相关材料，以证明项目控制项能达标或评分项可以得分，《绿色建筑评价标准》在各个条款的条文说明中均有明确要求。第 7.2.6 条要求在预评价时要提供相关设计文件；评价时应提供相关竣工图、主要产品型式检验报告。

（十）第 9.2.1 条

1. 条款原文

9.2.1　采取措施进一步降低建筑供暖空调系统的能耗，评价总分值为 30 分。建筑供暖空调系统能耗比现行强制性工程建设规范《建筑节能与可再生能源利用通用规范》GB 55015 的规定降低 20％，得 10 分；每再降低 10％，再得 5 分，最高得 30 分。

2. 参评指数

第 9.2.1 条是绿色建筑评价的"加分项"，在评价标准第 7.2.4 条和第 7.2.8 条的基础上，通过进一步提升建筑围护结构热工性能、提高供暖空调设备系统能效，以最少的供暖空调能源消耗提供舒适的室内环境，可与本标准第 7.2.4 条、第 7.2.8 条同时得分。

参评指数：★★

3. 评价注意事项

本条款鼓励项目充分利用所在地的气候、资源特点。与本标准第 7.2.8 条类似，实际建筑供暖空调系统的能耗应与现行强制性工程建设规范《建筑节能与可再生能源利用通用规范》（GB 55015—2021）的规定进行比较。对于住宅建筑，可对比强制性工程建设规范《建筑节能与可再生能源利用通用规范》（GB 55015—2021）附录 A.0.1 的供暖供冷平均能耗指标；对于类型功能复杂、系统形式差别较大的公共建筑，则既可对比按强制性工程建设规范《建筑节能与可再生能源利用通用规范》（GB 55015—2021）附录 C 规定的标准工况下计算的参照建筑供暖供冷能耗，也可对比按现行行业标准《民用建筑绿色性能计算标准》（JGJ/T 449—2018）计算的参照建筑供暖空调能耗。

4. 设计阶段初步自评

（1）以建筑类型划分对比基准

① 住宅建筑

对比强制性工程建设规范《建筑节能与可再生能源利用通用规范》（GB 55015—2021）附录 A.0.1 的供暖供冷平均能耗指标：□是、□否；

② 公共建筑

类型功能复杂、系统形式差别较大的公共建筑：

□对比按强制性工程建设规范《建筑节能与可再生能源利用通用规范》（GB 55015—2021）附录 C 规定的标准工况下计算的参照建筑供暖供冷能耗；

□对比按现行行业标准《民用建筑绿色性能计算标准》（JGJ/T 449—2018）计算的参照建筑供暖空调能耗。

（2）降低供暖空调系统能耗

自评价时，可将供暖空调系统能耗模拟结果列表统计，示例见表 10-24。

表 10-24　供暖空调能耗模拟结果统计表示例

能耗类别	单位	设计建筑	参照建筑	降低幅度/%
供暖能耗	$kW \cdot h/(m^2 \cdot a)$			
供冷能耗	$kW \cdot h/(m^2 \cdot a)$			
暖通系统水泵能耗	$kW \cdot h/(m^2 \cdot a)$			
暖通系统风机能耗	$kW \cdot h/(m^2 \cdot a)$			
冷却塔能耗	$kW \cdot h/(m^2 \cdot a)$			
暖通系统总能耗	$kW \cdot h/(m^2 \cdot a)$			

5. 自评报告说明举例

简要说明所采取的其他进一步降低建筑供暖空调系统能耗的措施（300 字以内）。

为降低建筑供暖空调系统的能耗，实现降本增效，本工程主要采取以下措施。

在设计阶段：优化空调系统设计，采用全热回收新风排气系统，利用排出的风中的热量，用于新风预热预冷、除湿，从而省去独立新风机的能耗。选用高效节能的空调设备，采用一级能效的冷水机组和高效水泵，采用变风量和变流量系统。

在运行阶段：合理设置室内温度，改进空调系统运行模式，采用智能控制系统，根据室内外温度自动调节空调工作状态，避免不必要的能耗浪费。定期对空调系统进行维护和清洁，定期清洗冷凝器和水泵，减少热阻和能耗。

6. 证明材料提供

绿色建筑评价工作中，需要按照评价标准逐条准备相关材料，以证明项目控制项能达标或评分项可以得分，《绿色建筑评价标准》在各个条款的条文说明中均有明确要求。第 9.2.1 条要求在预评价时要提供相关设计文件（围护结构施工详图、暖通空调等专业施工图及相关设计说明）、节能计算书、建筑暖通空调系统能耗节能率分析报告；评价时应提供相关竣工图（围护结构施工详图、暖通空调等专业施工图及相关设计说明）、节能计算书、建筑暖通空调系统能耗节能率分析报告。

第三节　电　气　专　业

绿色电气是绿色建筑中重要的组成部分，构建简单、安全、适用的配电网络，因地制宜充分利用清洁能源，合理利用建筑空间，注重机电设备自身能效并有效提升运行能效，最大限度地节约能源、降低能耗、保护环境和减少对环境的污染，营造健康、舒适的照明环境，是电气专业需要重点考虑的因素。

电气专业采取恰当的适宜本地的方法，呈现一个安全可靠、舒适便捷、持续发展的用电环境，可使我们生存的环境得以不断地延续和健康发展。

一、照明系统节能

（一）概念简介

照明系统节能不仅具有显著的节能减排效果，还能带来经济、社会和环境的多重效益。节能照明设备，如 LED 灯，比传统照明设备更加高效，能够显著减少电能消耗。通过采用节能技术，可以有效减少能源浪费，降低电力需求，从而缓解能源紧张的问题。节能照明设备的使用降低了电力需求，间接减少了发电过程中产生的二氧化碳排放，有助于减缓气候变化，保护环境。高效的照明设备可以显著降低家庭和企业的电费支出，带来经济上的直接效益。

推广节能环保照明，不仅可以节能，提供更好的光照质量和更长的使用寿命，提升工作和生活环境的舒适度，还可以推动相关技术的发展和创新，带动产业升级。长期来看，节能环保照明设备低运营成本和长寿命的优势可以为企业和社会带来可观的经济效益。

（二）具体措施

照明系统节能工作主要通过采用一系列技术和策略来实现，这些策略包括但不限于使用高效电光源和灯具、合理设计照明方案、控制照明时间，以及充分利用自然光等。此外，智能调光技术、集中控制智慧启闭，以及推广使用可再生能源如太阳能和风能也是实现照明系统节能的重要手段。通过这些节能措施可以有效降低照明系统的能耗，同时提升照明质量和效率，为可持续发展作出贡献。

（1）使用高效电光源和灯具　选择高效电光源和灯具是降低照明能耗的关键。高效电光源如 LED 灯具有节能、环保、寿命长等优点，能有效降低能源消耗。

（2）合理设计照明方案　根据不同场所的需求，合理设计照明方案，避免过度照明，确保光线分布均匀，减少能源浪费。

（3）控制照明时间　通过智能控制系统，根据自然光照条件适时调整照明开启和关闭时间，避免不必要的长时间照明。

（4）充分利用自然光　在设计和建造过程中，应充分利用自然光，如在白天利用窗户等自然采光设施，减少人工照明的需求。

（5）智能调光节能降耗　采用城市照明管理平台和单灯控制系统，根据时间和光照条件智能调节路灯功率，进一步降低能耗。

（6）集中控制智慧启闭　通过集中控制，实现一个闸刀管控多盏灯，减少人为错误操作，提高管理效率。

（7）推广使用可再生能源　鼓励在城市照明设施建设和改造中使用太阳能、风能等可再生能源，减少对传统能源的依赖。

（8）构建数字化智能照明系统　利用物联网、大数据等技术手段，实现照明系统的智能化管理和控制，提高能源利用效率。

二、电气设备节能

（一）概念简介

我国是一个资源相对短缺的国家，建筑电气能耗占据了我国能源消耗的重要比例。实施建筑电气节能对于保障国家能源安全、改善环境质量具有重要意义。随着人们生活水平的提高，建筑能耗呈逐年上升趋势，实施建筑电气节能可以大幅度降低建筑工程中的能源消耗，降低运行成本，同时满足人们对舒适、安全、环保的生活环境的需求，提高建筑的使用价值和生活品质。

建筑电气设备节能能够降低能源消耗和减少环境污染，是节能减排的重要组成部分。通过合理选用和配置电气设备、电气系统以及科学先进的电气自动化控制系统等措施，能够实现能源消耗的节约与降低。通过综合利用各种节能技术措施，制定科学合理的政策体系，可以更好地指导和规范建筑节能，推动建筑节能的健康发展。

（二）具体措施

电气设备节能措施主要包括提高电气设备的能效、采用智能控制系统、发展可再生能源、优化电力系统设计、建设节能型电力网络、推行电能管理措施、培养节能意识等方面。通过这些节能措施，可以有效降低能源消耗，提高能源利用效率，同时减少对环境的负面影响，实现电气设备的节能目标。

（1）提高电气设备的能效　选择高效能的电气设备，如高效能照明设备、变频器、节能电机等，以减少电能损耗。

（2）采用智能控制系统　利用智能控制系统实现对电气设备的精细化管理，通过自动控制和调节，达到最佳的能效和节能效果。

（3）发展可再生能源　积极推广利用可再生能源发电，如太阳能、风能、水能等，降低对传统电力的依赖。

（4）优化电力系统设计　通过合理规划电力系统的布局和结构，减少电能传输的损耗。

（5）建设节能型电力网络　采用先进的电力传输和分配技术，降低能量损耗和电力负荷的浪费。

（6）推行电能管理措施　建立电能监测系统，监控并分析电能消耗情况，提供数据支持和决策依据，以实施有效的节能措施。

（7）培养节能意识　加强对节能意识的宣传和培训，提高工作人员和公众的节能意识，形成全社会共同参与绿色节能行动的良好氛围。

三、 2024 年版评价标准相关条款

（一）第 5.1.5 条

1. 条款原文

5.1.5　建筑照明应符合下列规定：

1　各场所的照度、照度均匀度、显色指数、统一眩光值应符合现行国家标准《建筑照明设计标准》GB/T 50034 的规定；

2　人员长期停留的房间或场所采用的照明光源和灯具，其频闪效应可视度（SVM）不应大于1.3。

2. 参评指数

第 5.1.5 条是绿色建筑评价的"控制项"，相当于一般技术性规范标准中的强制性条款，绿色建筑如果要申请参与评价，必须满足全部控制项的要求。

参评指数：★★★★★

3. 评价注意事项

对比 2019 版规范，2024 版规范更新规范版本为现行《建筑照明设计标准》（GB/T 50034—2024），且对各场所的照度、照度均匀度、显色指数、统一眩光值作出了要求。条款中取消了"人员长期停留的场所应采用符合现行国家标准《灯和灯系统的光生物安全性》

（GB/T 20145—2016）规定的无危险类照明产品"的要求，相关要求在《建筑照明设计标准》（GB/T 50034—2024）第 3.3.4 条及《建筑环境通用规范》（GB 55016—2021）第 3.3.6 条给出了具体要求。

（1）室内照明质量控制　室内照明质量是影响室内环境质量的重要因素之一，良好的照明不但有利于提升人们的工作和学习效率，更有利于人们的身心健康，减少各种职业病。良好、舒适的照明要求在参考平面上具有适当的照度水平和分布，避免眩光，显色效果良好。

（2）频闪控制　频闪效应是除短时可见闪烁外的另一类非可见频闪，频率范围在 80Hz 以上，可能引起人身体不适及头痛，对人体健康有潜在的不良影响。对于儿童及青少年，其视力尚未发育成熟，需要更严格地控制频闪。

（3）特殊情况　对于未装修的区域，本条不参评。

4. 设计阶段初步自评

（1）照明数量与质量

自评价时，可将项目各功能房间或场所的照度、统一眩光值、照度均匀度、一般显色指数的参数列表统计，复核项目达标情况，示例见表 10-25。

表 10-25　照明质量统计表示例

房间或场所	照度/lx		统一眩光值 UGR		照度均匀度 U_0		一般显色指数 R_a	
	设计值/检测值	标准值	设计值/检测值	标准值	设计值/检测值	标准值	设计值/检测值	标准值

（2）照明参数达标情况

照明数量和质量符合现行国家标准《建筑照明设计标准》（GB/T 50034—2024）的规定：□是、□否。

（3）频闪效应

人员长期停留的房间或场所采用的照明光源和灯具，其频闪效应可视度（SVM）是否大于 1.3：□是、□否。

5. 自评报告说明举例

简要说明照明系统的主要灯具型号和参数（200 字以内）。举例如下（具体内容以××替代）。

> 人员长期停留的房间采用的灯具为××牌××型号产品，其频闪效应可视度（SVM）不大于 1.3。LED 灯照明闪频满足现行国家标准《LED 室内照明应用技术要求》 GB/T31831 的规定。

6. 证明材料提供

绿色建筑评价工作中，需要按照评价标准逐条准备相关材料，以证明项目控制项能达标或评分项可以得分，《绿色建筑评价标准》在各个条款的条文说明中均有明确要求。第 5.1.5 条要求在预评价时应提供相关设计文件、计算书；评价时应提供相关竣工图、计算书、现场检测报告、产品说明书及产品检验报告。

（二）第 6.1.5 条

1. 条款原文

6.1.5　建筑设备管理系统应具有自动监控管理功能。

2. 参评指数

第 6.1.5 条是绿色建筑评价的"控制项"，相当于一般技术性规范标准中的强制性条款，绿色建筑如果要申请参与评价，必须满足全部控制项的要求。

参评指数：★★★★★

3. 评价注意事项

（1）按需设置 通过完善和落实建筑设备管理系统的自动监控管理功能，能够确保建筑物高效运营管理。不同规模、不同功能的建筑项目是否需要设置建筑设备自动监控系统以及需设置的系统规模应根据实际情况合理确定，规范设置。

现行强制性工程建设规范《建筑节能与可再生能源利用通用规范》（GB 55015—2021）要求建筑面积不小于 $20000m^2$ 且采用集中空调的公共建筑，应设置建筑设备监控系统。

当公共建筑的面积不大于 $20000m^2$ 或住宅建筑面积不大于 $100000m^2$ 且未采用集中空调、建筑设备形式较为简单（例如全部采用分散式的房间空调器或自带监控系统的多联机、未设置公共区域和夜景照明、未单设水泵）时，对于其公共设施的监控可以不设建筑设备自动监控系统，但应设置简易的节能控制措施，如对风机水泵的变频控制、不联网的就地控制器、简单的单回路反馈控制等，且也都能取得良好效果的，本条要求也可通过。

（2）设置要求 为确保建筑高效运营管理，建筑设备管理系统的自动监控管理功能应能实现对主要设备的有效监控。现行行业标准《建筑设备监控系统工程技术规范》（JGJ/T 334—2014）中指出不同建筑设备的监控功能要求不尽相同，需要根据被监控设备种类和实际项目需求进行确定，并给出不同建筑设备常见的监控功能要求，可用于指导相关系统设计落实。

现行强制性工程建设规范《建筑电气与智能化通用规范》（GB 55024—2022）对建筑设备管理系统提出如下设计规定：

① 应支持开放式系统技术；

② 应具备系统自诊断和故障部件自动隔离、自动唤醒、故障报警及自动监控功能；

③ 应具备参数超限报警和执行保护动作的功能，并反馈其动作信号；

④ 建筑设备管理系统与其他建筑智能化系统关联时，应配置与其他建筑智能化系统的通信接口。

（3）特殊情况 未设置建筑设备管理系统的建筑，在提交合理充分的论述和证明材料后，本条可直接通过。

4. 设计阶段初步自评

（1）按需设置

建筑性质：□公共建筑、□住宅建筑；

建筑面积：_____ m^2；

项目未采用集中空调、建筑设备形式较为简单的情形：□全部采用分散式的房间空调器、□自带监控系统的多联机、□未设置公共区域和夜景照明、□未单设水泵、□其他_____；

公共设施的监控设置简易节能控制措施的情形：□对风机水泵的变频控制、□不联网的就地控制器、□简单的单回路反馈控制、□其他_____。

（2）设置情况

建筑是否设置了建筑设备管理系统：□是、□否；

所设置的建筑设备管理系统是否具有自动监控管理功能：□是、□否；

（3）是否达标

建筑设备管理系统设计符合《建筑电气与智能化通用规范》（GB 55024—2022）的相关要求：□是、□否。

5. 自评报告说明举例

简要说明建筑设备管理系统的自动监控管理功能情况（300 字以内）。举例如下（具体内容以××替代）。

> 本项目为××建筑，设置 EBA 系统负责建筑机电设施运营监控，监控生活水泵状态、水箱水位监测及告警、监控配电房进线柜控制柜状态。

6. 证明材料提供

绿色建筑评价工作中，需要按照评价标准逐条准备相关材料，以证明项目控制项能达标或评分项可以得分，《绿色建筑评价标准》在各个条款的条文说明中均有明确要求。第6.1.5条在预评价时应提供相关设计文件（智能化设计图纸、装修图纸）；评价时应提供相关竣工图。

（三）第6.1.6条

1. 条款原文

6.1.6　建筑应设置信息网络系统。

2. 参评指数

第6.1.6条是绿色建筑评价的"控制项"，相当于一般技术性规范标准中的强制性条款，绿色建筑如果要申请参与评价，必须满足全部控制项的要求。

参评指数：★★★★★

3. 评价注意事项

（1）设置必要性　在信息时代，作为数据应用支撑的信息网络系统，已是现代建筑必要的基础设施。信息网络系统能够为建筑使用者提供高效便捷的服务。现行强制性工程建设规范《建筑电气与智能化通用规范》（GB 55024—2022）要求建筑物应设置信息网络系统，信息网络系统应满足建筑使用功能、业务需求及信息传输的要求，并应配置信息安全保障设备及网络安全管理系统。

（2）设置依据及内容　为保证建筑的安全、高效运营，应根据国家现行标准《智能建筑设计标准》（GB/T 50314—2015）和《居住区智能化系统配置与技术要求》（CJ/T 174—2003），设置合理、完善的信息网络系统。建筑内的信息网络系统一般分为业务信息网和智能化设施信息网，由物理线缆层、网络交换层、安全管理系统、运行维护管理系统等组成，支持建筑内语音、数据、图像等多种类信息的传输。

（3）信息安全　现代建筑的业务运行、运营及管理等与信息系统的安全密切相关，如果信息系统受到破坏，将会带来巨大的损失。系统和信息的安全是系统正常运行的前提。对于政府、金融机构等建筑，政务办公、金融业务运行更加依赖于信息化系统。因此，加强网络安全建设关系到政府办公的信息安全、国家金融秩序等，因此应高度重视及严格管理。建筑内信息网络系统与建筑物外其他信息网络互联时，必须采取信息安全防范措施，确保信息网络系统安全、稳定和可靠。

4. 设计阶段初步自评

（1）信息网络系统设置情况

项目依据《智能建筑设计标准》（GB 50314—2015）设置合理、完善的业务及智能化设施信息网络系统：□是、□否。

（2）设置物业管理信息系统

项目是否设置物业管理信息系统：□是、□否。

（3）物业管理信息系统功能完备

项目物业管理信息系统功能是否完备：□是、□否；

该系统是否实现以下功能：□重要资源共享、□系统功能与实际需求相符或贴近、□系统运行正常、□其他功能。

（4）记录数据完整

物业信息化系统档案资料是否完备：□是、□否；

物业信息化系统档案资料是否包括以下资料：□设计图纸、□设备、设施、配件等的型号规格、生产厂家、□其他相关资料；

信息化系统数据是否包括以下数据（至少一年）：□用水量、□用电量、□用气量、□用冷热量、□设备部品更换、□其他相关数据。

5. 证明材料提供

绿色建筑评价工作中，需要按照评价标准逐条准备相关材料，以证明项目控制项能达标或评分项可以得分，《绿色建筑评价标准》在各个条款的条文说明中均有明确要求。第6.1.6条要求在预评价时应提供相关设计文件（智能化、装修专业）；评价时应提供相关竣工图。

（四）第 6.2.6 条

1. 条款原文

6.2.6 设置分类、分级用能自动远传计量系统，且设置能源管理系统实现对建筑能耗的监测、数据分析和管理，评价分值为 8 分。

2. 参评指数

第 6.2.6 条是绿色建筑评价的"评分项"。"设置分类、分级用能自动远传计量系统"的难度较低，"设置能源管理系统实现对建筑能耗的监测、数据分析和管理"属于智慧化管理的范畴，可为绿色建筑后续指标上报提供极大便利。

参评指数：★★★

3. 评价注意事项

（1）合理设置 为保障且体现绿色建筑达到预期的运营效果，建筑至少应对最基本的能源资源消耗量设置管理系统。但不同规模、不同功能的建筑项目需设置的系统大小及是否需要设置应根据实际情况合理确定。

（2）设置内容 本条要求设置电、气、热的能耗计量系统和能源管理系统。计量系统是实现运行节能、优化系统设置的基础条件，能源管理系统使建筑能耗可知、可见、可控，从而达到优化运行、降低消耗的目的。

① 对于公共建筑。冷热源、输配系统和电气等各部分能源应进行独立分项计量，并能实现远传，其中冷热源、输配系统的主要设备包括冷热水机组、冷热水泵、新风机组、空气处理机组、冷却塔等。电气系统包括照明、插座、动力等。对于计量数据采集频率未作强制性要求，可根据具体工作需要灵活设置（可 10～60min 采集一次）。

② 对于住宅建筑及宿舍建筑。由于各用户之间具有较强的相对独立性与私密性，对每户能耗情况进行细化监测和管理较为困难，而公共区域则主要由运营管理单位进行运行维护和管理，故主要针对公共区域提出要求（如公共动力设备用电、室内公共区域照明用电、室外景观照明用电等）。

（3）计量器具 计量器具应满足现行国家标准《用能单位能源计量器具配备和管理通则》（GB 17167—2006）中的要求。本条要求在计量基础上，通过能源管理系统实现数据传输、存储、分析功能，系统可存储数据期限均应不少于一年。

4. 设计阶段初步自评

（1）公共建筑

进行独立分项计量，并能实现远传的冷热源、输配系统：□冷/热水机组、□冷热水泵、□新风机组、□空气处理机组、□冷却塔、□其他_____；

进行独立分项计量，并能实现远传的电气系统：□照明插座、□动力、□其他_____；

计量数据采集频率为（一般可 10～60min 采集一次）：_____ min。

（2）住宅建筑及宿舍建筑

公共区域进行分项计量与管理的系统：□公共动力设备用电、□室内公共区域照明用电、□室外景观照明用电、□其他_____。

（3）计量器具

计量器具满足现行国家标准《用能单位能源计量器具配备和管理通则》（GB 17167—2006）要求：□是、□否。

（4）能源管理系统

在计量基础上，通过能源管理系统实现数据传输、存储、分析功能，系统可存储数据期限均不少于一年：□是、□否。

5. 自评报告说明举例

简要说明分类、分级用能自动远传计量系统及能源管理系统的设置情况（200 字以内）。举例如下（具体内容以××替代）。

本工程主要能源消耗为用电，对其配电室和楼层配电箱用电进行计量管理。整个能耗在线监测系统由一个节能监管中心、多个现场采集计量系统组成，计量系统之间通过局域网进行通信。设置能源管理中心，将各用能节点安装的能源计量数据通过局域网传至数据中心，软件可依据不同权限访问中心服务器，实时查看能耗情况。系统管理平台软件采用××架构，可以实现完整的管理、操作功能。对客户端的用户，在通过多种授权验证后，同样提供查询、数据分析结果展示、管理、监控等功能。

6. 证明材料提供

绿色建筑评价工作中，需要按照评价标准逐条准备相关材料，以证明项目控制项能达标或评分项可以得分，《绿色建筑评价标准》在各个条款的条文说明中均有明确要求。第 6.2.6 条要求在预评价时应提供相关设计文件（能源系统设计图纸、能源管理系统配置等）；评价时应提供相关竣工图、产品型式检验报告，投入使用的项目尚应查阅管理制度、历史监测数据、运行记录。

（五）第 6.2.7 条

1. 条款原文

6.2.7　设置 PM_{10}、$PM_{2.5}$、CO_2 浓度的空气质量监测系统，且具有存储至少一年的监测数据和实时显示等功能，评价分值为 5 分。

2. 参评指数

第 6.2.7 条是绿色建筑评价的"评分项"，相关系统增加造价，但总分值较低，可结合项目情况综合权衡。

参评指数：★★

3. 评价注意事项

（1）智能化监测　为保持理想的室内空气质量指标，需不断收集建筑室内空气质量测试数据。空气污染物传感装置和智能化技术的完善和普及，使对建筑内空气污染物的实时采集监测成为可能。当所监测的空气质量偏离理想阈值时，系统应做出警示，建筑管理方或使用方应对可能影响这些指标的系统做出及时的调试或调整。若将监测发布系统与建筑内空气质量调控设备组成自动控制系统，可实现室内环境的智能化调控，在维持建筑室内环境健康、舒适的同时减少不必要的能源消耗。

（2）设置要求　为加强建筑的可感知性，不同功能的建筑空气质量监控系统的设置要求并不相同。

① 住宅建筑和宿舍。要求该类建筑每户均应设置空气质量监控系统。

② 公共建筑。要求此类建筑主要功能房间（除走廊、核心筒、卫生间、电梯间等非功能空间外，承载实现相应类型建筑主要使用功能的房间）均应设置空气质量监控系统。

（3）监测要求　对于安装监测系统的建筑，系统至少对 PM_{10}、$PM_{2.5}$、CO_2 分别进行定时连续测量、显示和记录，在建筑开放使用时间段内，监测系统对污染物浓度的读数时间间隔不得长于 10min。其中 CO_2 监测要求主要针对公共建筑中间歇性人员密集的主要功能房间，如大会议室、大办公室、商场、展馆、影院等。

4. 设计阶段初步自评

（1）监测要求

住宅建筑和宿舍建筑每户均设置空气质量监控系统：□是、□否；

公共建筑主要功能房间设置空气质量监控系统：□是、□否。

（2）监测结果传输与读取

监控系统对 PM_{10}、$PM_{2.5}$、CO_2 浓度分别进行定时连续测量、显示、记录和数据传输，建筑开放使用时间段内，对污染物浓度的读数时间间隔不长于 10min：□是、□否。

（3）超标警示

当所监测的空气质量偏离理想阈值时，系统能做出警示：□是、□否。

（4）数据存储：

具有存储至少一年的监测数据和实时显示等功能：□是、□否。

5. 自评报告说明举例

简要说明 PM_{10}、$PM_{2.5}$、CO_2 浓度的空气质量监测系统设置及功能情况（200 字以内）。举例如下（具体内容以××替代）。

本项目交付标准为××，室内安装了空气质量监控系统，对 PM_{10}、$PM_{2.5}$、CO_2 浓度分别进行定时连续测量，当监测到空气质量偏离理想阈值时系统会做出警示，且空气质量监测系统能存储××年以上的监测数据并实时显示。

6. 证明材料提供

绿色建筑评价工作中，需要按照评价标准逐条准备相关材料，以证明项目控制项能达标或评分项可以得分，《绿色建筑评价标准》在各个条款的条文说明中均有明确要求。第 6.2.7 条要求在预评价时应提供相关设计文件（监测系统设计图纸、点位图等）；评价时应提供相关竣工图、产品型式检验报告，投入使用的项目尚应查阅管理制度、历史监测数据、运行记录。

（六）第 6.2.8 条

1. 条款原文

6.2.8　设置用水远传计量系统、水质在线监测系统，评价总分值为 7 分，并按下列规则分别评分并累计：

1　设置用水量远传计量系统，能分类、分级记录、统计分析各种用水情况，得 3 分；

2　利用计量数据进行管网漏损自动检测、分析与整改，管道漏损率低于 5%，得 2 分；

3　设置水质在线监测系统，监测生活饮用水、管道直饮水、游泳池水、非传统水源、空调冷却水的水质指标，记录并保存水质监测结果，且能随时供用户查询，得 2 分。

2. 参评指数

第 6.2.8 条是绿色建筑评价的"评分项"，根据工程项目实际情况，合理选择设置。

参评指数：★★★★

3. 评价注意事项

（1）用水远传计量系统 远传水表相较于传统的普通机械水表增加了信号采集、数据处理、存储及数据上传功能，可以实时地将用水量数据上传给管理系统。采用远传计量系统对各类用水进行计量，可准确掌握项目用水现状，如水系管网分布情况，各类用水设备、设施、仪器、仪表分布及运转状态，用水总量和各用水单元之间的定量关系，找出薄弱环节和节水潜力，制订出切实可行的节水管理措施和规划。

（2）数据管理与利用 远传水表可以实时地将用水量数据上传给管理系统。远传水表应根据水平衡测试的要求分级安装。具体要求为：下级水表的设置应覆盖上一级水表的所有出流量，不得出现无计量支路。物业管理方应通过远传水表的数据进行管道漏损情况检测，随时了解管道漏损情况，及时查找漏损点并进行整改。

（3）水质在线监测系统 建筑中设有的各类供水系统均设置了在线监测系统，本条第3款方可得分。根据相应水质标准规范要求，可选择对浊度、余氯、pH值、电导率（TDS）等指标进行监测，例如管道直饮水可不监测浊度、余氯，对终端直饮水设备没有在线监测的要求。对建筑内各类水质实施在线监测，能够帮助物业管理部门随时掌握水质指标状况，及时发现水质异常变化并采取有效措施。水质在线监测系统应有报警记录功能，其存储介质和数据库应能记录连续一年以上的运行数据，且能随时供用户查询。水质监测的关键性位置和代表性测点包括：水源、水处理设施出水及最不利用水点。

4. 设计阶段初步自评

（1）按用途设置

项目按照不同用途分别设置用水计量表：□是、□否；

用途包括：□厨房、□卫生间、□绿化灌溉、□道路浇洒、□车库冲洗、□空调冷却水补水、□景观补水、□泳池用水、□消防水箱补水、□消防水池补水、□其他（如消防用水等）；

自评价时，可将用水计量表的相关信息列表统计，复核项目得分情况，示例见表10-26。

表 10-26　用水计量水表主要信息统计表示例

水表编号	用途	产品型号	安装位置	数量
1	户表		设备管井	
2	消防补水		消防补水管	
3	绿化灌溉		绿化总管	
…				

（2）按付费或管理单元设置

项目按付费或管理单元设置用水计量表：□是、□否；

自评价时，可将用水计量表的相关信息列表统计，复核项目得分情况，示例见表10-27。

表 10-27　用水计量水表主要信息统计表示例

水表编号	用途	产品型号	安装位置	数量
1	生活用水		供水管	
2	绿化灌溉		绿化总管	
…				

（3）分级水表

项目按水平衡测试要求分级安装计量水表，下级水表的设置可覆盖上一级水表的所有出流量，未出现无计量支路：□是、□否；

项目生活、消防及其他用水水池（箱）均具备溢流报警和进水阀门截断功能：□是、□否；

自评价时，可将分级计量水表的相关信息列表统计，复核项目得分情况，示例见表10-28。

表 10-28　分级计量水表主要信息统计表示例

水表编号	分级级别	用途	产品型号	安装位置	数量
1	1级	总水表		室外	
2	2级	人防总计量表		地下一层	
3	2级	消防水池总计量表		消防泵房	
4	2级	楼总计量表		单体外	
5	2级	绿化灌溉计量表		室外	
6	3级	户表		设备管井	
...	...				

（4）远传计量系统

项目选用可远程传输数据的计量水表：□是、□否；

项目设置远传计量系统，远传水表可以实时将用水量数据上传至管理系统，实现各种用水量的上传、记录、分析等功能：□是、□否。

（5）水质在线监测

项目设置水质在线监测系统：□是、□否；

系统可实现对水质指标的记录、保存及报警功能：□是、□否；

其存储介质和数据库能记录连续一年以上的运行数据，且能随时供用户查询：□是、□否；

监测范围包括：□生活饮用水、□管道直饮水、□终端直饮水、□游泳池水、□非传统水源、□空调冷却水、□其他_____

5. 自评报告说明举例

简要说明用水远传计量系统、水质在线监测系统的设置情况（200 字以内）。举例如下。

本工程设置用水远传计量系统，主要功能包括分类、分级记录、统计分析各种用水情况，可实时监测用水量，及时发现异常用水情况，通过计量数据进行管网漏损自动检测、分析与整改，有效降低管道漏损率，提高水资源利用效率。

本工程设置水质在线监测系统，对生活饮用水、管道直饮水、游泳池水、非传统水源以及空调冷却水等的水质指标进行实时监测和记录。通过监测 COD、NH_3-N、TP、TN、pH 值等水质参数，确保水质安全。同时，水质在线监测系统可将监测结果实时保存并供用户查询，为水质管理和控制提供数据支持。

6. 证明材料提供

绿色建筑评价工作中，需要按照评价标准逐条准备相关材料，以证明项目控制项能达标或评分项可以得分，《绿色建筑评价标准》在各个条款的条文说明中均有明确要求。第 6.2.8 条要求在预评价时应提供相关设计文件（含远传计量系统设置说明、分级水表设置示意图、水质监测点位说明、设置示意图等）；评价时应提供相关竣工图（含远传计量系统设置说明、分级水表设置示意图、水质监测点位说明、设置示意图等）、监测与发布系统设计说明。投入使用的项目尚应查阅漏损检测管理制度（或漏损检测、分析及整改情况报告）、水质监测管理制度（或水质监测记录）。

（七）第 6.2.9 条

1. 条款原文

6.2.9　具有智能化服务系统，评价总分值为 9 分，并按下列规则分别评分并累计：

1　具有家电控制、照明控制、安全报警、环境监测、建筑设备控制、工作生活服务等至少 3 种类型的服务功能，得 3 分；

2　具有远程监控的功能，得 3 分；

3　具有接入智慧城市（城区、社区）的功能，得 3 分。

2. 参评指数

第 6.2.9 条是绿色建筑评价的"评分项"，根据工程项目实际情况，合理选择智能化服务系统。

参评指数：★★★

3. 评价注意事项

智能化服务系统包括智能家居监控系统、智能环境设备监控系统、智能工作生活服务系统等，其以相对独立的使用空间为单元，利用综合布线技术、网络通信技术、自动控制技术、音视频技术等将家居生活或工作事务有关的设施进行集成，构建高效的建筑设施与日常事务的管理系统，提升家居和工作的安全性、便利性、舒适性、艺术性，实现更加便捷适用的生活和工作环境，提高用户对绿色建筑的感知度。

（1）系统组成　智能化服务系统具体包括家电控制、照明控制、安全报警、环境监测、建筑设备控制、工作生活服务（如通过信息化、数字化、智能化手段实现养老服务预约、会议预约、智慧化物业管理、疫情防控管理调度）等系统与平台，可实现多种服务功能。

（2）设置要求　本条第 1 款要求至少实现 3 种类型的服务功能，以便提升用户感知度和获得感。为体现建筑使用便利性，要求住宅建筑每户户内均应设置智能化服务系统终端设备，公共建筑主要功能房间内应设置智能化服务系统终端设备。对于项目竣工时未设置而在运行使用后由用户自行购买安装的情况，在本条评价时不予认定。

（3）能够远程监控　智能化服务系统的控制方式包括电话或网络远程控制、室内外遥控、红外转发以及可编程定时控制等。如果系统具备远程监控功能，使用者可通过以太网、移动数据网络等，实现对建筑室内物理环境状况、设备设施状态的监测，以及对智能家居或环境设备系统的控制、对工作生活服务平台的访问操作，从而有效提升服务便捷性。本条第 2 款要求具有远程监控功能的服务类型要达到三种。

（4）对接智慧城市　随着智慧城市的普及，智能化服务系统若仅限于物业管理单位管理和维护的话，其信息更新与扩充的速度和范围一般会受到局限。如果智能化服务平台能够与所在地区的智慧城市（城区、社区）平台对接，则可有效实现信息和数据的共享与互通，大大提高信息更新与扩充的速度和范围，实现相关各方的互惠互利。智慧城市（城区、社区）的智能化服务系统的基本项目一般包括智慧物业管理、电子商务服务、智慧养老服务、智慧家居、智慧医院等，能够为建筑层面的智能化服务系统提供有力支撑。本条第 3 款要求至少 1 个系统项目实现与智慧城市（城区、社区）平台对接。

4. 设计阶段初步自评

（1）智能化服务系统

该系统具有的服务功能包括：□家电控制、□照明控制、□安全报警、□环境监测、□建筑设备控制、□工作生活服务、□其他_____。

（2）远程监控

具有远程监控的功能：□是、□否。

（3）智能化服务系统

项目设置有智能化服务系统：□是、□否；

自评价时，可结合项目定位，将准备设置的智能化服务系统的功能和相关信息列表统计，判断项目得分情况，示例见表 10-29。

表 10-29　智能化服务系统统计表示例

服务功能	应用	服务范围	户内均设服务终端	控制方式	网络技术	远程监控
家电控制						
照明控制						

续表

服务功能	应用	服务范围	户内均设服务终端	控制方式	网络技术	远程监控
安全报警						
环境监测						
建筑设备控制						
工作生活服务						
其他						

（4）对接智慧城市

项目采用的智能化服务系统是否具有接入智慧城市（城区、社区）的功能：□是、□否；

接入项目包括：□智慧物业管理、□电子商务服务、□智慧养老服务、□智慧家居、□智慧医院、□其他_____。

5. 证明材料提供

绿色建筑评价工作中，需要按照评价标准逐条准备相关材料，以证明项目控制项能达标或评分项可以得分，《绿色建筑评价标准》在各个条款的条文说明中均有明确要求。第6.2.9条要求在预评价时应提供相关设计文件（智能家居或环境设备监控系统设计方案、智能化服务平台方案、相关智能化设计图纸、装修图纸）；评价时应提供相关竣工图、产品型式检验报告，投入使用的项目还应提供管理制度、历史监测数据、运行记录。

（八）第 7.1.4 条

1. 条款原文

7.1.4 公共区域的照明系统应采用分区、定时、感应等节能控制；采光区域的照明控制应独立于其他区域的照明控制。

2. 参评指数

第7.1.4条是绿色建筑评价的"控制项"，相当于一般技术性规范标准中的强制性条款，绿色建筑如果要申请参与评价，必须满足全部控制项的要求。

参评指数：★★★★★

3. 评价注意事项

对比2019版规范，2024版规范删除了"主要功能房间的照明功率密度值不应高于现行国家标准《建筑照明设计标准》GB 50034规定的现行值"，相关要求已于《建筑照明设计标准》（GB/T 50034—2024）第6.3节及《建筑节能与可再生能源利用通用规范》（GB 55015—2021）第3.3.7条体现。其中《建筑节能与可再生能源利用通用规范》（GB 55015—2021）为全文强制性条款，必须执行。

《建筑节能与可再生能源利用通用规范》（GB 55015—2021）第3.3.7条："建筑照明功率密度应符合表3.3.7-1～表3.3.7-12的规定；当房间或场所的室形指数等于或小于1时，其照明功率密度限值可增加，但增加值不应超过限值的20%；当房间或场所的照度标准值提高或降低一级时，其照明功率密度限值应按比例提高或折减。"

公共区域及采光区域的照明控制措施要求如下。

（1）公共区域控制措施 在建筑的实际运行过程中，照明系统的分区控制、定时控制、自动感应开关、照度调节等措施对降低照明能耗的作用很明显。照明系统分区需满足自然光利用、功能差异和作息差异的要求。功能差异如办公区、走廊、楼梯间、车库等的分区；作息差异一般指日常工作时间、值班时间等的不同。对于公共区域（包括走廊、楼梯间、大堂、门厅、地下停车场等场所）可采取分区、定时、感应等节能控制措施。如楼梯间采取声控、光控或人体感应控制；走廊、地下车库可采用定时或其他集中控制方式。

（2）采光区域独立控制　采光区域的人工照明控制独立于其他区域的照明控制，有利于单独控制，实现照明节能。采光区域的界定，可执行现行国家标准《建筑采光设计标准》（GB 50033—2013）。

4. 设计阶段初步自评

（1）公共区域照明系统

公共区域的照明系统采用分区、定时、感应等节能控制：□是、□否；

项目内的公共区域包括：□走廊、□楼梯间、□门厅、□大堂、□地下停车场、□大空间、□其他_____；

采用的照明节能控制方式包括：□分区分组控制、□定时控制、□节能自熄、□照度自动调节、□声控、□光控、□人体感应控制、□其他_____。

（2）采光区域的照明控制

采光区域的照明控制应独立于其他区域的照明控制：□是、□否。

5. 自评报告说明举例

简要说明照明系统灯具类型、主要灯具型号和参数（150 字以内）。举例如下（具体内容以××替代）。

本工程照明系统主要采用灯具类型及型号参数为：嵌入式 LED 格栅灯、××W；三防型 LED 吸顶灯、××W；LED 单管荧光灯、××W；防水防尘吸顶灯、××W。

6. 证明材料提供

绿色建筑评价工作中，需要按照评价标准逐条准备相关材料，以证明项目控制项能达标或评分项可以得分，《绿色建筑评价标准》在各个条款的条文说明中均有明确要求。第7.1.4 条要求在预评价时应提供相关设计文件（包含电气照明系统图、电气照明平面施工图）、设计说明（需包含照明设计要求、照明设计标准、照明控制措施等）；评价时应提供相关竣工图、设计说明（需包含照明设计要求、照明设计标准、照明控制措施等）。

（九）第 7.1.5 条

1. 条款原文

7.1.5　冷热源、输配系统和照明等各部分能耗应进行独立分项计量。

2. 参评指数

第 7.1.5 条是绿色建筑评价的"控制项"，相当于一般技术性规范标准中的强制性条款，绿色建筑如果要申请参与评价，必须满足全部控制项的要求。

参评指数：★★★★★

3. 评价注意事项

建筑能源消耗情况较为复杂，主要包括空调系统、照明系统、其他动力系统等。设置分项或分功能计量系统，有助于统计各类设备系统的能耗分布，发现不合理之处。

（1）公共建筑的相关要求　对于采用集中冷热源的公共建筑，在系统设计（或既有建筑改造设计）时必须考虑使建筑内各能耗环节如冷热源、输配系统、照明、热水系统等都能实现独立分项计量；对非集中冷热源的公共建筑，在系统设计（或既有建筑改造设计）时必须考虑使建筑内按面积或功能等实现分项计量。这有助于分析建筑各项能耗水平和能耗结构是否合理，发现问题并提出改进措施，从而有效地实施建筑节能。

（2）用电监测内容　住房和城乡建设部 2008 年发布的《国家机关办公建筑和大型公共建筑能耗监测系统分项能耗数据采集技术导则》中，对国家机关办公建筑和大型公共建筑能耗监测系统的建设提出了指导性做法，要求用电量分为照明插座用电、空调用电、动力用电和特殊用电。照明插座用电可包括专用区域照明插座用电、公共区域照明插座用电、室外景观照明用电等子项；空调用电可包括冷热站用电、空调末端用电等子项；动力用电可包括电梯用电、水泵用电、通风机用电等子项。

（3）分项计量设计 同时发布的《国家机关办公建筑和大型公共建筑能耗监测系统楼宇分项计量设计安装技术导则》进一步规定以下回路应设置分项计量表计：变压器低压侧出线回路、单独计量的外供电回路、特殊区供电回路、制冷机组主供电回路、单独供电的冷热源系统附泵回路、集中供电的分体空调回路、照明插座主回路、电梯回路、其他应单独计量的用电回路。

① 对于公共建筑。除应符合前述规定外，还要求采用集中冷热源的公共建筑考虑使冷源装置的冷量、热量、热水等能耗都能实现独立分项计量。

② 对于住宅建筑。不要求户内各路用电的单独分项计量，但应实现分户计量；住宅公共区域参考前述公共建筑执行。

4. 设计阶段初步自评

（1）分项计量表
是否对以下回路设置分项计量表：□变压器低压侧出线回路、□单独计量的外供电回路、□特殊区域供电回路、□制冷机组主供电回路、□单独供电的冷热源系统附泵回路、□集中供电的分体空调回路、□照明插座主回路、□电梯回路、□其他____。

（2）分项能耗计量
是否对以下分项能耗进行计量：
□照明插座用电
（包括□照明和插座用电、□走廊和应急照明用电、□室外景观照明用电等子项）；
□空调用电
（包括□冷热站用电、□空调末端用电等子项）；
□动力用电
（包括□电梯用电、□水泵用电、□通风机用电等子项）；
采用集中冷热源的公共建筑及住宅公共区考虑使冷源装置的冷量、热量、热水等能耗都能实现独立分项计量：□是、□否；
住宅建筑用电实现分户计量：□是、□否。

（3）特殊用电计量
是否对项目中存在的以下特殊用电回路进行分项计量：□是、□否；
项目中特殊用电类型包括：□电梯、□充电桩、□集中供电的分体空调、□冷却塔、□新风机组、□公共餐饮厨房、□其他____。

（4）其他用能分项计量
集中供冷供热项目按冷热水、燃气或燃油分类能耗计量：□是、□否；
户内供热实现分户计量：□是、□否。

（5）特殊用能计量
是否对项目中存在的以下特殊用能进行分项计量：□是、□否；
项目中特殊用能类型包括：□集中生活用水、□公共餐饮厨房、□其他____。

5. 自评报告说明举例

简要说明独立分项计量系统的主要功能及如何进行分项（150字以内）。举例如下（具体内容以××替代）。

本项目为××建筑，冷热源机组、水泵、风机、室内专用的照明插座等都可实现分项计量；电梯、充电桩、冷却塔、新风机组等均实现独立计量；冷热量可实现分项计量，集中生活热水和公共餐饮厨房均实现独立计量。

6. **证明材料提供**

绿色建筑评价工作中，需要按照评价标准逐条准备相关材料，以证明项目控制项能达标或评分项可以得分，《绿色建筑评价标准》在各个条款的条文说明中均有明确要求。第7.1.5条要求在预评价时应提供相关设计文件；评价时应提供相关竣工图、分项计量记录。

（十）第7.1.6条

1. **条款原文**

7.1.6　垂直电梯应采取群控、变频调速或能量反馈等节能措施；自动扶梯应采用变频感应启动等节能控制措施。

2. **参评指数**

第7.1.6条是绿色建筑评价的"控制项"，相当于一般技术性规范标准中的强制性条款，绿色建筑如果要申请参与评价，必须满足全部控制项的要求。

参评指数：★★★★★

3. **评价注意事项**

（1）电梯系统的节能控制措施　建筑物设置了两部及以上垂直电梯且位于同一个电梯厅时才考虑群控。

① 对于垂直电梯。应具有群控、变频调速拖动、能量再生回馈等至少一项技术。

② 对于扶梯。应采用变频感应启动技术来降低使用能耗。如同时采用垂直电梯和扶梯，需同时满足上述要求。

能量回馈装置，一般应用于高层建筑时效果明显，可参见国家标准《电梯能量回馈装置》（GB/T 32271—2015）。

（2）电梯节能控制相关要求　现行行业标准《民用建筑电气设计标准》（GB 51348—2019）及特定类型建筑电气设计规范（例如《交通建筑电气设计规范》（JGJ 243—2011）、《会展建筑电气设计规范》（JGJ 333—2014）均有电梯节能、控制的相关条款。电梯和扶梯的节能控制措施包括但不限于电梯群控、扶梯感应启停及变频、轿厢无人自动关灯、驱动器休眠等。

（3）特殊情况　无电梯和扶梯的建筑，本条不参评。

4. **设计阶段初步自评**

自评价时，可将电梯、自动扶梯的相关信息以及采用的节能技术列表统计，确定项目得分情况，并向生产厂家提出采购要求，示例见表10-30～表10-32。

表 10-30　电梯、自动扶梯统计表示例

设备类型及型号	台数	节能性能	节能控制措施
电梯		□采取变频调速拖动方式 □采取能量再生回馈技术	□电梯并联或群控控制 □扶梯感应启停 □轿厢无人自动关灯技术 □驱动器休眠技术 □群控楼宇智能管理技术
		□采取变频调速拖动方式 □采取能量再生回馈技术	□电梯并联或群控控制 □扶梯感应启停 □轿厢无人自动关灯技术 □驱动器休眠技术 □群控楼宇智能管理技术

续表

设备类型及型号	台数	节能性能	节能控制措施
自动扶梯		□采取变频调速拖动方式 □采取能量再生回馈技术	□电梯并联或群控控制 □扶梯感应启停 □驱动器休眠技术 □自动扶梯变频感应启动技术 □群控楼宇智能管理技术
		□采取变频调速拖动方式 □采取能量再生回馈技术	□电梯并联或群控控制 □扶梯感应启停 □驱动器休眠技术 □自动扶梯变频感应启动技术 □群控楼宇智能管理技术

表 10-31　垂直电梯统计表示例

型号	台数	节能控制措施				
		变频调速拖动	能量再生回馈	并联或群控	轿厢无人自动关灯	驱动器休眠
电梯 1		□是 □否	□是 □否	□是 □否	□是 □否	□是 □否
电梯 2		□是 □否	□是 □否	□是 □否	□是 □否	□是 □否
电梯 3		□是 □否	□是 □否	□是 □否	□是 □否	□是 □否

表 10-32　自动扶梯统计表示例

型号	台数	节能控制措施	
		感应启停	变频调速拖动
		□是 □否	□是 □否
		□是 □否	□是 □否
		□是 □否	□是 □否

5. 证明材料提供

绿色建筑评价工作中，需要按照评价标准逐条准备相关材料，以证明项目控制项能达标或评分项可以得分，《绿色建筑评价标准》在各个条款的条文说明中均有明确要求。第 7.1.6 条要求在预评价时应提供相关设计文件、电梯与自动扶梯人流平衡计算分析报告；评价时应提供相关竣工图、相关产品型式检验报告。

（十一）第 7.2.7 条

1. 条款原文

7.2.7　采用节能型电气设备及节能控制措施，评价总分值为 10 分，并按下列规则分别评分并累计：

1　主要功能房间的照明功率密度值达到现行国家标准《建筑照明设计标准》GB/T 50034 规定的目标值，得 5 分；

2　采光区域的人工照明随天然光照度变化自动调节，得 2 分；

3　照明产品、电力变压器、水泵、风机等设备满足国家现行有关标准的能效等级 2 级要求，得 3 分。

2. 参评指数

第 7.2.7 条是绿色建筑评价的"评分项"，仅第 2 款的前期投入稍大。

参评指数：★★★★

3. 评价注意事项

电气设备的节能选型及控制措施，对于实现电气系统节能起着至关重要的作用。

（1）照明功率密度　照明功率密度对电气系统节能作用显著，因此需要控制主要功能房间的照明功率密度值不高于现行国家标准《建筑照明设计标准》（GB/T 50034—2024）规定的目标值要求。具体要求参见现行国家标准《建筑照明设计标准》（GB/T 50034—2024）第6.3节。评价时需注意：设有装饰性灯具的场所，可将实际采用的装饰性灯具的总功率的50%计入照明功率密度值的计算。

（2）自动调节　人工照明随天然光照度变化自动调节，不仅可以保证良好的光环境，避免室内产生过高的明暗亮度对比，影响身体健康及感官舒适度，还能在较大程度上降低照明能耗。采光区域的界定，可执行现行国家标准《建筑采光设计标准》（GB 50033—2013）。

（3）设备能效要求　选择节能型电力设备，既符合节能环保的要求，也能节省用能单位的电费开支。电力设备节能对实现电气系统节能起着重要的作用，因此在设计过程中，选择的电力变压器需满足现行国家标准《电力变压器能效限定值及能效等级》（GB 20052—2024）的要求；油浸式配电变压器、干式配电变压器的空载损耗和负载损耗值均应不高于能效等级2级的规定；照明产品、水泵、风机等其他电气设备也需满足国家现行有关标准的能效等级2级的要求。

4. 设计阶段初步自评

（1）照明功率设计值

自评价时，可将各区域照明设计情况列表统计，示例见表10-33。

表 10-33　照明设计情况统计表示例

房间或场所	设计照度值/lx		照明功率密度/(W/m²)	
	实际值	标准值	实际值	现行值折算值
主要功能房间				
其他房间				

（2）照明功率密度统计表（填写检测值）

如项目进入评价阶段，可将各区域照明检测情况列表统计，示例见表10-34。

表 10-34　照明检测情况统计表示例

房间或场所	照度值/lx		照明功率密度/(W/m²)	
	设计值	标准值	设计值	现行值
主要功能房间				
其他房间				

（3）三相配电变压器节能评价

自评价时，可将三相配电变压器的相关参数列表统计，示例见表10-35。

表 10-35　三相配电变压器节能情况统计表示例

额定容量/kVA	损耗/W								短路阻抗	
	空载(P_0)		负载(P_x)							
			B(100℃)		F(120℃)		H(145℃)			
	设计值	节能评价值	设计值	节能评价值	设计值	节能评价值	设计值	节能评价值	设计值	标准值

注：表中 B、F、H 均为干式变压器负载损耗，W。

（4）水泵、风机及其他电气装置的节能评价

自评价时，可将主要设备的节能情况列表统计，示例见表10-36。

表 10-36 电气装置节能情况统计表示例

设备类型		效率		依据的标准名称和编号	是否满足要求
		设计值	节能评价值		
水泵	水泵				
风机					
其他					

（5）采光区域的人工照明

项目采光区域的人工照明随天然光照度变化自动调节：□是、□否；

控制方式：_____。

（6）照明产品的节能评价

自评价时，可将照明产品的节能性能列表统计，示列见表10-37。

表 10-37 照明产品节能情况统计表示例

照明产品类型	额定功率/W	能效参数设计值	节能评价值	能效等级
室内照明用 LED 产品				
室内照明用 LED 产品				
……				

5. 证明材料提供

绿色建筑评价工作中，需要按照评价标准逐条准备相关材料，以证明项目控制项能达标或评分项可以得分，《绿色建筑评价标准》在各个条款的条文说明中均有明确要求。第7.2.7条要求在预评价时应提供相关设计文件、相关设计说明；评价时应提供相关竣工图、相关设计说明、相关产品型式检验报告。

（十二）第7.2.8条

1. 条款原文

7.2.8 采取措施降低建筑能耗，评价总分值为10分，并按下列规则评分：

1 建筑设计能耗相比现行强制性工程建设规范《建筑节能与可再生能源利用通用规范》GB55015 降低 5%，得 6 分；降低 10%，得 8 分；降低 15%，得 10 分。

2 建筑运行能耗相比国家现行有关建筑能耗标准降低 10%，得 6 分；降低 15%，得 8分；降低 20%，得 10 分。

2. 参评指数

第 7.2.8 条是绿色建筑评价的"评分项"，现行节能标准中的要求已经较高，达标并满足星级绿色建筑基本要求后的保温层厚度较大、外窗传热系数也较低，对于大部分经济欠发达的严寒和寒冷地区除基本建设费用增加以外，还有较大的施工难度和制作难度。同时考虑《民用建筑通用规范》（GB 55031—2022）施行后，要求保温层计入建筑面积，在容积率固定的前提下，严寒和寒冷地区建筑的得分难度增加。

严寒和寒冷地区参评指数：★★

其他地区参评指数：★★★

3. 评价注意事项

（1）预评价阶段及投入使用不满1年的建筑 对于预评价阶段及投入使用不满1年的建

筑，建筑设计能耗应与强制性工程建设规范《建筑节能与可再生能源利用通用规范》（GB 55015—2021）附录 A 中规定的平均能耗指标进行 比较，根据低于平均能耗指标的百分比进行得分判定。对于该规范附录 A 中尚缺的建筑类型可按照现行行业标准《民用建筑绿色性能计算标准》（JGJ/T 449—2018）分别计算设计建筑及满足国家现行建筑节能设计标准规定的参照建筑的供暖空调能耗和照明系统能耗，计算节能率并进行得分判定。

（2）投入使用 1 年后的建筑　对于投入使用 1 年后的建筑，其运行能耗应与现行国家标准《民用建筑能耗标准》（GB/T 51161—2016）中规定的约束值进行比较，根据低于约束值的百分比进行得分判断。该标准将民用建筑能耗按照气候区进行了分类，其中严寒和寒冷地区民用建筑能耗由建筑供暖能耗、居住建筑非供暖能耗、公共建筑非供暖能耗组成；其他气候区民用建筑能耗由居住建筑非供暖能耗和公共建筑非供暖能耗组成。各部分能耗指标的约束值和引导值，参见该标准第 4.2.1 条、第 5.2.1 条、第 5.2.2 条、第 5.2.3 条、第 5.2.4条、第 5.2.5 条、第 6.2.1 条。

对于现行国家标准《民用建筑能耗标准》（GB/T 51161—2016）不涉及的建筑类型，参考相关行业内同类型建筑能耗标准。

4. 设计阶段初步自评

（1）基本指标

建筑所处城市的建筑热工气候分区：_____；

建筑总能耗：_____ MJ/a；

建筑单位面积能耗：_____ kW·h/(m^2·a)；

围护结构热工性能提高比例：_____％；

供暖空调负荷降低比例：_____％；

住宅外窗传热系数降低比例：_____％；

建筑能耗降低幅度：_____％。

采用的能耗模拟软件：_____；

当地建筑节能设计标准：_____。

（2）建筑能耗降低情况

自评价时，可将项目中各类系统的能耗情况列表统计，示例见表 10-38～表 10-41。

表 10-38　暖通空调系统形式设定情况统计表示例

系统类型	设计建筑	参照建筑
冷源系统		
热源系统		
输配系统		
末端系统		

表 10-39　供暖空调能耗模拟结果统计表示例

能耗类别	单位	设计建筑	参照建筑	降低幅度/％
供暖能耗	kW·h/(m^2·a)			
供冷能耗	kW·h/(m^2·a)			
暖通系统水泵能耗	kW·h/(m^2·a)			
暖通系统风机能耗	kW·h/(m^2·a)			
冷却塔能耗	kW·h/(m^2·a)			
暖通系统总能耗	kW·h/(m^2·a)			

表 10-40　照明系统能耗模拟结果统计表示例

能耗类别	单位	设计建筑	参照建筑	降低幅度/％
照明系统耗电量	kW·h/(m^2·a)			

表 10-41 建筑总能耗模拟结果统计表示例

能耗类别	单位	设计建筑	参照建筑	降低幅度/%
暖通系统总能耗	kW·h/(m²·a)			
照明系统耗电量	kW·h/(m²·a)			
建筑总能耗	kW·h/(m²·a)			

5. 证明材料提供

绿色建筑评价工作中，需要按照评价标准逐条准备相关材料，以证明项目控制项能达标或评分项可以得分，《绿色建筑评价标准》在各个条款的条文说明中均有明确要求。第 7.2.8 条要求在预评价时应提供相关设计文件（暖通、电气、内装专业施工图纸及设计说明）、建筑暖通及照明系统能耗模拟计算书；评价时应提供相关竣工图、建筑暖通系统及照明系统能耗模拟计算书、暖通系统运行调试记录等，投入使用的项目尚应查阅建筑运行能耗统计数据。

（十三）第 9.2.3A 条

1. 条款原文

9.2.3A 采用蓄冷蓄热蓄电、建筑设备智能调节等技术实现建筑电力交互，评价总分值为 20 分。用电负荷调节比例达到 5%，得 5 分；每再增加 1%，再得 1 分，最高得 20 分。

2. 参评指数

第 9.2.3A 条是绿色建筑评价的"加分项"，2024 年修订版评价标准为新增条文，如要得分需要增加一定的投入。

参评指数：★★★

3. 评价注意事项

（1）概念阐释 传统电力系统采取的生产组织模式是实时的"源随荷动"，即用一个精准实时可控的传统发电系统，去匹配一个基本可测的用电系统，并在实际运行过程中滚动调节，实现电力系统安全可靠运行。在这种模式下，需求侧的波动性是影响电网效率和质量的关键因素之一，也阻碍了电网低成本深度脱碳。建筑电力交互（GIB）是指应用信息通信技术和负荷调控技术，使建筑电力用户具备响应电网调峰、调频、备用等各类调度指令的能力，实现电力供给侧与需求侧动态平衡的建筑用能管理技术，一般由建筑能耗管理系统和建筑可调节设备（包括产能装置、储能设施、调节装置以及用电设备等）构成。通过这种方式，建筑可在用电高峰时段降低用电负荷、减轻电网压力。由于储能设施可以缓解太阳能光伏等可再生能源自身发电的间歇性给配电网带来的可靠性和稳定性方面的隐患，使得这种方式也可以支持提高可再生能源电力在电网中的供电比例，实现"荷随源动"，进而使电网具备更高的灵活性、韧性以及低碳排放。

（2）建筑电力交互实现措施 蓄冷蓄热蓄电、建筑设备智能调节、建筑与电动汽车交互、智能微电网、虚拟电厂等技术措施均可实现建筑电力交互。判断建筑电力交互能力的关键指标是负荷调节比例，该指标考核的具体内容是在建筑用电时段 2h 内，建筑主动调节的用电负荷相对建筑尖峰用电负荷的比例。因此，一般情况下，负荷调节要求的 2h 就是指建筑用电尖峰时段内的 2h。预评价可通过模拟分析方式确定，即在建筑电力交互设备的支持下，可调节的用电负荷与设计用电负荷的比例。运行阶段应根据过去一年的能耗监测系统记录数据统计最高日用电负荷，并分析其中已调节负荷部分的比例。

（3）其他要求 设置蓄冷蓄热蓄电设施应进行技术经济性分析，投资回收期较长或无法收回投资的项目应考虑其他调节方式。此外，蓄冷蓄热蓄电设施的设计还应符合现行强制性工程建设规范《建筑防火通用规范》（GB 55037—2022）的规定。

4. 证明材料提供

绿色建筑评价工作中，需要按照评价标准逐条准备相关材料，以证明项目控制项能达标或评分项可以得分。第 9.2.3A 条要求在预评价阶段应提供电气专业施工图、建筑电力交互系统相关设计文件（光伏、储能、智能化控制）、建筑用电负荷调节比例计算书；评价阶段要求在预评价的基础上还要提供电力交互系统的运行记录、储能设施的使用与维护记录。

第四节　可再生能源利用

一、鼓励可再生能源利用的背景

可再生能源的种类很多，包括太阳能、水能、风能、生物质能、波浪能、潮汐能、海洋温差能、地热能等。它们与传统能源的区别是：可再生能源自身就能实现循环再生，取之不尽，用之不竭，不像传统火力发电那样给环境带来较大负担，也避免了核能利用在现有技术条件下存在的潜在安全风险。研究采用可再生能源不仅是出于建筑节能的考虑，同时也是可持续发展的要求。

随着经济发展，环境污染矛盾日益突出，我国迫切需要对供能用能体系进行改革，加大对可再生能源的利用。国家能源局编制了《2015 年光伏发电建设实施方案》，重点扶持光伏产业，江苏、上海、北京等地也先后出台了相关补贴政策。经过近十年的发展，光伏发电在建筑领域的应用成本降低，已经能带来一定的经济效益。对于居住建筑，现有包含了太阳能电池板、屋顶固定用支架及电缆线、双向电表的家用分布式太阳能光伏发电系统，除了给建筑本身供电，多余的电量还可以输入国家电网，供电不足时再从国家电网取电，输入、消耗的电量通过双向电表自动计量。对于工业厂房、大型公建，可利用其屋顶铺开光伏板，将光伏发电的规模大幅提升，从而产生更好的规模效益。

二、可再生能源利用的技术性要求

目前，国内在可再生能源利用方面需要遵循的主要标准是 2021 年发布的国家全文强制性标准《建筑节能与可再生能源利用通用规范》（GB 55015—2021）。该规范在第 5 章对太阳能、地热能、空气能等可再生能源的利用作出了规定，其中以太阳能利用为重点。在第 5.2.1 条要求"新建建筑应安装太阳能系统"；第 5.2.3 条明确"太阳能系统应做到全年综合利用，根据使用地的气候特征、实际需求和适用条件，为建筑物供电、供生活热水、供暖或（及）供冷"。

对于太阳能系统的设置，还有其他应作为设计依据的国家标准。《民用建筑太阳能热水系统应用技术标准》（GB 50364—2018）围绕太阳能热水系统，对其设计、安装、调试、验收、运行、维护和节能环保效益评估作出了全面的技术性要求。《建筑光伏系统应用技术标准》（GB/T 51368—2019）从光伏系统设计条件开始，对其设备和材料选用、系统性设计、施工、环保、验收、运行与维护作出了技术性要求，同时针对设置光伏系统可能带来的消防安全问题单独进行了一系列规定。值得一提的是第 12.1.2 条规定了"建筑光伏系统安装应避开爆炸危险场所"，在选定太阳能系统的类别时应予以注意。

对于地热能系统的设计还应执行《地源热泵系统工程技术规范》（GB 50366—2005，2009 版）。该规范适用于以岩土体、地下水、地表水为低温热源，以水或添加防冻剂的水溶液为传热介质，采用蒸汽压缩热泵技术进行供热、空调或加热生活热水的系统工程的设计、施工及验收。该规范将地源热泵系统分为地埋管换热系统、地下水换热系统和地表水换热系统三类，从勘察、设计、施工、检验与验收的角度分阶段对三类系统的设置作出了技术性规定。

三、2024 年版评价标准相关条款

1. 条款原文

7.2.9 结合当地气候和自然资源条件合理利用可再生能源，评价总分值为 15 分，可再生能源利用率达到 10%，得 15 分；可再生能源利用率不足 10% 时，按线性内插法计算得分。

2. 参评指数

第 7.2.9 条是绿色建筑评价的"评分项"，国家现行标准《可再生能源建筑应用工程评价标准》（GB/T 50801—2013）、《地源热泵系统工程技术规范（2009 年版）》（GB 50366—2005）、《民用建筑太阳能热水系统应用技术标准》（GB 50364—2018）、《太阳能供热采暖工程技术标准》（GB 50495—2019）、《民用建筑太阳能空调工程技术规范》（GB 50787—2012）、《建筑光伏系统应用技术标准》（GB/T 51368—2019）等均对可再生能源的应用做出了具体规定。

参评指数：★★★

3. 评价注意事项

（1）概念阐释 可再生能源利用率是指可再生能源利用量占终端能源消费量的比率。可再生能源包括但不限于太阳能、地热能等非化石能源。终端能源消费量主要指建筑能耗，包括供暖、通风、空调、照明、生活热水、电梯等能耗。

（2）计算方法 可再生能源利用率按下等计算：

$$R = \frac{EP_h + EP_c + EP_w + \sum E_{r,i} \times f_i + \sum E_{rd,i} \times f_i}{Q_h + Q_c + Q_w \times E_i \times f_i + E_e \times f_i}$$

式中 R——可再生能源利用率，%；

EP_h——供暖系统中可再生能源利用量，kW·h；

EP_c——供冷系统中可再生能源利用量，kW·h；

EP_w——生活热水系统中可再生能源利用量，kW·h；

$E_{r,i}$——年本体产生的 i 类型可再生能源发电量，kW·h；

$E_{rd,i}$——年周边产生的 i 类型可再生能源发电量，kW·h；

f_i——i 类型能源的能源换算系数；

Q_h——年供暖耗热量，kW·h；

Q_c——年供冷耗冷量，kW·h；

Q_w——年生活热水耗热量，kW·h；

E_l——年照明系统能源消耗，kW·h；

E_e——年电梯系统能源消耗，kW·h。

（3）得分规则 本条得分计算方式为 $R \geq 10\%$ 时，得 15 分；$R < 10\%$ 时，按线性内插法计算得分，即：得分 $= 1.5 \times R \times 100$，四舍五入取整数。例如，当 $R = 1.5\%$ 时，得分 $= 1.5 \times 1.5\% \times 100$，四舍五入取整数为 2 分。

4. 设计阶段初步自评

（1）可再生能源利用情况

可再生能源产生的热水量：_____ m³/a；

建筑生活热水量：_____ m³/a；

可再生能源产生的热水比例：_____ %；

项目总供冷供热量：_____ GJ/a；

可再生能源提供的空调用冷量和热量：_____ GJ/a；

可再生能源提供的空调用冷量和热量比例：_____%；

可再生能源发电量：_____ $\times 10^4$ kW·h/a；

建筑用电量：_____ $\times 10^4$ kW·h/a；

可再生能源产生发电比例：_____%；

其他：_____。

（2）生活热水

是否采用可再生能源提供生活热水：□是、□否；

住宅建筑采用太阳能热水器等提供生活热水的住户比例：_____%；

公共建筑以及采用公共洗浴形式的住宅建筑可再生能源对生活热水的设计小时供热量占生活热水的设计小时加热耗热量的比例为：_____%；

（3）空调用冷/热量

是否采用可再生能源提供的空调用冷/热量：□是、□否；

可再生能源冷/热的冷热源机组的供冷/热量占空调系统总的冷/热负荷的比例：_____%；

（4）供电

是否采用可再生能源提供电量：□是、□否；

发电机组的输出功率占供电系统设计负荷的比例：_____%。

（5）其他：_____。

5. 自评报告说明举例

简要说明可再生能源系统设计说明：当地可再生资源状况、可再生能源利用形式、可提供生活热水（或发电量）的比例，并对其系统适用性及经济效益进行阐述（200字以内）。举例如下（具体内容以××替代）。

> 本项目位于××市，太阳能资源比较丰富，全年可利用的日照时数为××h，本项目在屋面设置太阳能集热板，为餐饮、公共浴室、卫生间等提供生活热水，集热器面积为×× m^2，太阳能提供生活热水比例占全部生活热水的比例为××%。

6. 证明材料提供

绿色建筑评价工作中，需要按照评价标准逐条准备相关材料，以证明项目控制项能达标或评分项可以得分。第7.2.9条要求在预评价时应提供相关设计文件、计算分析报告；评价时应提供相关竣工图、计算分析报告、产品型式检验报告。

第十一章

全装修

第一节　全装修理念阐释

一、发展历程

原建设部于 2002 年印发的《商品住宅装修一次到位实施导则》（建住房〔2002〕190号）明确提出，推行住宅装修一次到位，其根本目的是："逐步取消毛坯房，直接向消费者提供全装修成品房；规范装修市场，促使住宅装修生产从无序走向有序。"

2008 年印发的《关于进一步加强住宅装饰装修管理的通知》（建质〔2008〕133 号）重申了各地要继续贯彻落实建住房〔2002〕190 号文的要求。近年来，国家陆续出台了《关于推进住宅全装修工作的意见》（内建房〔2013〕373 号）等标准，各地也出台了自己的地方标准，大力推进住宅全装修工作。

二、全装修的定义

现行国家标准《绿色建筑评价标准（2024 年版）》（GB/T 50378—2019）对一星级、二星级、三星级绿色建筑均提出了全装修的交付要求，并对住宅建筑和公共建筑的全装修范围进行了界定。住宅建筑全装修的范围包括户内和公共区域，要求在交付前完成内部墙面、顶面、地面的全部铺贴、粉刷，并将门窗、固定家具、设备管线、开关插座及厨房、卫生间的固定设施安装到位。对于公共建筑，全装修的范围仅限于公共区域，要求在交付前将固定面全部铺贴、粉刷完成，水、暖、电、通风等基本设备全部安装到位。

考虑住宅项目的特殊性，设计时宜向业主提供菜单式的全装修方案，促进标准化和个性化的协调，满足市场需求。策划时，可结合内装工业化趋势，将全装修菜单按装修档次、风格、色彩、材料和设备选用等作为大类，每类提供 2～3 个选项，由业主根据自身需求选取，实现个性化定制。

三、推广全装修的目的

要求建筑全装修交付的目的有三个：一是杜绝擅自改变房屋结构等"乱装修"现象，保证建筑安全；二是通过建设单位统筹装修的设计、采购、施工、验收等各个环节，能够大幅度降低装修成本，同时降低室内装修污染及装修带来的环境污染；三是通过"装修前置竣工验收"的流程调整，避免后期业主在不同时间段装修带来的噪声污染，减少邻里纠纷。综合来看，全装修要求更加符合现阶段人民对于健康、环保和经济性的要求，对于积极推进绿色建筑的实施具有重要的作用。

四、全装修的设计、验收标准

为保证全装修的质量，避免二次装修，住宅建筑的套内及公共区域全装修应满足现行行业标准《住宅室内装饰装修设计规范》（JGJ 367—2015）、《住宅室内装饰装修工程质量验收规范》（JGJ/T 304—2013）及现行国家标准《建筑装饰装修工程质量验收标准》（GB 50210—2018）的相关要求。公共建筑的公共区域全装修应满足现行国家标准《建筑装饰装修工程质量验收标准》（GB 50210—2018）的相关要求。全装修所选用的材料和产品，如瓷砖、卫生器具、板材等，应为质量合格产品，满足相应产品标准的质量要求。此外，全装修所选用的材料和产品，应结合当地居民的品牌喜好和消费习惯，最大程度避免二次装修。

第二节　室内环境质量要求

绿色建筑理念提倡在设计、建造阶段即采取措施为使用者提供一个健康、舒适、安全的室内环境，保障居住者和使用者的健康和生活质量。绿色建筑对室内环境质量的要求主要体现在以下几个方面。

一、室内空气污染物浓度限制

绿色建筑应严格控制室内空气中的污染物浓度，包括氨、甲醛、苯、总挥发性有机物、氡、可吸入颗粒物等，确保这些污染物的浓度不超过国家标准的限值。对于二星级、三星级绿色建筑，这些污染物的浓度应比国家标准规定的浓度下调一定的百分比，以进一步提高室内空气质量。在选择装修材料时应重视对其污染物散发量的检测，保证完工后室内空气污染物浓度达标。对于厨房区域在烹饪过程中产生的油烟、异味、湿气等污染源，绿色建筑对厨房的通风量和气流组织进行了严格要求，以降低人员暴露于油烟中的危害，并从源头避免烹饪带来的污染。

二、室内生理等效照度控制

为了保障人类健康，绿色建筑需对室内生理等效照度进行控制。对于居住建筑，应保证良好的休息环境，夜间在满足视觉照度的同时合理降低生理等效照度；对于公共建筑，则应适当提高主要视线方向的生理等效照度，以保证舒适高效的工作环境。

三、对吸烟的有关要求

"吸烟有害健康"已经是全人类的共识。吸烟对呼吸道免疫功能、肺部结构和肺功能均会产生影响，引起多种慢性呼吸系统疾病、心脑血管疾病甚至是恶性肿瘤。"二手烟"对不吸烟人群的危害甚至高于香烟对烟民本身带来的伤害。目前，国内对吸烟带来的健康风险愈加重视。影视作品纷纷减少吸烟镜头的拍摄，从文化传播的角度避免对未成年人产生不良影响；北京、上海、广州、天津、杭州等城市先后发布了控制吸烟条例，进一步从政策上约束吸烟行为的发生。"减少吸烟有益身心健康"已经成为社会共识。因此，绿色建筑要求在建筑内部及出入口范围内禁止吸烟，以保障使用者的身体健康。

第三节　2024 年版评价标准相关条款

一、主要条款

（一）第 5.1.1 条

1. 条款原文

5.1.1　室内空气中的氨、甲醛、苯、总挥发性有机物、氡等污染物浓度应符合现行国家标准《室内空气质量标准》GB/T 18883 的有关规定。建筑室内和建筑主出入口处应禁止吸烟，并应在醒目位置设置禁烟标志。

2. 参评指数

第 5.1.1 条是绿色建筑评价的"控制项"，相当于一般技术性规范标准中的强制性条款，绿色建筑如果要申请参与评价，必须满足全部控制项的要求。

参评指数：★★★★★

3. 评价注意事项

（1）概念界定　本条所述的"建筑室内"主要指的是公共建筑室内和住宅建筑内的公共区域。

（2）评价方法

① 预评价阶段。全装修建筑项目（星级绿色建筑）可仅对其室内空气中的甲醛、苯、总挥发性有机物的浓度进行预评估；非全装修建筑项目（基本级绿色建筑）在预评价阶段不参与本条的评价。

在综合考虑建筑情况、室内装修设计方案、装修材料的种类和使用量、室内新风量、环境温度等诸多影响因素的前提下，预评估以各种装修材料、家具制品主要污染物的释放特征（如释放速率）为基础，以"总量控制"为原则，依据装修设计方案，选择典型功能房间（卧室、客厅、办公室等）使用的主要建材（3～5 种）及固定家具制品，对室内空气中甲醛、苯、总挥发性有机物的浓度水平进行评估。其中关于建材污染物释放特性参数及评估计算方法，住宅建筑与公共建筑在预评估时，分别参考现行行业标准《住宅建筑室内装修污染控制技术标准》（JGJ/T 436—2018）和《公共建筑室内空气质量控制设计标准》（JGJ/T 461—2019）的相关规定。

② 评价阶段。全装修建筑项目（星级绿色建筑）的评价应按本条要求进行；非全装修建筑项目（基本级绿色建筑），应符合现行国家标准《建筑环境通用规范》（GB 55016—2021）的有关规定。

评价时，应选取每栋单体建筑中具有代表性的典型房间进行采样检测，采样和检验方法应符合现行国家标准《室内空气质量标准》（GB/T 18883—2022）的相关规定；采样的房间数量不少于房间总数的 5%，且每个单体建筑不少于 3 间。

③ 相关规范、标准的要求。《建筑环境通用规范》（GB 55016—2021）第 5 章对室内空气质量作出了一系列规定，其中第 5.1.2 条提出了工程竣工验收时的室内空气污染物浓度限量，摘录如下。

5.1.2　工程竣工验收时，室内空气污染物浓度限量应符合表 5.1.2 的规定。

表 5.1.2 室内空气污染物浓度限量

污染物	Ⅰ类民用建筑工程	Ⅱ类民用建筑工程
氡/(Bq/m³)	≤150	≤150
甲醛/(mg/m³)	≤0.07	≤0.08
氨/(mg/m³)	≤0.15	≤0.20
苯/(mg/m³)	≤0.06	≤0.09
甲苯/(mg/m³)	≤0.15	≤0.20
二甲苯/(mg/m³)	≤0.20	≤0.20
TVOC/(mg/m³)	≤0.45	≤0.50

注：Ⅰ类民用建筑：住宅、医院、老年人照料房屋设施、幼儿园、学校教室、学生宿舍、军人宿舍等民用建筑；

Ⅱ类民用建筑：办公楼、商店、旅馆、文化娱乐场所、书店、图书馆、展览馆、体育馆、公共交通等候室、餐厅、理发店等民用建筑。

需要注意的是，该条说明中要求："室内空气污染物检测结果要全部符合本规范的规定，各房间检测点检测值的平均值也要全部符合本规范的规定，否则，不能判定为室内环境质量合格。"此外，《建筑环境通用规范》（GB 55016—2021）与《室内空气质量标准》（GB/T 18883—2022）关于室内空气污染物浓度限量的主要区别在于，《建筑环境通用规范》（GB 55016—2021）的限量为活动家具进入室内之前的限量，而《室内空气质量标准》（GB/T 18883—2022）限量则是对装饰装修材料、活动家具产生的空气污染物，以及生活、工作过程中新产生的室内污染物的总和的限量。

《室内空气质量标准》（GB/T 18883—2022）第 4.2 条给出了室内空气质量指标及具体要求，具体包含物理性指标、化学性指标、生物性指标、放射性指标四个大类，现将其对氨、甲醛、苯、总挥发性有机物、氡等污染物的要求摘录如下。与《建筑环境通用规范》（GB 55016—2021）的表 5.1.2 对比可以发现，《室内空气质量标准》（GB/T 18883—2022）对苯的浓度提出了更为严格的要求，相关内容摘录如下。设计、评价时应对执行标准进行区分。

4.2 室内空气质量指标及要求应符合表 1 的规定。

表 1 室内空气质量指标及要求（局部）

序号	指标分类	指标	计量单位	要求	备注
10	化学性	氨（NH₃）	mg/m³	≤0.20	1 小时平均
11		甲醛（HCHO）	mg/m³	≤0.08	1 小时平均
12		苯（C₆H₆）	mg/m³	≤0.03	1 小时平均
15		总挥发性有机化合物（TVOC）	mg/m³	≤0.60	8 小时平均
22	放射性	氡（²²²Rn）	q/m³	≤300	年平均ᶜ（参考水平ᵈ）

注：c 至少采样 3 个月（包括冬季）。

d 表示室内可接受的最大年平均氡浓度，并非安全与危险的严格界限。当室内氡浓度超过该参考水平时，宜采取行动降低室内氡浓度；当室内氡浓度低于该参考水平时，也可以采取防护措施降低室内氡浓度，体现辐射防护最优化原则。

4. 设计阶段初步自评

（1）室内污染物浓度

项目使用性质为：□住宅建筑、□公共建筑；

项目绿色建筑设计目标为：□基本级、□一星级、□二星级、□三星级；

是否进行全装修设计：□是、□否，装修范围是：_____；

室内空气质量设计依据的主要规范是：□《室内空气质量标准》（GB/T 18883—2022）、□《建筑环境通用规范》（GB 55016—2021）；

设计阶段对室内空气污染物浓度进行了预评估：□是、□否。

自评价时，可将室内主要空气污染物浓度列表统计，示例见表 11-1。

表 11-1 主要功能房间化学污染物浓度预评估结果统计表示例

房间编号	室内污染物浓度							是否达标
	氨/(mg/m³)	甲醛/(mg/m³)	苯/(mg/m³)	甲苯/(mg/m³)	二甲苯/(mg/m³)	TVOC/(mg/m³)	氡/(Bq/m³)	

(2) 禁烟设计

建筑室内和建筑主出入口处禁止吸烟，并在醒目位置设置禁烟标识：□是、□否；

项目室内外禁烟范围及相关设计是否满足所在地控烟条例的规定：□是、□否。

5. 证明材料提供

绿色建筑评价工作中，需要按照评价标准逐条准备相关材料，以证明项目控制项能达标或评分项可以得分。第 5.1.1 条要求在预评价时应提供相关设计文件、相关说明文件（装修材料种类、用量及禁止吸烟措施）、预评估分析报告；评价阶段应提供相关竣工图、相关说明文件（装修材料种类、用量及禁止吸烟措施）、预评估分析报告。投入使用的项目尚应查阅室内空气质量检测报告、禁烟标志。

（二）第 5.2.1 条

1. 条款原文

5.2.1 控制室内主要空气污染物的浓度，评价总分值为 12 分，并按下列规则分别评分并累计：

1 氨、甲醛、苯、总挥发性有机物、氡等污染物浓度比现行国家标准《室内空气质量标准》GB/T 18883 规定限值降低 10%，得 3 分；降低 20%，得 6 分；

2 室内 $PM_{2.5}$ 年均浓度不高于 $25\mu g/m^3$，且室内 PM_{10} 年均浓度不高于 $50\mu g/m^3$，得 6 分。

2. 参评指数

第 5.2.1 条是绿色建筑评价的"评分项"，与控制项第 5.1.1 条为相关条款，可根据项目自身定位及需求采取措施。

参评指数：★★★★

3. 评价注意事项

（1）室内污染物浓度 本条第 1 款是以第 5.1.1 条的要求为基础，对室内空气污染物的浓度进一步提出更高要求。如项目在投入使用之前进行评价，需在《建筑环境通用规范》（GB 55016—2021）规定的限值基础上再降低 10% 或 20%，分别得到 3 分或 6 分。其他情形的预评估方法与第 5.1.1 条相同。

（2）室内颗粒物浓度

① 预评价阶段。全装修项目可通过建筑设计参数（门窗渗透风量、新风量、净化设备效率、室内源等）及室外颗粒物水平（建筑所在地近一年环境大气监测数据），对建筑内部颗粒物浓度进行估算。计算方法可参考现行行业标准《公共建筑室内空气质量控制设计标准》（JGJ/T 461—2019）中室内空气质量设计计算的相关规定。

② 评价阶段。建筑内应具有颗粒物浓度监测传感设备，至少每小时对建筑内颗粒物浓度进行一次记录、存储，连续监测一年后取算术平均值，并出具报告。对于住宅建筑，应对每种户型的主要功能房间进行全年监测；对于公共建筑，应每层选取一个主要功能房间进行

全年监测。对于尚未投入使用或投入使用未满一年的项目，应对室内 $PM_{2.5}$ 和 PM_{10} 的年平均浓度进行预评估。

4. 选址阶段初步自评

（1）室内污染物浓度

项目使用性质为：□住宅建筑、□公共建筑；

项目绿色建筑设计目标为：□基本级、□一星级、□二星级、□三星级；

是否进行全装修设计：□是、□否，装修范围是：＿＿＿＿＿＿；

室内空气质量设计依据的主要规范是：□《室内空气质量标准》（GB/T 18883—2022）、□《建筑环境通用规范》（GB 55016—2021）；

设计阶段对室内空气污染物浓度进行了预评估：□是、□否。

自评价时，可将室内污染物的预评估结果列表统计，示例见表 11-2。

表 11-2　主要功能房间化学污染物浓度预评估结果统计表示例

房间编号	室内污染物浓度							是否达标
	氨 /mg/m³	甲醛 /mg/m³	苯 /mg/m³	甲苯 /mg/m³	二甲苯 /mg/m³	TVOC /mg/m³	氡 /Bq/m³	

（2）室内颗粒物浓度

室内主要功能房间安装有颗粒物浓度监测传感设备：□是、□否；

项目对室内 $PM_{2.5}$ 和 PM_{10} 的年平均浓度进行了预评估：□是、□否；

自评价时，可将主要功能房间室内 $PM_{2.5}$ 和 PM_{10} 年均浓度预评估结果列表统计，示例见表 11-3。

表 11-3　室内颗粒物浓度统计表示例

房间类型	室内 $PM_{2.5}$ 年均浓度/(μg/m³)	室内 PM_{10} 年均浓度/(μg/m³)	是否超标

项目对室内颗粒物浓度采取的控制措施包括：

□增强建筑围护结构气密性能，降低室外颗粒物向室内的穿透；

□对厨房等颗粒物散发源空间设置可关闭的门；

□对通风系统及空气净化装置进行合理设计和选型，并使室内具有一定的正压；

□采用空气净化器或户式新风系统控制室内颗粒物浓度；

□其他＿＿＿＿＿＿。

5. 证明材料提供

绿色建筑评价工作中，需要按照评价标准逐条准备相关材料，以证明项目控制项能达标或评分项可以得分。第 5.2.1 条要求在预评价时应提供相关设计文件、建筑材料使用说明（种类、用量）、污染物浓度预评估分析报告；评价阶段应提供相关竣工图、建筑材料使用说明（种类、用量）、污染物浓度预评估分析报告，投入使用的项目还应提供室内空气质量现场检测报告、$PM_{2.5}$ 和 PM_{10} 浓度计算报告（附原始监测数据）。

（三）第 5.2.2 条

1. 条款原文

5.2.2　选用的装饰装修材料满足国家现行绿色产品评价标准中对有害物质限量的要求，

评价总分值为 8 分。选用满足要求的装饰装修材料达到 3 类及以上，得 5 分；达到 5 类及以上，得 8 分。

2. 参评指数

第 5.2.2 条是绿色建筑评价的"评分项"，与控制项第 5.1.1 条为相关条款，可根据项目自身定位及需求采取措施。

参评指数：★★★★

3. 评价注意事项

（1）相关规范标准　有关部门于 2017 年起陆续发布了一系列绿色产品评价国家标准，对产品中有害物质种类及限量进行了严格、明确的规定。其中《绿色产品评价通则》（GB/T 33761—2024）规定了绿色产品评价的基本原则、评价指标和评价方法。针对具体类型进行专门规定的有《绿色产品评价　人造板和木质地板》（GB/T 35601—2024）、《绿色产品评价　涂料》（GB/T 35602—2017）、《绿色产品评价　卫生陶瓷》（GB/T 35603—2024）、《绿色产品评价　建筑玻璃》（GB/T 35604—2017）、《绿色产品评价　墙体材料》（GB/T 35605—2024）、《绿色产品评价　绝热材料》（GB/T 35608—2024）、《绿色产品评价　防水与密封材料》（GB/T 35609—2017）、《绿色产品评价　陶瓷砖（板）》（GB/T 35610—2024）、《绿色产品评价　木塑制品》（GB/T 35612—2024）、《绿色产品评价　纸和纸制品》（GB/T 35613—2024）等。

（2）评价方法　评价时，应将装饰装修材料按照内墙涂覆材料、木器漆、地坪涂料、壁纸、陶瓷砖、卫生陶瓷、人造板和木质地板、防水涂料、密封胶、家具等类别进行分类，计算各类材料中绿色产品的占比。每种材料用量达到相应品类总量的 80% 及以上时，本条可以得分。判定是否达到绿色产品要求的原则为：相应产品已经有绿色产品评价专项规定的，遵照其规定；暂未发布相关标准的其他装饰装修材料，其有害物质限量应达到现行有关国家、行业标准的要求。

4. 设计阶段初步自评

项目中计划选用满足绿色产品要求的装饰装修材料：□是、□否；

自评价时，可将绿色装饰装修材料的采购计划及要求列表统计，示例见表 11-4。

表 11-4　绿色装饰装修材料统计表示例

材料类别	绿色产品评价标准	绿色产品用量	该类材料总用量	绿色产品占比/%
木地板	《绿色产品评价　人造板和木质地板》GB/T 35601—2024			
涂料	《绿色产品评价　涂料》GB/T 35602—2017			
防水、密封材料	《绿色产品评价　防水和密封材料》GB/T 35609—2017			
陶瓷地砖	《绿色产品评价　陶瓷砖(板)》GB/T 35610—2024			
卫生陶瓷	《绿色产品评价　卫生陶瓷》GB/T 35603—2024			
…				

5. 自评报告说明举例

简要说明项目选用的绿色产品相关评价标准、基准值及适用范围（200 字以内）。举例如下（具体内容以××替代）。

本项目选用的木地板满足国家现行绿色产品评价标准《绿色产品评价　人造板和木质地板》（GB/T 35601—2024）的要求，用于××等部位；涂料满足国家现行绿色产品评价标准《绿色产品评价　涂料》（GB/T 35602—2017）的要求，用于××等部位；密封材料满足国家现行绿色产品评价标准《绿色产品评价　防水和密封材料》（GB/T 35609—2017）的要求，用于××等密封处；陶瓷地砖满足国家现行绿色产品评价标准《绿色产品评价　陶瓷砖（板）》（GB/T 35610—2024）的要求，用于××等部位；卫生陶瓷满足国家现行绿色产品评价标准《绿色产品评价　卫生陶瓷》（GB/T 35603—2024）的要求。

6. 证明材料提供

绿色建筑评价工作中，需要按照评价标准逐条准备相关材料，以证明项目控制项能达标或评分项可以得分。第 5.2.2 条要求在预评价时应提供相关设计文件；评价阶段应提供相关竣工图、工程决算材料清单、产品检验报告。

（四）第 7.2.14 条

1. 条款原文

7.2.14　建筑所有区域实施土建工程与装修工程一体化设计及施工，评价分值为 8 分。

2. 参评指数

第 7.2.14 条是绿色建筑评价的"评分项"，星级绿色建筑应进行全装修，应具备实施土建工程与装修工程一体化设计及施工的基础。

参评指数：住宅项目★★★★；政府投资的公建项目★★★★；其他公建项目★★★

3. 评价注意事项

（1）概念界定　本条所指的"建筑全部区域"不包含设备间、机房等非装修区域。

（2）评价要求

①"土建和装修一体化设计"的要求。在土建设计时充分考虑建筑空间功能改变的可能性及装饰装修（包括室内、室外、幕墙、陈设）、机电（暖通、电气、给水、排水外露设备设施）设计的各方面需求，事先进行孔洞预留和装修面层固定件的预埋，避免在装修时对已有建筑构件打凿、穿孔。

②"土建装修一体化施工"的要求。提前让机电、装修施工介入，综合考虑各专业需求，避免发生错漏碰缺、工序颠倒、操作空间不足、成品破坏和污染等问题。

4. 设计阶段初步自评

（1）住宅建筑

实现土建与装修一体化设计的户数：_____；住宅总户数：_____；

实现土建与装修一体化设计的户数占比：_____%。

（2）公共建筑

土建与装修一体化设计的部位：□所有部位、□公共部位、□其他情形_____；

实现土建与装修一体化设计部位的面积：_____ m²，总建筑面积：_____ m²；

实现土建与装修一体化设计的面积占比：_____%。

5. 自评报告说明举例

简要说明项目土建和装修一体化的设计、施工情况（200 字以内）。举例如下。

本项目采用土建与装修一体化设计，设计时充分考虑建筑空间功能改变的可能性及装饰装修、机电设计的需求，事先进行孔洞预留和装修面层固定件的预埋，避免破坏建筑构件和设施。

6. 证明材料提供

绿色建筑评价工作中，需要按照评价标准逐条准备相关材料，以证明项目控制项能达标或评分项可以得分。第 7.2.14 条要求在预评价时应提供土建、装修各专业施工图及其他证明材料；评价阶段应提供土建、装修各专业竣工图及其他证明材料。

二、其他相关条款

1. 条款原文

3.2.8　绿色建筑星级等级应按下列规定确定：

  2　一星级、二星级、三星级 3 个等级的绿色建筑均应进行全装修，全装修工程质量、选用材料及产品质量应符合国家现行有关标准的规定。

2. 参评指数及评价注意事项等

  第 3.2.8 条是星级绿色建筑评价的基本要求，与绿色建筑评价指标体系中的"控制项"类似，是建设项目评定为星级绿色建筑的基础条件。第 3.2.8 条第 2 款释义详见本书第一章第二节"三、"下的"（一）"中的内容。

第四篇　绿色建筑施工管理

第十二章

绿色施工概述

第一节　绿色施工的发展现状

一、相关政策

2006 年 7 月，住建部发布了《关于进一步加强建筑业技术创新工作的意见》（建质〔2006〕174 号），提出要："有效应用清洁生产技术，推进'绿色施工'，减少施工对环境的负面影响。"随后，为贯彻《国务院关于加强节能工作的决定》（国发〔2006〕28 号），建设部于 2006 年 9 月发布了《关于贯彻〈国务院关于加强节能工作的决定〉的实施意见（建科〔2006〕231 号），指出要："研究制定《民用建筑工程绿色施工导则》，推广应用资源节约型和环保型的施工方式，通过资源的综合利用、短缺资源代用以及二次资源回用，降低对各类资源的消耗，减少建筑废料和污染物的生成和排放，减少施工对环境的影响。"

2010 年 3 月，第六届国际绿色建筑与建筑节能大会暨新技术与产品博览会上提到："与传统施工方式相比，绿色施工方式每平方米能耗可以减少约 20％，水耗可以减少 63％，木模板消耗量减少 87％，产生的施工垃圾量减少 91％。"大会强调了绿色施工的推广对于节约资源的重要性。同年 4 月份，建设部工程质量安全监管司在 2010 年工作思路中提出要"大力推行绿色施工，促进建筑业发展方式转变"。

2012 年 4 月，中国建筑业协会绿色施工分会成立，重点开展以下工作：

宣传、贯彻和落实国家有关建筑绿色施工的方针政策、法规、规章和标准，向政府主管部门提供绿色施工方面的信息和建议，为政府管理和决策提供服务；

编制绿色施工有关规范和规程；

开展绿色施工人才培训、诚信评价等工作；

制订和提出绿色施工研究课题，组织会员、大专院校专家学者进行专题论证和开发创新；

传播、交流、推广绿色施工的理念、知识、方法、经验和研究创新成果；

做好绿色施工信息服务，搜集整理、编写有关教材和研究资料；

组织开展"两岸三地"和国际建造业绿色施工范畴的交流与合作。

此后，"绿色施工"被多次列为住建部建筑节能与科技司工作要点、住建部科学技术计划项目、工程质量治理行动方案、住建领域节能减排专项监督检查等一系列活动的主要内容之一，并因此受到了更广泛关注，引起了业界重视。同时相关政策不断推进，规范标准也日趋完善。

2019 年 9 月，《国务院办公厅转发住房城乡建设部关于完善质量保障体系提升建筑工程品质指导意见的通知》（国办函〔2019〕92号）中第三部分第（五）条明确由住房和城乡建设部、发展改革委、工业和信息化部、市场监管总局负责推行绿色建造方式，推进绿色施工。

2020年5月，《住房和城乡建设部关于推进建筑垃圾减量化的指导意见》（建质〔2020〕46号）发布，提出了"2020年底，各地区建筑垃圾减量化工作机制初步建立，2025年底，各地区建筑垃圾减量化工作机制进一步完善，实现新建建筑施工现场建筑垃圾（不包括工程渣土、工程泥浆）排放量每万平方米不高于300吨，装配式建筑施工现场建筑垃圾（不包括工程渣土、工程泥浆）排放量每万平方米不高于200吨"的工作目标，将"推广绿色施工"作为实现目标的主要措施之一。

2020年8月，住建部联合教育部、科技部、工业和信息化部、自然资源部、生态环境部、人民银行、市场监督管理总局、原银保监会等多部门发布行政规范性文件《住房和城乡建设部等部门关于加快新型建筑工业化发展的若干意见》（建标规〔2020〕8号），其中第十三条指出："推行装配化绿色施工方式，引导施工企业研发与精益化施工相适应的部品部件吊装、运输与堆放、部品部件连接等施工工艺工法，推广应用钢筋定位钢板等配套装备和机具，在材料搬运、钢筋加工、高空焊接等环节提升现场施工工业化水平。"对绿色施工的工艺提出了更高要求。

2021年5月，住建部行政规范性文件《住房和城乡建设部等15部门关于加强县城绿色低碳建设的意见》（建村〔2021〕45号）发布，其第二部分第（五）条明确县城新建建筑要全面推行绿色施工，将绿色施工相关要求的实施范围深入到县一级层面。

2023年11月，住建部发布了《住房城乡建设部关于全面推进城市综合交通体系建设的指导意见》（建城〔2023〕74号），其第四部分的第（二）条指出："在城市交通基础设施建设中……推广绿色施工，重视施工后期生态修复，推进废旧建材、项目渣土等再生资源循环利用。"明确在市政交通建设领域推广绿色施工。

二、技术标准发布情况

2007年9月，《绿色施工导则》正式印发，其中第1.3条首次对绿色施工进行了定义："绿色施工是指工程建设中，在保证质量、安全等基本要求的前提下，通过科学管理和技术进步，最大限度地节约资源与减少对环境负面影响的施工活动，实现四节一环保（节能、节地、节水、节材和环境保护）。"同时，导则明确了绿色施工的内容框架（详见图12-1）及一些具体的技术性要求。

2010年11月，住建部发布了国家标准《建筑工程绿色施工评价标准》（GB/T 50640—2010，现已废止），首次从标准层面对关于绿色施工的评价工作进行了规范，明确了绿色施工评价的框架体系。评价要素包括环境保护、节材与材料资源利用、节水与水资源利用、节能与能源利用、节地与土地资源保护等五个方面。

2014年1月，《建筑工程绿色施工规范》（GB/T 50905—2014）发布，自2014年10月1日起实施。该规范在"基本规定"部分明确了建设单位、设计单位、监理单位在绿色施工方面应履行的职责，并从施工准备、施工场地、地基与基础工程、主体结构工程等四个方面对绿色施工提出了基本的技术性要求。

2023年9月，《建筑与市政工程绿色施工评价标准》（GB/T 50640—2023，自2024年5月1日起实施）正式发布，替代了《建筑工程绿色施工评价标准》（GB/T 50640—2010）。标准的修订意味着绿色施工的评价工作由"建筑工程"领域扩展到了"市政工程"领域，评价范围更加全面、内容更加完整，且与《绿色建筑评价标准》（GB/T 50378—2019，2024

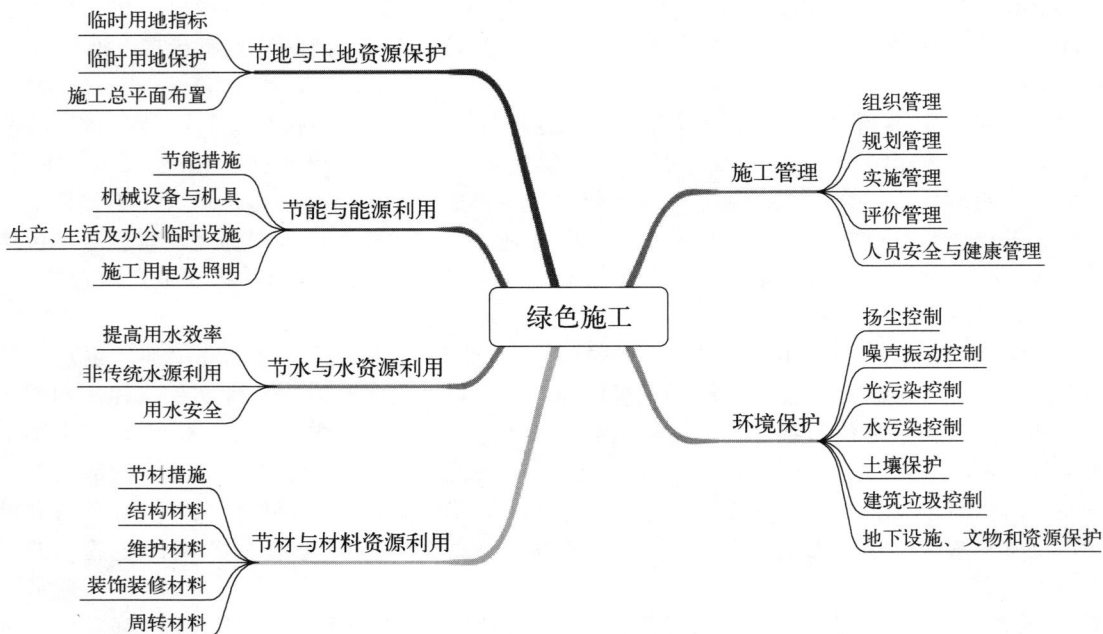

图 12-1 《绿色施工导则》中的绿色施工内容框架示意图（作者改绘）

年版）的版本更迭统一一致。

结构专业及施工验收方面的国家标准或行业标准中也有绿色施工相关章节，如《高层建筑混凝土结构技术规程》（JGJ 3—2010）第 13 章 13 节、《建筑地基基础工程施工规范》（GB 51004—2015）第 10 章、《建设工程施工现场环境与卫生标准》（JGJ 146—2013）第 4 章、《建设工程项目技术负责人执业导则》（RISN-TG017—2014）第 5 章第 7 节等。

第二节　绿色施工管理体系

《建筑与市政工程绿色施工评价标准》（GB/T 50640—2023）在 2010 年版本的基础上，结合"绿色建筑"定义的调整，对"绿色施工"的定义进行了修改。目前的"绿色施工"是指："在保证质量、安全等基本要求的前提下，以人为本，因地制宜，通过科学管理和技术进步，最大限度地节约资源，减少对环境负面影响的施工活动。"标准同时明确"绿色施工评价"是"对工程建设项目绿色施工水平及效果进行评判的活动。"可见绿色施工实施效果如何，最终还是要通过系统性的评价工作来判定。下面按照绿色施工的实施过程中的工作顺序，结合绿色施工专项评价的相关要求，简单介绍绿色施工的管理体系。

一、绿色施工策划

《建筑与市政工程绿色施工评价标准》（GB/T 50640—2023）第 3.2 节对于绿色施工策划作出了基本规定。首先，项目部应对绿色施工的影响因素进行分析，明确绿色施工的目标和要求，并进行绿色施工策划。策划阶段要充分了解绿色施工的评价要素，对评价条款进行取舍，最后通过编制绿色施工组织设计、绿色施工方案和绿色施工技术交底等文件来落实策划要求。

绿色施工策划文件包括两大等效体系，即"绿色施工组织设计体系"和"绿色施工专项方案体系"。绿色施工组织设计体系由绿色施工组织设计、绿色施工方案、绿色施工技术交底三大部分组成。绿色施工专项方案体系由传统施工组织设计、传统施工方案、绿色施工专项方案、绿色施工技术交底等四个主要部分组成。一般情况下，采用绿色施工组织设计体系将绿色施工策划文件与传统策划文件合二为一，更有利于文件简化，便于绿色施工的实施及评价。策划阶段应制订绿色施工过程的记录方案，记录方式包括影像资料和有效的文字记录，记录应妥善分类、分阶段存储，以便在后续的评价工作中作为证明材料使用。

二、绿色施工组织设计

《建筑与市政工程绿色施工评价标准》（GB/T 50640—2023）第 3.2.4 条明确，绿色施工组织设计及其方案应包括技术和管理创新的内容及相应措施，此为绿色施工评价的基本要求，需引起重视，切忌缺漏。

在编制绿色施工组织设计时，有些内容是与绿色建筑评价工作息息相关的，以《绿色建筑评价标准》（GB/T 50378—2019，2024 年版）的"安全耐久"部分为例，应在绿色施工组织设计中有所体现的有以下条款。

4.1.3　外遮阳、太阳能设施、空调室外机位、外墙花池等外部设施应与建筑主体结构统一设计、施工。

4.1.4　建筑内部的非结构构件、设备及附属设施等应连接牢固并能适应主体结构变形。

4.1.5　建筑外门窗必须安装牢固，其抗风压性能和水密性能应符合国家现行有关标准的规定。

第十三章

绿色施工评价

第一节 绿色施工评价体系

一、绿色施工评价标准

绿色施工评价的现行技术性国家标准是《建筑与市政工程绿色施工评价标准》（GB/T 50640—2023），该标准可广泛适用于新建、扩建、改建及拆除等建筑工程与道路、桥梁和隧道等市政工程的绿色施工评价工作。该标准中的评价指标可分为控制项、一般项、优选项三类。其中控制项是绿色施工过程中必须达到要求的条款，相当于其他规范、标准中的强制性条款；一般项是绿色施工过程中实施难度和要求适中的条款，在绿色施工策划阶段应尽量考虑达到一般项的要求；优选项是绿色施工中实施难度较大、要求较高的条款，绿色施工在策划时可结合项目具体条件考虑是否参与各优选项的评价。

此外，《建筑与市政工程绿色施工评价标准》（GB/T 50640—2023）还设置了"技术创新评价指标"，该指标与绿色施工评价的总体框架相对独立，但其得分可与其他评价指标总分相加构成"单位工程评价总分"。评价标准第7.0.2条列举了"技术创新评价指标"的主要内容，包括：装配式施工技术，信息化施工技术，基坑与地下工程施工的资源保护和创新技术，建材与施工机具和设备绿色性能评价及选用技术，钢结构、预应力结构和新型结构施工技术，高性能混凝土应用技术，高强度、耐候钢材应用技术，新型模架开发与应用技术，建筑垃圾减排及回收再利用技术，其他先进施工技术。

可以看出，即使是绿色施工评价，一般可能不会考虑参评的"技术创新评价指标"，其中装配式施工技术，建材与施工机具和设备绿色性能评价及选用技术，钢结构、预应力结构和新型结构施工技术，高性能混凝土应用技术等内容仍然同时在2024年版《绿色建筑评价标准》（2024年版）GB/T 50378—2019的第7.2.15、7.2.16、7.2.17、7.2.18、9.2.5条等条款中有相应的体现。因此，我们在进行绿色施工策划时可结合绿色施工与绿色建筑评价工作的相关性统筹考虑，以达到双管齐下、事半功倍的效果。

二、绿色施工评价的主要内容

绿色施工评价的框架体系在《建筑与市政工程绿色施工评价标准》（GB/T 50640—2023）有明确的规定，详见图13-1。

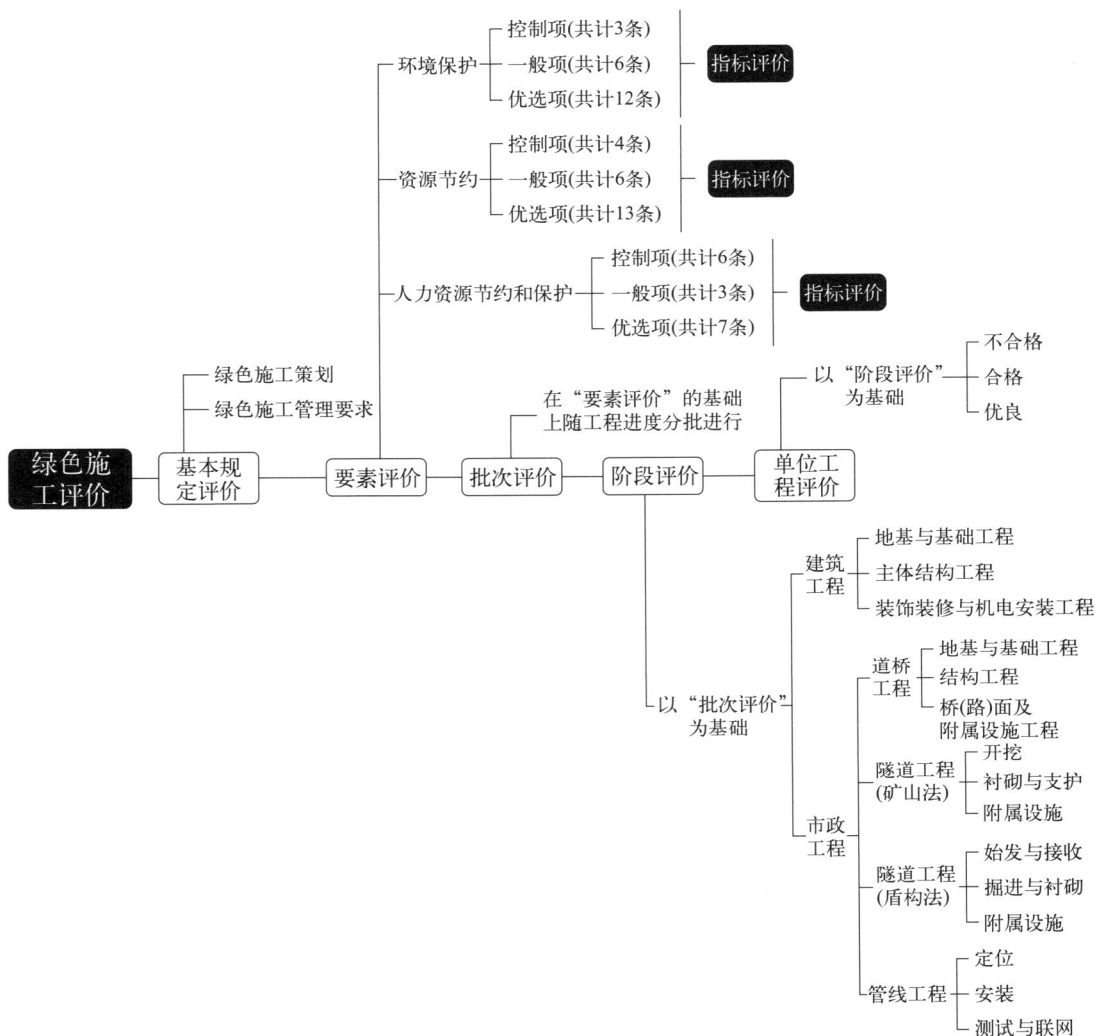

图 13-1 绿色施工评价框架体系示意图（作者自绘）

第二节 2024 年版评价标准相关条款

一、第 9.2.8 条

（一）条款原文

9.2.8 按照绿色施工的要求进行施工和管理，评价总分值为 20 分，并按下列规则分别评分并累计：

1 单位工程单位面积的用电量比定额节约 10% 以上，得 4 分；

2 采取措施加强建筑垃圾回收再利用，建筑垃圾回收利用率不低于 50%，得 4 分；

3 采取措施减少预拌混凝土损耗，损耗率降低至 1.0%，得 4 分；

4 采取措施减少现场加工钢筋损耗，损耗率降低至 1.5%，得 4 分；

5 现浇混凝土构件采用高周转率、免抹灰的新型模架体系，得 4 分。

（二）参评指数

第 9.2.8 条是绿色建筑评价的"加分项"，可根据项目特点，分析可采用的创新性施工措施并制订方案，逐项落实。

参评指数：★★★

（三）评价注意事项

绿色施工是指在工程项目施工周期内严格进行过程管理，在保证质量、安全等基本要求的前提下，通过科学管理和技术进步，最大限度地节约资源（节材、节水、节能、节地）、保护环境和减少污染，实现环保、节约、可持续发展的施工工程。

1. 控制电力消耗

电力消耗是施工阶段碳排放的主要来源之一，有效控制施工用电对于减少碳排放、推动绿色低碳施工具有重要意义。国家标准《建筑与市政工程绿色施工评价标准》（GB/T 50640—2023）对施工用电控制提出要求，在"5 资源节约评价指标"章节的优选项中规定"单位工程单位面积的用电量比定额节约 10% 以上"。

2. 建筑垃圾回收再利用

建筑垃圾回收再利用既节约资源，又减少碳排放、保护环境，是绿色低碳施工的重要措施。国家标准《建筑与市政工程绿色施工评价标准》（GB/T 50640—2023）中对建筑垃圾回收再利用提出了相应要求，在"4 环境保护评价指标"章节优选项中规定"建筑垃圾回收利用率不低于 50%"。

3. 控制预拌混凝土损耗率

预拌混凝土损耗率控制是减少混凝土损耗、降低混凝土消耗量的重要手段。我国各地方的工程量预算定额对预拌混凝土损耗率提出了要求，一般规定预拌混凝土的损耗率为 1.5%。大量工程经验表明，通过合理的施工组织设计、精细化的管理和科学的施工方法，可以有效控制预拌混凝土的损耗率，并将损耗率降低至 1.0% 以下。

预拌混凝土损耗率可按以下方法计算：

$$预拌混凝土损耗率 = \frac{（预拌混凝土进货量 - 工程需要预拌混凝土理论量）}{工程需要预拌混凝土理论量} \times 100\%$$

式中，预拌混凝土进货量依据预拌混凝土进货单或其他有关证明材料；工程需要预拌混凝土理论量为业主给出的按施工图计算的预拌混凝土工程量计算单中预拌混凝土的合计量。

4. 减少钢筋损耗

钢筋是混凝土结构建筑的大宗消耗材料。钢筋浪费是建筑施工中普遍存在的问题，如设计、施工不合理都会造成钢筋浪费。因此，对钢筋损耗的控制是施工中节材的重要举措。我国各地方的工程量预算定额，根据钢筋的规格不同，一般规定的损耗率为 2.5%～4.5%。大量工程经验表明，通过采取优化钢筋配料计划、提高加工精度、加强现场管理等一系列措施，可以显著减少现场加工钢筋的损耗，将损耗率降至 1.5% 以下。

现场加工钢筋损耗率可按以下方法计算：

$$现场加工钢筋损耗率 = \frac{（钢筋进货量 - 工程需要钢筋理论量）}{工程需要钢筋理论量} \times 100\%$$

式中，现场加工钢筋损耗率的基础资料包括钢筋工程量清单、钢筋用量结算清单、钢筋进货单或其他有关证明材料；工程需要钢筋理论量为业主给出的按施工图计算的钢筋工程量清单中钢筋的合计量。

5. 采用新型模架体系

现浇混凝土构件，施工时采用高周转率的新型模架体系，提高模架使用效率，提高混凝土成型质量，实现"免抹灰"效果。如铝模体系等，可确保构件表面的平整度，避免二次找平粉刷，从而节约材料，降低材料消耗。

（四）施工阶段初步自评

1. 电力消耗

单位工程单位面积的用电量比定额节约10％以上：□是、□否。

2. 建筑垃圾回收再利用

是否进行垃圾回收再利用：□是、□否；

建筑垃圾回收利用率不低于50％：□是、□否。

3. 预拌混凝土损耗率

是否采取措施减少预拌混凝土损耗，且损耗率降低至1.0％：□是、□否；

损耗率为_____％。

4. 钢筋损耗

是否采取措施减少现场加工钢筋损耗，且损耗率降低至1.5％：□是、□否；

损耗率为_____％。

5. 新型模架体系

现浇混凝土构件，施工时采用高周转率的新型模架体系：□是、□否。

（五）自评报告说明举例

简要说明项目施工管理体系和组织机构中针对绿色建筑、绿色施工而制订或设置的相应内容及其落实情况（150字以内）。举例如下（具体内容以××替代）。

本项目编制了专项施工组织设计方案，并通过组织管理、规划管理、实施管理等管理手段，结合考核与监督机制，将绿色施工有关内容分解到施工管理体系当中，最后实施结果达到了绿色施工策划目标，包括：

采取措施减少预拌混凝土及现场加工钢筋损耗，目标损耗率降低至1.0％，实际预拌混凝土损耗率为××％，达到目标要求。

（六）证明材料提供

绿色建筑评价工作中，需要按照评价标准逐条准备相关材料，以证明项目控制项能达标或评分项可以得分。第9.2.8条不参与预评价，在评价阶段应提供建筑垃圾统计台账、计算文件，非实体材料进出场统计台账、计算文件，混凝土用量结算清单、预拌混凝土进货单，施工单位统计计算的预拌混凝土损耗率、现场钢筋加工的钢筋工程量清单、钢筋用量结算清单、钢筋进货单，施工单位统计计算的现场加工钢筋损耗率、铝模材料设计方案及施工日志。

二、第9.2.10条

（一）条款原文

9.2.10　采取节约资源、保护生态环境、<u>降低碳排放</u>、保障安全健康、智慧友好运行、传承历史文化等其他创新，并有明显效益，评价总分值为40分。每采取一项，得10分，最高得40分。

（二）参评指数

第9.2.10条是绿色建筑评价的"加分项"，可根据项目特点，分析可采用的创新性施工措施并制订方案，逐项落实。

参评指数：★★

（三）评价注意事项

本条旨在鼓励和引导项目采用不在本标准所列的绿色建筑评价指标范围内，但可在保护自然资源和生态环境、节约资源、降低碳排放、减少环境污染、提升健康水平和宜居性、智能化系统建设、传承历史文化等方面实现良好性能提升的创新技术和措施，以此提高绿色建筑技术水平。

当某项目采取了创新的技术措施，并提供了足够证据表明该技术措施可有效提高环境友好性，提高资源与能源利用效率，实现可持续发展或具有较大的社会效益时，可参与评审。项目的创新点应显著超过相应指标的要求，或达到合理指标但具备显著降低成本或提高工效等优点。本条未列出所有的创新项内容，只要申请方能够提供足够的相关证明并通过专家组的评审，即可认为满足要求。

具体可从以下几个方面着手。

（1）节约资源　鼓励项目在达到第9.2.1条"低能耗建筑"的基础上，进一步采取相关技术措施，实现"零能耗建筑"；在第4.2.8条得分的基础上进一步提高建筑在正确维护条件下的设计使用年限；结合第7.2.14条及第9.2.5条的相关要求，以技术经济合理为前提，达到较高的建筑装配率或构件预制率。

（2）保护生态环境　鼓励项目在制订海绵专项设计时，以设计重现期内雨水零排放为目标并落实；对建筑污水、废水，采取梯级利用、生态处理、再生利用等技术手段就地消纳，在项目范围内实现污废水的零排放；有效保护场地内的大型乔木和其他具有生态价值的植被。

（3）降低碳排放　鼓励项目将对资源节约、环境保护的要求贯穿到建筑全寿命期，加强对建筑设计、建材选用、施工建造、运行维护以及报废拆除阶段中低碳技术和产品的应用，助力城乡建设领域全面低碳发展。建筑全寿命期碳排放分析应满足现行国家标准《建筑碳排放计算标准》（GB/T 51366—2019）的要求，在具体计算时，应注意不同阶段碳排放强度的表述差异，结论应以建筑全寿命期碳排放强度（$kgCO_2/m^2$）表示，并应体现各项碳减排措施的贡献率。在分析方法、计算范围以及数据来源上，应严格执行现行国家标准《建筑碳排放计算标准》（GB/T 51366—2019）的规定；现行国家标准《建筑碳排放计算标准》（GB/T 51366—2019）未作规定的内容，可采用国家或地方发布的有关标准、规定。对于已竣工投入使用的建筑，应根据工程施工情况、运行情况进行修正。

（4）保障安全健康　鼓励项目申请健康建筑设计、运行标识；结合声环境模拟技术对环境声景采取专项优化设计；在营造光环境时充分考虑人体的自然生理节律；结合日照分析和模拟技术，对场地内的遮阳进行专项优化设计；选用建筑材料时，在满足评价标准相关条款及其他规范、标准要求的基础上，大幅度提高材料的防腐、防火、耐久、环保等性能；满足基本使用要求的同时采用特低电压直流供电，保障建筑、景观等末端用电的安全。

（5）智慧友好运行　鼓励项目按照智慧建筑的有关标准进行设计、建造并申请相关的评价认定；在智慧管理、智慧服务、智慧家居、智慧教育展示、人工智能、大数据收集及分析等方面取得突出效果，引入专项论证机制并论证通过。

（6）传承历史文化　鼓励项目在策划及设计阶段采取能够反映当地历史风貌、地方特色的方案；对建设用地内具有较高文化价值的传统建筑进行保护；在利用历史建筑时采取适当措施，保证不破坏其历史价值，不改变其特征要素，可引入专项论证机制并论证通过。

（四）初步自评

项目采用以下哪些方面创新技术和措施提高绿色建筑技术水平：□节约能源资源、□保护生态环境、□降低碳排放、□保障安全健康、□智慧友好运行、□传承历史文化、□其他_____。

（五）证明材料提供

绿色建筑评价工作中，需要按照评价标准逐条准备相关材料，以证明项目控制项能达标或评分项可以得分，《绿色建筑评价标准》在各个条款的条文说明中均有明确要求。第9.2.10条要求在预评价、评价阶段均应提供相关设计文件分析论证报告及相关证明材料。其中，分析论证报告应包括以下内容：

① 创新内容及创新程度（如超越现有技术的程度，在关键技术、技术集成和系统管理方面取得重点突破或集成创新的程度）；

② 应用规模，难易复杂程度及技术先进性（应有对国内外现状的综述与对比）；

③ 经济、社会、环境效益、发展前景与推广价值（如对推动行业技术进步、引导绿色建筑发展的作用）。

对于投入使用的项目，尚应补充创新应用的实际情况及效果。

第五篇　建筑运行维护

第十四章

绿色物业管理

第一节　绿色建筑运行

一、绿色物业管理的定义

2012 年 10 月，时任住建部副部长仇保兴在出席"严寒和寒冷地区绿色建筑联盟"成立大会暨第一届绿色建筑技术论坛时作题为《北方地区绿色建筑行动纲要》的主旨演讲，提出"绿色建筑要达到实效，必须是三个环节联动，即绿色建筑自身的设计施工，绿色的物业管理，然后再加上居民的行为节能，这三个环节叠加起来，哪个环节都不能缺，才能发挥效益"。《北方地区绿色建筑行动纲要》将"智能化与绿色物业"列为绿色建筑发展的主要工作内容之一，并指出："如何使智能建筑与绿色物业管理结合有三大原则。第一，信息替代原则。就是'多用信息，少用能源'原则。如果提高信息化水平，比如开会不用像现在这样跑，而是开个电视电话会议。这样多用信息就可以少用能源。第二是信息便利原则。就是'多用信息，少用劳力'原则。比如供热计量，采用自动化的计表系统，完全是遥控的、智能化的，不需入户读表。现在大部分城市居民都是小家庭，平常都上班上学，冬天上班去把暖气关掉，然后下班的时候用手机遥控把家里的供热打开，回到家时就可以享受暖洋洋的房间。这中间起码有六个小时完全可以把暖气关掉，保持室内气温零上五度就行。所以，许多节能问题都可采用简单的智能化手段解决。第三是'多用信息，少用管理'原则。即信息管理大众化、傻瓜化。安装了建筑物能耗在线监测系统以后，建筑物的能耗状况变得很直观，此时此刻建筑物的耗能多少，CO_2 排放多少，每平方米建筑一年累计能耗和排放是多少，在所在城市总量处于第几名，单位能耗第几名，不符合节能标准的就进行改造。"

随着绿色建筑的发展，绿色建筑理念不断扩展，社会越来越重视绿色建筑在交付使用后的绿色性能，开始强调建筑在"全寿命周期"中实现低碳环保的建设目标，对物业管理提出了更多资源节约和环境保护的要求。物业服务企业以科学管理、技术改造和行为引导为本责，以有效降低能耗、节约资源和保护环境为目标，通过开展以节能、节水、垃圾分类、环境绿化、污染防治等为主要内容的绿色物业管理活动，为业主和物业使用人营造安全、舒适、文明、和谐、美好的工作和生活环境，逐渐形成了"绿色物业管理"理念。

那么何谓"绿色物业管理"？绿色物业管理是按照环境保护和生态发展的要求，从可持续发展的角度，以人居环境为管理对象，以国家法律法规和合同契约为管理依据，以环保、节能、智能化等现代化科学管理技术为主要手段，以建立向业主提供全面、周到、高效、专业、经济、互利的服务网为管理核心，以营造安全、环保、舒适、文明、和谐、健康的人居环境和满足使用者对健康生活的多层次需求为目标而展开的一系列管理活动。

二、绿色建筑运行现状

通过科学管理、技术改造和行为引导，绿色物业管理活动致力于最大限度地节约资源、保护环境和减少污染，致力于构建以人为本、绿色低碳、安全美好的工作和生活环境的可持续物业管理活动。绿色物业管理不仅能提升物业服务的质量和效率，也促进了绿色建筑的发展，为实现碳达峰、碳中和的目标作出了积极贡献。但是，我国绿色建筑竣工验收后，普遍存在着运营管理与设计、施工脱节的现象，运营阶段的发展仍落后于设计阶段，有进一步提升的空间，主要存在以下问题。

（一）设计、施工、运行之间协调不足

运行维护阶段是建筑的应用阶段，其主要目标之一是使建筑设计功能与使用功能协调一致，保证建筑中各种功能组成要素运行正常，各个设备系统配合得当。实现这一目标需要有标准化的管理程序，落实各相关方的职责。而我国建筑工程从建设管理程序上看，设计、施工和运行维护阶段的实施主体不同，各责任主体均对自己实施部分的阶段性目标负责，而对各阶段之间的衔接和协调重视不足，导致运行效果打了折扣。

（二）建筑运行前的系统调试不到位

绿色建筑的评价体系虽然已覆盖建筑全过程，但对各建筑系统的调试验收工作监督力度不足，且尚未正式将系统调试工作纳入评价范围，仅由施工单位在项目竣工时进行简单的调试。这就导致当前的绿色建筑在工程验收和建筑系统试运行之间存在脱节的可能性，使得建筑环境控制系统没有在合理的工况下运行调试，从而引发调试工作与实际运行情况不符的现象，这在功能和系统复杂的绿色建筑中尤为明显。由于系统调试不当，绿色建筑在运行维护阶段会出现运行能耗高、维护费用大、设备寿命短、楼宇自控和室内环境无法达到用户需求等现象，从而脱离建设目标。

（三）绿色物业管理体系尚未健全

在项目层面，绿色物业管理体系涵盖的内容较多，除却一般物业管理工作包括的设备设施运行维护、水电气暖能耗管理、消防安防、环境绿化等方面，还要重视运行过程中的能耗管理、资源节约，并考虑引入智能化管理系统，制订绿色建筑理念宣传、用户体验调查和反馈计划等。但目前大部分绿色建筑的物业管理工作深度尚未满足评价要求，存在管理内容缺失和管理制度落实不到位的现象。

在监管层面，绿色物业管理尚未在政府物业项目中广泛推行，大型物业服务企业难以发挥行业引领作用，且缺乏相关的激励政策，导致物业管理企业对于绿色物业管理工作的认识程度有待提高，影响了绿色物业管理理念的普及和落地。

第二节 相关规范、标准

一、《绿色建筑运行维护技术规范》（JGJ/T 391—2016）

为了贯彻国家技术经济政策，节约资源，保护环境，推进可持续发展，规范绿色建筑运行维护，做到低碳、节能、节地、节水、节材和保护环境，保证实际效果，住建部组织编制了行业标准《绿色建筑运行维护技术规范》（JGJ/T 391—2016）。该规范第 3.0.1 条明确"绿色建筑运行维护应包括综合效能调适、交付、运行维护和运行维护管理等环节"，并在第 3.0.2 条至第 3.0.5 条规定了绿色建筑运行维护、能效实测评估、可再生能源建筑应用系统的能效测评分别应符合现行《绿色建筑评价标准（2024 年版）》（GB/T 50378—2019）、《建筑能效标识技

术标准》（JGJ/T 288—2012）、《可再生能源建筑应用工程评价标准》（GB/T 50801—2013）的有关规定，为绿色建筑的运行维护制定了基本的框架，确定了管理工作的技术目标。

该规范的主要内容框架详见图 14-1。对于运行维护管理，规范第 7 章特别提出"运行维护管理单位应制定完善的运行维护操作规程、工作管理制度、经济管理制度""宜建立绿色教育宣传机制，编制绿色设施使用手册"，同时应针对绿色建筑运行制订以下专项管理制度：

① 废水、废气、固态废弃物及危险物品管理制度；

② 绿化、环保及垃圾处理专项管理制度；

③ 设备设施运行的节能操作规程；

④ 设备设施与运行状态的监测方法、操作规程及故障诊断与处理办法。

以上管理要求与绿色建筑评价工作内容契合，需要物业管理单位在执行绿色物业管理标准时予以重视。

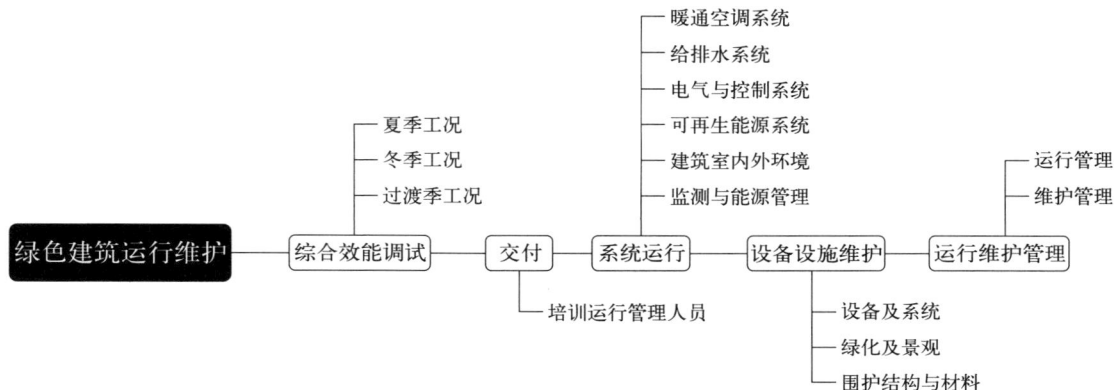

图 14-1　《绿色建筑运行维护技术规范》（JGJ/T 391—2016）主要内容框架

规范最后在附录中给出了绿色建筑运行维护评价的相关要求，是各地在没有相关地方标准发布前，开展绿色建筑运行维护评价的主要依据。规范将绿色建筑运行维护的评价指标体系分为三级，一级由综合效能调试与交付、系统运行、设备设施维护、运行维护管理四类指标组成；二级指标为一般规定和评分项；三级指标为具体的条文。同时明确各章节中的"一般规定"部分作为"控制项"要求，评价结果为满足或不满足；其他具体条款为"评分项"，评价结果为分值。在满足全部控制项的前提下，评定结果分为三个等级，达到 50 分为 1A（A）级，达到 60 分为 2A（AA）级，达到 80 分为 3A（AAA）级。

二、《绿色物业管理项目评价标准》（SJG 50—2022）

深圳市在绿色物业管理方面始终走在全国前列。2011 年，深圳市发布了我国首部以绿色物业管理为主题的技术规程——《深圳市绿色物业管理导则（试行）》，标志着深圳市在行业的转型升级中率先举起"绿色物业管理"旗帜，组织和引导物业服务企业实施绿色物业管理，推广绿色物业管理模式。2018 年，深圳市出台了全国首部评价绿色物业管理实施质量的地方标准——《绿色物业管理项目评价标准》（SJG 50—2018），旨在推广绿色物业管理模式，并取得了一定成效。不过，随着我国建筑资源节约和环境保护技术的快速进步以及物业管理模式的不断改进，2018 年版的《绿色物业管理项目评价标准》（SJG 50—2018）已不能完全适应新时代绿色物业管理实践及评价工作的需要。因此，《绿色物业管理项目评价标准》（SJG 50—2022）于 2022 年 12 月 23 日由深圳市住房和建设局批准实施，成为深圳市绿色物业管理项目评价的现行标准。

第十五章

绿色建筑评价的要求

《绿色建筑评价标准（2024年版）》（GB/T 50378—2019）对于绿色物业管理提出了一些具体要求，物业公司可以将以下几个方面作为突破口，逐渐摸索，在绿色建筑评价要求的体系下形成具有自身特色且能符合绿色建筑要求的管理模式。

第一节　评价工作要求

一、体现环保理念

转变发展模式、节约资源能源是国家绿色发展理念的主旋律之一，其中的要点在于转变资源利用方式，打好节能减排攻坚战。根据绿色建筑评价体系，"节约"不仅强调的是土地、能源、资源、材料等方面的节约，更要保证设计、施工和运营管理阶段均能落实绿色理念。在这个全过程中需要物业公司或其他运营方积极向建筑使用者宣传环保理念，提倡环保行为，保证建筑运营指标与管理效果双向达标。

在绿色建筑运行维护阶段，如何实现绿色建筑的环保目标，提高居住或工作环境的质量，确保人们的健康和舒适，成为主要问题。在绿色建筑的运行维护阶段，采取有效的管理措施是体现环保理念的重要环节。

定期维护建筑设施，确保其正常运行和高效运行，同时进行能源监测和室内环境监测，以确保建筑的可持续性。通过这些措施，可以进一步降低能源消耗，提高资源利用效率，从而减少对环境的负面影响。此外，绿色建筑的实践不仅限于大型建筑项目，也可以在日常生活中小范围应用。例如家庭可以选择使用环保材料装修，安装节能灯具和节水器，合理利用自然光线，降低空调和电热器的使用频率，从而进一步节约能源。

在设计阶段通过采用建筑信息模型（BIM）技术进行模拟和优化，确保最佳的节能效果，有助于在设计阶段就考虑到环保因素，减少后期运行和维护中的能源消耗和环境影响。

采取有效的管理措施，包括定期维护、能源监测和室内环境监测等，确保绿色建筑的可持续性。这些措施有助于提高能源效率，减少浪费，从而减少对环境的负面影响。

鼓励多方参与，鼓励街道、社区、社会组织等更多相关主体参与绿色建筑的运行维护，构建"共谋、共建、共管、共评、共享"的绿色建筑发展氛围。这有助于形成合力，共同推动绿色建筑的发展和环保理念的实践。

通过采取上述措施，绿色建筑的运行维护阶段不仅能够有效地体现环保理念，还能够促进环境保护和可持续发展，为创造更美好的未来作出贡献。

二、突出过程控制

绿色建筑理念的落实，不但要在设计、施工阶段达到相应的要求，还要将绿色理念贯彻于建筑物的整个寿命周期内。突出过程管理的绿色建筑评估体系充分体现了管理学的一大职能——控制。控制，即监督各项指标，保证各项活动是朝着达到目标的方向进行。绿色建筑理念想要贯彻建筑整个寿命周期，那么运营管理阶段的精细化巡检、记录、维修是必不可少且至关重要的环节，同时影响整个项目的运行水准。

加强绿色建筑运行管理，提高绿色建筑设施、设备运行效率，鼓励将绿色建筑节水、节能等日常运行要求纳入物业合同范围。规范房屋装饰装修活动，采取有效措施保护建筑的围护结构、能耗监测设备及系统、可再生能源利用系统等设施。

在对绿色建筑进行日常维护和管理过程中，应确保设施设备的正常运行。发现使用、装饰装修过程中损坏绿色建筑及相关设施设备的行为时，应及时劝阻、制止，并及时报告业主委员会和有关行政管理部门，确保绿色建筑安全、绿色运行。

三、落实用户反馈

绿色建筑人性化理念的最终落脚点不是设计图纸，更不是一纸竣工验收文件，而是在日复一日的运行管理当中，在年复一年对建筑物的维修保养当中，充分调查用户使用体验，并及时整改，确保绿色建筑的用户反馈机制得到有效落实，从而不断提升绿色建筑的运营质量和用户满意度，推动绿色建筑的高质量发展。

绿色建筑用户反馈机制的落实涉及多个方面，包括建立用户评价和反馈机制，定期开展运营评估和用户满意度调查，以及利用现代信息技术实现建筑能耗和资源消耗的实时监测与统计分析。这些措施旨在不断优化提升绿色建筑的运营水平，确保绿色建筑的高质量发展。

建立用户评价和反馈机制：通过设立有效的渠道，如在线调查、面对面访谈等，收集用户对绿色建筑的使用体验和建议。这些反馈有助于及时发现运营中的问题，为改进提供依据。

定期开展运营评估和用户满意度调查：通过定期的评估和调查，可以了解用户对绿色建筑各项指标的满意度，如节能效果、舒适度、维护便利性等。这些信息对于提升绿色建筑的运营水平至关重要。

利用现代信息技术实现实时监测与统计分析：通过建立智能化运行管理平台，利用物联网、大数据等技术，对建筑的能耗、资源消耗等进行实时监测。这不仅有助于提高运营效率，还能为用户提供更加个性化的服务。

通过落实用户反馈，可以促进人性化物业管理，使之成为运行维护管理工作中最具人性化的一抹亮色。

四、利用智能化技术

随着"智慧城市"的推广，智能化应用在城市管理工作中的应用是大势所趋，绿色建筑理念也涵盖了智能化的日常管理。物业管理的智能化，是指通过物联网、云计算、大数据等先进技术手段，对日常管理工作进行全面、高效的监控、分析、预测，从而实现大幅度提高物业管理效率、提升服务质量、满足业主需求的目的。

绿色建筑运行维护阶段的智能化应用范围很广，其中主要内容包括智能遮阳技术、智能照明控制系统、建筑信息模型（BIM）的应用、物联网技术的应用等。通过智能化技术的应用，不仅有助于提高绿色建筑的能源利用效率、降低环境负荷，还能提升居住和工作的舒适度，满足现代社会对健康、舒适和可持续建筑的需求。

（一）智能遮阳技术

智能遮阳技术通过使用卷帘、百叶等遮阳措施，实现隔热、保温、节能的效果。智能遮阳技术能够根据不同的建筑位置、朝向、光照强度，通过智能控制使室内达到最舒适的状态。例如，智能百叶系统能利用风光雨感应系统，自动识别室内外的温度、天气，智能控制百叶的开关角度，调节室内光线，节约空调及采暖能耗，创造出一个更舒适自然的室内环境。

（二）智能照明控制系统

智能照明控制系统不仅能够控制照明模式，同时能够针对单体照明回路实现个性化调节，达到节约能源、延长灯具使用寿命的目的。智能照明控制系统具有集成性、自动化、网络化等特点，是集计算机技术、网络通信技术、自动控制技术、微电子技术、数据库技术和系统集成技术于一体的现代控制系统。

（三）建筑信息模型（BIM）的应用

通过 BIM 技术，可以对建筑的设计、建造、运营和维护全过程进行集中管理和监控，提高建筑的运行效率和维修管理水平。BIM 技术的应用有助于提高建筑的管理效率和使用效果。

（四）物联网技术的应用

通过引入物联网技术，实现建筑设备的互联互通，提高建筑的管理效率和使用效果。物联网技术可以实时监测建筑设备的运行状态，通过数据分析优化设备的运行，提高能源利用效率。

第二节　2024 年版评价标准相关条款

一、主要条款

（一）第 6.2.10 条

1. 条款原文

6.2.10　制定完善的节能、节水的操作规程，实施能源资源管理激励机制，且有效实施，评价总分值为 5 分，并按下列规则分别评分并累计：

1　相关设施具有完善的操作规程，得 2 分；

2　运营管理机构的工作考核体系中包含节能和节水绩效考核激励机制，得 3 分。

2. 参评指数

第 6.2.10 条是绿色建筑评价的"评分项"，制订精细化的管理方案并落实即可得分。

参评指数：★★★★

3. 评价注意事项

本条在现行强制性工程建设规范《建筑节能与可再生能源利用通用规范》（GB 55015—2021）对用能设备设施运行管理要求的基础上，提出了更为全面的绿色建筑运行管理要求。

（1）完善的操作规程　建立完善的节能、节水的操作规程，并将其放置、悬挂或张贴在各个操作现场的显眼处，可保证工作质量和设备设施安全、高效运行。主要包括设备设施运行的节能、节水操作规程，故障诊断与处理办法等。运行管理人员应具备相关专业知识，熟练掌握有关系统和设备的工作原理、运行策略及操作规程，且应经培训后方可履行相应职责。

（2）制订激励机制　运营管理机构在保证建筑的使用性能要求、投诉率低于规定值的前提下，其经济效益与建筑用能系统的耗能状况、水资源等的使用情况直接挂钩。在运营管理中，建筑运行能耗可参考现行国家标准《民用建筑能耗标准》（GB/T 51161—2016）制订激励政策；建筑水耗可参考现行国家标准《民用建筑节水设计标准》（GB 50555—2010）制订激励政策。通过绩效考核，调动各方节能、节水的积极性。在提升运营管理机构管理服务水平和效益的同时，有效促进运行节能节水。

4. 运行阶段初步自评

（1）操作规程

相关设施的操作规程是否上墙：□是、□否；

操作人员是否有上岗证书：□是、□否；

具有的上岗证书有：_____。

（2）激励机制

物业管理机构的工作考核体系中是否包含能源资源管理激励机制：□是、□否。

（3）与租用者的合同中包含节能条款

项目是否存在租用情况：□是、□否；

若存在租用情况，合同中是否包含节能条款：□是、□否。

（4）采用合同能源管理模式

项目是否采用合同能源管理模式：□是、□否；

若新建建筑未实行合同能源管理，项目是否提供了运营后的节能改进投入及节能效益分配的实施情况：□是、□否。

5. 自评报告说明举例

简要说明项目节能、节水的操作规程的合理性与完善性，及其实施情况（300 字以内）。举例如下。

在节能、节水的操作规程制订方面，项目拟定了详细的规程和计划，以确保设计目标的实现。具体有：设定了节能、节水的设施设备应具有巡回检查制度、保养维护制度，并有完善的运行记录等；建材具有详细、完整的购置和使用记录；绿化保养具有完善的保养维护制度，并有完整的养护记录、药品的购置和使用记录。

操作规程的设计基于实际工作需求，考虑到规模适度性、项目合理性、流程规范性、使用效率性等因素，整体合理、内容完善。

6. 证明材料提供

绿色建筑评价工作中，需要按照评价标准逐条准备相关材料，以证明项目控制项能达标或评分项可以得分，《绿色建筑评价标准》在各个条款的条文说明中均有明确要求。第6.2.10 条要求在评价时应提供相关管理制度、操作规程、运行记录。

（二）第 6.2.11 条

1. 条款原文

6.2.11 建筑平均日用水量满足现行国家标准《民用建筑节水设计标准》GB 50555 中节水用水定额的要求，评价总分值为 5 分，并按下列规则评分：

1 平均日用水量大于节水用水定额的平均值、不大于上限值，得 2 分。

2 平均日用水量大于节水用水定额下限值、不大于平均值，得 3 分。

3 平均日用水量不大于节水用水定额下限值，得 5 分。

2. 参评指数

第 6.2.11 条是绿色建筑评价的"评分项"，制订精细化的管理方案并落实即可得分。

参评指数：★★★★

3. 评价注意事项

项目各类用水应按用途对申报范围内的各类用水分别计算平均日用水量，并与现行国家标准《民用建筑节水设计标准》（GB 50555—2010）中给出的各项节水用水定额分别进行比较。

（1）平均日用水量计算　计算平均日用水量时，应实事求是地确定用水的使用人数、用水面积等。使用人数在项目使用初期可能不会达到设计人数，如住宅的入住率可能不会很快达到100％，因此对于与用水人数相关的用水，如饮用、盥洗、冲厕、餐饮等，应根据用水人数来计算平均日用水量；对于使用人数相对固定的建筑，如办公建筑等，按实际人数计算；对浴室、商场、餐厅等流动人口较多且数量无法明确的场所，可按设计人数计算。对与用水人数无关的用水，如绿化灌溉、地面冲洗、水景补水等，则根据实际水表计量情况进行考核。

（2）判定方法　根据实际运行一年的水表计量数据和使用人数、用水面积等计算平均日用水量，与节水用水定额进行比较来判定。

本条的平均值为现行国家标准《民用建筑节水设计标准》（GB 50555—2010）中上限值和下限值的算术平均值。

4. 运行阶段初步自评

节水用水定额见表15-1。

表 15-1　节水用水定额表示例

用水部门	年实际用水总量	年实际用水天数	实际用水单位数量	平均日用水量	节水定额 （GB 50555—2010）

该项目所在城市：＿＿＿＿＿；
所属地区：□一区、□二区、□三区；
项目所在城市规模：□特大城市、□大城市、□中、小城市。

5. 自评报告说明举例

简要说明项目所采用的节水措施、年实际用水量、年用水天数、用水单位数量（如用水人数、用水面积）等平均日用水量计算依据（200字以内）。举例如下（具体内容以××替代）。

××项目按照使用用途、付费或管理单元，分项、分级安装满足使用需求和经计量检定合格的计量装置，改善供水和用水管理。使用耐腐蚀性、耐久性好的管材、管件和阀门以减少管道系统的漏损。采用配水支管减压、二级以上节水器具、高效节水灌溉等方式节水。经对本工程用水统计数据进行分析计算，确认本工程各分项用水量均低于《民用建筑节水设计标准》（GB 50555—2010）节水用水量的下限值。

6. 证明材料提供

绿色建筑评价工作中，需要按照评价标准逐条准备相关材料，以证明项目控制项能达标或评分项可以得分，《绿色建筑评价标准》在各个条款的条文说明中均有明确要求。第6.2.11条要求在评价时应提供实测用水量计量报告和建筑平均日用水量计算书。

（三）第6.2.12条

1. 条款原文

6.2.12　定期对建筑运营效果进行评估，并根据结果进行运行优化，评价总分值为10分，并按下列规则分别评分并累计：

1　制定绿色建筑运营效果评估的技术方案和计划，得3分；

2　定期检查、调适公共设施设备，具有检查、调试、运行、标定的记录，且记录完整，得3分；

3　定期开展节能诊断评估，并根据评估结果制定优化方案并实施，得4分。

2. **参评指数**

第 6.2.12 条是绿色建筑评价的"评分项"，制订精细化的管理方案并落实即可得分。

参评指数：★★★★

3. **评价注意事项**

（1）运营效果评估　对绿色建筑的运营效果进行评估是及时发现和解决建筑运营问题的重要手段，也是优化绿色建筑运行的重要途径。绿色建筑涉及的专业面广，所以制订绿色建筑运营效果评估技术方案和评估计划，是评估有序和全面开展的保障条件。本款要求运营管理机构应结合项目使用特点、能源系统构成，在执行现行强制性工程建设规范《建筑节能与可再生能源利用通用规范》（GB 55015—2021）对建筑能源系统运行维护和节能管理强制要求的基础上，制订完善的绿色建筑运营效果评估技术方案和评估计划。根据评估结果，可判断绿色建筑是否达到预期运行目标，进而针对发现的运营问题制订绿色建筑优化运营方案，保持甚至提升绿色建筑运行效率和运营效果。

（2）定期维护公共设施　保持建筑及其区域的公共设施设备系统、装置运行正常，做好定期巡检和维保工作，是绿色建筑长期运行管理中实现各项目标的基础。制订的管理制度、巡检规定、作业标准及相应的维保计划是保障使用者安全、健康的基本条件。定期巡检包括：公共设施设备（管道井、绿化、路灯、外门窗等）的安全、完好程度、卫生情况等；设备间（配电室、机电系统机房、泵房）的运行参数、状态、卫生等；消防设备设施（室外消火栓、自动报警系统、灭火器）等的完好程度、标识、状态等；建筑完损等级评定（结构部分的墙体、楼盖、楼地面、幕墙、装修部分的门窗、外装饰、细木装修、内墙抹灰）的安全检测、防锈防腐等，以上内容还应做好归档和记录。

系统、设备、装置的检查、调试不仅限于新建建筑的试运行和竣工验收，而应是一项持续性、长期性的工作。建筑运行期间，所有与建筑运行相关的管理、运行状态，建筑构件的耐久性、安全性等会随时间、环境、使用需求的调整而发生变化，因此持续到位的维护特别重要。

（3）定期开展能源诊断　运营管理机构有责任定期（每年）开展能源诊断。

① 住宅类建筑。住宅类建筑能源诊断的内容主要包括能耗现状调查、室内热环境和暖通空调系统等现状诊断。住宅类建筑能源诊断检测方法可参照现行行业标准《居住建筑节能检测标准》（JGJ/T 132—2009）的有关规定。

② 公共建筑。公共建筑能源诊断的内容主要包括冷水机组、热泵机组的实际性能系数、锅炉运行效率、水泵效率、水系统补水率、水系统供回水温差、冷却塔冷却性能、风机单位风量耗功率、风系统平衡度等，公共建筑能源诊断检测方法可参照现行行业标准《公共建筑节能检测标准》（JGJ/T 177—2009）的有关规定。

4. **运行阶段初步自评**

（1）运营效果评估
制订绿色建筑运营效果评估的技术方案和计划：□是、□否；
（2）设备运行记录
物业部门是否具有主要用能、用水设施设备的检查、调试、运行、标定记录：□是、□否；
记录是否完整：□是、□否。
（3）定期开展能源诊断
运营管理机构定期（每年）开展能源诊断：□是、□否。

5. **自评报告说明举例**

（1）简述绿色建筑运营效果评估的技术方案和计划（300 字以内）。举例如下。

本工程绿色建筑运营效果评估技术方案主要包括对建筑物的能源效率、水资源利用、室内环境质量和室外环境影响的评估。通过监测和分析建筑物的电力、供暖、制冷等系统的能源消耗情况，评估其能源效率，提出改进措施。通过分析建筑物的供水系统的效率、节水设备的安装和使用情况，评估水资源利用效率，优化水资源管理策略，减少水资源浪费。评估室内空气质量、温度、湿度等环境参数，确保室内环境符合人体健康和舒适度的要求。评估建筑物对周围环境的影响，主要为对生态系统的影响、土地利用等的评估。通过优化建筑设计，减少对周围环境的负面影响。

（2）简述设备能效改进方案及效果（200字以内）。举例如下。

本工程制订详细的设备维护计划，确保设备得到及时维护，减少故障率和停机时间。对设备的软件和硬件进行及时更新，保持设备与最新技术的兼容性，提高设备的性能和功能。通过培训提高员工对设备操作和维护的技能水平，减少人为因素对设备性能的影响。定期对设备进行评估，分析设备性能和效率，发现问题和潜在改进点，根据评估结果，制订相应的改进方案，并持续优化设备的性能。

6. 证明材料提供

绿色建筑评价工作中，需要按照评价标准逐条准备相关材料，以证明项目控制项能达标或评分项可以得分，《绿色建筑评价标准》在各个条款的条文说明中均有明确要求。第6.2.12条要求在预评价、评价阶段均应提供相关管理制度、年度评估报告、历史数据、运行记录、诊断报告。

（四）第6.2.13条

1. 条款原文

6.2.13 建立绿色低碳教育宣传和实践机制，形成良好的绿色氛围，并定期开展使用者满意度调查，评价总分值为10分，并按下列规则分别评分并累计：

1 每年组织不少于2次的绿色建筑技术宣传、绿色生活引导等绿色低碳教育宣传和实践活动，并有活动记录，得3分；

2 具有绿色低碳生活展示、体验或交流分享的渠道，得3分；

3 每年开展1次针对建筑绿色性能的使用者满意度调查，且根据调查结果制定改进措施并实施、公示，得4分。

2. 参评指数

第6.2.13条是绿色建筑评价的"评分项"，制订精细化的管理方案并落实即可得分。

参评指数：★★★★

3. 评价注意事项

在建筑物长期的运行过程中，用户和运营管理人员的意识与行为，直接影响绿色建筑目标的实现。同时，随着我国碳减排和"双碳"战略目标的提出，宣传和普及减碳意识也对绿色建筑的长期维护和高效使用有着重要作用。因此需要坚持倡导绿色低碳理念与绿色低碳生活方式的教育宣传制度，培训各类人员正确使用绿色减碳设施，形成良好的绿色低碳行为与风气。

（1）加强绿色低碳教育宣传 建立绿色低碳教育宣传和实践活动机制，可以促进普及绿色低碳建筑知识，让更多的人了解绿色低碳建筑的运营理念和有关要求。了解日常生活和工作中减碳的方式方法，尤其是通过媒体报道和公开有关数据，营造关注绿色低碳理念、践行绿色低碳行为的良好氛围。

绿色教育宣传可通过制作宣传海报、组织培训与宣传教育会议、组织参观并通过媒体报道等方式实现，包括以下方式。

① 开展绿色建筑新技术新产品展示、技术交流和教育培训，宣传绿色建筑的基础知识、设计理念和技术策略。

② 宣传引导节约意识和行为，如纠正并杜绝开空调时开窗、无人照明、无人空调等不良习惯，促进绿色建筑的推广应用。

③ 在公共场所展示绿色建筑的节能、节水、减排成果和环境数据。

④ 对于绿色行为（如垃圾分类收集等）的奖励办法。

绿色教育宣传工作记录表示例见表 15-2。

表 15-2　绿色教育宣传工作记录表示例

序号	起止时间	宣传方式	宣传内容	参与人数	宣传成效评估

（2）畅通绿色低碳生活分享渠道　鼓励建立形式多样的绿色低碳生活展示、体验或交流分享的渠道，包括利用实体平台和网络平台的宣传、推广活动。如建立绿色低碳生活的体验小站，开展旧物置换、步数绿色减碳积分、绿色低碳小天使亲子活动等。

绿色设施使用手册是为建筑使用者及物业管理人员提供的各类设备设施的功能、作用及使用说明的文件。绿色设施包括建筑设备管理系统、节能灯具、遮阳设施、可再生能源系统、非传统水源系统、节水器具、节水绿化灌溉设施、垃圾分类处理设施等。

（3）满意度调查　建筑应满足建筑使用者的需求，绿色建筑最终应用效果的重要判据之一是建筑使用者的评判和满意度。使用者满意度调查的内容主要针对安全耐久、健康舒适、生活便利、资源节约（侧重节能、节水）、环境宜居的绿色性能，并着重关注物业管理、秩序与安全、车辆管理、公共环境、建筑外墙维护等。应根据满意度调查结果制订建筑性能提升改进措施并加以落实，尤其针对使用者不太满意的调查内容提出相应的修改意见。

4. 自评报告说明举例

简要说明项目的绿色教育宣传机制（300 字以内）。举例如下。

> 本工程在绿色建筑教育宣传方面采取以下方法和策略。
>
> （1）通过设置信息栏、发放宣传册等，定期更新和发布关于绿色建筑的相关知识和信息，帮助居民了解绿色建筑的重要性，以及他们在日常生活中如何实践绿色生活。
>
> （2）定期举办绿色建筑教育活动，包括讲座、研讨会、工作坊等，邀请专家、专业人士来讲解绿色建筑的理念、技术、方法等，让居民更深入地理解绿色建筑，并激发他们的参与热情。
>
> （3）制订绿色建筑行为准则，明确居民在日常生活中应遵循的绿色行为，包括垃圾分类、节约用水、节能减排等。同时，通过定期的检查和评估，鼓励和激励居民遵守准则。
>
> （4）建立绿色建筑奖励制度，对积极参与绿色建筑活动的居民给予一定的奖励，包括优惠券、小礼品等，激励更多的居民参与到绿色建筑的行动中。

5. 证明材料提供

绿色建筑评价工作中，需要按照评价标准逐条准备相关材料，以证明项目控制项能达标或评分项可以得分，《绿色建筑评价标准》在各个条款的条文说明中均有明确要求。第 6.2.13 条要求在评价时应提供管理制度、工作记录、活动宣传和推送材料、影像材料、年度调查报告及整改方案。

二、其他相关条款

（一）第 4.1.7 条

1. 条款原文

4.1.7　走廊、疏散通道等通行空间应满足紧急疏散、应急救护等要求，且应保持畅通。

2. 释义

本条虽然是对设计建筑满足安全疏散提出的要求，但是在项目运行过程中，如何保证疏散空间的正常通行是物业管理的必备课题，在管理制度中应有相关的管理规定，包括日常检查、疏散通道拥堵的处置措施、相关设备的定期检修和维护制度等。详见本书第九章第四节"四、"下"（一）"中的内容。

（二）第5.1.3条

1. 条款原文

5.1.3 给水排水系统的设置应符合下列规定：

1 生活饮用水水质应满足现行国家标准《生活饮用水卫生标准》GB 5749 的要求；

2 应制定水池、水箱等储水设施定期清洗消毒计划并实施，且生活饮用水储水设施每半年清洗消毒不应少于 1 次；

3 应使用构造内自带水封的便器，且其水封深度不应小于 50mm；

4 非传统水源管道和设备应设置明确、清晰的永久性标识。

2. 释义

储水设施是给水系统的源头，其中水体的水质要达到相关标准的要求，需要定期维护。因此，本条第 2 款将储水设施的日常维护作为保障给水排水系统水质的重要措施。物业管理中应制订项目储水设施清洗消毒的管理制度，有完整记录（含清洗委托合同、清洗后的水质检测报告等）。具体详见本书第十章第一节"三、供水系统水质保障"。

（三）第6.2.3条

1. 条款原文

6.2.3 提供便利的公共服务，评价总分值为 10 分，并按下列规则评分：

1 住宅建筑，满足下列要求中的 4 项，得 5 分；满足 6 项及以上，得 10 分：

  1) 场地出入口到达幼儿园的步行距离不大于 300m；

  2) 场地出入口到达小学的步行距离不大于 500m；

  3) 场地出入口到达中学的步行距离不大于 1000m；

  4) 场地出入口到达医院的步行距离不大于 1000m；

  5) 场地出入口到达群众文化活动设施的步行距离不大于 800m；

  6) 场地出入口到达老年人日间照料设施的步行距离不大于 500m；

  7) 场地周边 500m 范围内具有不少于 3 种商业服务设施。

2 公共建筑，满足下列要求中的 3 项，得 5 分；满足 5 项得 10 分：

  1) 建筑内至少兼容 2 种面向社会的公共服务功能；

  2) 建筑向社会公众提供开放的公共活动空间；

  3) 电动汽车充电桩的车位数占总车位数的比例不低于 10%；

  4) 周边 500m 范围内设有社会公共停车场（库）；

  5) 场地不封闭或场地内步行公共通道向社会开放。

2. 释义

公共建筑向社会提供开放的公共活动空间或公共通道在设计图纸中容易实现，但实际运行期间如何落实则要看物业管理水平。物业管理公司应该根据项目实际情况，量身定制相关设施向社会面共享的管理办法、实施方案及使用说明，在日常管理中应有相关的工作记录。具体详见本书第一章第二节"二、"下的"（三）"中的内容。

（四）第6.2.6条

1. 条款原文

6.2.6 设置分类、分级用能自动远传计量系统，且设置能源管理系统实现对建筑能耗的监测、数据分析和管理，评价分值为 8 分。

2. 释义

"设置分类、分级用能自动远传计量系统"的难度较低，"设置能源管理系统实现对建筑能耗的监测、数据分析和管理"属于智慧化管理的范畴，可为绿色建筑后续指标上报提供极大便利。具体详见本书第十章第三节"二、"下"（四）"中的内容。

（五）第 6.2.7 条

1. 条款原文

6.2.7 设置 PM_{10}、$PM_{2.5}$、CO_2 浓度的空气质量监测系统，且具有存储至少一年的监测数据和实时显示等功能，评价分值为 5 分。

2. 释义

对于设置 PM_{10}、$PM_{2.5}$、CO_2 浓度的空气质量监测系统的绿色建筑，为加强建筑的可感知性，本条要求住宅建筑和宿舍建筑每户均应设置空气质量监控系统，公共建筑主要功能房间应设置空气质量监控系统。对于安装监控系统的建筑，系统至少对 PM_{10}、$PM_{2.5}$、CO_2 分别进行定时连续测量、显示、记录和数据传输，在建筑开放使用时间段内，监测系统对污染物浓度的读数时间间隔不得长于 10min。具体详见本书第十章第三节"二、"下"（五）"中的内容。

（六）第 6.2.8 条

1. 条款原文

6.2.8 设置用水远传计量系统、水质在线监测系统，评价总分值为 7 分，并按下列规则分别评分并累计：

1 设置用水量远传计量系统，能分类、分级记录、统计分析各种用水情况，得 3 分；

2 利用计量数据进行管网漏损自动监测、分析与整改，管道漏损率低于 5%，得 2 分；

3 设置水质在线监测系统，监测生活饮用水、管道直饮水、游泳池水、非传统水源、空调冷却水的水质指标，记录并保存水质监测结果，且能随时供用户查询，得 2 分。

2. 释义

对于设置了上述智能化管理系统的项目，物业管理公司应制订相关系统的日常管理制度，定期检查检测数据，记录系统运行情况，并在项目评价时提供相关证明材料。具体详见本书第十章第三节"二、"下"（六）"中的内容。

（七）第 6.2.9 条

1. 条款原文

6.2.9 具有智能化服务系统，评价总分值为 9 分，并按下列规则分别评分并累计：

1 具有家电控制、照明控制、安全报警、环境监测、建筑设备控制、工作生活服务等至少 3 种类型的服务功能，得 3 分；

2 具有远程监控的功能，得 3 分；

3 具有接入智慧城市（城区、社区）的功能，得 3 分。

2. 释义

智能化服务系统涵盖家电控制、照明控制、安全报警、环境监测、建筑设备系统控制、生活服务等多种功能。智能化服务系统的控制方式包括电话或网络远程控制、室内外遥控、红外转发以及可编程定时控制等。绿色建筑评价中还要求智能化系统平台与所在地的智慧城市（城区、社区）等平台对接，实现信息和数据的共享、互通。具体详见本书第十章第三节"二、"下"（七）"中的内容。

（八）第 9.2.10 条

1. 条款原文

9.2.10 采取节约资源、保护生态环境、<u>降低碳排放</u>、保障安全健康、智慧友好运行、传承历史文化等其他创新，并有明显效益，评价总分值为 40 分。每采取一项，得 10 分，最高得 40 分。

2. 释义

智慧友好运行是绿色物业管理工作的重要组成部分，当项目采取了创新性的技术措施并取得较大的效益时，可参与评价。具体详见本书第十三章第二节"二、"中的内容。

结语

　　本书按照建设工程项目的实施顺序，分别从项目前期策划、规划布局与室外环境、建筑设计与室内环境、绿色建筑的施工管理、建筑运行维护五个角度，对绿色建筑的设计与施工、运行及具体评价工作的技术要点做了详细的阐述。同时，为便于设计和评价人员使用，又依据安全耐久、健康舒适、生活便利、资源节约和环境宜居五个方面，分别从控制项、评分项和加分项三大类得分从易到难依次列举。当实际应用过程中，如需要及时索引到《绿色建筑评价标准》当中的某个具体条款时，可通过下面的表格迅速查询条款所在的位置，详见附表1、附表2、附表3。

附表 1 　《绿色建筑评价标准》控制项条款页码索引

安全耐久		健康舒适		生活便利		资源节约		环境宜居	
条文	页码	条文	页码	条文	页码	条文	页码	条文	页码
4.1.1	14	5.1.1	276	6.1.1	120	7.1.1	173	8.1.1	106
4.1.2	208	5.1.2	189	6.1.2	20	7.1.2	241	8.1.2	108
4.1.3	210	5.1.3	227	6.1.3	121	7.1.3	243	8.1.3	152
4.1.4	211	5.1.4A	190	6.1.4	123	7.1.4	262	8.1.4	84
4.1.5	212	5.1.5	252	6.1.5	253	7.1.5	263	8.1.5	154
4.1.6	215	5.1.6	237	6.1.6	255	7.1.6	265	8.1.6	16
4.1.7	203	5.1.7	179			7.1.7	231	8.1.7	156
4.1.8	141	5.1.8	238			7.1.8	175		
		5.1.9	239			7.1.9	176		
						7.1.10	39		

附表 2 　《绿色建筑评价标准》评分项条款页码索引

安全耐久		健康舒适		生活便利		资源节约		环境宜居	
条文	页码	条文	页码	条文	页码	条文	页码	条文	页码
4.2.1	216	5.2.1	278	6.2.1	21	7.2.1	68	8.2.1	129
4.2.2	217	5.2.2	279	6.2.2	125	7.2.2	70	8.2.2	86
4.2.3	218	5.2.3	142	6.2.3	22	7.2.3	72	8.2.3	158
4.2.4	204	5.2.4	229	6.2.4	24	7.2.4	183	8.2.4	160
4.2.5	118	5.2.5	230	6.2.5	144	7.2.5	244	8.2.5	87
4.2.6	187	5.2.6	194	6.2.6	256	7.2.6	247	8.2.6	110
4.2.7	220	5.2.7	195	6.2.7	257	7.2.7	266	8.2.7A	161
4.2.8	222	5.2.8	196	6.2.8	258	7.2.8	268	8.2.8	112
4.2.9	37	5.2.9	240	6.2.9	260	7.2.9	272	8.2.9	114
		5.2.10	199	6.2.10	300	7.2.10	233		
		5.2.11	201	6.2.11	301	7.2.11	146		
				6.2.12	302	7.2.12	148		
				6.2.13	304	7.2.13	150		
						7.2.14	281		
						7.2.15	223		
						7.2.16	30		
						7.2.17	41		
						7.2.18	42		

附表3 《绿色建筑评价标准》加分项条款页码索引

条文	页码	条文	页码	条文	页码	条文	页码	条文	页码
9.2.1	249	9.2.2A	18	9.2.3A	270	9.2.4A	164	9.2.5	31
9.2.6	32	9.2.7A	49	9.2.8	289	9.2.9	57	9.2.10	291

在"双碳"目标的政策背景下，通过采用绿色建筑设计和相关绿色技术手段，可以让建筑实现高效设计、低耗建造、节能运行，最终降低全生命周期碳排放量，为社会创造更多的生态福利。随着这本《绿色建筑设计与评价技术指南》走向读者，笔者期待它不仅可以作为建筑专业的指南，更能对促进社会可持续发展作出一些贡献。本书的实用性体现在每一个具体的设计参数和评价指标中，能够直接指导相关从业人员将绿色理念贯穿于建筑的全生命周期。本书详细列举了绿色建筑评价工作的具体步骤、方法，每一个建筑从业者都可以依据这本书，更好地将绿色设计融入建筑之中，更准确地对建筑进行绿色评价。

希望本书能够为广大从业者提供一定帮助，为推动绿色建筑持续发展贡献微薄之力，从而让每一座建筑都有机会成为大自然的友好伙伴，为人们提供健康、舒适且环保的生活和工作空间。

参考文献

[1] 中华人民共和国住房和城乡建设部. 民用建筑绿色设计规范：JGJ/T 229—2010 [S]. 北京：中国建筑工业出版社，2010.

[2] 中国建设科技集团，崔愷，刘恒，等. 绿色建筑设计导则 [M]. 北京：中国建筑工业出版社，2020.

[3] 中华人民共和国住房和城乡建设部. 绿色建筑评价标准：GB/T 50378—2019 [S]. 北京：中国建筑工业出版社，2019.

[4] 中华人民共和国住房和城乡建设部. 绿色建筑评价标准：GB/T 50378—2019（2024 年版）[S]. 北京：中国建筑工业出版社，2024.

[5] 刘利. 我国城市地下空间用地分类与利用特征 [J]. 城乡公共空间活化与利用，2024，02：41-43.

[6] 易荣. 基于城市规划的城市地下空间开发适宜性评价探讨 [J]. 地质与勘探，2024，02：339-347.

[7] 王波. 城市地下空间开发利用问题的探索与实践 [D]. 北京：中国地质大学，2013.

[8] 何艳. 基于人防及消防要求的地下空间舒适性设计研究 [D]. 成都：西南交通大学，2021.

[9] 宋立岩. 下沉广场：寒地地下空间适候性设计研究 [D]. 长春：吉林建筑大学，2021.

[10] 吉喆. 浅析捕风器的节能技术与应用 [J]. 建筑与环境，2012，（4）：67-69.

[11] 白桦. 海绵城市防洪减涝效应评价模型及其应用 [D]. 中国科学院教育部水土保持与生态环境研究中心，2020.

[12] 贾绒. 国外雨洪控制与管理体系概述 [J]. 职业时空，2013，（07）：120-122.

[13] 赵昱. 各国雨洪管理理论体系对比研究 [D]. 天津：天津大学. 2016.

[14] 王鹏，等. 水敏性城市设计（WSUD）策略及其在净高项目中的应用 [J]. 中国园林，2010（05）：88-91.

[15] 伍桢. 北京交通大学海绵校园景观规划设计研究 [D]. 北京：北京交通大学. 2018.

[16] 内蒙古自治区住房和城乡建设厅. 内蒙古自治区海绵城市建设技术导则 [S]. 2021.

[17] 雷雨. 基于低影响开发模式的城市雨水控制利用技术体系研究 [D]. 西安：长安大学，2012.

[18] 张光明，等. 滤芯渗井在不同下垫面的渗水性能研究 [J]. 水资源与水工程学报，2023，（4）：135-141.

[19] 黄艺璇. 基于生态显露的严寒地区校园雨水花园设计研究 [D]. 北京：北京交通大学，2017.

[20] 李维臻. 寒冷地区城市居住区冬季室外热环境研究 [D]. 西安：西安建筑科技大学，2015.

[21] 郭芳. 日照限定下的建筑形体生成研究 [D]. 南京：南京大学，2013.

[22] 陆明，等. 哈尔滨高密度住区天然光获得量的数值分析及优化研究 [J]. 2012 城市发展与规划大会论文集.

[23] 卜德强. 寒地城市住区场地日照环境的评价与设计优化研究 [D]. 长春：吉林建筑大学.

[24] 马小赫. 太阳辐射影响下西安城市住区峡谷组团户外场地热过程实态分析 [D]. 西安：西安建筑科技大学，2018.

[25] 吴学政，等. 科教建筑形式和布局及用地绿化对室外热环境的影响 [J]. 建筑节能，2022（9）：116-137.

[26] 苏媛，等. 干热地区不同居住区夏季室外热环境分析：以石河子市 5 个居住区为例 [J]. 绿色建筑，2024（1）：1-6.

[27] 李维臻. 寒冷地区城市居住区冬季室外热环境研究 [D]. 西安：西安建筑科技大学，2015.

［28］ 程雨濛. 高层居住区室外声环境研究［D］. 哈尔滨：哈尔滨工业大学，2018：22-30.

［29］ 陆晓东. 城市规划层面的道路交通噪声控制研究［D］. 大连：大连理工大学，2013.

［30］ 陈红妍. 哈尔滨城市水景设计的研究［D］. 哈尔滨：东北林业大学，2011.

［31］ 齐伟民. 寒冷地区水景空间适应性设计与策略［J］. 建筑与结构设计，2019.

［32］ 闫昊，等. 景观道路照明中的灯具布置及电击防护研究［J］. 建筑电气，2022，(8)：25-30.

［33］ 嵇卫东. 基于绿色建筑设计理论的建筑物立面设计研究［J］. 房地产世界，2022，(06)：29-31.

［34］ 李宁. 寒冷地区节能75％居住建筑围护结构热工性能优化研究［D］. 徐州：中国矿业大学. 2022.

［35］ 周政德. 新型节能墙体材料在防护建筑工程中的应用［J］. 陶瓷，2024，(08)：158-161.

［36］ 李敏，等. 内蒙古自治区既有公共建筑围护结构热工性能检测及优化措施［J］. 建筑节能，2023，(2)：105-109.

［37］ 中华人民共和国住房和城乡建设部. 公共建筑标识系统技术规范：GB/T 51233—2017［S］. 中国建筑工业出版社，2017.

［38］ 路宾，等. 我国绿色建筑运行维护存在的问题及对策［J］. 建筑科学，2015，(8)：46-50.